Craftsman Elevator

승강기기능사 필기

기출문제 (기출+적중모의고사)

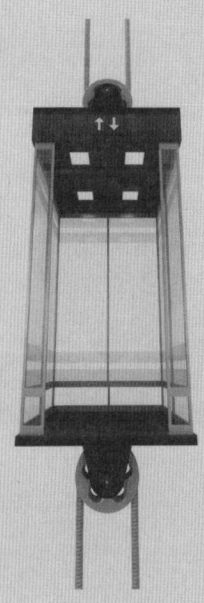

도서출판 책과 상상
www.SangSangbooks.co.kr

[preface]
승강기기능사 필기

　　엘리베이터나 에스컬레이터, 주차용 기계장치 등 승강기는 일단 설치가 끝나면, 좋은 작동상태를 유지하기 위해 지속적인 점검 및 보수작업을 해야 합니다. 이러한 작업을 위해서는 기계, 전자, 전기에 대한 기초적인 지식과 기능을 필요로 합니다. 이에 따라 산업현장에서 필요로 하는 기능인력의 양성을 통해 승강기 이용 시 안전을 도모하고자 제정된 자격이 바로 승강기기능사입니다.

　　승강기기능사는 주로 각종 승강기 보수용 장비 및 공구를 사용하여 건축물 또는 기타 구조물에 설치되어 있는 엘리베이터, 에스컬레이터, 무빙워크 등의 승강기를 검사, 점검 및 보수하고 시운전하는 업무를 수행합니다.

　　필자는 교단과 현장에서의 경험을 토대로 승강기기능사 자격을 취득하고자 하는 독자들을 위하여 다음과 같은 내용으로 책을 집필하였습니다.

1. 한국산업인력공단의 새로운 출제기준, 개정된 승강기안전관리법령 및 행정안전부 고시를 반영하여 핵심적인 이론 내용을 수록하였습니다.
2. 이론 내용의 용어는 구 출제기준의 용어와 변경된 출제기준의 용어를 가급적 함께 표기함으로써 수험생 여러분들의 학습에 혼동이 없도록 하였습니다.
3. 한국산업인력공단이 주관하여 시행한 기출문제 및 CBT 시험 출제문제를 반영한 5회분의 적중모의고사를 상세한 해설과 함께 수록하였습니다.
4. 기출문제의 경우 이전 법령 및 고시 내용에 따라 더 이상 출제되지 않는 문항들은 개정 법령 및 고시 등의 기준에 따라 유사한 문제로 수정함으로써 효과적인 학습이 가능하도록 하였습니다.

　　내용의 오류가 없도록 세심히 정성을 다했지만 혹 미비한 부분이 있어 불편함이 있다면 독자 여러분들의 조언과 충고를 통해 차후 보다 나은 내용으로 수험생 여러분들에게 찾아뵐 것을 약속드리며 여러분들에게 합격의 영광이 있기를 진심으로 기원합니다.

출제기준

- 시행기관 : 한국산업인력공단
- 자격종목 : 승강기기능사
- 직무내용 : 주로 각종 승강기 보수용 장비 및 공구를 사용하여 건축물 또는 기타 구조물에 설치되어 있는 엘리베이터, 에스컬레이터, 덤웨이터, 수평보행기 등의 승강기를 검사, 점검 및 보수하고 시운전하는 업무 수행
- 시험방법 : 필기_ 객관식(전과목 혼합, 60문항), 실기_ 작업형
- 합격기준 : (필기 · 실기) 100점을 만점으로 하여 60점 이상
- 시험시간 : 1시간

◆ 필기과목명 : 승강기 설치, 유지관리, 안전관리

주요항목	세부항목	세세항목
1. 엘리베이터 기계 설치 및 부품 교체	1. 승강기 일반	1. 승강기 종류 2. 승강기의 원리 및 조작방식 3. 특수승강기
	2. 형판 설치하기	1. 엘리베이터 설치도면 2. 승강로, 기계실, 출입구 건축도면 3. 형판 설치
	3. 주행안내 레일 설치하기	1. 주행안내 레일, 고정용 브래킷 설치 2. 완충기 받침대 3. 설치 공법 4. 레일 게이지
2. 엘리베이터 점검	1. 기계실 및 기계류 공간에서 점검	1. 기계실 환경 점검 2. 기계실 기계, 전기 부품 및 장치
	2. 카에서 점검	1. 카의 주행상태 2. 카 내부, 상부 점검 및 조정 능력 3. 안전장치
	3. 승강로에서 점검	1. 승강로 벽의 균열, 누수 등 청결상태 2. 승강로 기계, 전기부품 및 장치 3. 각종 매다는 장치 및 체인
	4. 승강장에서 점검	1. 승강장문 및 장치 2. 승강장 버튼 및 표시기
	5. 피트에서 점검	1. 피트 기계, 전기부품 및 장치 2. 피트 누수

주요항목	세부항목	세세항목
3. 엘리베이터 부품 설치 및 교체	1. 엘리베이터 부품상태 진단하기	1. 엘리베이터 부품의 노후, 마모상태 진단 2. 기계, 전기 측정기
	2. 승강장 부품 설치 및 교체하기	1. 각 부품별 설치위치에 승강장 부품 설치 2. 승강장 출입문 조정
	3. 카 설치 및 교체하기	1. 카 슬링 설치 2. 카 벽, 카 천장, 카 조작반 조립 3. 카 출입문와 관련된 부품, 카 상부 설치 부품 4. 카 심출, 카 밸런스 작업
4. 엘리베이터 전기 설치 및 부품 교체	1. 엘리베이터 전기 배선	1. 엘리베이터 전기 부품
	2. 전기부품 교체	1. 전기부품 교체 2. 전기회로도 결선 확인
5. 기계 전기 기초	1. 승강기 주요 기계요소별 구조와 원리	1. 링크기구 2. 운동기구와 캠 3. 도르래(활차)장치 4. 베어링 5. 기어
	2. 승강기 동력원의 기초전기	1. 정전기와 콘덴서 2. 직류회로 및 교류회로 3. 자기회로 4. 전자력과 전자유도 5. 전기보호기기
	3. 승강기 구동 기계 기구 작동 및 원리	1. 전동기의 종류 및 특성
	4. 승강기 제어 및 제어시스템의 원리 및 구성	1. 제어의 개념 2. 제어계의 요소 및 구성 3. 시퀀스제어 4. 전자회로 및 반도체
6. 승강기 안전관리	1. 안전관리 장구 준비하기	1. 안전 장비, 장구, 용품
	2. 전기안전 준수하기	1. 전기안전용품
	3. 환경관리하기	1. 환경검사 장비 2. 안전작업 절차
7. 승강기 안전검사 수검	1. 안전검사 수검	1. 승강기 부품의 기능별 점검(전기, 제어, 기계) 2. 오버밸런스율

주요항목	세부항목	세세항목
8. 에스컬레이터 (무빙워크) 설치 및 부품 교체	1. 에스컬레이터 부품상태 진단하기	1. 에스컬레이터 부품의 노후, 마모상태 진단
	2. 현장 확인 양중하기	1. 에스컬레이터 설치 도면 2. 에스컬레이터 양중
	3. 트러스 조립하기	1. 트러스 조립 2. 레일 조립 3. 데크, 스커트 가드 등 설치
	4. 디딤판	1. 디딤판 설치 2. 디딤판 교체 3. 디딤판 보수
	5. 손잡이 설치 및 부품 교체	1. 손잡이 설치 2. 손잡이 장력 3. 난간 상부의 손잡이 가이드
	6. 체인 설치 및 부품 교체	1. 체인 설치 2. 체인 규격
	7. 전기장치 조립하기	1. 모터, 감속기, 브레이크 2. 손잡이 구동 장치 조립 3. 각종 전기 안전장치 조정
	8. 설치 조정하기	1. 프레임과 건물 중심선 작업 2. 상·하부 터미널 기어 조정
9. 에스컬레이터 (무빙워크) 점검	1. 구동부 점검하기	1. 구동기, 구동체인, 구동장치 2. 브레이크시스템
	2. 안전장치 점검하기	1. 기계적, 전기적 안전장치
	3. 손잡이 점검하기	1. 손잡이 및 구성품 2. 디딤판과 손잡이 속도 측정
	4. 상부 기계실 점검하기	1. 디딤판, 트레드, 스커트가드 2. 제어반
	5. 하부 기계실 점검하기	1. 디딤판 체인 상태 및 장력 2. 콤, 오일받이

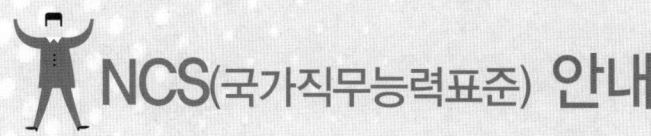

NCS(국가직무능력표준) 안내

NCS(국가직무능력표준)와 NCS 학습모듈

- 국가직무능력표준(NCS, National Competency Standards)이란 산업현장에서 직무를 수행하기 위해 요구되는 지식·기술·소양 등의 내용을 국가가 산업부문별·수준별로 체계화한 것으로 국가적 차원에서 표준화한 것을 의미합니다.
- NCS 학습모듈은 NCS 능력단위를 교육 및 직업훈련 시 활용할 수 있도록 구성한 교수·학습자료입니다. 즉, NCS 학습모듈은 학습자의 직무능력 제고를 위해 요구되는 학습 요소(학습 내용)를 NCS에서 규정한 업무 프로세스나 세부 지식, 기술을 토대로 재구성한 것입니다.

NCS 개념도

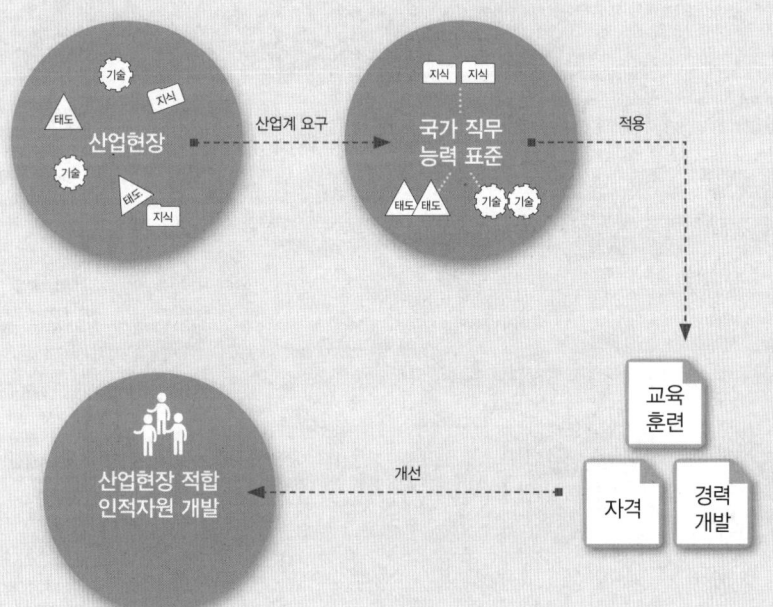

NCS의 활용영역

구분		활용 콘텐츠
산업현장	근로자	평생경력개발경로, 자가진단도구
	기업	현장수요 기반의 인력채용 및 인사관리기준, 직무기술서
교육훈련기관		직업교육 훈련과정 개발, 교수계획 및 매체·교재개발, 훈련기준 개발
자격시험기관		자격종목설계, 출제기준, 시험문항, 시험방법

NCS 학습모듈의 특징

- NCS 학습모듈은 산업계에서 요구하는 직무능력을 교육훈련 현장에 활용할 수 있도록 성취목표와 학습의 방향을 명확히 제시하는 가이드라인의 역할을 합니다.
- NCS 학습모듈은 특성화고, 마이스터고, 전문대학, 4년제 대학교의 교육기관 및 훈련기관, 직장교육기관 등에서 표준교재로 활용할 수 있으며 교육과정 개편 시에도 유용하게 참고할 수 있습니다.

NCS와 NCS 학습모듈의 연결 체제

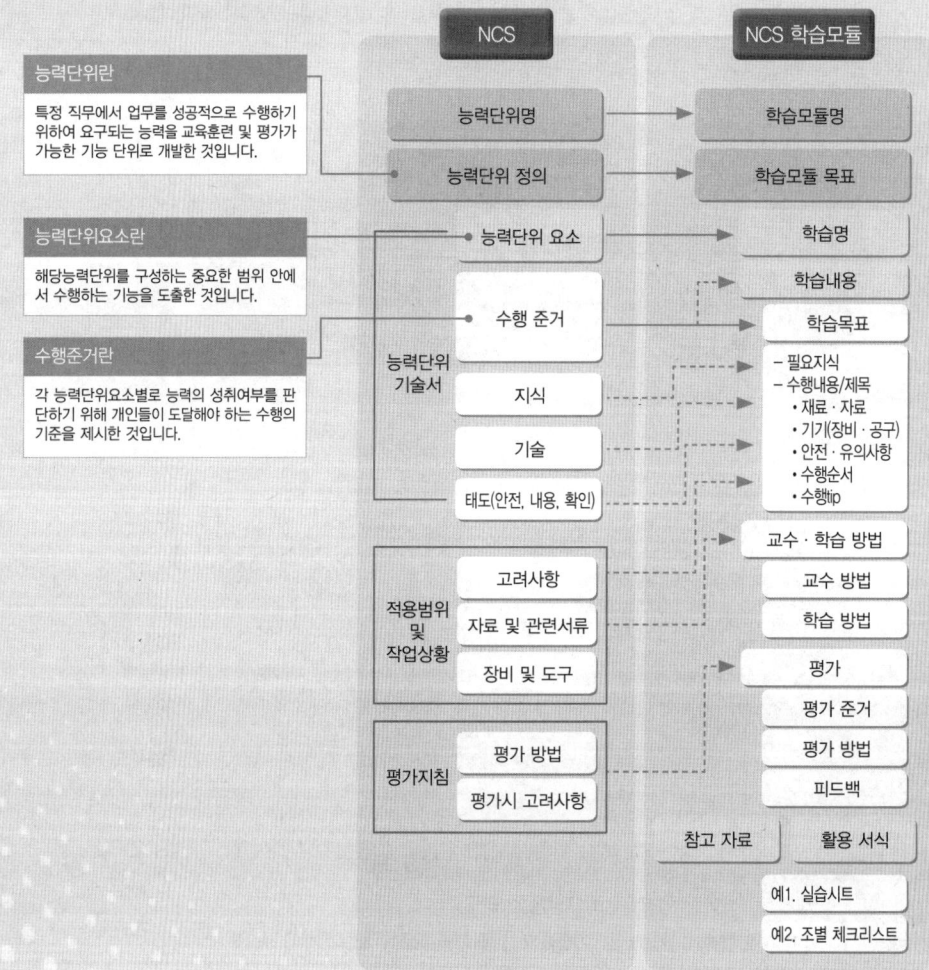

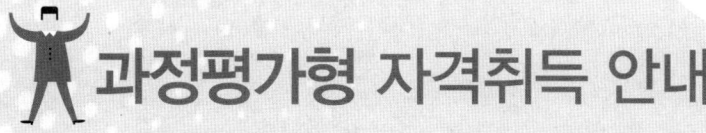

과정평가형 자격취득 안내

과정평가형 자격

과정평가형 자격은 국가기술자격법에 근거하여 국가직무능력표준(NCS)에 따라 설계된 교육·훈련과정을 체계적으로 이수한 교육·훈련생에게 내·외부 평가를 통해 국가기술자격증을 부여하는 새로운 개념의 국가기술자격 취득 제도로서 2015년부터 시행되고 있다.

과정평가형 자격 운영 절차

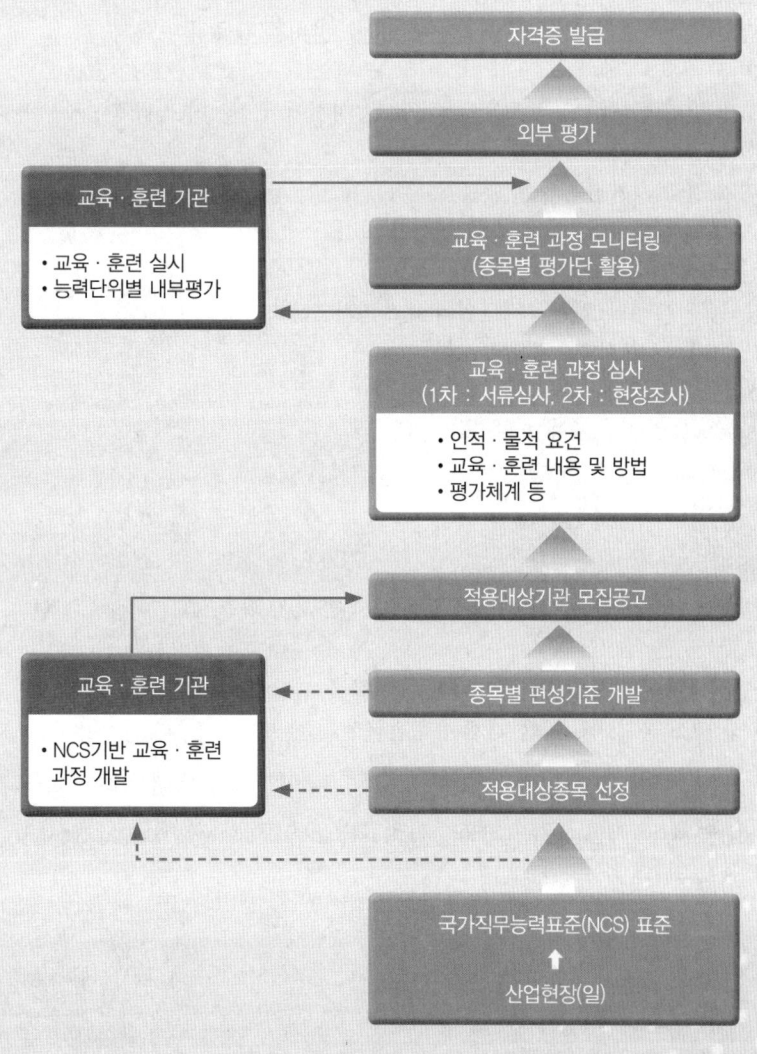

시행 대상

국가기술자격법의 과정평가형 자격 신청자격에 충족한 기관 중 공모를 통하여 지정된 교육·훈련 기관의 단위과정별 교육·훈련을 이수하고 내부평가에 합격한 자

교육·훈련생 평가

① 내부평가(지정 교육·훈련기관)
  ㉮ 평가대상 : 능력단위별 교육·훈련과정의 75% 이상 출석한 교육·훈련생
  ㉯ 평가방법
    ㉠ 지정받은 교육·훈련과정의 능력단위별로 평가
    ㉡ 능력단위별 내부평가 계획에 따라 자체 시설·장비를 활용하여 실시
  ㉰ 평가시기
    ㉠ 해당 능력단위에 대한 교육·훈련이 종료된 시점에서 실시하고 공정성과 투명성이 확보되어야 함
    ㉡ 내부평가 결과 평가점수가 일정수준(40%) 미만인 경우에는 교육·훈련기관 자체적으로 재교육 후 능력단위별 1회에 한해 재평가 실시
② 외부평가(한국산업인력공단)
  ㉮ 평가대상 : 단위과정별 모든 능력단위의 내부평가 합격자
  ㉯ 평가방법 : 1차·2차 시험으로 구분 실시
    ㉠ 1차 시험 : 지필평가(주관식 및 객관식 시험)
    ㉡ 2차 시험 : 실무평가(작업형 및 면접 등)

합격자 결정 및 자격증 교부

① 합격자 결정 기준
  내부평가 및 외부평가 결과를 각각 100점을 만점으로 하여 평균 80점 이상 득점한 자
② 자격증 교부
  기업 등 산업현장에서 필요로 하는 능력보유 여부를 판단할 수 있도록 교육·훈련 기관명·기간·시간 및 NCS 능력단위 등을 기재하여 발급

> NCS 및 과정평가형 자격에 대한 내용은 NCS국가직무능력표준 홈페이지(www.ncs.go.kr)에서 보다 자세하게 살펴볼 수 있습니다.

CBT 필기시험제도 안내

변경된 제도 개요

기능사 CBT(컴퓨터 기반 시험) 필기시험제도는 한국산업인력공단 상설시험장과 외부기관의 시설 및 장비를 임차하여 시행하기 때문에 시험장 사정에 따라 시험일자가 달라질 수 있으며, 수험생들이 선호하는 시험장은 조기 마감될 수 있으므로 주의하여야 합니다.

원서접수 기간 및 접수처

- 한국산업인력공단이 주관 및 시행하는 기능사 정기 CBT 필기시험 및 상시 CBT 필기시험과 관련한 정보는 큐넷 홈페이지(http://www.q-net.or.kr)를 방문하여 확인합니다.
- 기능사 필기시험의 원서접수는 인터넷으로만 가능하며 정기 및 상시시험 모두 큐넷 홈페이지(http://www.q-net.or.kr)에서 접수할 수 있습니다.
- 기능사 상시시험 종목 : 한식조리기능사, 양식조리기능사, 일식조리기능사, 중식조리기능사, 제과기능사, 제빵기능사, 미용사(일반), 미용사(피부), 미용사(네일), 미용사(메이크업), 굴착기운전기능사, 지게차운전기능사, 건축도장기능사, 방수기능사 [14종목]
  ※ 건축도장기능사, 방수기능사 2종목은 정기검정과 병행 시행

CBT 부별 시험시간 안내

구분	입실시간	시험시간	비고
1부	09:30	09:50 ~ 10:50	
2부	10:00	10:20 ~ 11:20	
3부	11:00	11:20 ~ 12:20	
4부	11:30	11:50 ~ 12:50	
5부	13:00	13:20 ~ 14:20	시험실 입실 시간은 시험 시작 20분 전
6부	13:30	13:50 ~ 14:50	
7부	14:30	14:50 ~ 15:50	
8부	15:00	15:20 ~ 16:20	
9부	16:00	16:20 ~ 17:20	
10부	16:30	16:50 ~ 17:50	

※시행지역별 접수인원에 따라 일일 시행횟수는 변동될 수 있으며, 지역에 따라 원거리 시험장으로 이동할 수 있습니다.

합격자 발표

종이 시험과 달리 CBT 필기시험은 시험이 종료된 후 시험점수와 함께 합격 여부를 확인할 수 있으며, 이 결과는 시험일정 상의 합격자 발표일에 최종 확인할 수 있습니다.

CBT 필기시험 체험하기

01 CBT 필기시험 응시를 위해 지정된 좌석에 앉으면 해당 컴퓨터 단말기가 시험감독관 서버에 연결되었음을 알리는 연결 성공 메시지가 나타납니다.

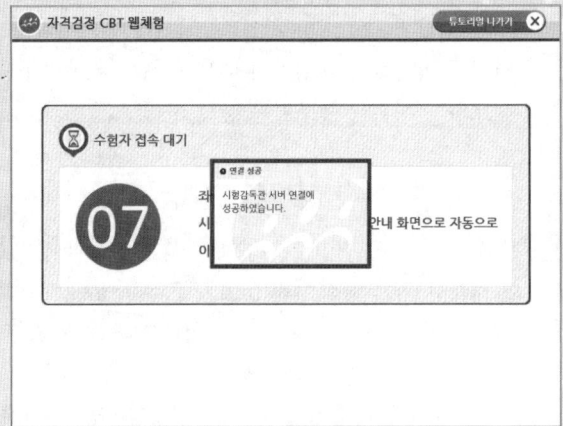

02 수험자 접속 대기 화면에서 좌석번호를 확인합니다. 좌석번호 확인이 끝나면 시험감독관의 지시에 따라 시험 안내 화면으로 자동으로 이동합니다.

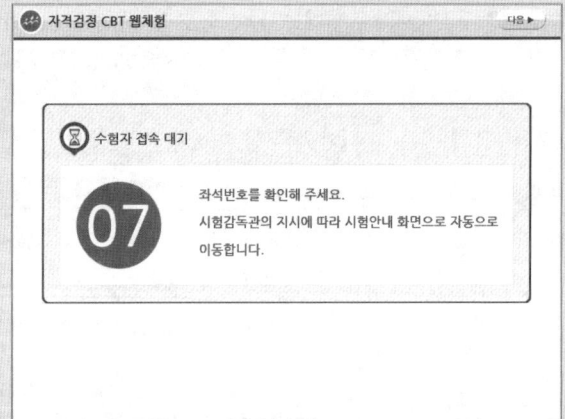

03 수험자 정보를 확인합니다. 감독관의 신분 확인 절차가 진행됩니다. 신분 확인이 모두 끝나면 시험을 시작할 수 있습니다.

04 CBT 필기시험에 대한 안내사항이 나타납니다. 화면은 예제이며, 실제 기능사 필기시험은 총 60문제로 구성되며, 60분간 진행됩니다.

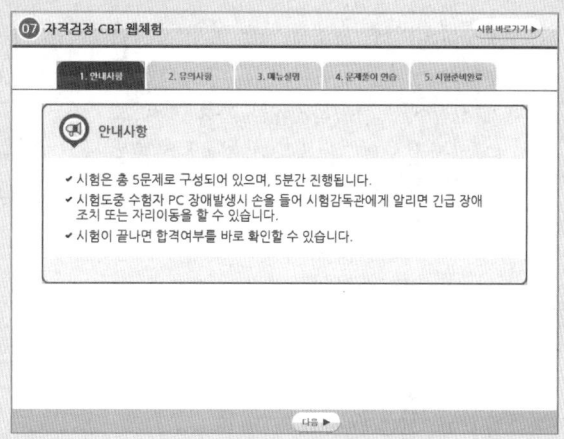

05 다음 항목에서 시험과 관련된 유의사항을 확인합니다. 특히, 시험과 관련한 부정행위 적발 시 퇴실과 함께 해당 시험은 무효처리되어 불합격 될 뿐만 아니라, 이후 3년간 국가기술자격검정에 응시할 수 있는 자격이 정지되므로 부정행위로 인정되는 내용을 꼼꼼히 확인하도록 합니다.

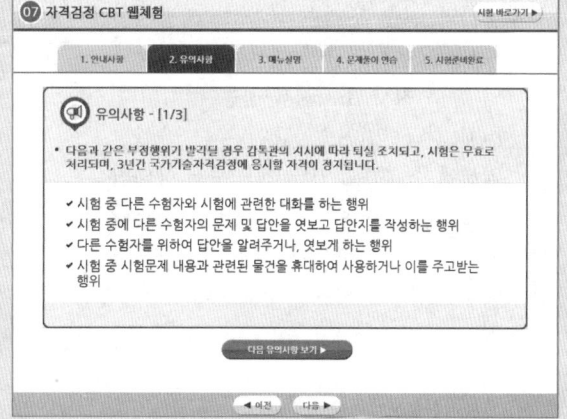

06 메뉴설명 항목에서는 문제풀이와 관련된 메뉴에 대한 설명을 확인할 수 있습니다. CBT 화면에서는 글자 크기를 크게 하거나 작게 할 수 있을 뿐 아니라, 화면 배치를 1단 또는 2단 화면 보기 혹은 한 문제씩 보기로 선택할 수 있습니다.

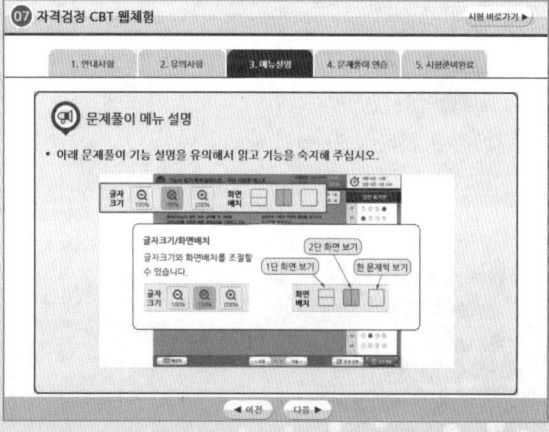

07 문제풀이 연습 항목에서는 실제 문제를 풀어보는 과정을 연습할 수 있습니다. 실제 시험에서 실수하지 않도록 하기 위해 [자격검정 CBT 문제풀이 연습] 버튼을 클릭합니다.

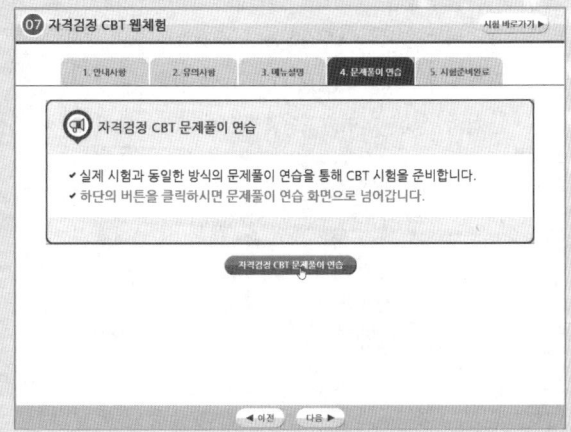

08 보기의 연습 문제는 국가기술자격시험의 정부 위탁기관인 한국산업인력공단의 본부 청사 소재지를 묻는 것입니다. 현재 한국산업인력공단 본부는 울산광역시에 소재하고 있습니다. 문제 아래의 보기에서 번호 항목을 클릭하거나 답안 표기란의 번호 항목에서 해당 답안을 클릭하여 답안을 체크합니다.

09 문제 아래의 보기를 클릭하거나 오른쪽 답안 표기란의 답안 항목을 클릭하면 화면과 같이 선택한 답안이 OMR 카드에 색칠한 것과 같이 색이 채워집니다.

답안을 수정할 때는 마찬가지 방법으로 수정하고자 하는 문제의 보기 항목이나 답안 표기란의 보기 항목에서 수정하고자 하는 답안을 클릭합니다.

10 문제를 풀고 나면 다음 문제를 풀기 위해 화면 하단의 [다음] 버튼을 클릭하여 문제를 계속 풀어나가면 됩니다. 참고로 하단 버튼 중 [계산기]를 클릭하면 간단한 공학용 계산기를 사용하여 계산 문제를 푸는 데 도움을 받을 수 있습니다.

계산이 끝나고 계산기를 화면에서 사라지게 하려면 계산기 창의 오른쪽 상단에 있는 닫기 ☒ 버튼을 클릭합니다.

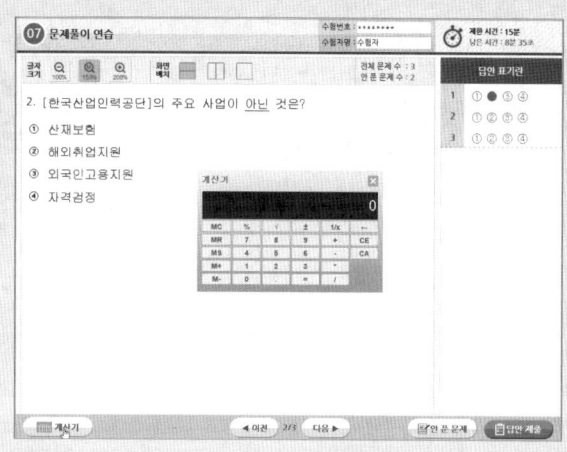

11 문제 풀이 연습이 끝나면 하단의 [답안 제출] 버튼을 클릭하여 답안을 제출합니다.

어려운 문제의 경우 하단의 [다음] 버튼을 클릭하여 다음 문제를 풀 수도 있습니다. 단, 이러한 경우 답안을 제출하기 전에 하단의 [안 푼 문제] 버튼을 클릭하여 혹시 풀지 않은 문제가 있는 지 최종적으로 확인하도록 합니다.

12 답안 제출을 클릭하면 나타나는 화면입니다. 수험생들이 실수로 답안을 모두 체크하지 않고 제출할 수 있는 실수를 방지하기 위해 2회에 걸쳐 주의 화면이 나타납니다. 답안을 제출하려면 [예] 버튼을 누릅니다.

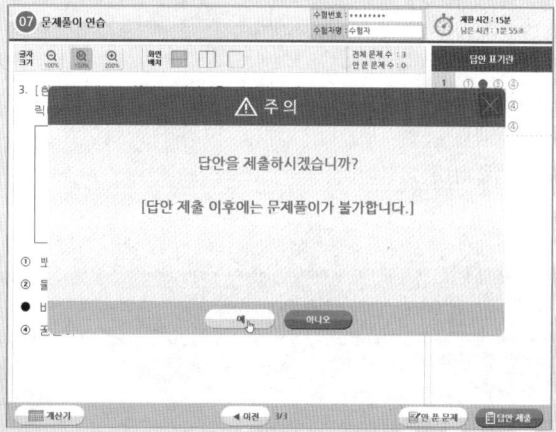

13 문제풀이 연습을 모두 마치면 나타나는 화면에서 [시험 준비 완료] 버튼을 클릭합니다. 이후 시험 시간이 되면 시험감독관의 지시에 따라 시험이 자동으로 시작됩니다.

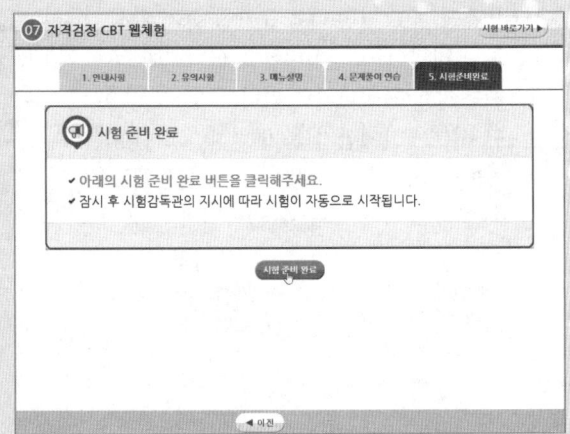

14 본 시험이 시작되면 첫 번째 문제가 화면에 나타납니다. 앞서 문제풀이 연습 때와 마찬가지 방법으로 문제의 보기에서 정답을 클릭하거나 답안 표기란에 해당 문제의 정답 항목을 클릭하여 답을 선택합니다.

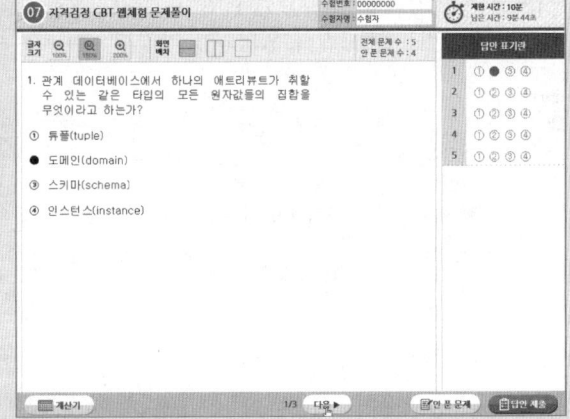

15 화면 하단의 [다음] 버튼을 클릭하면 다음 문제를 풀 수 있습니다. 앞서와 마찬가지 방법으로 답안에 체크하고 모든 문제를 풀었다면 [답안 제출] 버튼을 클릭합니다.

화면의 상단 오른쪽에 제한 시간과 남은 시간이 표시됩니다. 본 예제는 체험을 위한 것으로 실제 시험시간은 60분이며, 이에 따라 남은 시간도 표시됩니다.

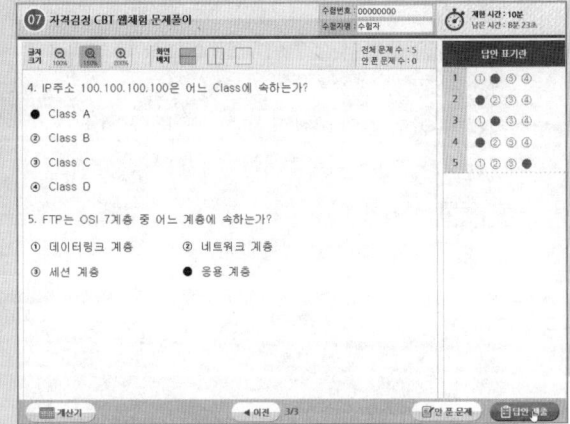

16 수험생의 실수를 방지하기 위해 2회에 걸쳐 주의 문구가 출력됩니다. 모든 문제를 이상없이 풀고 답안에 체크했다면 [예] 버튼을 클릭하여 답안을 제출하고 시험을 마무리합니다.

> 문제 화면으로 다시 돌아가고자 한다면 [아니오] 버튼을 클릭하여 이미 푼 문제들을 다시 확인하고 필요한 경우 답안을 수정할 수 있습니다.

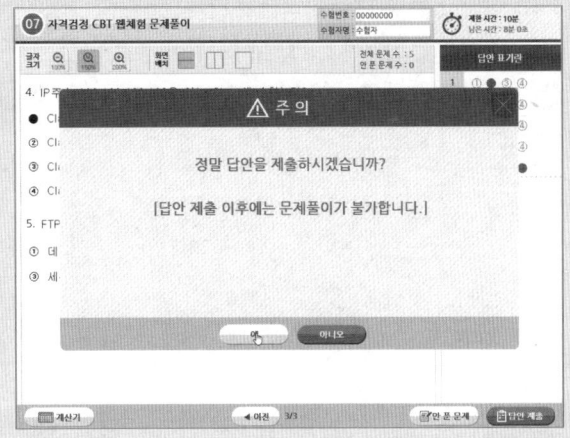

17 답안 제출 화면이 나타납니다. 잠시 기다립니다.

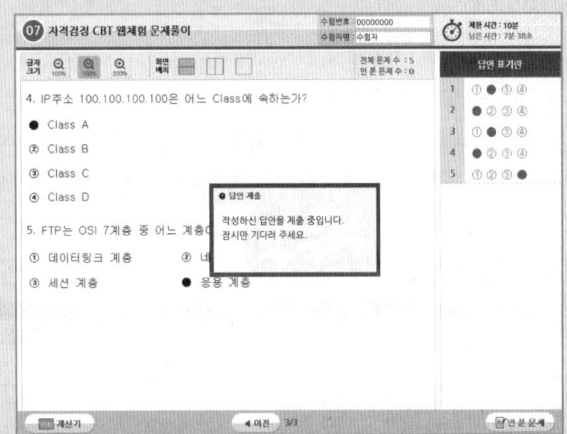

18 CBT 필기시험을 모두 끝내고 답안을 제출하면 곧바로 합격, 불합격 여부를 화면과 같이 확인할 수 있습니다. 독자분들은 꼭 화면과 같은 합격 축하 문구를 볼 수 있기를 기원합니다.

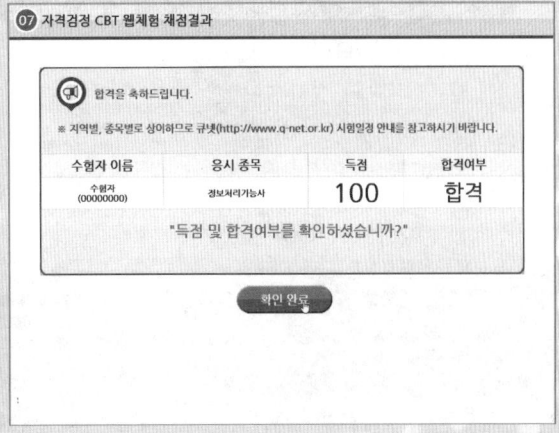

19 앞서의 합격 여부 화면에서 [확인 완료] 버튼을 클릭하면 CBT 필기시험이 종료됩니다. 고생하셨습니다.

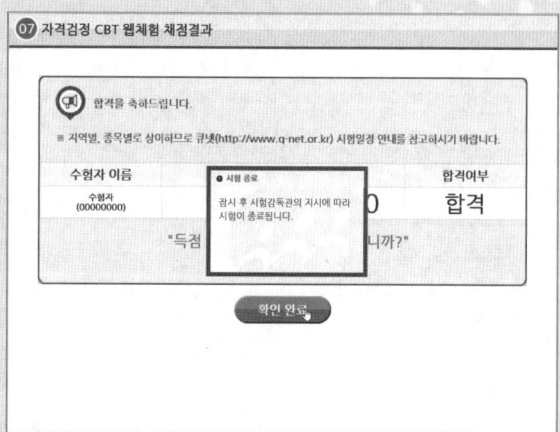

본 도서에 수록된 CBT 필기시험 체험하기 내용은 한국산업인력공단의 CBT 체험하기 과정을 인용하여 구성 및 정리한 것입니다. 직접 한국산업인력공단에서 제공하는 CBT 필기시험을 체험하고자 하는 독자께서는 한국산업인력공단이 운영하는 큐넷 홈페이지(www.q-net.or.kr)를 방문하시기 바랍니다.

INTRO 00

머리말
기술검정안내
NCS(국가직무능력표준) 안내
CBT 필기시험제도 안내

PART 01

핵심이론 요약

CHAPTER 01 승강기개론
01 승강기의 종류 ················· 024
02 승강기의 원리 ················· 028
03 유압승강기 ···················· 045
04 에스컬레이터 ················· 053
05 특수승강기 ···················· 057

CHAPTER 02 안전관리 및 보수
01 승강기 안전관리 ·············· 059
02 이상시의 제현상과 재해방지 · 065
03 기계기구와 그 설비의 안전 ·· 068
04 안전점검 ······················ 073
05 승강기 검사기준 ·············· 075
06 승강기 자체점검 ·············· 093

CHAPTER 03 기계·전기 기초이론
01 승강기 재료의 역학적 성질에 관한 기초 ······ 106
02 승강기 주요 기계요소별 구조와 원리 ········· 110
03 승강기 요소 측정 및 시험 ···· 116
04 전기 기초이론 ················· 119
05 제어시스템 ···················· 138

PART 02 승강기기능사 필기 기출문제

승강기기능사 2012년 기출문제 2회 ·············· 146
승강기기능사 2012년 기출문제 3회 ·············· 156
승강기기능사 2013년 기출문제 1회 ·············· 165
승강기기능사 2013년 기출문제 2회 ·············· 174
승강기기능사 2013년 기출문제 3회 ·············· 184
승강기기능사 2014년 기출문제 1회 ·············· 194
승강기기능사 2014년 기출문제 2회 ·············· 204
승강기기능사 2014년 기출문제 3회 ·············· 214
승강기기능사 2015년 기출문제 1회 ·············· 224
승강기기능사 2015년 기출문제 2회 ·············· 234
승강기기능사 2015년 기출문제 3회 ·············· 243
승강기기능사 2015년 기출문제 4회 ·············· 252
승강기기능사 2016년 기출문제 1회 ·············· 262
승강기기능사 2016년 기출문제 2회 ·············· 271
승강기기능사 2016년 기출문제 3회 ·············· 280

PART 03 CBT 대비 적중모의고사

승강기기능사 적중모의고사 제1회 ·············· 292
승강기기능사 적중모의고사 제2회 ·············· 302
승강기기능사 적중모의고사 제3회 ·············· 312
승강기기능사 적중모의고사 제4회 ·············· 322
승강기기능사 적중모의고사 제5회 ·············· 332

승강기기능사 용어 변경 사항

2019년 4월 이전까지 적용되었던 승강기 안전검사기준이 전부 개정된 승강기안전부품 안전기준 및 승강기 안전기준으로 변경되어 이를 기점으로 승강기 관련 주요 용어가 변경되었습니다.
이에 한국산업인력공단이 주관하는 승강기기능사 시험문제에서도 해당 용어가 일부 혼용되어 출제될 수 있으므로 변경된 내용을 정확히 숙지하시기를 당부드립니다. 특히, 본 도서에 수록되어 있는 기출문제의 경우 이미 출제되었던 문제이므로 기존 용어가 부분적으로나마 사용될 수 있음에 유의하시기 바랍니다.

기존 용어	현재 용어	영문 표기	비고
조속기	과속조절기	overspeed governor	엘리베이터가 미리 설정된 속도에 도달할 때 엘리베이터를 정지시키도록 하고, 필요한 경우에는 추락방지안전장치를 작동시키는 장치
비상정지장치	추락방지안전장치	safety gear	과속이 발생하거나 로프 등 매다는 장치가 파단 될 경우, 주행안내 레일 상에서 엘리베이터의 카 또는 균형추를 정지시키고 그 정지 상태를 유지하기 위한 기계장치
스텝	디딤판	step	에스컬레이터에 있어서 사람이나 물건을 싣고 이동하는 구성품을 말하며, 스텝 트레드, 스텝 라이저, 스텝 롤러 등으로 이루어짐
팔레트	디딤판	pallet	무빙워크에 있어서 사람이나 물건을 싣고 이동하는 구성품
도어인터록	출입문 잠금장치	door interlock	• 승강장문 잠금장치 : 엘리베이터 및 수직형 휠체어리프트의 카가 정지해 있지 않은 층에서는 승강장문이 열리지 않도록 문을 잠그고, 정지해 있는 층의 승강장문이 열려 있을 경우에는 전기적으로 회로가 열린 상태가 되어 카가 출발하지 않도록 하는 안전장치 • 카문 잠금장치 : 엘리베이터의 카가 잠금해제구간을 벗어난 위치에서는 카문이 열리지 않도록 문을 잠그고, 정지해 있는 층의 카문이 열려 있을 경우에는 전기적으로 회로가 열린 상태가 되어 카가 출발하지 않도록 하는 안전장치
가이드 레일	주행안내 레일	guide rails	카, 균형추 또는 평형추의 주행 안내를 위해 설치된 고정부품
핸드레일	손잡이	handrail	에스컬레이터 또는 무빙워크를 사용하는 동안 손으로 잡을 수 있는 전동식 이동 레일
덤웨이터	소형화물용 엘리베이터	dumbwaiter	정격하중이 300kg 이하이고, 정격속도가 1m/s 이하(바닥면적이 0.5m^2 이하이고 높이가 0.6m 이하인 것은 제외)
구동체인 안전장치	과속역행 방지장치	broken-chain device	에스컬레이터 및 경사형 무빙워크에서 사용되는 안전장치
케이지	카	cage, car	사람 또는 화물을 운송하는 운반구
균형체인	보상체인	compensating chain	카의 위치변화에 따른 로프의 무게 보상
균형로프	보상로프	compensating rope	카의 위치변화에 따른 주로프의 무게에 의한 권상비 보상
비상용 엘리베이터	소방구조용 엘리베이터	-	화재 등 비상시 소방관의 소화활동이나 구조활동에 적합하게 제조·설치된 엘리베이터(건축법에 따른 비상용승강기를 말한다)로서 평상시에는 승객용 엘리베이터로 사용하는 엘리베이터

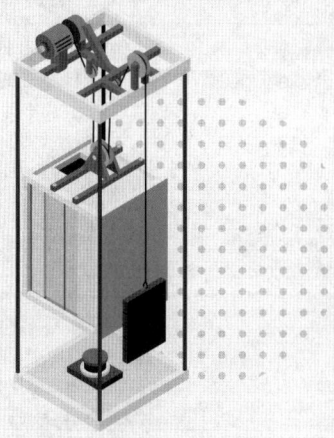

승 강 기 기 능 사
Craftsman Elevator

PART 01

핵심이론요약

CHAPTER

01. 승강기개론
02. 안전관리 및 보수
03. 기계·전기 기초이론

CHAPTER 01 승강기개론

Craftsman Elevator

Lesson 01 승강기의 종류

1 구조별 승강기의 세부종류

구분	승강기의 세부종류	분류기준
엘리베이터	전기식 엘리베이터	로프나 체인 등에 매달린 운반구(運搬具)가 구동기에 의해 수직로 또는 경사로를 따라 운행되는 구조의 엘리베이터
	유압식 엘리베이터	운반구 또는 로프나 체인 등에 매달린 운반구가 유압잭에 의해 수직로 또는 경사로를 따라 운행되는 구조의 엘리베이터 • 직접 유압식 엘리베이터 : 램 또는 실린더가 카 또는 슬링에 직접 연결되어 있는 유압식 엘리베이터 • 간접 유압식 엘리베이터 : 램이나 실린더가 매다는 장치(로프, 벨트 또는 체인 등)에 의해 카 또는 카 슬링에 연결된 유압식 엘리베이터
에스컬레이터	에스컬레이터	계단형의 발판이 구동기에 의해 경사로를 따라 운행되는 구조의 에스컬레이터
	무빙워크	평면형의 발판이 구동기에 의해 경사로 또는 수평로를 따라 운행되는 구조의 에스컬레이터
휠체어리프트	수직형 휠체어리프트	휠체어의 운반에 적합하게 제작된 운반구(휠체어운반구라 한다) 또는 로프나 체인 등에 매달린 휠체어운반구가 구동기나 유압잭에 의해 수직로를 따라 운행되는 구조의 휠체어리프트
	경사형 휠체어리프트	휠체어운반구 또는 로프나 체인 등에 매달린 휠체어운반구가 구동기나 유압잭에 의해 경사로를 따라 운행되는 구조의 휠체어리프트

2 용도별 엘리베이터의 세부종류

세부종류	분류기준
승객용 엘리베이터	사람의 운송에 적합하게 제조·설치된 엘리베이터
전망용 엘리베이터	승객용 엘리베이터 중 엘리베이터 내부에서 외부를 전망하기에 적합하게 제조·설치된 엘리베이터
병원용 엘리베이터	병원의 병상 운반에 적합하게 제조·설치된 엘리베이터로서 평상시에는 승객용 엘리베이터로 사용하는 엘리베이터
장애인용 엘리베이터	장애인등의 운송에 적합하게 제조·설치된 엘리베이터로서 평상시에는 승객용 엘리베이터로 사용하는 엘리베이터
소방구조용 엘리베이터	화재 등 비상시 소방관의 소화활동이나 구조활동에 적합하게 제조·설치된 엘리베이터(건축법에 따른 비상용승강기를 말한다)로서 평상시에는 승객용 엘리베이터로 사용하는 엘리베이터
피난용 엘리베이터	화재 등 재난 발생 시 거주자의 피난활동에 적합하게 제조·설치된 엘리베이터로서 평상시에는 승객용으로 사용하는 엘리베이터
주택용 엘리베이터	단독주택 거주자의 운송에 적합하게 제조·설치된 엘리베이터로서 왕복 운행거리가 12m 이하인 엘리베이터
승객화물용 엘리베이터	사람의 운송과 화물 운반을 겸용하기에 적합하게 제조·설치된 엘리베이터
화물용 엘리베이터	화물의 운반에 적합하게 제조·설치된 엘리베이터로서 조작자 또는 화물취급자가 탑승할 수 있는 엘리베이터(적재용량이 300kg 미만인 것은 제외한다)
자동차용 엘리베이터	운전자가 탑승한 자동차의 운반에 적합하게 제조·설치된 엘리베이터
소형화물용 엘리베이터 (Dumbwaiter)	음식물이나 서적 등 소형 화물의 운반에 적합하게 제조·설치된 엘리베이터로서 사람의 탑승을 금지하는 엘리베이터(바닥면적이 $0.5m^2$ 이하이고, 높이가 0.6m 이하인 것은 제외한다)

3 용도별 에스컬레이터의 세부종류

세부종류	분류기준
승객용 에스컬레이터	사람의 운송에 적합하게 제조·설치된 에스컬레이터
장애인용 에스컬레이터	장애인등의 운송에 적합하게 제조·설치된 에스컬레이터로서 평상시에는 승객용 에스컬레이터로 사용하는 에스컬레이터
승객화물용 에스컬레이터	사람의 운송과 화물 운반을 겸용하기에 적합하게 제조·설치된 에스컬레이터
승객용 무빙워크	사람의 운송에 적합하게 제조·설치된 에스컬레이터
승객화물용 무빙워크	사람의 운송과 화물의 운반을 겸용하기에 적합하게 제조·설치된 에스컬레이터

4 용도별 휠체어리프트의 세부종류

세부종류	분류기준
장애인용 수직형 휠체어리프트	운반구가 수직로를 따라 운행되는 것으로서 장애인등의 운송에 적합하게 제조·설치된 수직형 휠체어리프트
장애인용 경사형 휠체어리프트	운반구가 경사로를 따라 운행되는 것으로서 장애인등의 운송에 적합하게 제조·설치된 경사형 휠체어리프트

5 동력매체별 분류

(1) 전기식(로프식)
로프에 케이지를 매달아 전동기의 동력으로 운행하는 방식으로 견인식과 권동식으로 나누어 진다.

(2) 유압식
유체압력에 의해 카(케이지)를 이동시키고 플런저로 직접 카(케이지)를 지탱해 주는 직접식과 로프나 체인에 의해 카(케이지)를 움직이는 간접식이 있다.

(3) 스크루(screw)식 : 나사의 홈 기둥을 따라 카(케이지)를 이동시키는 방식이다.

(4) 래크·피니언(rack-pinion)식
레일에 래크 톱니를 만들고 카(케이지)에 피니언을 만들어 카(케이지)를 상하로 움직이게 한 것으로 공사현장 및 승강행정을 자주 바꾸는 곳에 사용되는 방식이다.

6 속도별 분류

분류	속도		용도
저속 엘리베이터	0.75m/s 이하	45m/min 이하	소형 빌딩
중속 엘리베이터	1~4m/s	60~240m/min	아파트 및 중형 빌딩
고속 엘리베이터	4~6m/s	240~360m/min	대형 빌딩 및 대형 백화점
초고속 엘리베이터	6m/s 이상	360m/min 이상	초고층 빌딩

7 운전방식에 따른 분류

운전자에 의한 운전방식, 자동식, 평상시에는 운전자가 운전하고 한가할 때는 자동식으로 전환하는 방식, 평상시에는 자동운전하고 특별한 경우에 운전자가 운전하는 방식

(1) **단독운전** : 1대

(2) **병렬운전** : 2대 이상

(3) **무운전원 방식**

　① **단식자동식** : 승강장 버튼은 오름·내림 공용방식으로 먼저 눌러진 호출에 응답하고, 운행 중 다른 호출에는 응하지 않는 방식(용도 : 자동차용, 화물용)
　② **하강승합자동식** : 2층 이상의 승강장에는 하강 방향의 버튼만 있다. 중간층에서 위로 올라갈 때는 1층에 내려와서 올라가야만 하는 방식(용도 : 사생활침해방지, 방범용, 홍콩 및 유럽 등)
　③ **승합전자동식** : 승강장의 버튼이 상승, 하강의 2개 버튼으로 되어있어 기억시키면서 동작하며, 카 진행 방향일 경우에는 응답하여 오르내리는 방식(용도 : 1대 승용엘리베이터)

(4) **복수 엘리베이터 조작방식**

　① **군승합자동식**
　　2~3대의 엘리베이터를 연계한 후 호출에 대해 먼저 응답한 카만 움직이고 나머지는 응답하지 않아 효율적으로 이용이 가능하다.
　② **군관리방식**
　　3~8대의 엘리베이터를 병설로 하여 합리적으로 운행·관리하는 방식이다.

Lesson 02　승강기의 원리

1 승강기의 구조 및 원리

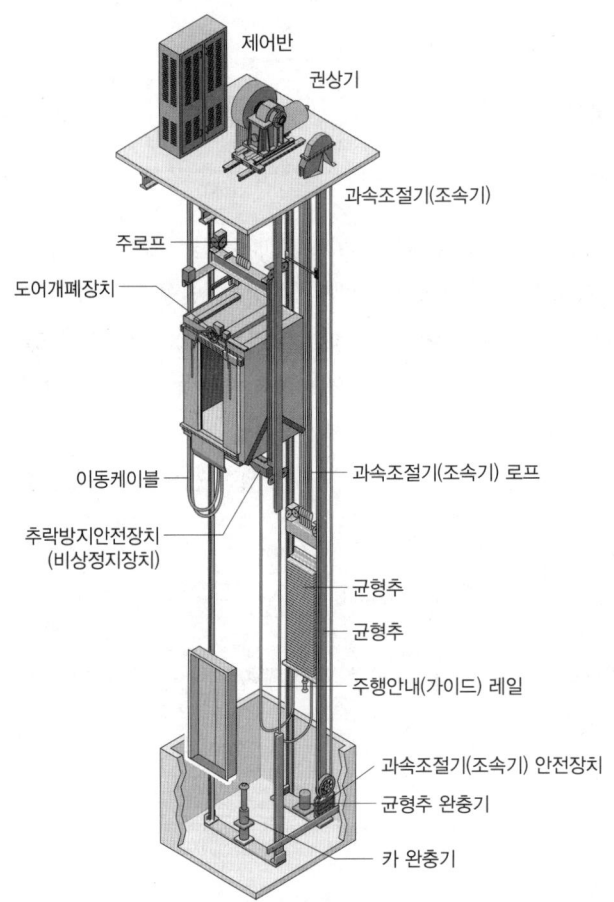

1. 권상기

주로프가 걸린 도르래를 회전시켜 카를 구동하는 기계장치로 동력장치, 전동기, 감속기, 제동기(브레이크) 등으로 구성

(1) 권상기의 형식
① **기어드 방식** : 전동기의 회전을 감속시키기 위하여 기어를 부착한 것으로 웜기어 및 헬리컬기어를 사용한다.
② **기어리스 방식** : 기어를 사용하지 않고 전동기 회전축에 도르래(시브: sheave)를 부착한 것으로 속도가 120m/min 이상의 엘리베이터에 적용된다.

(2) 전동기
① **직류전동기** : 타여자 직류전동기를 워드-레오나드 방식으로 사용
② **교류전동기** : 3상유도전동기를 주로 사용

(3) 권상기의 제동기(브레이크)

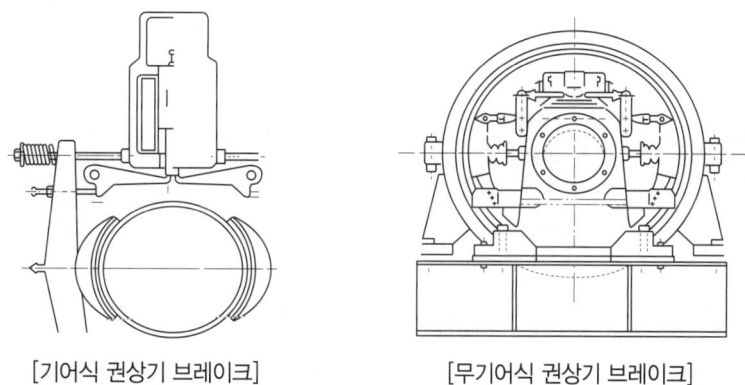

[기어식 권상기 브레이크]　　　[무기어식 권상기 브레이크]

① 카가 정격속도로 정격하중의 125%를 싣고 하강방향으로 운행될 때 구동기를 정지시킬 수 있어야 하며, 이 조건에서 카의 감속도는 추락방지안전장치의 작동 또는 카가 완충기에 정지할 때 발생되는 감속도를 초과하지 않아야 한다.

② 제동시간

$$t = \frac{120d}{V}[S]$$ (V : 엘리베이터의 속도[m/min], d : 제동후 이동거리[m])

2. 주로프(Main rope)

승강기와 균형추를 매다는 것

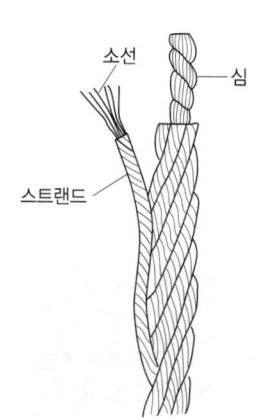

(1) 와이어로프의 구성
와이어로프는 강성(=소선)을 여러 개 합해 꼬아 작은 줄(스트랜드)를 만들고, 이 줄을 꼬아 로프를 만드는데 그 중심에 심(대마를 꼬아 윤활유를 침투시킨 것)을 넣는다.

(2) 꼬임모양과 방향에 따른 구분

① **보통꼬임** : 스트랜드에 있어서 올의 꼬인 방향과 로프에 있어서 스트랜드가 꼬인 방향이 반대

② **랭꼬임** : 와이어로프의 꼬임이 스트랜드의 꼬임 방향과 일치

보통 Z꼬임　　　보통 S꼬임　　　랭 Z꼬임　　　랭 S꼬임

(3) 로핑

① **로핑방식** : 로프를 1:1로 걸때에는 로프장력은 부하측의 중력과 동일하지만 로프를 직접 부하측에 꿀어 정지시키지 않고 도르래를 통하여 이것을 끌어올리고, 로프장력은 부하측 중력의 1/2로 되며 부하측의 속도도 1/2로 줄어든다. 이 로핑을 2:1 로핑이라 한다.

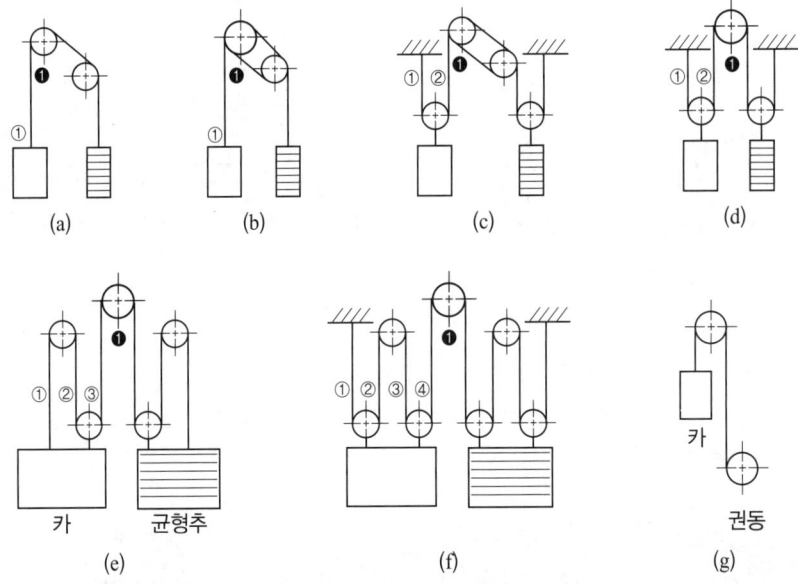

그림	로핑	로프 걸기방식	용도
a	1:1	싱글 랩	주로 중저속
b	1:1	더블 랩	주로 고속에서 초고속
c	2:1	더블 랩	주로 고속에서 초고속
d	2:1	싱글 랩	주로 화물용
e	3:1	싱글 랩	주로 대형 화물용
f	4:1	싱글 랩	주로 대형 화물용
g	1:1	권동식	주로 중저층 주택용

(3) 설치

① 주로프(현수로프)의 공칭 직경이 8mm 이상이어야 하며 KS D ISO 4344에 적합하거나 동등 이상이어야 한다.
② 로프는 3가닥 이상이어야 한다. 다만, 포지티브 구동식 엘리베이터의 경우에는 로프 및 체인을 2가닥 이상으로 할 수 있다.
③ 로프는 독립적이어야 한다.
④ 권상도르래, 풀리 또는 드럼과 주로프의 공칭 직경사이의 비는 스트랜드의 수와 관계없이 40 이상이어야 한다.
⑤ 주로프의 안전율은 12 이상이어야 한다.(현수체인을 사용할 경우 현수체인의 안전율은 10 이상)
⑥ 로프의 끝 부분은 카, 균형추(또는 평형추) 또는 현수되는 지점에 금속 또는 수지로 채워진 소켓, 자체 조임 쐐기형식의 소켓 또는 안전상 이와 동등한 기타 시스템에 의해 고정되어야 한다.
⑦ 로프의 마모 및 파손상태는 가장 심한 부분에서 검사하여 아래의 규정에 합격하여야 한다.

마모 및 파손상태	기준
소선의 파단이 균등하게 분포되어 있는 경우	1구성 꼬임(스트랜드)의 1꼬임 피치내에서 파단수 4 이하
파단 소선의 단면적이 원래의 소선 단면적의 70% 이하로 되어 있는 경우 또는 녹이 심한 경우	1구성 꼬임(스트랜드)의 1꼬임 피치내에서 파단수 2 이하
소선의 파단이 1개소 또는 특정의 꼬임에 집중되어 있는 경우	소선의 파단총수가 1꼬임 피치내에서 6꼬임 와이어로프이면 12 이하, 8꼬임 와이어로프이면 16 이하
마모부분의 와이어로프의 지름	마모되지 않은 부분의 와이어로프 직경의 90% 이상

3. 주행안내(가이드) 레일

주행안내 레일(Guide rail)은 엘리베이터 등의 카, 균형추 또는 플런저등을 안내하는 궤도로써 승강로 평면 내의 위치를 규제하고 카의 자중이나 하중이 반드시 카의 중심에 없기 때문에 기울어짐을 막아내고, 더욱이 추락방지안전장치(비상정지장치)가 작동했을 때의 수직하중을 유지하는 기능을 담당한다.

① 일반적으로 단면이 T자형인 엘리베이터용 레일이 이용되고 1m당 중량에 따라 8K, 13K, 18K, 24K, 30K 레일 등의 종류가 있다.
② 레일의 표준길이는 5m이다.

4. 추락방지안전장치(비상정지장치)

(1) 추락방지안전장치의 개요
① 추락방지안전장치(safety gear)란 과속이 발생하거나 로프 등 매다는 장치가 파단 될 경우, 주행안내 레일 상에서 엘리베이터의 카 또는 균형추를 정지시키고 그 정지 상태를 유지하기 위한 기계장치를 말한다.
② 추락방지안전장치는 전기식(로프식) 엘리베이터 또는 간접식 유압 엘리베이터에서 카(car) 측에 설치하도록 한다.
③ 승강로 하부에 접근할 수 있는 공간 즉, 피트 바닥 직하부에 사람이 상주하는 공간 또는 상시 출입하는 통로나 공간이 있는 경우 균형추 또는 평형추에 추락방지안전장치가 설치되어야 한다.

(2) 추락방지안전장치의 동작
① 매다는 장치의 파손, 즉 로프 등이 끊어지더라도 과속조절기(조속기)의 차단속도에서 하강방향으로 작동하여 주행안내(가이드) 레일을 잡아 정격하중의 카를 정지시킬 수 있어야 한다.
② 상승방향으로 작동되는 추가적인 기능을 가진 추락방지안전장치는 카의 상승과속방지장치에 사용될 수 있다.

(3) 추락방지안전장치의 종류
① **즉시 작동형 추락방지안전장치** : 주행안내(가이드) 레일에서 즉각적으로 충분한 제동 작용을 하는 추락방지안전장치
② **완충효과가 있는 즉시 작동형 추락방지안전장치** : 주행안내(가이드) 레일에서 거의 즉각적으로 충분한 제동 작용을 하는 추락방지안전장치나 카 또는 균형추에서의 반작용이 중간의 완충 시스템에 의해 제한되는 추락방지안전장치
③ **점차 작동형 추락방지안전장치** : 주행안내(가이드) 레일에서 제동 작용에 의해 감속을 주는 추락방지안전장치로 허용 가능한 값까지 카 또는 균형추의 작용하는 힘을 제한하기 위해 만들어진 안전장치

(4) 추락방지안전장치의 사용
① 추락방지안전장치는 점차 작동형이어야 한다. 또는 정격속도가 $0.63m/s$를 초과하지 않는 경우, 즉시 작동형일 수 있다.
② 유압식 엘리베이터에서 롤러 형의 추락방지안전장치를 제외하고, 과속조절기(조속기)로 작동되지 않는 즉시 작동형 추락방지안전장치는 럽쳐밸브의 작동 속도나 유량제한기(단방향 유량제한기)의 최대 작동속도가 $0.80m/s$를 초과하지 않는 경우에만 사용할 수 있다.
③ 카, 균형추, 평형추에 여러 개의 추락방지안전장치가 설치된 경우에는 모두 점차 작동형이어야 한다.
④ 정격속도가 $1m/s$를 초과하는 경우, 균형추 또는 평형추의 추락방지안전장치는 점차 작동형이어야 한다. 다만, 정격속도가 $1m/s$ 이하인 경우에는 즉시 작동형으로 할 수 있다.
⑤ 카, 균형추 또는 평형추의 추락방지안전장치의 복귀 및 자동 재설정은 카, 균형추 또는 평형추를 들어 올리는 것에 의해서만 가능해야 한다.

5. 과속조절기(조속기)

(1) 과속조절기 개요

① **과속조절기(governor)** : 기계적 과속 제어기구로 엘리베이터에서 구동로프의 움직임을 멈추고 지지하는 데에 쓰이는 와이어로프 구동방식의 원심력을 이용한 장치

② **과속검출 스위치(overspeed switch)** : 카가 미리 정해진 속도를 초과하여 하강하거나 상승하는 경우, 이를 검출하여 전동기와 브레이크의 전원을 차단하는 장치

③ **캣치(catch)** : 카가 미리 정해진 속도를 초과하여 하강하거나 상승하는 경우, 과속조절기 로프를 붙잡아 추락방지안전장치를 작동시키는 장치

(2) 과속조절기의 종류

① **마찰정지(Traction type)형**
　㉮ 엘리베이터가 과속된 경우, 과속스위치가 이를 검출하여 동력 전원 회로를 차단하고, 전자 브레이크를 작동시켜서 과속조절기 도르래의 회전을 정지시켜 과속조절기 도르래 홈과 로프 사이의 마찰력으로 비상 정지시키는 과속조절기
　㉯ 주로 저속의 화물용 엘리베이터에 사용

② **디스크형**
　㉮ 엘리베이터가 설정된 속도에 달하면 원심력에 의해 진자(振子)가 움직이고 가속 스위치를 작동시켜서 정지시키는 과속조절기
　㉯ 추(錘, weight)형 캣치에 의해 로프를 붙잡아 추락방지안전장치를 작동시키는 추형 방식과 도르래 홈과 슈(shoe) 사이에 로프를 붙잡아 추락방지안전장치를 작동시키는 슈형 방식으로 구분
　㉰ 주로 고속 이하의 승객용 및 화물용 엘리베이터에 사용

③ **플라이 볼(Fly Ball)형**
　㉮ 과속조절기 도르래의 회전을 베벨기어에 의해 수직축의 회전으로 변환하고, 이 축의 상부에서부터 링크 기구에 의해 매달린 구형(球形)의 진자에 작용하는 원심력으로 추락방지안전장치를 작동시키는 과속조절기
　㉯ 구조가 복잡하나 속도검출 정밀도가 높아 초고속의 승객용 및 화물용 엘리베이터에 사용

④ **양방향 과속조절기** : 과속조절기의 캣치가 양방향(상·하) 추락방지안전장치를 작동시킬 수 있는 구조를 갖는 과속조절기

(3) 추락방지안전장치의 작동 등

① 추락방지안전장치 등의 작동을 위한 과속조절기(조속기)는 정격속도의 115% 이상의 속도 그리고 다음과 같은 속도 이하에서 작동되어야 한다.
　㉮ 롤러로 잡는 타입을 제외한 즉시 작동형 추락방지안전장치 : 0.8m/s
　㉯ 롤러로 잡는 타입의 추락방지안전장치 : 1m/s
　㉰ 정격속도가 1m/s 이하의 엘리베이터에 사용되는 점차 작동형 추락방지안전장치 : 1.5m/s

㉣ 정격속도가 1m/s를 초과하는 엘리베이터에 사용되는 점차 작동형 추락방지안전장치 :
$1.25v + \dfrac{0.25}{v}$ m/s

② 과속조절기에는 추락방지안전장치의 작동과 일치하는 회전방향이 표시되어야 한다.

③ 과속조절기가 작동될 때, 과속조절기에 의해 발생되는 과속조절기 로프의 인장력은 다음 두 값 중 큰 값 이상이어야 한다.
㉮ 추락방지안전장치가 작동하는 데 필요한 힘의 2배
㉯ 300N

④ **과속조절기 로프**
㉮ 과속조절기 로프의 최소 파단하중은 8 이상의 안전율을 확보해야 한다.
㉯ 과속조절기 로프 인장 풀리의 피치 직경과 과속조절기 로프의 공칭 지름의 비는 30 이상이어야 한다.
㉰ 과속조절기 로프는 인장 풀리에 의해 인장되어야 한다.

6. 완충기

(1) 완충기(buffer) 개요

① **완충기** : 카나 균형추가 어떤 원인으로 최하층을 통과하여 피트에 도달했을 때 카나 균형추의 충격을 완화시켜 주는 장치로써 카가 승강로의 최상층을 초과하여 진행하는 것에 대비하여 균형추의 바로 아래에도 설치한다.

② **유압 완충기(oil buffer)** : 카 또는 균형추의 하강 운동에너지를 흡수 및 분산하기 위한 매체로 오일을 사용하는 완충기를 말한다.

③ **스프링 완충기(spring buffer)** : 카 또는 균형추의 하강 운동에너지를 흡수 및 분산하기 위해 1개 또는 그 이상의 스프링을 사용하는 완충기를 말한다.

④ **솔리드 범퍼(bumper)/우레탄식 완충기** : 카 또는 균형추의 하강 운동에너지를 흡수 및 분산하기 위해 고안된 유압 완충기 또는 스프링 완충기 이외의 장치를 말한다.

(2) 완충기의 종류

종류	적용용도	예
에너지 축적형	비선형 특성을 갖는 완충기로 승강기 정격속도가 1.0m/s를 초과하지 않는 곳에서 사용	우레탄식 완충기
	선형 특성을 갖는 완충기로 승강기 정격속도가 1.0m/s를 초과하지 않는 곳에 사용	스프링 완충기 등
	완충된 복귀 운동(buffered return movement)을 갖는 에너지 축적형 완충기는 승강기 정격속도가 1.6m/s를 초과하지 않는 곳에서 사용	-
에너지 분산형	승강기의 정격속도에 상관없이 사용할 수 있는 완충기	유압(유입) 완충기 등

(3) 완충기의 안전요건

① **비선형 특성을 갖는 에너지 축적형 완충기** : 카의 질량과 정격하중 또는 균형추의 질량으로 정격속도의 115 %의 속도로 카 완충기에 충돌할 때에 다음 사항에 적합해야 한다.

㉮ 감속도는 $1g_n$ 이하이어야 한다.

㉯ $2.5g_n$를 초과하는 감속도는 0.04초 보다 길지 않아야 한다.

㉰ 카 또는 균형추의 복귀속도는 1m/s 이하이어야 한다.

㉱ 작동 후에는 영구적인 변형이 없어야 한다.

㉲ 최대 피크 감속도는 $6g_n$ 이하이어야 한다.

② **선형 특성을 갖는 에너지 축적형 완충기**

㉮ 완충기의 가능한 총 행정은 정격속도의 115%에 상응하는 중력 정지거리의 2배$[0.135v^2(m)]$ 이상이어야 한다. 다만, 행정은 65mm 이상이어야 한다.

㉯ 완충기는 카 자중과 정격하중(또는 균형추의 무게)을 더한 값의 2.5배와 4배 사이의 정하중으로 행정이 적용되도록 설계되어야 한다.

③ **에너지 분산형 완충기**

㉮ 완충기의 가능한 총 행정은 정격속도 115%에 상응하는 중력 정지거리$[0.0674v^2(m)]$ 이상이어야 한다.

㉯ 카에 정격하중을 싣고 정격속도(또는 감속도)의 115%의 속도로 자유 낙하하여 완충기에 충돌할 때, 평균 감속도는 $1g_n$ 이하이어야 한다.

㉰ $2.5g_n$를 초과하는 감속도는 0.04초보다 길지 않아야 한다.

㉱ 작동 후에는 영구적인 변형이 없어야 한다.

㉲ 유압(유입) 완충기는 유체의 수위가 쉽게 확인될 수 있는 구조이어야 한다.

7. 카(케이지)

(1) 카(car, cage)의 개요

① 카 내부의 유효 높이는 2m 이상이어야 한다. 다만, 주택용 엘리베이터의 경우에는 1.8m 이상으로 할 수 있으며, 자동차용 엘리베이터의 경우에는 제외한다.

② 카의 유효면적(available car area)은 승객의 탑승 및 화물의 적재가 가능한 카 바닥에서 위로 1m 높이에서 측정된 카의 면적을 말한다.

③ 자동차용 엘리베이터의 경우 카의 유효면적은 $1m^2$ 당 150kg으로 계산한 값 이상이어야 한다.

④ 주택용 엘리베이터의 경우 카의 유효 면적은 $1.4m^2$ 이하이어야 하고, 다음과 같이 계산되어야 한다.

㉮ 유효면적이 $1.1m^2$ 이하인 것 : $1m^2$ 당 195kg으로 계산한 수치, 최소 159kg

㉯ 유효면적이 $1.1m^2$ 초과인 것 : $1m^2$ 당 305kg으로 계산한 수치

⑤ 카 면적은 카 바닥면 위로 1m 높이에서 마감된 부분을 제외하고 카 벽에서 카 벽까지의 내부 치수가 측정되어야 한다.

⑥ 카에 정상적으로 출입할 수 있는 승강로 개구부에는 승강장문이 제공되어야 하고, 카에 출입은 카문을 통해야 한다. 다만, 2개 이상의 카문이 있는 경우, 어떠한 경우라도 2개의 문이 동시에 열리지 않아야 한다.

(2) 카 지붕의 피난공간 및 틈새

① 카가 따른 최고 위치에 있을 때 피난공간을 수용할 수 있는 유효 구역이 1개 이상 카 지붕에 있어야 한다.

유형	자세	그림	피난공간 크기 수평 거리 (m×m)	높이(m)
1	서 있는 자세		0.4 × 0.5	2
2	웅크린 자세		0.5 × 0.7	1

※ 기호 설명 : ① 검은색, ② 노란색, ③ 검은색

② 점검 등 유지관리 업무 수행을 위해 두 명 이상의 사람이 카 지붕 위에 있어야 하는 경우, 피난공간은 추가되는 사람마다 각각 제공되어야 한다.
③ 피난공간이 두 개 이상인 경우, 각 피난공간들은 같은 유형이어야 하고, 서로 간섭되지 않아야 한다.

8. 균형추

(1) 오버밸런스율

엘리베이터 카의 자중에 적재하중의 35~55%를 더한 중량을 보상시키기 위하여 엘리베이터 카와 연결된 권상로프의 반대편에 연결된 중량물

균형추의 중량 = 카 자체하중 + $L \cdot F$(L : 정격하중[kg], F : 오버밸런스율)

(2) 마찰비

카측 로프가 매달리고 있는 중량과 균형추측 로프가 매달리고 있는 중량의 비

① 전부하가 실린 카를 최하층에서 기동시의 트랙션비

㉮ 카측의 중량 = 카 하중 + 적재하중 + 로프하중

㉯ 균형추측의 중량 = 균형추의 중량

㉰ 전부하시 트랙션비 = $\dfrac{\text{카측의 중량}}{\text{균형추측의 중량}}$

② **빈 카가 최상층에서 하강시의 트랙션비**

㉮ 카측의 중량 = 카 하중

㉯ 균형추측의 중량 = 균형추의 중량 + 로프하중

㉰ 무부하시 트랙션비 = $\dfrac{\text{균형추측의 중량}}{\text{카측의 중량}}$

9. 보상(균형)체인과 보상(균형)로프

종류	목적	용도
보상(균형)체인	카의 위치변화에 따른 로프의 무게 보상	저·중속 엘리베이터
보상(균형)로프	카의 위치변화에 따른 주로프의 무게에 의한 권상비를 보상하며, 로프가 엉키는 것을 방지하기 위해 인장시브를 설치	고속엘리베이터

2 승강기의 도어시스템

카의 출입구에 설치하고 동작 빈도가 높고 안전상에 매우 중요한 장치이므로 높은 신뢰성과 확실한 보수가 필요하다.

1. 도어시스템(Door system)의 종류 및 원리

(1) 도어시스템의 종류

숫자는 문짝의 수, S는 가로열기, CO는 중앙열기방식이다.

종류	기호	종류	용도
가로열기식(측면개폐)	S	1S, 2S, 3S	화물용 및 침대용 엘리베이터
중앙열기식(중앙개폐)	CO	2CO, 4CO	승용 엘리베이터
상하열기식(상승개폐)	UP	외짝문식, 2짝문식	자동차용, 대형 화물 전용엘리베이터

(2) 도어시스템의 원리

① **구성** : 구동장치(직류전동기, 인버터를 이용한 교류전동기), 전달장치, 도어판넬

② **카문의 개방** : 카가 운행 중일 때, 카문의 개방은 50N 이상의 힘이 요구되며, 엘리베이터가 잠금해제구간에서 정지한 경우 카 내부 등에서 손으로 승강장문 및 카문을 열 수 있어야 하고, 그 힘은 300N을 초과하지 않아야 한다.

(3) 도어머신(Door machine) 장치에 요구되는 성능

모터의 회전을 감속하고 암이나 로프등을 구동시키고 도어를 개폐시키는 것이다. 감속장치로서는 웜감속기가 주류를 이루고 있었지만, 벨트나 체인으로 감속하는 것이 증가추세다.

㉮ 작동이 원활하고 소음이 발생하지 않을 것
㉯ 카상부에 설치하기 위하여 소형·경량일 것
㉰ 동작횟수가 엘리베이터 기동횟수의 2배가 되므로 보수가 용이할 것
㉱ 가격이 저렴할 것

(4) 도어인터록(Door interlock) 및 클로저(Closer)

① **도어인터록** : 카가 정지하고 있지 않는 층에서는 전용열쇠를 사용하지 않으면 열리지 않도록 하는 장치
② **도어 클로저** : 승강장 도어가 열려있을 경우 자동으로 닫히게 하는 장치

(5) 도어 보호장치

① **세이프티 슈** : 이물질 검출장치를 설치하여 사람이나 사물이 접촉했을 경우 도어의 닫힘은 중단되고 열리도록 하는 장치
② **세이프티 레이** : 광선 빔을 통과시켜 광선 빔이 차단될 때 도어의 닫힘은 중단되고 열리도록 하는 장치
③ **초음파 도어 센서** : 도어의 앞 가장자리에서 초음파를 발사하여 이에 접근하는 것을 검출하여 도어의 닫힘은 중단되고 열리도록 하는 장치

3 승강로와 기계실

1. 승강로

(1) 승강로 일반사항

① 승강로에는 1대 이상의 엘리베이터 카가 있을 수 있다.
② 엘리베이터의 균형추 또는 평형추는 카와 동일한 승강로에 있어야 한다.
③ 승강로 내에 설치되는 돌출물은 안전상 지장이 없어야 한다.
④ 승강로 내에는 각 층을 나타내는 표기가 있어야 한다.
⑤ 승강로는 누수가 없고 청결상태가 유지되는 구조이어야 한다.
⑥ 유압식 엘리베이터의 잭은 카와 동일한 승강로 내에 있어야 하며, 지면 또는 다른 장소로 연장될 수 있다.

(2) 승강로의 종류

① **밀폐식 승강로** : 승강로는 구멍이 없는 벽, 바닥 및 천장으로 완전히 둘러싸인 구조이어야 한다. 다만, 다음과 같은 개구부는 허용된다.

㉠ 승강장문을 설치하기 위한 개구부
㉡ 승강로의 비상문 및 점검문을 설치하기 위한 개구부
㉢ 화재 시 가스 및 연기의 배출을 위한 통풍구
㉣ 환기구
㉤ 엘리베이터 운행을 위해 필요한 기계실 또는 풀리실과 승강로 사이의 개구부

② **반-밀폐식 승강로** : 내화구조 또는 방화구조가 요구되지 않는 승강로는 사람이 보호될 수 있어야 한다.

㉠ 승강장문 측 높이는 3.5m 이상
㉡ 승강로 벽은 복도, 계단 또는 플랫폼의 가장자리로부터 최대 0.15m 이내

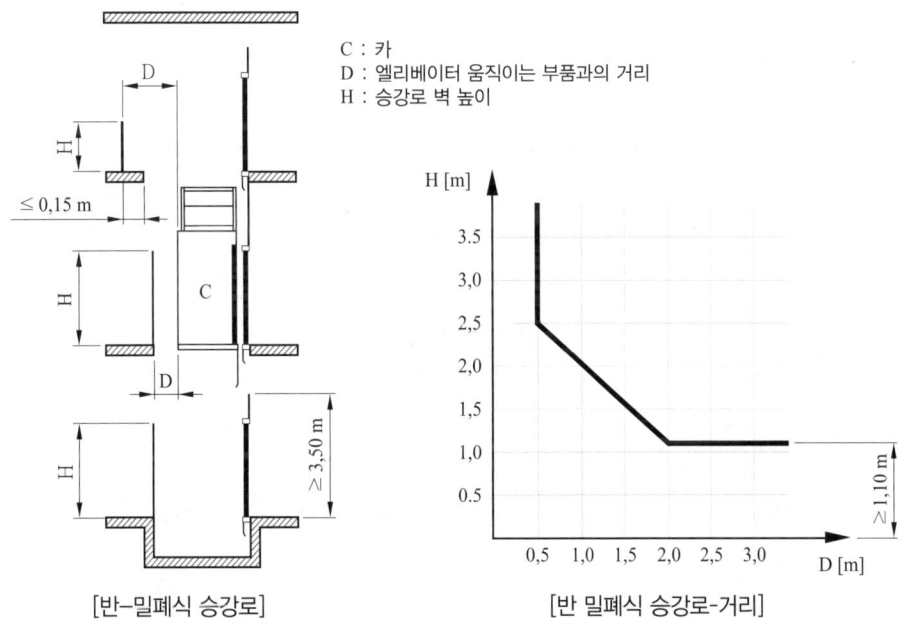

[반-밀폐식 승강로]   [반 밀폐식 승강로-거리]

2. 기계실 · 기계류 공간 및 풀리실

(1) 일반사항

① 모든 엘리베이터 설비(엘리베이터를 구성하는 부품을 말한다)는 승강로, 기계실·기계류 공간 또는 풀리실에 위치되어야 한다.

② 하나의 기계실 또는 풀리실에 여러 대의 엘리베이터가 있는 경우, 각각의 엘리베이터를 구성하는 모든 부품들(구동기, 제어반, 과속조절기, 스위치 등)은 일관되게 사용되는 숫자·문자 또는 색상으로 식별되어야 한다.

③ 기계실·기계류 공간 및 풀리실에는 다음과 같은 장치가 있어야 한다.

㉮ 출입문의 가까운 곳에 적절한 높이로 설치되어 승강기 안전관리 기술자 등 관련 자격을 갖춘 사람만이 접근할 수 있는 조명스위치
㉯ 작업구역마다 적절한 위치에 설치된 1개 이상의 콘센트
㉰ 각 접근 지점의 가까운 곳에 설치된 풀리실 내의 정지장치

④ 기계실은 당해 건축물의 다른 부분과 내화구조 또는 방화구조로 구획하고, 기계실의 내장은 준불연재료 이상으로 마감되어야 한다.
⑤ 기계실·기계류 공간 및 풀리실 내에 설치되는 돌출물은 안전상 지장이 없어야 한다.
⑥ 기계실·기계류 공간 및 풀리실은 누수가 없어야 하며, 청결상태가 유지되어야 한다.

(2) 기계실의 크기 등 치수

① 기계실은 설비의 작업이 쉽고 안전하도록 충분한 크기이어야 한다. 특히, 작업구역의 유효 높이는 2.1m 이상이어야 한다.
② 제어반 및 캐비닛 전면의 유효 수평면적은 다음과 같아야 한다.
㉮ 깊이는 외함 표면에서 측정하여 0.7m 이상이어야 한다.
㉯ 폭은 제어반 폭이 0.5m 미만인 경우 0.5m, 제어반 폭이 0.5m 이상인 경우는 제어반 폭 이상이어야 한다.
③ 움직이는 부품의 점검 및 유지관리 업무 수행이 필요한 곳에 0.5m×0.6m 이상의 작업구역이 있어야 한다. 수동 비상운전이 필요할 경우에도 동일하게 적용한다.
④ 작업구역간 이동통로의 유효 높이(바닥에서 천장의 가장 낮은 충돌점 사이)는 1.8m 이상이어야 한다.
⑤ 작업구역 간 이동통로의 유효 폭은 0.5m 이상이어야 한다. 다만, 움직이는 부품이나 고온의 표면이 없는 경우에는 0.4m까지 감소될 수 있다.
⑥ 보호되지 않은 회전부품 위로 0.3m 이상의 유효 수직거리가 있어야 한다.
⑦ 기계실 바닥에 0.5m를 초과하는 단차가 있는 경우, 고정된 사다리 또는 보호난간이 있는 계단이나 발판이 있어야 한다.
⑧ 작업구역 및 작업구역 간 이동통로 바닥에 깊이 0.05m 이상, 폭 0.05m에서 0.5m 사이의 함몰이 있거나 덕트가 있는 경우, 그 함몰부분 및 덕트는 덮개 등으로 보호되어야 한다.

(3) 풀리실의 구조 및 설비

풀리실은 자격자가 모든 설비에 쉽고 안전하게 접근할 수 있도록 다음과 같이 충분한 크기이어야 한다.
① 움직일 수 있는 유효 높이(접근 구역의 바닥에서부터 가장 낮은 충돌 지점의 아래 부분까지 측정)는 1.5m 이상이어야 한다.
② 움직이는 부품의 점검 및 유지관리 업무 수행이 필요한 곳에 0.5m×0.6m 이상의 유효 수평 면적이 있어야 한다.

③ 수평 유효 면적에 접근하는 통로의 유효 폭은 0.5m 이상이어야 한다. 다만, 움직이는 부품이나 고온의 표면이 없는 경우에는 0.4m까지 감소될 수 있다.
④ 보호되지 않은 회전부품 위에서 0.3m 이상의 유효 수직거리가 있어야 한다.

4 승강기의 제어

1. 직류승강기의 제어시스템

$$N = K' \frac{E_C}{\phi} = K' \frac{V - I_a R_a}{\phi}$$

(N : 회전속도[rpm], V : 단자전압[V], ϕ : 자속[Wb], I_a : 전기자전류[A], R_a : 전기자저항[Ω])

속도제어방법	효율	특징
전압제어	좋다.	• 광범위한 속도제어가 가능하다. • 정토크제어가 가능하다. • 워드-레오나드 방식, 일그너 방식
계자제어	좋다.	• 세밀하고 안정된 속도제어가 가능하다. • 속도조정 범위가 좁다. • 정출력 구동방식이다.
저항제어	나쁘다.	• 속도조정 범위가 좁다. • 운전효율이 떨어지고 속도가 불안정하다.

(1) 워드-레오나드 방식

직류 전동기의 속도 제어방식의 일종으로, 주 전동기는 타려식이고 이 전동기의 전원으로 타려식의 가감전압 직류 발전기를 장치한다. M(3상유도전동기)-G(직류발전기)-M(직류전동기)방식이라고도 한다.

(2) 정지-레오나드 방식

워드레오나드 방식의 전동기 운전용의 직류 발전기 대신 사이리스터 등에 의해서 가변 직류 전압을 공급하도록 한 것으로 다음과 같은 특징이 있다.
① 보통 레오나드 방식과 같이 3대의 회전기를 결합 사용할 필요가 없다.
② 응답 속도가 매우 빠르다.
③ 보수가 용이하다.

2. 교류승강기의 제어시스템

속도제어방법	특징	용도
교류1단 속도제어	3상유도전동기에 전원투입으로 기동과 정속운전, 전원차단 후 정지하는 가장 간단한 방식	30m/min 이하 저속용
교류2단 속도제어	기동과 주행은 고속권선, 감속은 저속권선으로 하는 방식	30~60m/min 화물용
교류귀환 전압제어	카의 실제속도와 지령속도를 비교하여 사이리스터의 점호각을 바꾸는 방식	45~105m/min
VVVF(가변전압 가변주파수제어)	전압과 주파수의 변화로 직류전동기와 동등한 제어 성능을 갖는 방식	고속용

3. 전동기의 용량

$$P = \frac{LVS}{6120\eta}[\text{kW}]$$

(L : 정격하중[kg], V : 정격속도[m/min], S(평형률) : 1−A(A : 오버밸런스율), η : 종합효율)

5 승강기의 부속장치

1. 안전장치

(1) **리미트 스위치**

① **기능** : 승강기가 최상층 이상 및 최하층 이하로 운행되지 않도록 엘리베이터의 초과운행을 방지하여 준다.

② **고장시** : 승강기가 최상층 및 최하층을 지나쳐서 승강로 상부나 피트에 부딪힐 수 있다.

(2) **파이널 리미트 스위치**

① **기능** : 리미트 스위치 미작동에 대비하여 최상층의 리미트 스위치 위나 최하층의 리미트 스위치 아래에 설치한다.

② **고장시** : 승강기가 최상층 및 최하층을 지나쳐서 승강로 상부나 피트에 부딪힐 수 있다.

(3) **기타 안전장치**

① **슬로다운 스위치** : 주로 리미트 스위치 전에 설치하여 감속하지 못하는 경우 이를 검출하여 강제적으로 감속시기는 장치

② **종단층 강제감속장치** : 속도와 위치를 검출하여 종단층에 접근하는 속도가 규정을 초과할 경우 브레이크 작동

③ **튀어오름방지장치(록다운비상정지장치)** : 카의 비상정지 장치 작동시 균형추, 와이어로프 등이 관성에 의해 튀어오르는 것을 방지
④ **과부하감지장치** : 카 바닥 하부 혹은 와이어로프 단말에 설치하며, 카 내부의 정격하중의 105~110% 범위 내에서 카 내에 정원초과를 알려주고 동시에 카 도어의 닫힘을 저지하는 장치
⑤ **피트정지장치** : 보수 점검시 스위치를 정지 위치로 하여 작업중 카가 움직이는 것을 방지, 스위치가 작동되면 전동기 및 브레이크에 투입되는 전원이 차단됨
⑥ **역결상 검출장치** : 동력전원의 상이 바뀌거나 결상이 되었을 때 전동기의 전원을 차단하고 브레이크를 작동시킴
⑦ **파킹 스위치** : 카를 승강장에서 휴지시킬 수 있게 설치된 스위치(기준층의 승강장에 키 스위치를 설치), 카 휴지 또는 재가동 가능

2. 신호장치

(1) **비상호출버튼 및 인터폰** : 정전시나 고장으로 승객이 갇혔을 때 외부와의 연락을 위한 장치

(2) **홀랜턴** : 카의 올라감과 내려옴을 나타내는 방향 표시등

(3) **위치표시기** : 카의 위치(층)를 표시하는 장치

3. 비상전원장치

(1) **개요**

비상전원장치는 정전 등으로 인해 정상 운행 중인 엘리베이터가 갑자기 정지되면 자동으로 카를 가장 가까운 승강장으로 운행시키는 장치를 말한다.

(2) **구비요건**

① 5lx 이상의 조도로 1시간 동안 전원이 공급되는 비상등이 있어야 한다.
② 비상통화장치와 동시에 사용될 경우, 그 비상전원 공급장치는 충분한 용량이 확보되어야 한다.
③ 배터리 등 비상전원은 충분한 용량을 갖춰야 하며, 방전이나 단선 또는 누전되지 않도록 유지 관리되어야 한다.(배터리일 경우 잔여용량 확인 장치 필요)

(3) **비상전원의 공급**

① 카가 승강장에 도착하면 카문 및 승강장문이 자동으로 열려야 한다.
② 승객이 안전하게 빠져나가면(10초 이상) 카문 및 승강장문은 자동으로 닫히고 이후 정지상태가 유지되어야 한다. 이 경우 승강장 호출 버튼의 작동은 무효화 되어야 한다.
③ 정지 상태에서 카 내부 열림 버튼을 누르면 카문 및 승강장문은 열려야 하고, 승객이 안전하게 빠져나가면(10초 이상) 카문 및 승강장문은 자동으로 다시 닫히고, 이후 정지 상태가 유지되어야 한다.

④ 정상 운행으로의 복귀는 전문가의 개입에 의해 이뤄져야 한다. 다만, 정전으로 인한 정지는 전원이 복구되면 정상 운행으로 자동 복귀될 수 있다.

4. 기타보조장치

(1) 비상통화장치
① 승강로에서 작업하는 사람이 갇히게 되어 카 또는 승강로를 통해서 빠져나올 방법이 없는 경우, 이러한 위험이 존재하는 장소에 설치되어야 한다.
② 구출활동 중에 지속적으로 통화할 수 있는 양방향 음성통신이어야 한다.
③ 통신시스템이 연결된 후에는 갇힌 승객이 추가로 조작하지 않아도 통화가 가능하여야 한다.

(2) 방범장치
① **방범창** : 엘리베이터 내에서의 범죄를 예방하기 위해 승장강에서 내부가 확인되는 유리창을 설치한 것
② **방범카메라** : 엘리베이터 내에서의 범죄를 예방하기 위해 엘리베이터 내부를 감시하는 카메라
③ **열추적감지기** : 엘리베이터 내에서의 범죄를 예방하기 위해 승객의 움직임을 감지하여 경보하는 장치

(3) 강제정지장치
① **각층 강제정지** : 특정 시간대에 엘리베이터 내에서 범죄를 방지하기 위해 매 층마다 정지하고 도어를 여닫은 후에 움직이는 기능
② **특정층 강제정지** : 공동주택 등에서 지하주차장에서 상층으로 이동 시 경비원 또는 관리인이 위치한 층에서는 반드시 정지하여 도어를 여닫은 후 행선층으로 움직이도록 하는 기능

(4) 브레이크 시스템
① 엘리베이터에는 브레이크 시스템이 있어야 하며, 다음이 차단될 경우 자동으로 작동해야 한다.
  ㉮ 주동력 전원공급
  ㉯ 제어회로에 전원공급
② 브레이크 시스템은 전자-기계 브레이크(마찰 형식)가 있어야 한다. 다만, 추가로 다른 브레이크 장치(전기적 방식 등)가 있을 수 있다.
③ 전자-기계 브레이크는 자체적으로 카가 정격속도로 정격하중의 125%를 싣고 하강방향으로 운행될 때 구동기를 정지시킬 수 있어야 한다.
④ 브레이크슈 또는 패드 압력은 압축 스프링 또는 무게추에 의해 발휘되어야 한다.
⑤ 밴드 브레이크는 사용되지 않아야 한다.
⑥ 브레이크 라이닝은 불연성이어야 한다.
⑦ 구동기는 지속적인 수동조작에 의해 브레이크를 개방할 수 있어야 한다. 이러한 동작은 기계식 (레버 등)과 자동충전식 비상전원공급을 통한 전기식으로 할 수 있다.

Lesson 03 유압승강기

1 유압엘리베이터

1. 유압 엘리베이터 구조와 원리

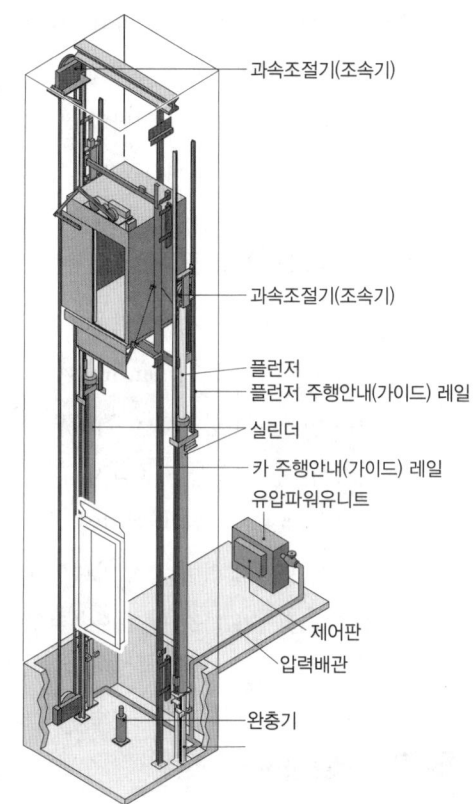

① **과속조절기(조속기)** : 엘리베이터가 미리 정해진 속도에 도달할 때 엘리베이터를 정지시키도록 하며 필요한 경우에는 비상정지장치를 작동시키는 장치

② **유압파워유니트** : 유압 엘리베이터에서 유압펌프, 전동기, 유량제어밸브, 안전밸브, 체크밸브, 오일탱크, 수동 하강밸브 등을 하나로 모은 것으로 파워 유닛의 임무는 단순히 작동유에 압력을 주는 것만이 아니고 카를 상승시키는 경우는 가속, 주행, 감속에 필요한 유량으로 제어하여 실린더에 보내고 하강시는 실린더의 오일을 같은 방법으로 제어한 후 탱크로 되돌린다

③ **플런저** : 일반적으로 유압 엘리베이터에 이용되는 단농식 실린더의 램형 로드를 말한다.

④ **실린더** : 유압잭에 있어 오일의 유입 및 유출을 통하여 피스톤의 상승·하강을 안내하는 외부 관으로 실린더는 압력용기로 되어 있고 상부에는 더스트 와이퍼, 패킹, 그랜드 메탈이 설치되어 있다.

⑤ **제어반** : 연결된 기구를 지정된 방식으로 제어하는 장치 혹은 장치군으로 승강기에 있어서는 속도제어, 운행관리제어, 기타 필요한 제어를 하는 함(box)을 말한다.

⑥ **카 주행안내(가이드) 레일** : 엘리베이터 등의 카, 균형추 또는 플런저 등을 안내하는 궤도이다

⑦ **카 주행안내(가이드) 롤러** : 엘리베이터의 카, 균형추 또는 플런저를 레일을 따라 안내하기 위한 장치로, 일반적으로 카 체대 또는 균형추 체대의 상하부에 설치되며 슬라이딩형에 비해 구조가 복잡하고 비용도 고가이지만 주행저항이 적어 고속 운전시에도 진동, 소음의 발생이 적기 때문에 고속, 초고속의 엘리베이터에 이용되고 있다.

2. 유압 엘리베이터의 종류

(1) 직접식 엘리베이터

① 1 : 1로핑 방식이다.

② 실린더 설치를 위한 보호관을 지하에 매설해야 되므로 설치가 어렵다.
③ 추락방지안전장치(비상정지장치)가 없어도 되며 부하에 대한 카의 응력이 작아진다.
④ 승강로 행정거리와 실린더의 길이가 동일하다.

(2) 간접식 엘리베이터

① 1 : 2, 1 : 4, 2 : 4 로핑방식이 있다.
② 로프의 이완현상과 유체의 압축성으로 인한 바닥 침하가 발생한다.
③ 보호관이 없으므로 실린더의 점검이 쉽다.
④ 추락방지안전장치(비상정지장치)가 반드시 필요하다.

3. 유압 엘리베이터의 특징

① 기계실의 위치가 자유롭다.
② 높이 7층 이하 속도 60m/min에 적용된다.
③ 상부 여유거리(상부틈)가 작아도 된다.
④ 하강시에는 펌프를 구동하지 않고 밸브를 제어하여 하강시킨다.
⑤ 전기식(로프식) 엘리베이터에 비하여 효율이 떨어져 모터의 용량과 소비전력이 크다.
⑥ 상승시 오일 압력이 정격 압력의 150%를 초과하지 못하도록 안전밸브를 설치해야 한다.
⑦ 스크루 펌프가 가장 널리 사용된다.

2 유압이론

1. 유압회로

(1) 압력제어 회로

2개의 릴리프 밸브를 사용해 고압과 저압 압력을 설정한다. 유압 실린더의 하강, 상승의 최고 압력을 각각 설정하여 정해진 압력으로 실린더의 상승과 하강 동작을 제어하는 유압회로이다.

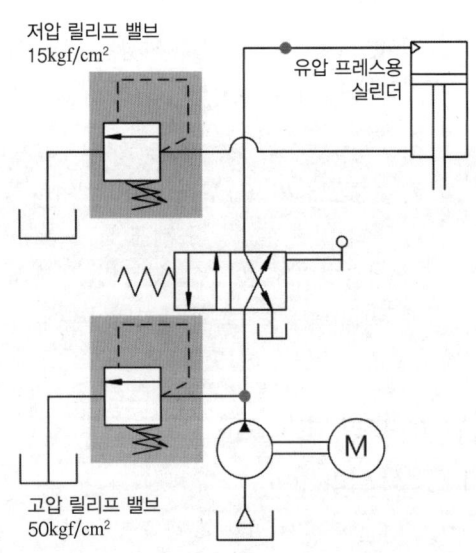

(2) 무부하 회로

유압 장치에서 일을 하지 않을 때에는 유압유를 유압저장 탱크로 돌려보내는 회로이다. 무부하 회로의 동작을 살펴보면 저압 릴리프밸브(B)를 이용하여 2개의 유압 펌프 중 대용량 유압 펌프(A)를 무부하 시키는 경우에 사용한다. 주 회로가 설정 압력 이상이 되면 저압 릴리프 밸브(B)가 열러 펌프(A)의 유압유는 탱크로 흐르게 되어 무부하 상태가 된다.

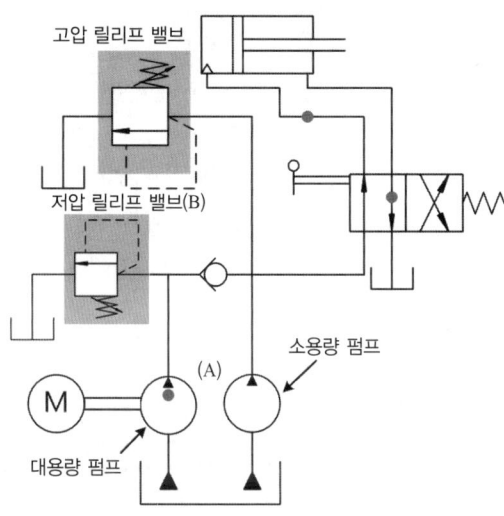

(3) 감압회로

감압 밸브를 사용하여 회로 내의 특정 부분만을 기본 압력보다 낮게 설정할 수 있는 유압회로이다. 동작을 살펴보면 릴리프 밸브에서 설정한 압력은 클램핑 실린더에 높은 압력으로 사용하고, 감압 밸브에서 조정한 낮은 압력은 용접용 실린더를 움직이는데 사용한다.

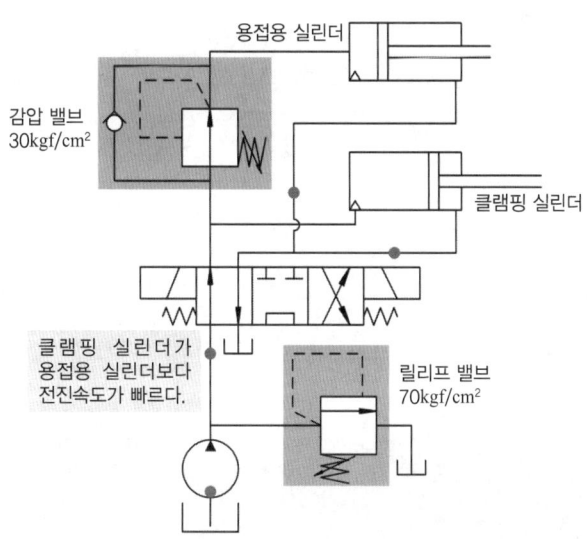

(4) 카운터 밸런스 회로

작업이 완료되어 부하가 0이 될 때, 실린더가 갑자기 밀려나가는 현상을 방지하기 위해 사용하는 유압회로이다.

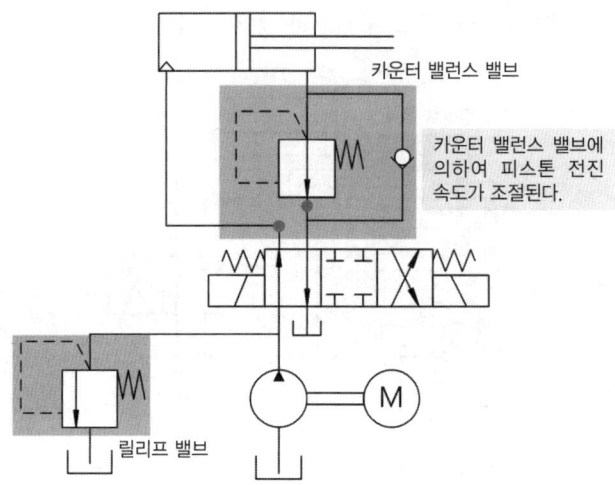

카운터 밸런스 회로의 동작을 살펴보면 유압 실린더의 출구쪽에 카운터 밸러스 밸브를 사용해서, 실린더가 자중으로 낙하하는 것을 방지하고 있다.

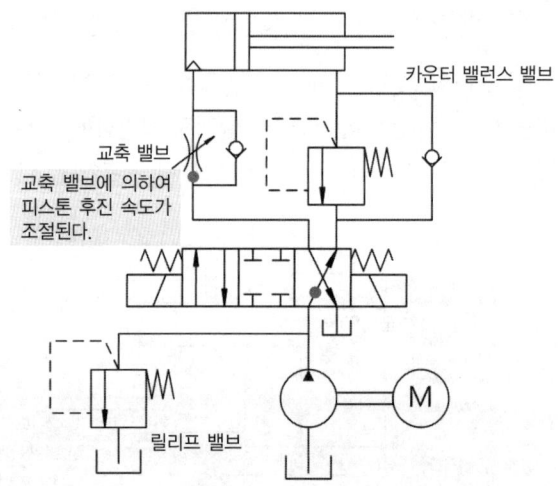

카운터 밸런스 회로로 보정한 것을 실린더가 전진(하강 운동)할 때의 유량을 조정하는 교축 밸브를 넣어 충격을 방지한 유압회로이다.

(5) 시퀀스 회로

한 회로에 2개 이상의 실린더를 미리 정한 순서에 따라 순차적으로 동작시키기 위한 유압회로이다.

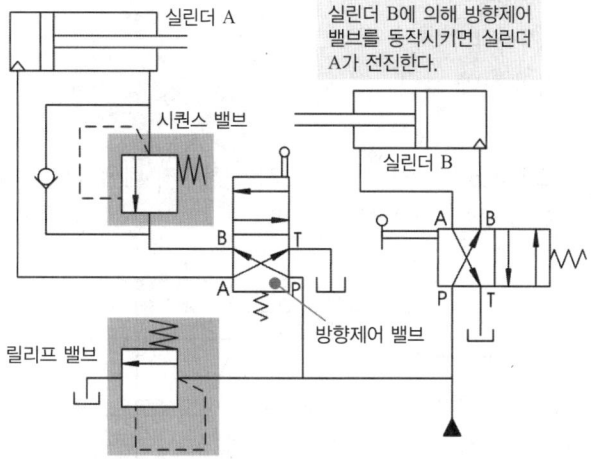

시퀀스 회로의 동작을 살펴보면 실린더(B)가 전진 동작을 하다가 롤러식 방향 제어 밸브(C)를 작동시키면 실린더(A)가 전진 동작을 하게 된다.

(6) 속도제어회로

① **미터인회로**

　유량제어밸브를 사용하여 실린더로 들어가는 유체의 양을 조절하여 속도를 제어하는 회로

② **미터아웃회로** : 유량제어밸브를 사용하여 실린더에서 배기되는 유체의 양을 조절하여 속도를 제어하는 회로

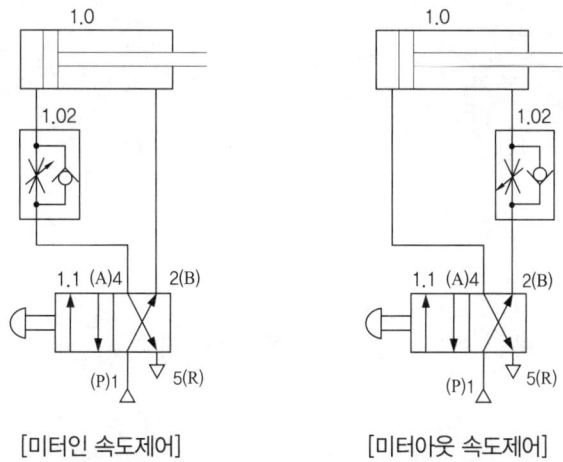

[미터인 속도제어]　　　　[미터아웃 속도제어]

③ **블리드오프회로** : 유량제어밸브를 실린더와 병렬로 설치하여 실린더의 입구측에 불필요한 압유를 배출시켜 작동효율을 증진시킨 회로로써 효율이 비교적 높다.

2. 펌프와 밸브

(1) 유압펌프

① **특징**
  ㉮ 펌프의 토출량이 크면 속도도 커진다.
  ㉯ 진동 및 소음이 작아야 한다.
  ㉰ 압력맥동이 작아야 한다.

② **종류**
  ㉮ 스크루 펌프 : 2개의 정밀하게 구성된 나사가 하우징 내에서 밀폐되어 회전하며, 매우 조용하고 효율적으로 유체를 토출한다.

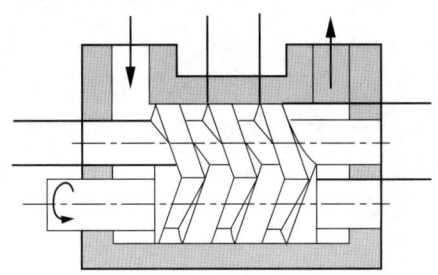

  ㉯ 기어펌프
  기어펌프는 구동, 종동기어의 이가 물리고, 풀림에 따라 체적이 변화하여 펌핑작용을 한다. 특히 내접식 기어펌프는 구동축인 내접기어가 회전함에 따라 외측기어가 맞물려 회전하고, 이때 생성되는 체적의 증감에 의해 펌핑작용이 이루어진다.(소음이 외접식에 비해 낮고, 소형화가능)

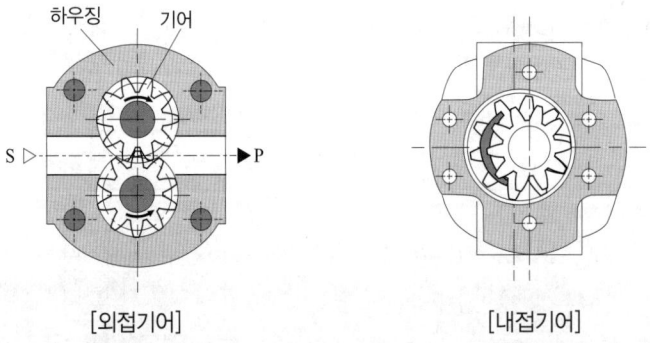

[외접기어]   [내접기어]

  ㉰ 베인펌프
    ㉮ 베인펌프는 링을 따라 베인이 움직이며 펌핑작용을 행함
    ㉯ 로터가 회전하면, 베인은 원심력에 의해 링에 접속하여 회전
    ㉰ 베인이 접속됨에 따라, 베인팁과 링에는 실(Seal)이 형성됨

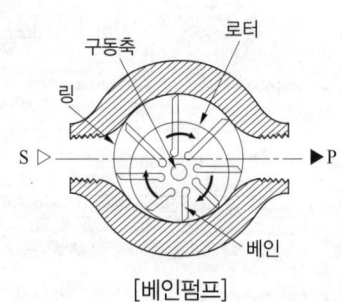

[베인펌프]

㉣ 로터는 편심되어 있으므로, 회전에 의해 체적의 증가, 감소부가 생성
㉤ 유량의 흡입(체적증가부)과 토출(체적감소부)은 포트플레이트를 통해 이루어짐
㉥ 가변용량형 베인펌프는 링과 로터의 편심량을 조절함으로서 유량을 변화

④ 피스톤 펌프

㉮ 피스톤펌프는 플런저(피스톤)가 실린더몸체를 왕복하면서 체적을 증감시켜 펌핑작용
㉯ 1회전의 반동안에 피스톤은 실린더몸체를 빠져나가 체적을 증가시켜 흡입하고, 나머지 회전에는 실린더 몸체로 들어가 체적을 감소시켜 토출작용을 행함
㉰ 액셜 피스톤 펌프는 산업현장에서 가장 많이 쓰이는 피스톤 펌프임

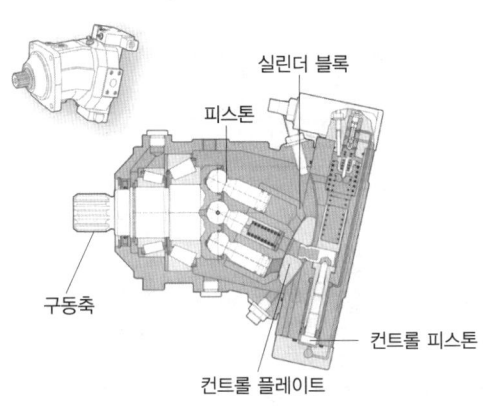

[사축식(Bent Axis) 펌프]

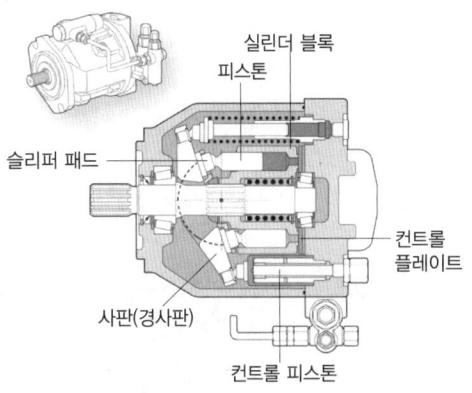

[사판식(Swash Plate) 펌프]

(2) 밸브

① 체크밸브

유체의 역류를 방지하기 위해 한쪽 방향으로만 흐르게 하는 밸브이다.

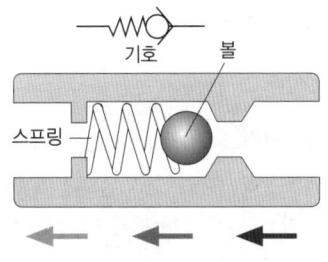

유압 흐름 방향은 우에서 좌로만 흐른다

② 릴리프 밸브

㉮ 유압시스템 전체 혹은 시스템의 일부 압력을 제어하거나 조절하는 밸브이다.
㉯ 펌프와 체크밸브 사이에 배치하고 전부하 압력의 140% 이하로 압력을 제한하도록 조정되는 밸브로써 압력이 과도하게 높아지는 것을 방지한다.

③ 럽처밸브

㉮ 압력이 비정상적으로 상승했을 때 파열되어 장치 전체의 손상을 막는 1회용 밸브로 압력용기에 부착된다.

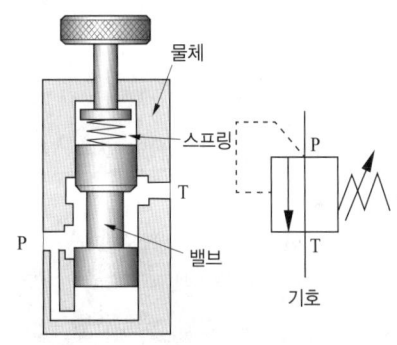

㉯ 하강하는 정격하중의 카를 정지시키고, 카의 정지 상태를 유지할 수 있도록 하며, 동작은 하강속도가 정격속도보다 0.15m/s를 더한 속도에 도달할 때 작동한다.

④ **유량제어밸브**

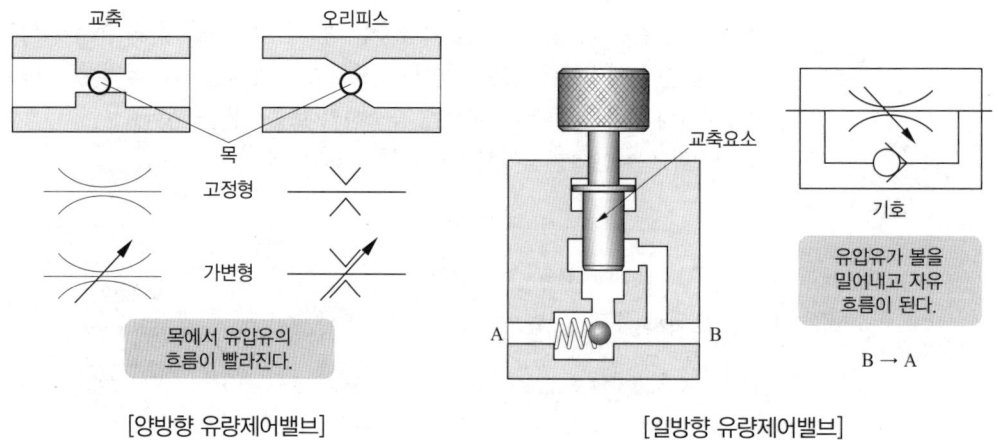

[양방향 유량제어밸브]　　　　　　　　[일방향 유량제어밸브]

⑤ **필터** : 유압장치의 이물질(쇳가루, 모래) 등이 기기에 영향을 미치지 않도록 펌프의 흡입구 및 배관 중간에 설치한다.

⑥ **하강밸브** : 전기적으로 개회로 상태로 유지되어야 하며, 잭에서 발생하는 유압 및 밸브 당 1개 이상의 안내된 압축 스프링에 의해 닫혀야 한다.

3. 실린더와 플런저

(1) 복동실린더

① **작동원리**

피스톤의 양측에 오일 출입구가 있어서 교대로 오일을 흡·배출 시켜서 왕복 운동을 시키는 원리로 양쪽방향으로 작용력을 주어야 한다.

② **종류**

㉮ 편로드식 : 전후진단의 유효단면적이 실린더 로드로 인해 전후진시 속도의 차이가 있다.

㉯ 양로드식 : 유효단면적이 동일하여 작동속도를 동일하게 할 수 있다.

㉰ 차동식 : 양로드의 실린더 로드로 유효단면적의 차이로 양측에 동일한 유체를 공급하여도 실린더는 단면적이 큰 쪽으로 진행하게 된다.

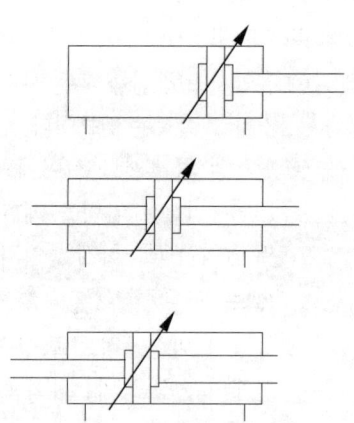

③ 주의사항

층고가 높아 행정거리가 긴 경우에는 실린더가 파손되므로 보호관 안에 시설하여야 한다.

(2) 플런저

피스톤과 같이 실린더의 조합에 의하여 유체의 압축 또는 압력 전달에 사용하는 전체의 단면이 일정하게 만들어진 기계 가공부품으로 일반적으로 지름이 작고 긴 것을 플런저라 하며 지름이 크고 짧은 것을 램이라 한다.

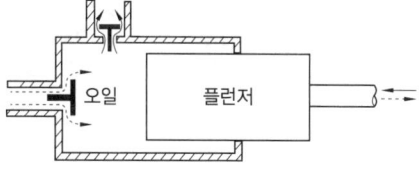

Lesson 04 에스컬레이터

1 에스컬레이터의 구조 및 원리

1. 에스컬레이터 및 무빙워크의 구조

(1) 에스컬레이터의 구조

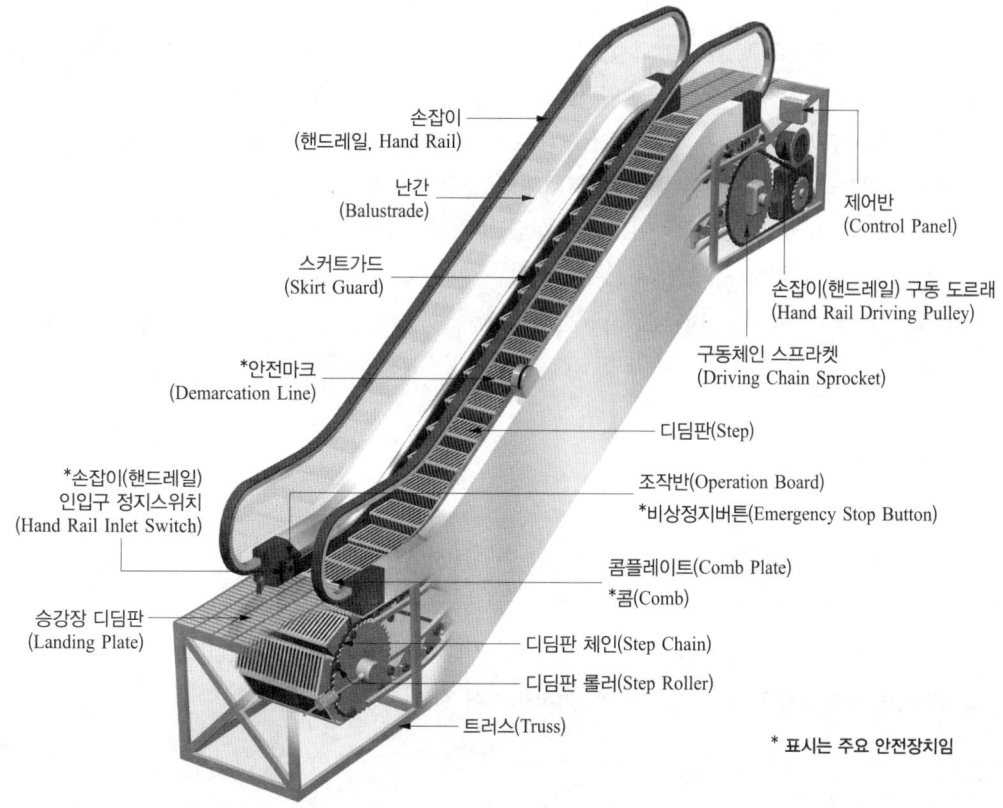

(2) 무빙워크(수평보행기)의 구조

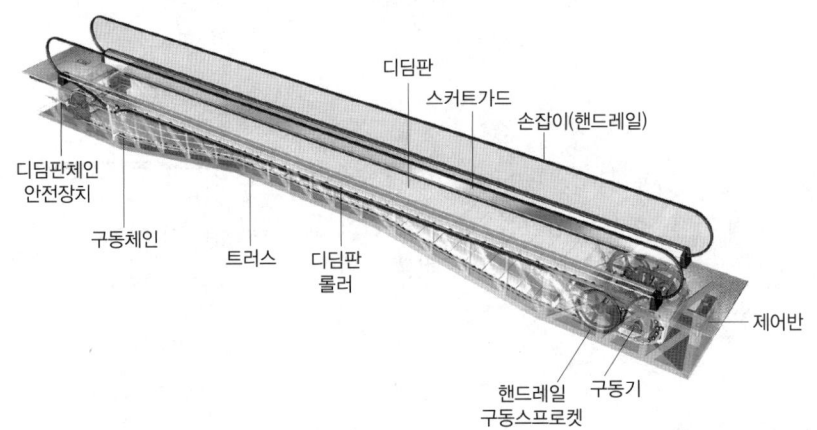

2. 용어 및 일반사항

(1) 용어

① **손잡이(핸드레일)** : 에스컬레이터 또는 무빙워크를 사용하는 동안 손으로 잡을 수 있는 전동식 이동 레일

② **디딤판(스텝)** : 디딤판 상부와 라이저로 구성되는 디딤판 전체

③ **스커트 가드(스커트 패널)** : 에스컬레이터나 수평보행기의 내측판 하부에 있으며 발판의 측면과 작은 틈새를 보호하는 패널로 옷이나 신발이 끼는 것을 방지하는 장치

④ **핸드레일 구동 스프라켓** : 주로 손잡이(핸드레일) 내측에 접촉하여 마찰 구동에 의해 핸드레일을 구동시키는 시브(도르래), 핸드레일 내면의 마찰면을 크게 하기 위한 가압 롤러의 가압력에 의해 핸드레일 구동시 미끄러짐이나 손상을 방지하고 스텝과 동일방향, 동일속도로 구동된다.

⑤ **디딤판 롤러** : 디딤판 하부 안내 롤러

⑥ **트러스** : 에스컬레이터 및 무빙워크(수평보행기)에 있어서는 일반적으로 자중 및 적재하중을 지탱하는 구조부분

(2) 경사도

① 에스컬레이터

㉮ 경사도 α는 30°를 초과하지 않아야 한다. 다만, 높이가 6m 이하이고 공칭속도가 0.5m/s 이하인 경우에는 경사도를 35°까지 증가시킬 수 있다.

㉯ 경사도 α는 현장 설치여건 등을 감안하여 최대 1°까지 초과될 수 있다.

② **무빙워크(수평보행기)** : 경사도는 12° 이하이어야 한다.

(3) 속도

① 공칭속도는 공칭 주파수 및 공칭 전압에서 ±5%를 초과하지 않아야 한다.

② **에스컬레이터의 공칭속도**

㉮ 경사도 α가 30° 이하인 에스컬레이터는 0.75m/s 이하이어야 한다.

㉯ 경사도 α가 30°를 초과하고 35° 이하인 에스컬레이터는 0.5m/s 이하이어야 한다.

③ 무빙워크의 공칭속도는 0.75m/s 이하이어야 한다.

(4) **에스컬레이터 안전기준에 따른 최대 수송능력**

교통흐름 계획을 위해 1시간에 에스컬레이터 또는 무빙워크로 수송할 수 있는 최대 인원은 다음의 표에 따른다.

디딤판 폭(m)	공칭속도 v(m/s)		
	0.5	0.65	0.75
0.6	3,600명/h	4,400명/h	4,900명/h
0.8	4,800명/h	5,900명/h	6,600명/h
1	6,000명/h	7,300명/h	8,200명/h

※ 쇼핑 카트와 수하물 카트의 사용은 수용력이 약 80%로 감소될 것이다.

※ 1m를 초과하는 팔레트 폭을 가진 무빙워크의 경우 이용자가 손잡이를 잡아야 하기 때문에 수용능력은 증가하지 않고, 1m를 초과하는 추가 폭은 주로 쇼핑 카트 및 수하물 카트의 사용을 가능하게 하는 것이다.

2 주요 장치의 구성

1. 구동장치

에스컬레이터 운전시 구동장치에 의해 계단과 핸드레일이 구동된다. 감속기로는 웜기어가 사용되어 왔지만 현재에는 헬리컬기어가 대세를 이루고 있다.

2. 디딤판과 디딤판 체인, 난간과 손잡이(핸드레일)

(1) **디딤판(스텝)**

① 지지대에 발판과 라이저를 조합한 구조이다.

② 발판의 안쪽으로 사람들이 탑승할 수 있도록 유도하기 위한 것이며 디딤판은 수평이어야 한다.

(2) **디딤판(스텝) 체인**

① 에스컬레이터의 폭이 넓을수록, 운행길이가 길수록 높은 강도의 체인이 필요하다.

② 좌우체인으로 링크 간격을 일정하게 유지하게 위해 일정한 간격으로 롤러를 연결해야 한다.

(3) 난간과 손잡이(핸드레일)

① **난간** : 난간의 내측은 사람이나 물건이 끼이거나 부딪치는 일이 없도록 파손이나 균열이 없어야 하며, 난간의 설치상태는 견고하고 양호하여야 한다.

② **손잡이(핸드레일)**
㉮ 각 난간의 상부에는 정상운행 조건하에서 디딤판의 속도와 −0%에서 +2%의 허용오차로 같은 방향과 속도로 움직이는 손잡이가 설치되어야 한다.
㉯ 손잡이는 정상운행 중 운행방향의 반대편에서 450N의 힘으로 당겨도 정지되지 않아야 한다.
㉰ 손잡이의 속도감시장치 또는 기능이 제공되어야 한다.

(4) 안전장치

① **디딤판과 스커트 사이의 틈새** : 스커트가 디딤판 측면에 위치한 경우 수평 틈새는 각 측면에서 4mm 이하이어야 하고, 정확히 반대되는 두 지점의 양 측면에서 측정된 틈새의 합은 7mm 이하이어야 한다.

② **스커트 가드 스위치** : 디딤판과 스커트 가드 사이에 이물질이 들어갔을 때 에스컬레이터를 정지시키며, 일반적으로 스커트 가드의 변화를 검출하는 스위치로 상하의 승강구 부근에 설치한다.

③ **막는 조치 및 안전보호판(삼각부 보호판)** : 난간부와 교차하는 건축물 천장부 또는 측면부 등과의 사이에 생기는 3각부에 사람의 머리 등 신체의 일부가 끼이는 것을 방지하기 위해 설치한다.

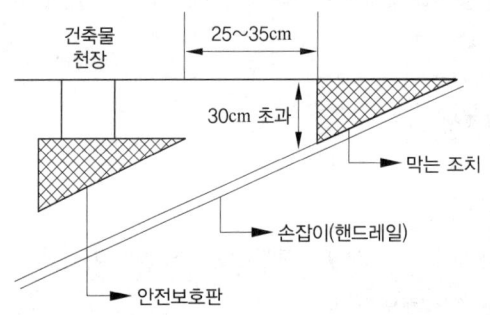

●● 난간 폭에 따른 에스컬레이터의 분류

구분	800형	1200형
디딤판(스텝) 1개당 사용 인원	1.5명	2명
난간 폭	800mm	1,200mm
디딤판(스텝) 폭	600mm	1,004mm
시간당 최대 수송인원	시간당 6,000명	시간당 9,000명

Lesson 05 특수승강기

1 입체주차설비

1. 설치목적
주차난 해결에 앞장서고 보다 안전하고 편리하게 자동차를 수송

2. 특징 및 종류

(1) 특징
① 일반 전기식(로프식) 엘리베이터에 비해 설치공간 적음
② 기계실이 승강로 내부를 제외한 건물 내 어느 곳에 위치하여도 좋으므로 건물 설계시 유리함
③ 정확한 착상위치, 부드러운 가감속, 조용한 운행
④ 정전 발생시 최하동으로 자동 착상하므로 안전성이 높음
⑤ 엘리베이터의 하강 속도가 설정치보다 초과시 자동으로 오일의 흐름을 차단하는 안전장치 확보

(2) 종류
① **수직순환식주차장치** : 주차에 사용되는 부분(이하 "주차구획")에 자동차를 들어가도록 한 후 그 주차구획을 수직으로 순환이동하여 자동차를 주차하도록 설계한 주차장치
② **수평순환식주차장치** : 주차구획에 자동차를 들어가도록 한 후 그 주차구획을 수평으로 순환이동하여 자동차를 주차하도록 설계한 주차장치
③ **다층순환식주차장치** : 주차구획에 자동차를 들어가도록 한 후 그 주차구획을 여러 층으로 된 공간에 아래·위 또는 수평으로 순환이동하여 자동차를 주차하도록 설계한 주차장치
④ **2단식주차장치** : 주차구획이 2층으로 배치되어 있고 출입구가 있는 층의 모든 주차구획을 주차장치출입구로 사용할 수 있는 구조로서 그 주차구획을 아래·위 또는 수평으로 이동하여 자동차를 주차하도록 설계한 주차장치
⑤ **다단식주차장치** : 주차구획이 3층 이상으로 배치되어 있고 출입구가 있는 층의 모든 주차구획을 주차장치출입구로 사용할 수 있는 구조로서 그 주차구획을 아래·위 또는 수평으로 이동하여 자동차를 주차하도록 설계한 주차장치
⑥ **승강기식주차장치** : 여러 층으로 배치되어 있는 고정된 주차구획에 아래·위로 이동할 수 있는 운반기에 의하여 자동차를 자동으로 운반이동하여 주차하도록 설계한 주차장치
⑦ **승강기슬라이드식주차장치** : 여러 층으로 배치되어 있는 고정된 주차구획에 아래·위 및 옆으로 이동할 수 있는 운반기에 의하여 자동차를 자동으로 운반이동하여 주차하도록 설계한 주차장치

⑧ **평면왕복식주차장치** : 평면으로 배치되어 있는 고정된 주차구획에 운반기에 의하여 자동차를 운반이동하여 주차하도록 설계한 주차장치

⑨ **특수형식주차장치** : 위의 8가지 종류 이외의 형식으로 설계한 주차장치

2 기타 시설

1. 소형화물용 엘리베이터(덤웨이터)

사람이 탑승하지 않으면서 적재용량이 300kg 이하인 것으로서 소형화물(서적, 음식물 등) 운반에 적합하게 제작된 엘리베이터로 바닥면적이 $0.5m^2$ 이하이고 높이가 0.6m 이하인 엘리베이터는 제외한다.

2. 휠체어리프트

종류	분류기준
장애인용 경사형 리프트	장애인이 이용하기에 적합하게 제작된 것으로서 경사진 승강로를 따라 동력으로 오르내리게 한 것. 다만, 교통약자의 이동편의 증진법의 규정에 따른 교통수단에 설치된 휠체어리프트는 제외한다.
장애인용 수직형 리프트	장애인이 이용하기에 적합하게 제작된 것으로서 수직인 승강로를 따라 동력으로 오르내리게 한 것. 다만, 교통약자의 이동편의 증진법의 규정에 따른 교통수단에 설치된 휠체어리프트는 제외한다.

3. 유희시설

(1) 고가의 유희시설

① 모노레일

② 어린이 기차

③ 코스터

④ 매트 마우스

⑤ 워터 슈트

(2) 회전운동을 하는 유희시설

① 회전그네

② 비행탑

③ 회전목마 등

CHAPTER 02 안전관리 및 보수

Craftsman Elevator

Lesson 01 승강기 안전관리

1 승강기 이용자 안전에 관한 요령

1. 승강기 이용자의 준수사항

(1) 엘리베이터

① 엘리베이터 출입문에 충격을 가하지 않아야 한다.
② 엘리베이터 출입문에 손이나 발을 대지 않아야 한다.
③ 엘리베이터 출입문을 강제로 열지 않아야 한다.
④ 엘리베이터 출입문이 완전히 열린 후에 타거나 내려야 한다.
⑤ 엘리베이터에서는 뛰거나 장난치지 않아야 한다.
⑥ 정원 또는 정격하중을 준수하여 엘리베이터를 이용해야 한다.
⑦ 어린이나 노약자는 보호자와 함께 엘리베이터를 이용해야 한다.
⑧ 엘리베이터에 갇힌 경우에는 임의로 판단하여 탈출을 시도하지 않아야 한다. 이 경우 비상통화장치를 통해 외부에 구출을 요청하고 차분히 기다려야 하며, 구출활동 중에는 구출자의 지시에 따라야 한다.
⑨ 검사에 불합격 하였거나 운행이 정지된 엘리베이터의 경우에는 임의로 이용하지 않아야 한다.
⑩ 화재 또는 지진 등 재난이 발생한 경우에는 엘리베이터를 이용하지 않아야 한다. 다만, 피난용 엘리베이터의 경우에는 승강기 안전관리자 등 통제자의 지시에 따라 이용할 수 있다.
⑪ 화물용 엘리베이터의 경우에는 화물 취급자 또는 조작자 한 명만 탑승해야 한다.
⑫ 소형화물용 엘리베이터의 경우에는 탑승하지 않아야 한다.
⑬ 자동차용 엘리베이터의 경우에는 출입문과 충돌하지 않도록 운전에 주의해야 한다.

⑭ 줄넘기, 애완동물의 목줄 등이 엘리베이터의 출입문에 끼이지 않도록 주의해야 한다.
⑮ 그 밖에 이물질을 버리거나 담배를 피우는 등 타인에 피해가 되는 행위를 하지 않아야 한다.

(2) 에스컬레이터 및 무빙워크
① 에스컬레이터 또는 무빙워크에서는 뛰지 않아야 한다.
② 에스컬레이터 또는 경사형 무빙워크에서는 걷지 않아야 한다.
③ 디딤판의 노란 안전선 안에 탑승하여 에스컬레이터 또는 무빙워크를 이용해야 한다.
④ 에스컬레이터 또는 경사형 무빙워크를 이용할 때에는 손잡이를 잡고 이용해야 한다. 다만, 쇼핑카트를 실을 수 있도록 특수하게 제작된 경사형 무빙워크의 경우에는 쇼핑카트 손잡이를 잡고 이용해야 한다.
⑤ 쇼핑카트를 가지고 무빙워크를 이용하는 경우에는 출구에서 힘껏 쇼핑카트를 밀어주어야 한다.
⑥ 에스컬레이터 또는 무빙워크 손잡이 난간 밖으로 몸을 내밀지 않아야 한다.
⑦ 에스컬레이터 또는 무빙워크 손잡이 난간에 몸을 기대지 않아야 한다.
⑧ 에스컬레이터 또는 무빙워크가 운행하는 반대 방향으로 탑승하지 않아야 한다.
⑨ 유모차 또는 수레 등을 가지고 에스컬레이터 또는 무빙워크에 탑승하지 않아야 한다. 다만, 유모차 또는 수레 등을 실을 수 있도록 특수하게 제작된 에스컬레이터 또는 무빙워크의 경우에는 승강기 안전관리자 등 관리자의 안내에 따라 이용해야 한다.
⑩ 휠체어 또는 전동 스쿠터 등에 탑승한 사람은 에스컬레이터 또는 무빙워크를 이용하지 않아야 한다. 다만, 휠체어 또는 전동 스쿠터 등을 실을 수 있도록 특수하게 제작된 에스컬레이터 또는 무빙워크의 경우에는 승강기 안전관리자 등 관리자의 안내에 따라 이용할 수 있다.
⑪ 검사에 불합격 하였거나 운행이 정지된 에스컬레이터 또는 무빙워크의 경우에는 임의로 이용하지 않아야 한다.
⑫ 에스컬레이터 또는 무빙워크 비상정지 버튼을 임의로 누르지 않아야 한다.
⑬ 그 밖에 이물질을 버리거나 담배를 피우는 등 타인에 피해가 되는 행위를 하지 않아야 한다.

2. 승강기 관리주체

(1) 관리주체의 유지관리 활동
① 자체점검
② 승강기 또는 승강기부품의 수리
③ 승강기부품의 교체
④ 승강기에 갇힌 이용자의 신속한 구출을 위한 활동
⑤ 청소 등 승강기의 청결상태 유지
⑥ 승강기 안전검사의 입회 및 보조 활동

(2) 승강기의 안전 이용 안내
① 관리주체는 다음의 내용이 포함된 안내 표지 또는 명판을 승강기 내부에 부착해야 한다.
㉮ 승강기 이용자의 준수사항
㉯ 비상통화장치 사용 방법
② 관리주체는 다음의 내용이 포함된 표지 또는 명판을 승강장문 또는 승강장 주위에 부착해야 한다.
㉮ 화재 등 비상시 승강기 탑승금지 및 피난계단 이용 안내
㉯ 엘리베이터의 종류(소방구조용 엘리베이터 및 피난용 엘리베이터만 해당)
㉰ 손 끼임 주의
㉱ 승강장문 충돌 주의

(3) 그 밖의 사항
① 유압식 엘리베이터 또는 유압식 휠체어리프트의 관리주체는 기계실 출입문 가까이에 소화기 또는 소화용 모래를 비치해야 하고, 기계실 출입문 내·외부에 "화기엄금" 표지 또는 명판을 부착해야 한다.
② 관리주체는 유지관리 업무를 수행하는 자가 안전하게 그 업무를 수행하도록 관리·감독해야 한다. 다만, 관리주체가 유지관리 업무를 유지관리업자에게 대행하게 하는 경우에는 그 유지관리업자가 관리·감독해야 한다.
③ 관리주체 또는 유지관리업자는 「산업안전보건법」이 정하는 바에 따라 사업주에 관한 규정을 준수해야 하며, 유지관리 업무를 수행하는 자는 「산업안전보건법」이 정하는 바에 따라 근로자에 관한 규정을 준수해야 한다.
④ 관리주체 또는 유지관리업자는 점검반을 소속 직원 2명 이상으로 구성하여 자체점검을 하게 하거나 대행하게 해야 한다.

3. 승강기 안전관리자

(1) 승강기 안전관리자의 직무범위
① 승강기 운행 및 관리에 관한 규정 작성
② 승강기 사고 또는 고장 발생에 대비한 비상연락망의 작성 및 관리
③ 유지관리업자로 하여금 자체점검을 대행하게 한 경우 유지관리업자에 대한 관리·감독
④ 중대한 사고 또는 중대한 고장의 통보
⑤ 승강기 내에 갇힌 이용자의 신속한 구출을 위한 승강기 조작(해당 승강기관리교육을 받은 경우만 해당)
⑥ 피난용 엘리베이터의 운행(해당 승강기관리교육을 받은 경우만 해당)
⑦ 그 밖에 승강기 관리에 필요한 사항으로서 행정안전부장관이 정하여 고시하는 업무

(2) **승강기 일상점검**

승강기 안전관리자는 다음의 사항을 확인하기 위한 일상점검을 실시해야 하며, 점검 결과 승강기의 안전운행에 지장이 있다고 판단하는 경우에는 즉시 해당 승강기의 운행을 중지시키고 관리주체에게 보고해야 한다.

① 기계실 출입문의 잠금 상태
② 기계실 온도 및 환기장치의 작동상태
③ 엘리베이터·휠체어리프트 호출버튼 및 등록버튼의 작동상태
④ 표준부착물의 부착상태
⑤ 엘리베이터 비상통화장치의 작동상태
⑥ 기계실 출입문 및 승강장문 등 비상열쇠의 관리상태
⑦ 그 밖에 관리주체가 승강기 안전운행에 필요하다고 정하는 사항

(3) **그 밖의 사항**

① **비상열쇠의 사용 및 관리** : 비상열쇠를 다른 사람으로 하여금 사용하게 하거나 관리하게 해서는 안 된다. 다만, 승강기의 유지관리 및 안전검사 등에 필요하다고 인정되는 경우에는 안전관리기술자 또는 119구조대원으로 하여금 사용하게 할 수 있다.

② **이용자 구출을 위한 승강기 조작** : 승강기 내에 갇힌 이용자의 신속한 구출을 위한 승강기 조작을 직무로 하는 승강기 안전관리자는 승강기에 이용자가 갇히는 사고가 발생한 경우 지체 없이 비상구출운전 등 승강기를 조작하여 신속하게 이용자를 구출해야 한다.

③ **피난용 엘리베이터의 운행** : 피난용 엘리베이터의 운행을 직무로 하는 승강기 안전관리자는 화재 등 재난 발생 시 피난용 엘리베이터가 피난수단으로 활용될 수 있도록 관련 매뉴얼에 따라 피난용 엘리베이터를 안전하게 운행해야 한다.

④ **승강기의 임의조작 금지** : 승강기 안전관리자는 규정에 따른 직무범위에 해당하는 업무를 제외하고 승강기를 임의로 조작하지 않아야 한다.

●● 승강기 관련 중대한 사고의 범위
- 사망자가 발생한 사고
- 사고 발생일부터 7일 이내에 실시된 의사의 최초 진단 결과 1주 이상의 입원 치료가 필요한 부상자가 발생한 사고
- 사고 발생일부터 7일 이내에 실시된 의사의 최초 진단 결과 3주 이상의 치료가 필요한 부상자가 발생한 사고

2 승강기 사용 및 취급

1. 승강기 설치검사 및 안전검사

(1) 설치검사

① 승강기의 제조·수입업자는 설치를 끝낸 승강기에 대하여 행정안전부장관이 실시하는 설치검사를 받아야 한다.(한국승강기안전공단에 설치검사 업무가 위탁됨)

② 승강기의 제조·수입업자 또는 관리주체는 설치검사를 받지 아니하거나 설치검사에 **불합격한** 승강기를 운행하게 하거나 운행하여서는 아니 된다.

(2) 안전검사

① **정기검사** : 설치검사 후 정기적으로 하는 검사로 기본 검사주기는 2년 이하

② **수시검사** : 다음의 어느 하나에 해당하는 경우에 하는 검사
　㉮ 승강기의 종류, 제어방식, 정격속도, 정격용량 또는 왕복운행거리를 변경한 경우(변경된 승강기에 대한 검사의 기준이 완화되는 경우 등 행정안전부령으로 정하는 경우는 제외)
　㉯ 승강기의 제어반(制御盤) 또는 구동기(驅動機)를 교체한 경우
　㉰ 승강기에 사고가 발생하여 수리한 경우(단, 승강기의 결함으로 중대한 사고 또는 중대한 고장이 발생한 경우는 제외)
　㉱ 관리주체가 요청하는 경우

③ **정밀안전검사** : 다음의 어느 하나에 해당하는 경우에 하는 검사
　㉮ 정기검사 또는 수시검사 결과 결함의 원인이 불명확하여 사고 예방과 안전성 확보를 위하여 행정안전부장관이 정밀안전검사가 필요하다고 인정하는 경우
　㉯ 승강기의 결함으로 중대한 사고 또는 중대한 고장이 발생한 경우
　㉰ 설치검사를 받은 날부터 15년이 지난 경우
　㉱ 그 밖에 승강기 성능의 저하로 승강기 이용자의 안전을 위협할 우려가 있어 행정안전부장관이 정밀안전검사가 필요하다고 인정한 경우

2. 자체점검 및 사고 보고 등

(1) 승강기 자체점검 개요

① 관리주체는 자체점검을 월 1회 이상 하고, 그 결과를 자체점검 후 5일 이내에 승강기안전종합정보망에 입력하여야 한다.

② 자체점검자는 그 결과를 다음의 구분에 따라 관리주체에게 보고하여야 한다.
　㉮ 자체점검기준에 적합한 경우 : 양호
　㉯ 자체점검기준에 부적합하나, 그 부적합한 내용이 승강기의 안전운행에 직접 관련이 없는 경미한 사항으로 주의 관찰이 필요한 경우 : 주의 관찰
　㉰ 자체점검기준에 부적합하여 긴급 수리 또는 승강기부품의 교체가 필요한 경우 : 긴급 수리

③ 관리주체는 자체점검 결과 승강기에 결함이 있다는 사실을 알았을 경우에는 즉시 보수하여야 하며, 보수가 끝날 때까지 해당 승강기의 운행을 중지하여야 한다.
④ 다음의 어느 하나에 해당하는 승강기에 대해서는 자체점검의 전부 또는 일부를 면제할 수 있다.
　㉮ 승강기안전인증을 면제받은 승강기
　㉯ 안전검사에 불합격한 승강기
　㉰ 안전검사가 연기된 승강기
　㉱ 그 밖에 새로운 유지관리기법의 도입 등의 사유에 해당하여 자체점검의 주기 조정이 필요한 승강기
⑤ 관리주체는 자체점검을 스스로 할 수 없다고 판단하는 경우에는 승강기의 유지관리를 업으로 하기 위하여 등록을 한 자로 하여금 이를 대행하게 할 수 있다.

(2) 사고 보고 및 조사

① 관리주체(자체점검을 대행하는 유지관리업자를 포함)는 중대한 사고 또는 중대한 고장이 발생한 경우에는 지체 없이 다음의 사항을 한국승강기안전공단에 알려야 한다.
　㉮ 승강기가 설치된 건축물이나 고정된 시설물의 명칭 및 주소
　㉯ 승강기 고유 번호
　㉰ 사고 또는 고장 발생 일시
　㉱ 사고 또는 고장 내용
　㉲ 피해 정도(사람이 엘리베이터 또는 휠체어리프트 내에 갇힌 경우에는 갇힌 사람의 수와 구출한 자를 포함) 및 응급조치 내용
② 한국승강기안전공단은 중대한 사고 또는 중대한 고장에 관한 사항을 통보받은 경우에는 지체 없이 별지 중대한 사고 또는 중대한 고장 보고서(전자문서를 포함)를 작성하여 행정안전부장관, 관할 시·도지사 및 승강기사고조사위원회에 보고해야 한다.

(3) 승강기의 운행정지 표지

승강기의 운행정지명령을 받은 경우 관리주체는 발급받은 승강기의 운행정지 표지를 이용자가 잘 볼 수 있도록 다음의 구분에 따른 장소에 붙여야 한다.
① **엘리베이터** : 엘리베이터 출입문의 중앙
② **에스컬레이터** : 탑승하는 승강장 입구 바닥의 중앙
③ **휠체어리프트** : 다음의 구분에 따른 장소
　㉮ 수직형 휠체어리프트 : 수직형 휠체어리프트 출입문의 중앙
　㉯ 경사형 휠체어리프트 : 제어반 개폐문의 중앙 및 운반구 바닥의 중앙

Lesson 02 이상시의 제현상과 재해방지

1 이상상태의 제현상

(1) 재해조사의 목적
동일한 재해를 반복하지 않도록 원인이 되었던 불안전상태와 행동을 발견하고 이것을 다시 분석 검토해서 적정한 예방대책을 강구하기 위해 실시한다.

(2) 주요 재해발생의 형태
① **떨어짐(추락)** : 사람이 인력(중력)에 의하여 건축물, 구조물, 가설물, 수목, 사다리 등의 높은 장소에서 떨어지는 것

② **넘어짐(전도)** : 사람이 거의 평면 또는 경사면, 층계 등에서 구르거나 넘어지는 경우

③ **맞음(낙하·비래)** : 구조물, 기계 등에 고정되어 있던 물체가 중력, 원심력, 관성력 등에 의하여 고정부에서 이탈하거나 또는 설비 등으로부터 물질이 분출되어 사람을 가해하는 경우

④ **끼임(협착)** : 두 물체 사이의 움직임에 의하여 일어난 것으로 직선운동하는 물체 사이의 끼임, 회전부와 고정체 사이의 끼임, 로울러 등 회전체 사이에 물리거나 또는 회전체·돌기부 등에 감긴 경우

⑤ **부딪힘(충돌)·접촉** : 재해자 자신의 움직임·동작으로 인하여 기인물에 접촉 또는 부딪히거나, 물체가 고정부에서 이탈하지 않은 상태로 움직임(규칙, 불규칙) 등에 의하여 부딪히거나, 접촉한 경우

(3) 재해 보호구
① **안전모** : 물체의 낙하 또는 비래(날아옴) 및 추락에 의한 위험을 방지 또는 경감시키고 머리 부위 감전에 의한 위험을 방지하기 위한 보호구

② **보안경** : 물체가 날아 흩어질 위험이 있는 작업개소에 사용

③ **보안면** : 용접시 불꽃 또는 물체가 날아 흩어질 위험이 있는 작업에서 사용

④ **안전벨트** : 고소작업 또는 고속 주행 작업기계를 사용할 때 작업자가 추락하는 사고를 방지하기 위한 안전기구

⑤ **보호장갑** : 절삭작업, 용접작업, 전기작업 등의 위험에 대해 손을 보호하기 위한 안전기구

⑥ **작업발판** : 추락 위험이 있는 장소 중 높이 2m 이상인 작업장소에는 폭 40cm 이상으로 설치해야 한다.

⑦ **안전화** : 낙하물에서 발을 보호하는 목적으로, 앞부리 부분에 금속 등의 보강재가 들어있다.

2 이상시 발견조치

(1) 재해예방 4가지 기본원칙

손실우연의 원칙, 원인계기의 원칙, 예방가능의 원칙, 대책선정의 원칙

(2) 이상발견시 조치 사항

발견 → 점검 → 조치 → 수리 → 확인

(3) 재해발생시 조치 사항

긴급처리 → 재해조사 → 원인강구 → 대책수립 → 실시 → 평가

(4) 사고예방대책의 기본원리 5단계

① 1단계 : 조직(안전관리조직)
② 2단계 : 사실의 발견(현상파악)
③ 3단계 : 분석, 평가(원인규명)
④ 4단계 : 시정책의 선정
⑤ 5단계 : 시정책의 적용(3E 적용)

(5) 재해원인과 대책을 위한 기법

① 4M 분석기법 : 인간(Man), 기계(Machine), 작업매체(Media), 관리(Management)
② 3E 기법 : 관리적(Enforcement), 기술적(Engineering), 교육적(Education)

3 재해 원인의 분석방법

(1) 개별적 원인 분석

① 재해마다 특유의 조사항목을 사용 가능
② 재해빈도가 적은 중소기업이나 특수재해, 중대재해일 경우 사용 가능

(2) 통계적 원인 분석

① 통계이론을 적용해 실제 사회 또는 자연 현상을 경험적으로 조사·분석하는 것
② **통계분석** : 자료의 수집 → 자료의 정리·요약 → 자료의 해석 → 모집단 특성에 대한 결론

4 재해 조사항목과 내용

(1) 재해 조사항목
① 소재지, 업종 등을 비롯하여 산업재해의 발생 일시와 재해발생지역(부서)을 기재한다.
② 인적 피해 및 물적 피해에 관한 세부 내용과 재해발생과정 및 원인을 구체적으로 기재한다.

(2) 재해 조사내용
재해발생 과정 작성 시에는 재해 관련 취급 설비, 작업 당시의 상황, 재해자의 행동 및 사고 발생 과정 등을 육하원칙에 따라 빠짐없이 기록한다.

5 산업재해의 분류 및 재해원인

1. 산업재해의 분류

(1) 통계적 분류
① 사망
② **중경상** : 8일 이상의 노동 손실
③ **경상해** : 1일 이상 7일 이하의 노동 손실
④ 무상해사고

(2) 상해정도별 분류(ILO에 의한 구분)
① **사망** : 안전사고로 사망하거나 혹은 부상의 결과로 사망한 것
② **영구 전노동 불능** : 부상의 결과로 근로기능을 완전히 잃은 부상(신체장애등급 1~3급에 해당)
③ **영구 일부노동 불능** : 부상의 결과로 신체의 일부가 근로기능을 완전히 상실한 부상(신체장애등급 4~14급에 해당)
④ **일시 전노동 불능** : 의사의 소견에 따라 일정 기간 동안 노동에 종사할 수 없는 상해
⑤ **일시 일부노동 불능** : 의사의 진단에 따라 부상 다음날 또는 그 이후의 정규노동에 종사할 수 없는 휴업재해 이외의 것으로 일시취업시간 중에 업무를 떠나 치료를 받는 정도의 상해
⑥ **구급처치상해** : 응급처치 또는 자가 치료를 받고 당일 정상작업에 임할 수 있는 상해

2. 재해원인 분류

(1) 직접원인
① **불안전한 행동** : 위험장소 접근, 안전장치의 기능 제거, 복장·보호구의 잘못 사용, 기계·기구 잘못 사용, 운전중인 기계장치의 손질, 불안전한 속도 조작, 위험물 취급 부주의, 불안전한 상태 방치, 불안전한 자세 동작, 감독 및 연락 불충분

② **불안전한 상태** : 물 자체 결함, 안전 방호장치 결함, 복장·보호구의 결함, 물의 배치 및 작업 장소 결함, 작업환경의 결함, 생산 공정의 결함, 경계표시·설비의 결함

(2) 간접원인

① **기술적 원인** : 건물·기계장치 설계 불량, 구조·재료의 부적합, 생산 공정의 부적당, 점검·정비·보존 불량

② **교육적 원인** : 안전의식의 부족, 안전수칙의 오해, 경험훈련의 미숙, 작업방법의 교육 불충분, 유해위험 작업의 교육 불충분

③ **관리적 원인(작업관리상 원인)** : 안전관리 조직 결함, 안전수칙 미제정, 작업준비 불충분, 인원배치 부적당, 작업지시 부적당

Lesson 03 기계기구와 그 설비의 안전

1 전기에 의한 위험방지

1. 전압 및 전기설비의 절연저항

(1) 전압의 구분

구분	교류(AC)	직류(DC)
저압	1000V 이하	1500V 이하
고압	1000V 초과 7kV 이하	1500V 초과 7kV 이하
특별고압	7kV(7000V) 초과	

(2) 전기설비의 절연저항

① 절연저항은 각각의 전기가 통하는 전도체와 접지 사이에서 측정되어야 한다. 다만, 정격이 100VA 이하의 PELV 및 SELV회로는 제외한다.

② 절연저항 값은 다음의 표에 적합해야 한다.

전로의 사용전압(V)	시험전압/직류(V)	절연저항(MΩ)
SELV 및 PELV	250	0.5 이상
FELV, 500V 이하	500	1.0 이상
500V 초과	1,000	1.0 이상

[주] 특별저압(extra low voltage : 2차 전압이 AC 5V, DC 120V 이하)으로 SELV(비접지회로 구성) 및 PELV(접지회로 구성)은 1차와 2차가 전기적으로 절연된 회로, FELV는 1차와 2차가 전기적으로 절연되지 않은 회로

③ 제어회로 및 안전회로의 경우, 전도체와 전도체 사이 또는 전도체와 접지 사이의 직류 전압 평균값 및 교류 전압 실효값은 250V 이하이어야 한다.

2. 감전재해 및 방지대책

(1) 감전의 위험성 결정 요인

① 전류의 크기
② 통전시간 및 통전경로
③ 전원의 종류
④ 전격인가위상
⑤ 주파수 및 파형

(2) 감전전류와 인체의 정도

감전전류(mA)	인체의 정도	감전전류(mA)	인체의 정도
1	전기를 느낄 정도	20	근육 수축이 심하고 행동불능
5	상당한 고통을 느낌	50	위험 상태
10	견디기 어려운 고통	100	치명적 결과 초래

3. 감전사고 및 예방대책

(1) 감전 위험요소

① **1차적 감전 위험요소** : 통전전류의 크기, 통전경로, 통전시간, 전원의 종류
② **2차적 감전 위험요소** : 인체의 조건, 전압, 계절, 주파수

(2) 감전사고 예방대책

① 전기설비에 대한 누전차단기 설치
② 전기기기 및 장치의 정비
③ 전기 위험부의 위험 표시
④ 유자격자 이외는 전기기계 및 기구에 접촉 금지
⑤ 안전관리자는 작업에 대한 안전 교육 시행
⑥ 설비의 필요한 부분에는 보호 접지 실시
⑦ 충전부가 노출된 부분에는 절연 방호구 사용
⑧ 고전압 선로 및 충전부에 근접하여 작업하는 작업자에게 보호구 착용
⑨ 계통을 비접지 방식으로 할 것

2 추락 등에 의한 위험방지

① 추락할 위험이 있는 높이 2미터 이상의 장소에서 근로자에게 안전대를 착용시킨 경우 안전대를 안전하게 걸어 사용할 수 있는 설비 등을 설치하여야 한다.
② 슬레이트, 선라이트(sunlight) 등 강도가 약한 재료로 덮은 지붕 위에서 작업을 할 때에 발이 빠지는 등 근로자가 위험해질 우려가 있는 경우 폭 30cm 이상의 발판을 설치하거나 안전방망을 치는 등 위험을 방지하기 위하여 필요한 조치를 하여야 한다.
③ 높이 또는 깊이가 2m를 초과하는 장소에서 작업하는 경우 해당 작업에 종사하는 근로자가 안전하게 승강하기 위한 건설작업용 리프트 등의 설비를 설치하여야 한다.

3 기계 방호장치

(1) 기계·기구의 방호장치
  ① **프레스 또는 전단기**: 방호장치
  ② **아세틸렌용접장치 또는 가스집합 용접장치**: 안전기
  ③ **방폭용 전기기계·기구**: 방폭구조 전기기계·기구
  ④ **교류아크 용접기**: 자동전격방지기
  ⑤ **크레인·승강기·곤돌라·리프트**: 과부하방지장치 및 고용노동부장관이 고시하는 방호장치
  ⑥ **압력용기**: 압력방출장치
  ⑦ **보일러**: 압력방출장치 및 압력제한스위치
  ⑧ **로울러기**: 급정지장치

(2) 동력에 의하여 작동되는 기계기구는 다음 각호의 방호조치를 하여야 한다.
  ① 작동부분상의 돌기 부분은 묻힘형으로 하거나 덮개를 부착할 것
  ② 동력전달부분 및 속도조절부분에는 덮개를 부착하거나 방호망을 설치할 것
  ③ 회전기계의 물림점(로울러, 기어 등)에는 덮개 또는 울을 설치할 것

4 방호조치

(1) 전기식(로프식) 엘리베이터
  ① 브레이크 시스템(제동기)
      엘리베이터의 운전 중에는 전자력에 의해 브레이크를 개방시키고, 비상 정지시 또는 정상적 정지 후에는 스프링 압력에 엘리베이터가 확실히 정지 또는 정지상태를 유지하도록 함

② 과속조절기(조속기, overspeed governor)

　　엘리베이터가 미리 설정된 속도에 도달할 때 엘리베이터를 정지시키도록 하고, 필요한 경우에는 추락방지안전장치(비상정지장치)를 작동시키는 장치

③ 추락방지안전장치(비상정지장치)

　　주로프가 절단되거나, 기타 예측할 수 없는 원인으로 카의 하강 속도가 현저히 증가 하는 경우 과속조절기의 동작에 의하여 추락방지안전장치의 쐐기(wedge)가 주행안내(가이드) 레일을 강하게 붙잡아 카의 하강을 정지시키는 장치

④ 리미트 스위치

　　카가 최상층 및 최하층에 근접했을 때에 자동적으로 엘리베이터를 정지시켜 과주행을 방지한다.

⑤ 파이널 리미트 스위치

　　리미트 스위치가 어떤 원인에 의해서 작동하지 않아 카가 최상층 또는 최하층을 현저하게 지나치는 경우에 안전확보를 위하여 모든 전기회로를 끊고 엘리베이터를 정지시키는 장치

⑥ 완충기(buffer)

　　스프링 또는 유체 등을 이용하여 카, 균형추 또는 평형추의 충격을 흡수하기 위한 제동수단

⑦ 비상통화장치

　　정전 또는 고장으로 카내에 갇히거나, 기타 긴급한 경우에 외부(기계실, 관제실, 경비실 등)로 연락할 수 있는 장치로서 정전시에도 사용이 가능함

⑧ 안전로프(safety rope)

　　로프 또는 체인이 파단 될 경우, 비상정지장치를 작동시키기 위해서 카, 균형추 또는 평형추에 부착된 보조로프

⑨ 전기 안전체인(electric safety chain)

　　구성장치 중 하나가 작동되면 엘리베이터가 정지토록 직렬 연결된 전기안전장치의 전체

⑩ 점차 작동형 비상정지장치(progressive safety gear)

　　주행안내(가이드) 레일에서 제동 동작에 의해 감속을 주는 추락방지안전장치로, 허용 가능한 값까지 카, 균형추 또는 평형추의 작용하는 힘을 제한하는 특별한 장치

⑪ 즉시 작동형 비상정지장치(instantaneous safety gear)

　　주행안내(가이드) 레일에서 즉각적으로 제동 작용을 하는 비상정지장치

(2) 유압식 엘리베이터

① 릴리프 밸브(pressure relief valve)

　　유체를 배출함으로써 미리 설정된 값 이하로 압력을 제한하는 밸브

② 럽처밸브(rupture valve)

　　미리 설정된 방향으로 설정치를 초과한 상태로 과도하게 유체 흐름이 증가하여 밸브를 통과하는 압력이 떨어지는 경우 자동으로 차단하도록 설계된 밸브

③ 유량제한기(restrictor)
  제한된 관로를 통하여 연결된 흡입과 배출 밸브

④ 단방향 유량제한기(one-way restrictor)
  한 방향의 유체 흐름은 자유롭게 하고, 다른 방향의 유체 흐름은 제한하는 밸브

⑤ 과속조절기(조속기, overspeed governor)
  엘리베이터가 미리 설정된 속도에 도달할 때 엘리베이터를 정지시키도록 하고, 필요한 경우에는 추락방지안전장치(비상정지장치)를 작동시키는 장치

⑥ 즉시 작동형 비상정지장치(instantaneous safety gear)
  주행안내(가이드) 레일에서 즉각적으로 제동 작용을 하는 비상정지장치

⑦ 점차 작동형 비상정지장치(progressive safety gear)
  주행안내(가이드) 레일에서 제동 동작에 의해 감속을 주는 추락방지안전장치로, 허용 가능한 값까지 카, 균형추 또는 평형추의 작용하는 힘을 제한하는 특별한 장치

⑧ 차단밸브(shut off valve)
  모든 방향의 유체 흐름을 허용하거나 차단할 수 있는 양방향 수동밸브

⑨ 체크밸브(non-return valve)
  한 방향으로만 유체를 흐르게 하는 밸브

(3) 에스컬레이터 및 무빙워크(수평보행기)

① 스커트(skirting)
  디딤판(스텝)과 연결되는 난간의 수직 부분

② 스커트 디플렉터(skirt deflector)
  디딤판(스텝)과 스커트 사이에 끼임의 위험을 최소화하기 위한 장치

③ 안전회로(safety circuit)
  전기안전장치로 구성된 전기적인 안전시스템의 부분

④ 외부패널(exterior panel)
  에스컬레이터 또는 무빙워크를 둘러싸고 있는 외부 측 부분

⑤ 고장안전회로(fail safe circuit)
  규정된 고장 모드 동작을 갖는 전기적 또는 전자적 시스템과 관계된 안전회로

⑥ 안전시스템(electrical safety system)
  안전회로 및 감시장치의 배열로 전기제어시스템의 안전관련 부분

⑦ 안전장치(electrical safety devices)
  안전기능을 수행하기 위해 사용되는 안전스위치 및/또는 고장안전회로 및/또는 전기, 전자 및 프로그램 가능한 전자장치(E/E/PE)로 구성된 안전회로의 일부

Lesson 04　안전점검

1　안전점검 방법 및 제도

1. 안전점검의 정의
안전을 확보하기 위해 실태를 명확히 파악하는 것으로서, 불안전한 상태와 불안전한 행동을 발생시키는 결함을 사전에 발견하거나 안전상태를 확인하는 것을 말한다.

2. 안전점검의 종류
① **수시점검(일상점검)** : 승강기의 품질유지를 통한 안전한 운행으로 이용자의 편리를 도모하고 내구성을 높이기 위해 실시한다.
② **특별점검** : 천재지변 등으로 인한 이상상태가 발생하였을 때에 기능상 이상 유무를 점검하는 것을 말한다.
③ **정기점검(계획점검)** : 일정한 기간을 정하여 점검하는 것으로 주간점검, 월간점검 및 연간점검등이 있으며 법적기준 또는 사내 안전 규정에 따라 해당 책임자가 실시하는 점검을 말한다.
④ **임시점검** : 정기점검 실시후 다음 점검기일 이전에 임시로 실시하는 점검을 말하며 기계·기구 또는 실시의 이상 발견시에 이루어지는 점검이다.

3. 점검방법에 의한 구분
① **외관점검** : 기기의 적당한 배치, 설치상태, 변형, 균열, 손상 부식,등의 유무를 시각 및 촉감으로 조사하고, 점검기준에 양부를 확인하는 것을 말한다.
② **기능점검** : 간단한 조작을 행하여 대상 기기의 양부를 확인하는 것을 말한다.
③ **작동점검** : 안전장치나 누전차단장치 등을 규정에 맞게 작동시켜 상황의 양부를 확인하는 것을 말한다.
④ **종합점검** : 규정을 따른 점검 기준에 의해 측정 및 검사를 진행하고, 정해진 조건하에서 운전시험을 행하여 그 기계설비의 종합적인 기능을 확인하는 것을 말한다.

4. 안전점검 항목
(1) **작업방법에 관한 것**
① **안전관리조직·체제** : 체제, 조직, 관리의 실태
② **안전활동** : 계획, 추진상황
③ **안전교육** : 법정 및 일반교육의 계획 및 실시상황
④ **안전점검** : 제도, 실시상황

(2) 설비에 관한 것
① **작업환경** : 온·습도, 환기 등의 일반환경, 위험유해환경의 관리
② **안전장치** : 법규에 대한 적합, 목적에 대한 일치, 성능의 유지, 관리상황
③ **정리정돈** : 표준화, 실시상황
④ **운반설비** : 표준화, 성능과 취급관리, 표지·표시
⑤ **위험물·방화관리** : 위험물의 표지·표시, 분류, 저장, 보관, 자위소방대의 편성과 훈련, 소화기기의 정비상황 등

5. 안전점검의 목적

① 결함이나 불안전 조건등을 제거
② 기계설비의 본래 성능 유지
③ 합리적인 생산관리 및 사용자의 편의 도모

2 안전진단

기계기구의 설비, 공구, 작업환경, 작업방법, 근로자의 안전활동, 근무태도, 생활태도 등에 대해 잠재적인 요인을 진단하여 적절하고 신속한 조치를 시행하는 것이며 쾌적한 작업환경과 기계기구설비 등의 안전한 기능발휘를 갖추어 안전에 대한 효율적인 관리를 행함으로 예방적 측면에서 안전진단을 말한다.

1. 안전진단 목적

① 사업장의 재해발생원인 및 잠재위험 분석
② 사업장 안전의 개선방법 지도 및 기술자료 제공
③ 재해방지대책에 관한 기술적 자문
④ 설비관리 및 인적자원관리를 통한 생산성 도모

2. 안전진단 항목

① 점검개소   ② 점검방법   ③ 점검시기
④ 점검항목   ⑤ 판정기준   ⑥ 조치사항

3 안전진단

① 안전점검   ② 점검결과에 따른 개선의견
③ 개선의견에 따른 제반비용 산출   ④ 개선 책임자 선출

Lesson 05 승강기 검사기준

1 전기식 엘리베이터

(1) 매다는 장치(현수)

① 카와 균형추 또는 평형추는 매다는 장치에 의해 매달려야 한다. 다만, 직접 유압식 엘리베이터의 경우에는 그렇지 않다.

② 로프는 공칭 직경이 8mm 이상이어야 한다. 다만, 구동기가 승강로에 위치하고, 정격속도가 1.75m/s 이하인 경우로서 행정안전부장관이 안전성을 확인한 경우에 한정하여 공칭 직경 6mm의 로프가 허용된다.

③ 로프 또는 체인 등의 가닥수는 2가닥 이상이어야 한다. 간접 유압식 엘리베이터의 경우에는 간접 작동 잭 당 2가닥 이상이어야 하고, 카와 평형추 사의 연결 부분에 2가닥 이상이어야 한다.

④ 매다는 장치는 독립적이어야 한다.

⑤ 권상 도르래·풀리 또는 드럼의 피치직경과 로프(벨트)의 공칭 직경 사이의 비율은 로프(벨트)의 가닥수와 관계없이 40 이상이어야 한다. 다만, 주택용 엘리베이터의 경우 30 이상이어야 한다.

⑥ 매다는 장치의 안전율은 다음 구분에 따른 수치 이상이어야 한다.

  ㉮ 3가닥 이상의 로프(벨트)에 의해 구동되는 권상 구동 엘리베이터의 경우 : 12

  ㉯ 3가닥 이상의 6mm 이상 8mm 미만의 로프에 의해 구동되는 권상 구동 엘리베이터의 경우 : 16

  ㉰ 2가닥 이상의 로프(벨트)에 의해 구동되는 권상 구동 엘리베이터의 경우 : 16

  ㉱ 로프가 있는 드럼 구동 및 유압식 엘리베이터의 경우 : 12

  ㉲ 체인에 의해 구동되는 엘리베이터의 경우 : 10

⑦ 매다는 장치와 매다는 장치 끝부분 사이의 연결은 매다는 장치의 최소 파단하중의 80% 이상을 견딜 수 있어야 한다.

⑧ 매다는 장치 끝부분은 자체 조임 쐐기 형 소켓, 압착링 매듭법(ferrule secured eyes), 주물 단말 처리(swage terminals)에 의해 카, 균형추/평형추 또는 구멍에 꿰어 맨 매다는 장치 마감 부분(dead parts)의 지지대에 고정되어야 한다.

⑨ 드럼에 있는 로프는 쐐기로 막는 시스템 사용 또는 2개 이상의 클램프 사용에 의해 고정되어야 한다.

(2) 보상 수단

적절한 권상능력 또는 전동기의 동력을 확보하기 위해 매다는 로프의 무게에 대한 보상 수단은 다음과 같은 조건에 따라야 한다.

① 정격속도가 3m/s 이하인 경우에는 체인, 로프 또는 벨트와 같은 수단이 설치될 수 있다.

② 정격속도가 3m/s를 초과한 경우에는 보상 로프가 설치되어야 한다.

③ 정격속도가 3.5m/s를 초과한 경우에는 추가로 튀어오름방지장치가 있어야 한다. 튀어오름방지장치가 작동되면 전기안전장치에 의해 구동기의 정지가 시작되어야 한다.

④ 정격속도가 1.75m/s를 초과한 경우, 인장장치가 없는 보상수단은 순환하는 부근에서 안내봉 등에 의해 안내되어야 한다.

2. 승강로, 기계실·기계류 공간 및 풀리실

(1) 승강로
① 승강로란 카, 균형추 또는 평형추가 주행하는 공간(일반적으로 승강로 벽, 바닥 및 천장으로 구획)을 말한다.
② **승강로 벽** : 0.3m×0.3m 면적의 원형이나 사각의 단면에 1,000N의 힘을 균등하게 분산하여 벽의 어느 지점에 가할 때 다음과 같은 기계적 강도를 가져야 한다.
　㉮ 1mm를 초과하는 영구적인 변형이 없어야 한다.
　㉯ 15mm를 초과하는 탄성 변형이 없어야 한다.

(2) 피트
① 피트는 카가 운행되는 최하층 승강장 하부에 있는 승강로의 부분을 말한다.
② 피트 바닥은 전 부하 상태의 카가 완충기에 작용하였을 때 완충기 지지대 아래에 부과되는 정하중의 4배를 지지할 수 있어야 한다.

$$F = 4 \cdot g_n \cdot (P + Q)$$

여기서, F = 전체수직력(N)　　g_n : 중력 가속도(9.81m/s²)
　　　　P : 카 자중 및 이동케이블, 보상 로프/체인 등 카에 의해 지지되는 부품의 중량(kg)

③ 피트 출입수단
　㉮ 피트 깊이가 2.5m를 초과하는 경우 : 피트 출입문
　㉯ 피트 깊이가 2.5m 이하인 경우 : 피트 출입문 또는 승강장문에서 쉽게 접근할 수 있는 승강로 내부의 사다리

(3) 기계실·기계류 공간 및 풀리실의 접근 및 출입
① 안전하게 접근 및 출입할 수 있도록 계단 등의 통로가 있어야 하며, 통로는 계단의 설치를 우선으로 한다.
② 계단을 포함한 통로는 출입문의 폭과 높이 이상이어야 하며, 계단에는 높이 0.85m 이상의 견고한 난간이 설치되어야 한다.
③ 건축물의 구조상 계단의 설치가 불가능한 경우에는 다음 사항을 만족하는 사다리로 대체할 수 있다.
　㉮ 사다리는 바닥 위에서 수직 높이로 4m를 초과할 수 없으며, 수직 높이가 3m를 초과하는 사다리에는 추락 보호수단이 있어야 한다.

㉯ 사다리는 접근통로에 영구적으로 설치되거나 사다리를 제거하지 못하도록 최소한 로프 또는 체인 등으로 견고하게 고정되어야 한다.

㉰ 사다리는 수평면에 대해 65° 이상 75° 이하의 경사형 사다리로 해야 하며, 쉽게 미끄러지거나 전도되지 않아야 한다.

㉱ 사다리의 유효 폭은 0.35m 이상이어야 하고, 발판의 깊이는 25mm 이상이어야 하며, 발판은 1,500N의 하중을 견디도록 설계되어야 한다.

㉲ 사다리의 상부 끝 부분에 인접한 곳에는 쉽게 잡을 수 있는 손잡이가 1개 이상 있어야 한다.

㉳ 수평거리로 1.5m 이내의 사다리 주위에는 추락위험을 막는 보호조치가 그 사다리의 높이 이상까지 있어야 한다.

3. 주행안내(가이드) 레일

(1) 카, 균형추 또는 평형추의 주행안내

① 카, 균형추 또는 평형추는 2개 이상의 견고한 금속제 주행안내 레일에 의해 각각 안내되어야 한다.

② 주행안내 레일은 압연강으로 만들어지거나 마찰 면이 기계 가공되어야 한다.

③ 추락방지안전장치가 없는 균형추 또는 평형추의 주행안내 레일은 금속판을 성형하여 만들 수 있다. 이 주행안내 레일은 부식에 보호되어야 한다.

④ 주행안내 레일의 브래킷 및 건축물에 고정하는 것은 정상적인 건축물의 침하 또는 콘크리트의 수축으로 인한 영향을 자동으로 또는 단순 조정에 의해 보상할 수 있어야 한다. 주행안내 레일이 느슨해질 수 있는 부속품의 풀림은 방지되어야 한다.

(2) 허용응력 및 안전율, 허용 휨

① **허용응력** : 다음 식에 의해 결정되어야 한다.

$$\sigma_{\text{perm}} = \frac{R_m}{S_t}$$

여기서, R_m = 인장강도(N/mm²) σ_{perm} = 허용응력(N/mm²) S_t = 안전율

② **안전율** : 주행안내 레일에 대한 안전율은 아래 표와 같으며 8% 미만의 연신율을 갖는 재료는 취약성이 너무 높은 것으로 간주되어 사용되지 않는다.

하중조건	연신율	안전율
정상운행, 적재 및 하역	12% 초과	2.25
	8% 이상 12% 이하	3.75
안전장치 작동	12% 초과	1.8
	8% 이상 12% 이하	3.0

③ 허용 휨
   ㉮ 추락방지안전장치가 작동하는 카, 균형추 또는 평형추의 주행안내 레일 : 양방향으로 5mm
   ㉯ 추락방지안전장치가 없는 균형추 또는 평형추의 주행안내 레일 : 양방향으로 10mm

(3) 포지티브 구동 엘리베이터의 주행안내 레일 길이
① 카가 상승방향으로 상부 완충기에 충돌하기 전까지 안내되는 카의 주행거리
   ㉮ 최상층 승강장 바닥에서부터 위로 0.5m 이상이어야 하며, 카는 완충기 행정의 한계까지 주행되어야 한다.
   ㉯ 주택용 엘리베이터의 경우에는 0.25m 이상으로 완화 적용할 수 있다.
② 평형추가 있는 경우 평형추 주행안내 레일의 길이
   ㉮ 평형추가 최고 위치에 있을 때 그 가이드 슈/롤러 위로 0.3m 이상 안내되어야 한다.
   ㉯ 다만, 주택용 엘리베이터의 경우에는 0.15m 이상으로 완화 적용할 수 있다.

4. 정격하중 및 최대 카 유효 면적(승객용)

정격하중, 무게(kg)	최대 카 유효 면적(m²)	정격 하중, 무게(kg)	최대 카 유효 면적(m²)
100㉮	0.37	900	2.20
180㉯	0.58	975	2.35
225	0.70	1,000	2.40
300	0.90	1,050	2.50
375	1.10	1,125	2.65
400	1.17	1,200	2.80
450	1.30	1,250	2.90
525	1.45	1,275	2.95
600	1.60	1,350	3.10
630	1.66	1,425	3.25
675	1.75	1,500	3.40
750	1.90	1,600	3.56
800	2.00	2,000	4.20
825	2.05	2,500㉰	5.00

비고)
1. 정격하중 100㉮kg은 1인승 엘리베이터의 최소 무게
2. 정격하중 180㉯kg은 2인승 엘리베이터의 최소 무게
3. 정격하중이 2,500㉰kg을 초과한 경우, 100kg 추가마다 0.16m²의 면적을 더한다.
4. 수치 사이의 중간 하중에 대한 면적은 보간법으로 계산한다.

5. 정원

정원(카에 탑승할 수 있는 승객의 최대 인원수를 말한다)은 다음의 "(1)"과 "(2)" 항목에서 제시된 값 중 작은 값에서 얻어야 한다. 단, 주택용 엘리베이터의 경우 "(1)에서 계산된 값에 따라 얻는다.

(1) 다음식에서 계산된 값을 가장 가까운 정수로 버림한 값

$$정원 = \frac{정격하중}{75}$$

(2) 엘리베이터의 정원 및 최소 카 유효 면적

정원(인승)	최소 카 유효 면적(m²)	정원(인승)	최소 카 유효 면적(m²)
1	0.28	11	1.87
2	0.49	12	2.01
3	0.60	13	2.15
4	0.79	14	2.29
5	0.98	15	2.43
6	1.17	16	2.57
7	1.31	17	2.71
8	1.45	18	2.85
9	1.59	19	2.99
10	1.73	20	3.13

비고) 20인승을 초과한 경우, 추가 승객 1명마다 0.115m²의 면적을 더한다.

6. 승강장문 및 카문

(1) 일반사항

① 카에 정상적으로 출입할 수 있는 승강로 개구부에는 승강장문이 제공되어야 하고, 카에 출입은 카문을 통해야 한다. 다만, 2개 이상의 카문이 있는 경우, 어떠한 경우라도 2개의 문이 동시에 열리지 않아야 한다.

② 승강장문 및 카문에는 구멍이 없어야 한다.

③ 승강장문 및 카문이 닫혔을 때, 필수적인 틈새를 제외하고 승장장 출입구 및 카 출입구를 완전히 닫아야 한다.

④ 승강장문 및 카문이 닫혀 있을 때, 문짝 간 틈새나 문짝과 문틀(측면) 또는 문턱 사이의 틈새는 6mm 이하이어야 하며, 관련 부품이 마모된 경우에는 10mm까지 허용될 수 있다. 유리로 만든 문은 제외한다.

⑤ 경첩이 달린 카문에는 그 문이 카 외부로 열리는 것을 방지하기 위한 장치가 있어야 한다.

(2) 출입문의 높이 및 폭
① 승강장문 및 카문의 출입구 유효 높이는 2m 이상이어야 한다. 다만, 주택용 엘리베이터의 경우에는 1.8m 이상으로 할 수 있으며, 자동차용 엘리베이터의 경우에는 제외한다.
② 승강장문의 출입구 유효 폭은 카 출입구 폭 이상으로 하되, 카 출입구 폭보다 50mm를 초과하지 않아야 한다.

(3) 승강장문과 카문 사이의 수평 틈새
① 카문의 문턱과 승강장문의 문턱 사이의 수평 거리는 35mm 이하이어야 한다.
② 승강장문과 카문 전체가 정상 작동하는 동안, 카문의 앞 부분과 승강장문 사이의 수평 거리는 0.12m 이하이어야 한다.

(4) 카문의 개방
① 엘리베이터가 어떤 이유로 인해 잠금해제구간에서 정지한다면, 다음과 같은 위치에서 손으로 승강장문 및 카문을 열 수 있어야 하고, 그 힘은 300N을 초과하지 않아야 한다.
　㉮ 승강장문이 비상잠금해제 삼각열쇠에 의해 잠금이 해제되었거나 카문에 의해 해제된 이후의 승강장
　㉯ 카 내부
② 카 내부에 있는 사람에 의한 카문의 개방을 제한하기 위하여 다음과 같은 수단이 제공되어야 한다.
　㉮ 카가 운행 중 일때, 카문의 개방은 50N 이상의 힘이 요구되어야 한다.
　㉯ 카가 잠금해제구간 밖에 있을 때, 카문은 1,000N의 힘으로 50mm 이상 열리지 않아야 하며, 자동 동력 작동 상태에서도 문은 열리지 않아야 한다.

(5) 잠금장치
① 승강장문 및 카문의 잠금장치는 각각의 문에 있어야 한다.
② 전기안전장치는 잠금 부품이 7mm 이상 물리지 않으면 작동되지 않아야 한다.
③ 잠금 부품의 결합은 문이 열리는 방향으로 300N의 힘을 가할 때 잠금 효과를 감소시키지 않는 방식으로 이루어져야 한다.
④ 잠금장치는 잠겨있는 승강장에서 문이 열리는 방향으로 다음과 같은 힘을 가할 때 안전에 악영향을 미칠 수 있는 영구적인 변형이나 파손 없이 견뎌야 한다.
　㉮ 개폐식 문 : 1,000N
　㉯ 경첩이 달린 문(잠금 핀) : 3,000N

7. 출입문, 비상문 및 점검문

(1) 일반사항

① 승강로, 기계실·기계류 공간 또는 풀리실 내부로 열리지 않아야 한다.

② 열쇠로 조작되는 잠금장치가 있어야 하며, 그 잠금장치는 열쇠 없이 다시 닫히고 잠길 수 있어야 한다.

③ 기계실·기계류 공간 또는 풀리실 내부에서는 문이 잠겨 있더라도 열쇠를 사용하지 않고 열릴 수 있어야 한다.

④ 문 닫힘을 확인하는 전기안전장치가 있어야 한다. 다만, 기계실 출입문, 풀리실 출입문 및 피트 출입문(위험이 없는 경우에 한정)의 경우에는 전기안전장치가 요구되지 않는다.

※ 위험이 없는 경우라 함은 정상운행 중인 엘리베이터의 가이드 슈/롤러, 에이프런 등을 포함한 카, 균형추 또는 평형추의 최하부와 피트 바닥 사이의 수직거리가 2m 이상인 경우를 말한다.

⑤ 구멍이 없어야 하고, 관련 법령에 따라 방화등급이 요구되는 경우에는 기준에 적합해야 한다.

⑥ 수직면의 기계적 강도는 0.3m×0.3m 면적의 원형이나 사각의 단면에 1,000N의 힘을 균등하게 분산하여 어느 지점에 수직으로 가할 때 15mm를 초과하는 탄성변형이 없어야 한다.

(2) 출입문, 비상문 및 점검문의 치수

① **기계실, 승강로 및 피트 출입문** : 높이 1.8m 이상, 폭 0.7m 이상(다만, 주택용 엘리베이터의 경우 기계실 출입문은 폭 0.6m 이상, 높이 0.6m 이상으로 가능)

② **풀리실 출입문** : 높이 1.4m 이상, 폭 0.6m 이상

③ **비상문** : 높이 1.8m 이상, 폭 0.5m 이상

④ **점검문** : 높이 0.5m 이하, 폭 0.5m 이하

8. 조명

(1) 카, 승강로, 기계실 등의 조명

① **카**

㉮ 카에는 카 조작반 및 카 벽에서 100mm 이상 떨어진 카 바닥 위로 1m 모든 지점에 100lx 이상으로 비추는 전기조명장치가 영구적으로 설치되어야 한다.

㉯ 조명장치에는 2개 이상의 등(燈)이 병렬로 연결되어야 한다.

㉰ 카는 문이 닫힌 채로 승강장에 정지하고 있을 때를 제외하고 계속 조명되어야 한다.

② 승강로에는 모든 출입문이 닫혔을 때 승강로 전 구간에 걸쳐 영구적으로 설치된 다음의 구분에 따른 조도 이상을 밝히는 전기조명이 있어야 한다. 조도계는 가장 밝은 광원 쪽을 향하여 측정한다.

㉮ 카 지붕에서 수직 위로 1m 떨어진 곳 : 50lx

㉮ 피트(사람이 서 있을 수 있는 공간, 작업구역 및 작업구역 간 이동 공간) 바닥에서 수직 위로 1m 떨어진 곳 : 50lx

㉯ 위 ㉮ 및 ㉯에 따른 장소 이외의 장소(카 또는 부품에 의한 그림자 제외) : 20lx

③ 기계실·기계류 공간 및 풀리실에는 다음의 구분에 따른 조도 이상을 밝히는 영구적으로 설치된 전기조명이 있어야 한다.

㉮ 작업공간의 바닥 면 : 200lx

㉯ 작업공간 간 이동 공간의 바닥 면 : 50lx

(2) 비상등

① 카에는 자동으로 재충전되는 비상전원공급장치에 의해 5lx 이상의 조도로 1시간 동안 전원이 공급되는 비상등이 있어야 한다.

② 비상등은 다음과 같은 장소에 조명되어야 하고, 정상 조명전원이 차단되면 즉시 자동으로 점등되어야 한다.

㉮ 카 내부 및 카 지붕에 있는 비상통화장치의 작동 버튼

㉯ 카 바닥 위 1m 지점의 카 중심부

㉰ 카 지붕 바닥 위 1m 지점의 카 지붕 중심부

③ 비상등의 조명에 사용되는 비상전원공급장치가 비상통화장치와 동시에 사용될 경우, 그 비상전원공급장치는 충분한 용량이 확보되어야 한다.

2 유압식 엘리베이터

1. 와이어로프

① 로프는 공칭 직경이 8mm 이상이어야 한다. 다만, 구동기가 승강로에 위치하고, 정격속도가 1.75m/s 이하인 경우로서 행정안전부장관이 안전성을 확인한 경우에 한정하여 공칭 직경 6mm의 로프가 허용된다.

② 체인은 KS B 1407에 적합하거나 동등 이상이어야 한다.

③ 로프 또는 체인의 최소 가닥은 다음과 같아야 한다.

㉮ 간접식 엘리베이터의 경우 : 잭 당 2가닥

㉯ 카와 평형추 사이의 연결의 경우 : 잭 당 2가닥

㉰ 로프 또는 체인은 독립적이어야 한다.

2. 재료의 안전율

승강기 부분	안전율
현수로프(주로프)	12 이상
현수체인	10 이상
실린더와 체크밸브 또는 하강밸브 사이의 가요성 호스	8 이상
수직 개폐식 문의 현수에 사용되는 현수 로프, 체인 및 벨트	8 이상

3. 잭(jack)

(1) 일반사항

① 유압식 엘리베이터의 잭은 유압 작동장치를 구성하는 실린더와 램의 조합체로, 단 작동 잭(single action jack)은 한 방향은 유압에 의해 움직이고, 다른 방향은 중력 작용에 의해 움직이는 잭을 말한다.
② 피트 바닥은 각 잭의 바로 아래에 부과되는 하중 및 힘(N)을 지지할 수 있어야 한다.
③ 유압식 엘리베이터의 잭은 카와 동일한 승강로 내에 있어야 하며, 지면 또는 다른 장소로 연장될 수 있다.
④ 피트 바닥 또는 피트 바닥에 설치된 설비의 가장 높은 부분과 역방향 잭의 하강방향으로 주행하는 램-헤드 조립체의 가장 낮은 부분 사이의 유효 수직거리는 0.5m 이상이어야 한다.
⑤ 피트 바닥과 직접 유압식 엘리베이터의 카 아래에 있는 다단 잭의 가장 낮은 가이드 이음쇠 사이의 유효 수직거리는 0.5m 이상이어야 한다.
⑥ 2개 이상의 잭이 있는 유압식 엘리베이터의 경우, 각각의 매다는 장치에 적용되어야 한다.
⑦ 여러 개의 잭이 있는 경우, 잭은 압력 균형 상태를 보장하기 위해 유압으로 병렬 연결되어야 한다.

(2) 실린더 및 램

① 압력 계산
㉮ 실린더 및 램은 전 부하 압력의 2.3배의 압력에서 발생되는 힘의 조건하에서 내력에 대해 1.7 이상의 안전율이 보장되는 방법으로 설계되어야 한다.
㉯ 유압 동기화 수단이 있는 다단 잭 부품의 경우, 전 부하 압력은 유압 동기화 수단으로 인해 부품에 발생하는 가장 높은 압력으로 바꾸어 계산되어야 한다.

② 좌굴 및 인장응력 계산
㉮ 압축 하중을 받는 잭 : 완전히 펼쳐진 위치에서 그리고 전 부하 압력의 1.4배의 압력에서 발생되는 힘의 조건하에서 좌굴에 대해 2 이상의 안전율이 보장되는 방법으로 설계되어야 한다.
㉯ 인장하중을 받는 잭 : 전 부하 압력의 1.4배의 압력에서 발생되는 힘의 조건하에서 내력에 대해 2 이상의 안전율이 보장되는 방법으로 설계되어야 한다.

(3) 카/램(실린더) 연결

① 직접식 엘리베이터인 경우, 카와 램(실린더) 사이의 연결은 탄력적이어야 한다.
② 카와 램(실린더) 사이의 연결은 램(실린더)의 무게 및 추가되는 동하중을 지지하도록 설계되어야 한다. 연결장치는 견고하고 안전해야 한다.
③ 2개 이상의 다단으로 제작된 램의 경우, 부분 간 연결은 매달린 램의 무게 및 추가되는 동하중을 지지하도록 설계되어야 한다.
④ 간접식 엘리베이터인 경우, 램(실린더)의 헤드는 안내되어야 한다.(단, 견인이 램에 작용하는 굽힘 하중을 방지하는 견인 잭에는 예외)
⑤ 간접식 엘리베이터의 경우, 카 지붕의 수직 투영면 내에 편입되는 램 헤드 가이드 시스템의 부품은 없어야 한다.

(4) 다단 잭 사용 시 추가 적용

① 램이 각각의 실린더로부터 이탈하는 것을 방지하기 위한 장치가 연속되는 부분 사이에 제공되어야 한다.
② 외부 가이드가 없는 다단 잭의 각 베어링 부분의 길이는 각 램 지름의 2배 이상이어야 한다.
③ 다단 잭에는 기계식 또는 유압식 동기화 수단이 있어야 한다.
④ 유압식 동기화 수단을 사용하는 경우 압력이 전 부하 압력의 20%를 초과하면 정상 운행을 방지하는 전기장치가 제공되어야 한다.
⑤ **로프 또는 체인이 동기화 수단으로 사용될 경우 적용 사항**
　㉮ 2개 이상의 독립된 로프 또는 체인이 있어야 한다.
　㉯ 로프는 12 이상, 체인은 10 이상의 안전율이 요구된다.
　㉰ 동기화 수단이 파손된 경우, 카의 하강 운행속도가 정격속도보다 0.3m/s를 초과하는 것을 방지하는 장치가 있어야 한다.

> ● ● 엘리베이터의 구동기(lift machine) 구성
> • 권상식 또는 포지티브 구동방식 엘리베이터: 전동기, 기어, 브레이크, 도르래 또는 스프로킷, 드럼
> • 유압식 엘리베이터 : 펌프 조립체, 펌프 전동기, 제어밸브

4. 배관

(1) 일반사항

① 일반적으로 유압시스템의 모든 구성 요소(연결 부품, 밸브 등)와 같이 압력에 영향을 받는 배관 및 이음 부속품은 다음과 같아야 한다.
　㉮ 사용되는 작동유에 적합
　㉯ 고정, 비틀림 또는 진동으로 인한 비정상적인 응력을 피하는 방법으로 설계 및 설치
　㉰ 손상, 특히 기계적인 손상에 대한 보호

② 배관 및 이음 부속품은 적절하게 고정되어야 하고 점검을 위해 접근할 수 있어야 한다.
   ㉮ 배관이 벽 또는 바닥을 통과하여 지나가는 경우, 배관은 페룰(ferrules)에 의해 보호되어야 한다.
   ㉯ 필요한 경우, 배관의 점검을 위해 해체할 수 있어야 한다.
   ㉰ 어떠한 연결장치(커플링)도 페룰 안쪽에 위치되지 않아야 한다.

(2) 단단한 배관

① **안전율**
   ㉮ 단단한 배관 및 실린더와 체크밸브 또는 하강밸브 사이의 이음 부속품은 전 부하 압력의 2.3배의 압력으로부터 발생하는 힘의 조건하에서 내력에 대해 1.7 이상
   ㉯ 2단 이상의 다단잭 및 유압식 동기화 수단을 사용하는 경우, 배관 및 럽처밸브와 체크밸브 또는 하강밸브 사이의 이음 부속품의 계산에 추가 안전율 1.3을 고려

② **두께 계산** : 실린더와 럽처밸브 사이의 연결에는 1.0mm, 그리고 다른 단단한 배관에는 0.5mm가 더해져야 한다.

(3) 가요성 호스

① 실린더와 체크밸브 또는 하강밸브 사이의 가요성 호스는 전 부하 압력 및 파열 압력과 관련하여 안전율이 8 이상이어야 한다.
② 가요성 호스 및 실린더와 체크밸브 또는 하강밸브 사이의 가요성 호스 연결장치는 전 부하 압력의 5배의 압력을 손상 없이 견뎌야 한다.
③ **가요성 호스는 다음과 같은 정보가 지워지지 않도록 표시되어야 한다.**
   ㉮ 제조사명(또는 로고)
   ㉯ 시험압력
   ㉰ 검사일자
④ 가요성호스는 호스 제조업체에 의해 제시된 굽힘 반지름 이상으로 고정되어야 한다.

5. 유압 제어 및 안전장치

(1) 파워 유니트 및 제어기

① 유압식 엘리베이터의 경우, 파워 유니트가 있는 공간 및 피트는 해당 공간에 있는 설비의 모든 유체가 새거나 유출되어도 전 유량을 수용할 수 있도록 스며들지 않는 재질로 설치 및 마감되어야 한다.
② 유압 파워 유니트 및 제어기(펌프유량제어밸브, 안전밸브, 체크밸브 혹은 주 모터를 주된 구성요소로 하는 유니트를 말한다)는 승강기 카마다 설치하고 또한 진동 등에 의하여 전도 또는 이동하지 않도록 하여야 한다.

(2) 밸브 및 필터
  ① **차단밸브** : 모든 방향의 유체 흐름을 허용하거나 차단할 수 있는 양방향 수동밸브
    ㉮ 실린더에 체크밸브와 하강밸브를 연결하는 회로에 설치되어야 한다.
    ㉯ 구동기의 다른 밸브와 가까이 위치하여야 한다.
  ② **체크밸브** : 한 방향으로만 유체를 흐르게 하는 밸브
    ㉮ 펌프와 차단밸브 사이의 회로에 설치되어야 한다.
    ㉯ 공급압력이 최소 작동 압력 아래로 떨어질 때 정격하중을 실은 카를 어떤 위치에서든지 유지할 수 있어야 한다.
    ㉰ 잭에서 발생하는 유압 및 1개 이상의 유도 압축 스프링이나 중력에 의해 닫혀야 한다.
  ③ **릴리프 밸브** : 유체를 배출함으로써 미리 설정된 값 이하로 압력을 제한하는 밸브
    ㉮ 펌프와 체크밸브 사이의 회로에 연결되어야 한다.
    ㉯ 수동펌프 없이 릴리프 밸브를 바이패스하는 것은 불가능해야 한다.
    ㉰ 밸브가 열리면 작동유는 탱크로 되돌려 보내져야 한다.
    ㉱ 압력을 전 부하 압력의 140%까지 제한하도록 맞추어 조절되어야 한다.
  ④ **방향밸브**
    ㉮ 하강밸브 : 하강밸브는 전기적으로 개방 상태로 유지되어야 하며, 잭에서 발생하는 유압 및 밸브 당 1개 이상의 안내된 압축 스프링에 의해 닫혀야 한다.(개회로 상태)
    ㉯ 상승속도 제어밸브 : 바이패스 밸브는 전기적으로 닫힌 상태로 유지되어야 하며, 잭에서 발생하는 유압 및 밸브 당 1개 이상의 안내된 압축 스프링에 의해 개방되어야 한다.(폐회로 상태)
  ⑤ **럽처밸브** : 미리 설정된 방향으로 설정치를 초과한 상태로 과도하게 유체 흐름이 증가하여 밸브를 통과하는 압력이 떨어지는 경우 자동으로 차단하도록 설계된 밸브
    ㉮ 하강하는 정격하중의 카를 정지시키고, 카의 정지 상태를 유지할 수 있어야 한다.
    ㉯ 늦어도 하강속도가 정격속도에 0.3m/s를 더한 속도에 도달하기 전 작동되어야 한다.
    ㉰ 평균 감속도가 $0.2g_n$과 $1g_n$ 사이가 되도록 선택되어야 하며, $2.5g_n$ 이상의 감속도는 0.04초 이상 지속되지 않아야 한다.
    ㉱ 카 지붕이나 피트에서 직접 조정 및 점검할 수 있도록 접근이 가능해야 한다.
  ⑥ **필터**
    ㉮ 필터 또는 유사한 장치는 탱크와 펌프 그리고 차단밸브, 체크밸브와 하강밸브 사이의 회로에 설치되어야 한다.
    ㉯ 차단밸브, 체크밸브와 하강밸브 사이의 필터 또는 유사한 장치는 점검 및 유지관리를 위해 접근할 수 있어야 한다.
  ⑦ **압력 확인**
    ㉮ 차단밸브와 체크밸브 또는 하강밸브 사이의 회로에 연결된 압력 게이지가 설치되어야 하며, 이를 통해 압력을 확인할 수 있다.
    ㉯ 압력 게이지 차단밸브는 주 회로와 압력 게이지 연결부 사이에 제공되어야 한다.

⑧ 유량제한기
  ㉮ 유압 시스템에서 다량의 누유가 발생한 경우, 유량제한기는 정격하중을 실은 카의 하강속도가 정격속도+0.3m/s를 초과하지 않도록 방지해야 한다.
  ㉯ 유량제한기의 점검을 위해 카 지붕 또는 피트에서 접근이 가능해야 한다.

3 에스컬레이터

1. 허용응력과 안전율

재료의 허용응력(허용전단 응력, 허용지지압응력 및 허용좌굴응력은 제외한다)의 값은 당해 재료의 파괴강도를 안전율로 나눈 값

에스컬레이터부분	안전율
트러스 및 빔	5 이상
스텝 체인 및 구동 체인	10 이상
모든 구동부품	5 이상

2. 경사도 및 치수

① **에스컬레이터의 경사도 α는 30°를 초과하지 않아야 한다.**
  ㉮ 다만, 높이가 6m 이하이고 공칭속도가 0.5m/s 이하인 경우에는 경사도를 35°까지 증가시킬 수 있다.
  ㉯ 경사도 α는 현장 설치여건 등을 감안하여 최대 1°까지 초과될 수 있다.
② **무빙워크의 경사도는 12° 이하이어야 한다.**
③ **공칭 폭**
  ㉮ 에스컬레이터 및 무빙워크의 공칭 폭은 0.58m 이상, 1.1m 이하이어야 한다.
  ㉯ 경사도가 6° 이하인 무빙워크의 폭은 1.65m까지 허용된다.
④ 지지 구조물(트러스)은 에스컬레이터 또는 무빙워크의 자중에 5,000N/m²의 정격하중을 더한 부하를 견딜 수 있는 방법으로 설계되어야 한다.

3. 골조 구조물(트러스) 및 보호벽

(1) 일반사항
  ① 에스컬레이터 또는 무빙워크의 기계적으로 움직이는 모든 부품은 구멍이 없는 패널이나 벽으로 완전히 둘러싸여야 한다. 다만, 이용자가 접근할 수 있는 디딤판 및 손잡이 부품은 제외한다. 환기를 위한 틈은 허용된다.
  ② 모든 틈이나 구멍은 움직이는 부품과 접촉할 위험이 있는 곳에서 4mm로 제한된다.

③ 외부 패널은 2,500mm²의 원형 또는 정사각형 면적의 어느 지점에서나 수직으로 250N의 힘을 가할 때 파손 없이 견뎌야 한다. 고정은 보호벽(패널) 자중의 2배 이상을 견디는 방법으로 설계되어야 한다.

④ 일반인의 위험을 예방할 수 있는 다른 조치(권한이 있는 사람만이 접근 가능한잠금장치가 있는 공간 등)가 있는 경우에는 기계적으로 움직이는 부품에 대한 둘러싸인 보호벽은 생략될 수 있다.

⑤ 윤활유, 오일, 먼지 또는 종이 등이 쌓이는 것은 화재의 위험을 의미하므로 에스컬레이터 및 무빙워크의 내부는 청소가 가능한 구조이어야 한다.

⑥ 환기구는 KS B ISO 13857 규정에 따른 방법으로 설계되어야 한다. 다만, 환기구 주변을 통해 지름 10mm의 곧은 단단한 막대기가 통과되거나 환기구를 통해 어떤 움직이는 부품에 접촉되는 것이 가능하지 않아야 한다.

⑦ 열리도록 설계된 외부패널(청소 목적 등)에는 적합한 전기안전장치가 설치되어야 한다.

(2) 구조 설계

① 골조 구조물은 에스컬레이터 또는 무빙워크의 자중에 5,000N/m²의 구조적 정격하중을 기초로 더한 부하를 견딜 수 있는 방법으로 설계되어야 한다.
　※부하운송면적 = 에스컬레이터 또는 무빙워크의 공칭폭(z_1) × 지지물 사이의 거리(L_1)

② 구조적 정격하중에 근거하여 계산되거나 측정된 최대 처짐량은 지지물 사이의 거리(L_1)의 1/750 이하이어야 한다.

③ 구조적 정격하중에 근거하여, 콤 플레이트와 승강장 플레이트의 최대 처짐량은 4mm 이하이어야 하고, 콤의 맞물림이 보장되어야 한다.

4. 브레이크 시스템

(1) 에스컬레이터의 제동부하 및 정지거리

① 에스컬레이터의 제동부하 결정

공칭 폭(z_1)	스텝 당 제동부하
0.6m 이하	60kg
0.6m 초과 0.8m 이하	90kg
0.8m 초과 1.1m 이하	120kg

② 에스컬레이터의 정지거리

공칭속도(v)	정지거리
0.50m/s	0.20m부터 1.00m까지
0.65m/s	0.30m부터 1.30m까지
0.75m/s	0.40m부터 1.50m까지

(2) 무빙워크(수평보행기)의 제동부하 및 정지거리

① 무빙워크의 제동부하 결정

공칭 폭(z_1)	0.4m 길이 당 제동부하
0.6m 이하	50kg
0.6m 초과 0.8m 이하	75kg
0.8m 초과 1.1m 이하	100kg
1.10m 초과 1.40m 이하	125kg
1.40m 초과 1.65m 이하	150kg

② 무빙워크의 정지거리

공칭속도(v)	정지거리
0.50m/s	0.20m부터 1.00m까지
0.65m/s	0.30m부터 1.30m까지
0.75m/s	0.40m부터 1.50m까지
0.90m/s	0.55m부터 1.70m까지

(3) 보조 브레이크

① 에스컬레이터 및 경사형 무빙워크에는 보조 브레이크가 설치되어야 하며, 보조 브레이크와 스텝/팔레트의 구동 스프로킷 또는 벨트의 드럼 사이의 연결은 축, 기어 휠, 다중체인 또는 2개 이상의 단일체인으로 이루어져야 하며, 마찰 구동 즉, 클러치로 이뤄진 연결은 허용되지 않는다.

② 하강방향으로 움직일 때 측정한 감속도는 모든 작동 조건 아래에서 $1m/s^2$ 이하이어야 한다.

③ 보조 브레이크는 기계적(마찰) 형식이어야 한다.

④ 보조 브레이크의 작동은 전기안전장치 또는 안전기능에 의해 감지되어야 한다.

⑤ 보조브레이크의 작동 시험에 필요한 장치는 제어패널에 제공되어야 하며, 작동 시험을 위한 설명서가 제어패널 내부에 있어야 한다.

• • 제동부하(brake load)
에스컬레이터/무빙워크를 정지시키기 위해 설계된 브레이크 시스템의 디딤판에 가해지는 하중

5. 구동기 및 스커트

(1) 구동기
① 하나의 구동장치는 2대 이상의 에스컬레이터 또는 무빙워크를 작동하지 않아야 한다.
② 무부하 에스컬레이터 또는 무빙워크의 속도는 공칭주파수 및 공칭전압에서 공칭속도로부터 ±5%를 초과하지 않아야 한다.
③ 브레이크와 디딤판 구동기 사이의 연결에는 축, 기어 휠, 다중 체인 또는 2개 이상의 단일 체인과 같은 비-마찰 구동부품이 사용되어야 한다.

(2) 스커트
① 스커트는 평탄한 수직면의 맞대기 이음이어야 한다.
② 스커트의 상부 끝부분 또는 덮개 연결부 또는 스커트 디플렉터의 견고한 부분의 하부 끝부분과 스텝 앞부분 또는 팔레트나 벨트의 트레드 표면 사이의 수직거리는 25mm 이상이어야 한다.
③ 스커트(조명 및 다른 장치 포함)는 2,500mm²의 정사각 또는 원형 면적에 수직으로 가장 약한 지점의 표면에 대해 1,500N의 집중하중을 가할 때 휨량은 4mm 이하이어야 한다. 이로 인한 영구변형은 발생되지 않아야 한다.
④ 높이 25mm 이상에서는 난간에 요구되는 힘 500N에 대해 충족되어야 한다.

6. 기타사항
① 수동핸들이 제공되는 경우 쉽게 접근이 가능하고 작동하기에 안전해야 하며, 크랭크(L자형 손잡이) 핸들 또는 구멍이 있는 수동핸들은 허용되지 않는다.
② 손잡이를 포함한 뉴얼은 콤 교차선을 지나 이동방향의 수평 방향으로 0.6m 이상 돌출되어야 한다.
③ 에스컬레이터 및 무빙워크의 승강장은 콤의 빗살에서 측정하여 0.85m 이상이고, 안전한 발판을 제공하는 표면을 가져야 한다.
④ 안전장치 중 과속 감지는 속도가 공칭속도의 1.2배를 초과하기 전에 과속을 감지할 수 있어야 한다.(단, 과속을 방지하도록 설계된 경우 예외)
⑤ 에스컬레이터 또는 무빙워크의 주의표시는 80mm×100mm 이상의 크기로 표시되어야 한다.
⑥ **비상정지장치**
  ㉮ 정지장치의 액추에이터는 에스컬레이터 또는 무빙워크의 각 승강장 또는 승강장 근처에 눈에 띄고 쉽게 접근할 수 있는 위치에 있어야 한다.
  ㉯ 비상정지장치 사이의 거리는 에스컬레이터의 경우에는 30m 이하, 무빙워크의 경우에는 40m 이하이어야 한다.
⑦ **에스컬레이터 및 무빙워크 브레이크 시스템의 요건**
  ㉮ 균일한 감속에 따른 안정감
  ㉯ 정지 상태로 유지

4 소방구조용(비상용) 엘리베이터

1. 기본요건

① 소방구조용(건축법상 비상용) 엘리베이터는 필요한 보호조치, 제어 및 신호가 추가되어야 하며, 화재 발생 시 소방관의 직접적인 조작 아래에서 사용된다.
② 소방운전 시 모든 승강장의 출입구마다 정지할 수 있어야 한다.
③ **소방구조용 엘리베이터의 크기**
  ㉮ 크기는 630kg의 정격하중을 갖는 폭 1,100mm, 깊이 1,400mm 이상이어야 하며, 출입구 유효 폭은 800mm 이상이어야 한다.
  ㉯ 침대 등을 수용하거나 같은 층에 승강장의 출입구가 2개로 설계된 경우 또는 피난용도로 의도된 경우, 정격하중은 1,000kg 이상이어야 하고 카의 크기는 폭 1,100mm, 깊이 2,100mm 이상이어야 한다.
④ 소방구조용 엘리베이터는 소방관이 조작하여 엘리베이터 문이 닫힌 이후부터 60초 이내에 가장 먼 층에 도착하여야 된다. 다만, 운행속도는 1m/s 이상이어야 한다.

2. 전원공급

① 엘리베이터 및 조명의 전원공급시스템은 주 전원공급장치 및 보조(비상, 대기 또는 대체) 전원공급장치로 구성되어야 한다.
② 정전시에는 보조 전원공급장치에 의하여 엘리베이터를 다음과 같이 운행시킬 수 있어야 하다.
  ㉮ 60초 이내에 엘리베이터 운행에 필요한 전력용량을 자동으로 발생시키도록 하되 수동으로 전원을 작동시킬 수 있어야 한다.
  ㉯ 2시간 이상 운행시킬 수 있어야 한다.

5 장애인용 및 피난용 엘리베이터

1. 장애인용 엘리베이터

① 장애인·노인·임산부 등의 편의증진보장에 관한 법률, 교통약자의 이동편의 증진법 등 개별 법령에서 규정하고 있는 시설기준에 따라 제작되어야 한다.
② 승강기의 전면에는 1.4m×1.4m 이상의 활동공간이 확보되어야 한다.
③ 승강장 바닥과 승강기 바닥의 틈은 0.03m 이하이어야 한다.
④ 승강기 내부의 유효바닥면적은 폭 1.6m 이상, 깊이 1.35m 이상이어야 한다.
⑤ 출입문의 통과 유효폭은 0.8m 이상으로 하되, 신축한 건물의 경우에는 출입문의 통과 유효폭을 0.9m 이상으로 할 수 있다.

⑥ 호출버튼·조작반·통화장치 등 승강기의 안팎에 설치되는 모든 스위치의 높이는 바닥면으로부터 0.8m 이상 1.2m 이하의 위치에 설치되어야 한다. 다만, 스위치는 수가 많아 1.2m 이내에 설치되는 것이 곤란한 경우에는 1.4m 이하까지 완화될 수 있다.
⑦ 카 내부의 휠체어사용자용 조작반은 진입방향 우측면에 설치되어야 한다.
⑧ 조작설비의 형태는 버튼식으로 하되, 시각장애인 등이 감지할 수 있도록 층수 등이 점자로 표시되어야 하며, 조작반·통화장치 등에는 점자표지판이 부착되어야 한다.
⑨ 호출버튼 또는 등록버튼에 의하여 카가 정지하면 10초 이상 문이 열린 채로 대기해야 한다.
⑩ 각 층의 호출버튼 0.3m 전면에는 점형블록이 설치되거나 시각장애인이 감지할 수 있도록 바닥재의 질감 등을 달리해야 한다.
⑪ 카 내부 바닥의 어느 부분에서든 150lx 이상의 조도가 확보되어야 한다.

2. 피난용 엘리베이터

① 피난용 엘리베이터에 필요한 보호조치, 제어 및 신호가 추가되어야 하며, 피난용 엘리베이터는 화재 등 재난발생시 통제자의 직접적인 조작아래에서 사용된다.
② 구동기 및 제어 패널·캐비닛은 최상층 승강장보다 위에 위치되어야 한다.
③ 카 문과 승강장문이 연동되는 자동 수평 개폐식 문이 설치되어야 한다.
④ 피난용 엘리베이터의 카
  ㉮ 출입문의 유효 폭은 900mm 이상, 정격하중은 1,000kg 이상이어야 한다.
  ㉯ 다만, 의료시설(침상 미사용 시설 제외)의 경우에는 들것 또는 침상의 이동을 위해 출입문 폭 1,100mm, 카 폭 1,200mm, 카 깊이 2,300mm 이상이어야 한다.
  ㉰ 출입문 및 카는 사용되는 최대 침상의 출입, 이동이 가능한 크기 이상이어야 한다.
⑤ 승강로 내부는 연기가 침투되지 않는 구조이어야 한다.
⑥ 피난 층을 제외한 승강장의 전기·전자장치는 0℃에서 65℃까지의 주위 온도 범위에서 정상적으로 작동될 수 있도록 설계되어야 하며, 승강장 위치표시기 및 누름 버튼 등의 오작동이 엘리베이터의 동작에 지장을 주지 않아야 한다.
⑦ 2개의 카 출입문이 있는 경우, 피난운전 시 어떠한 경우라도 2개의 출입문이 동시에 열리지 않아야 한다.

Lesson 06 승강기 자체점검

1 엘리베이터 자체점검기준

1. 기계류 공간_일반사항

점검항목	점검내용	점검방법	점검주기 (회/월)
주개폐기	설치 및 작동상태	육안	1/3
접근	피트 및 기계류 공간 등의 접근 계단, 사다리, 피트 출입문 ※	육안	1/3
안전표시	기계류 공간 등의 안전표시	육안	1/6
오일쿨러	오일쿨러 설치 및 작동상태	육안	1/6
비상운전 및 작동시험을 위한 장치	조명의 점등상태 및 조도 200lx 이상	측정	1/3
비상운전 및 작동시험을 위한 장치	기능 및 작동상태	시험	1/1
비상운전 및 작동시험을 위한 장치	수동 비상운전수단의 설치 및 작동상태	시험	1/1
비상운전 및 작동시험을 위한 장치	자동구출운전의 설치 및 작동상태	시험	1/1
통신	승강로(피트) 비상통화장치의 설치 및 작동상태	시험	1/1
환경	누수 및 청결상태	육안	1/3
감속기	윤활유의 유량 및 노후상태	육안	1/3
감속기	감속기 및 관련 부품의 노후 및 작동상태	육안	1/1
감속기	이상 소음 및 진동 발생상태	육안	1/3
도르래	도르래 및 관련 부품의 마모 및 노후상태	육안	1/1
도르래	도르래 홈의 마모상태 언더컷 잔여량 1mm 이상	측정	1/3
베어링	베어링 및 관련 부품의 노후·작동상태	육안	1/1
베어링	이상 소음 및 진동 발생상태	육안	1/3
전동기	전동기 및 관련 부품의 노후·작동상태	육안	1/1
전동기	이상 소음 및 진동 발생상태	육안	1/3

※흑색 박스의 내용은 해당 점검내용에 대한 승강기 안전검사기준의 내용임

2. 기계류 내의 기계류

점검항목	점검내용	점검방법	점검주기 (회/월)
기계실 내의 기계류	용도 이외의 설비 비치 여부	육안	1/3
	출입문의 설치 및 잠금상태 높이 1.8m, 폭 0.7m 이상	육안	1/3
	바닥 개구부 낙하방지수단의 설치상태 금속 또는 플라스틱 덮개, 50mm 이상 돌출	육안	1/6
	환기 상태	육안	1/3
	조명 점등상태 및 조도 작업구역 200lx, 이동통로 50lx	측정	1/3
	콘센트의 설치상태 1개 이상, 구동기 전원과 독립적	육안	1/3
	양중용 지지대 및 고리에 허용하중 표시 상태	육안	1/6

3. 승강로 내의 기계류

점검항목	점검내용	점검방법	점검주기 (회/월)
승강로 내 작업공간	작업공간의 확보상태 유효 높이 2.1m 이상	육안	1/6
카 내 또는 카 상부 작업공간	기계적인 장치의 설치 및 작동상태	시험	1/1
	점검문의 설치 및 작동상태 점검문 높이·폭 0.5m 이하	시험	1/1
피트 내 작업공간	기계적인 장치의 설치 및 작동상태	시험	1/1
	피트 출입문의 경우, 전기안전장치 작동상태	시험	1/1
	피트 탈출 수직틈새의 확보상태 0.5m 이상	측정	1/1
플랫폼 위의 작업공간	플랫폼 전기안전장치의 설치 및 작동상태	시험	1/1
	플랫폼 접근 점검문의 설치 및 작동상태	시험	1/1
	점검운전 조작반의 설치 및 작동상태	시험	1/1
	플랫폼에 최대 허용하중 표시상태	육안	1/6
승강로 외부 작업공간	점검문의 설치 및 작동상태 높이 0.5m, 폭 0.5m 이하	시험	1/1
	조명의 점등상태 및 조도 작업구역 200lx, 이동통로 50lx	측정	1/3
	양중용 지지대 및 고리에 허용하중 표시상태	육안	1/6

4. 승강로 외부의 기계류 공간 및 풀리실

점검항목	점검내용	점검방법	점검주기 (회/월)
승강로 외부의 기계류 공간	엘리베이터와 관계없는 타 설비의 비치 여부	육안	1/6
	출입문의 잠금 및 설치상태	육안	1/3
	환기 상태	육안	1/6
	조명의 점등상태 및 조도 200lx 이상	시험	1/3
	콘센트의 설치상태 작업구역마다 1개 이상, 구동기 전원과 독립적	육안	1/3
풀리실	출입문의 잠금 및 작동상태 높이 1.4m, 폭 0.6m 이상	시험	1/3
	바닥 개구부 낙하방지수단의 설치상태 금속 또는 플라스틱 덮개, 50mm 이상 돌출	육안	1/3
	정지장치의 설치 및 작동상태	시험	1/1
	조명의 점등상태 및 조도 작업구역 200lx, 이동통로 50lx	측정	1/3
	콘센트의 설치상태 1개 이상, 구동기 전원과 독립적	육안	1/3

5. 승강로

점검항목	점검내용	점검방법	점검주기 (회/월)
피트 내 설비	점검운전 조작반의 작동상태 피난공간에서 0.3m 범위 이내에 점검운전 조작반 설치	시험	1/1
	피트 내 정지장치의 설치 및 작동상태	시험	1/1
	피트 점검운전스위치 작동 후 복귀상태	시험	1/3
	튀어오름 방지장치의 설치 및 작동상태	시험	1/3
	피트 내 누수 및 청결상태	육안	1/3
틈새 및 여유거리	상부공간, 피난공간 확보상태 서 있는 자세 2m, 웅크린 자세 1m	육안	1/6
	하부공간, 피난공간 확보상태 서 있는 자세 2m, 웅크린 자세 1m, 누운 자세 0.5m	육안	1/6
	피난공간 자세 유형 표지 부착상태	육안	1/3
카측 완충기	고정 및 설치상태	육안	1/1
	전기안전장치 작동상태	시험	1/1
균형추측 완충기	고정 및 설치상태	육안	1/1
	전기안전장치 작동상태	시험	1/1

점검항목	점검내용	점검방법	점검주기 (회/월)
완충기 받침대	완충기 받침대 고정 및 설치상태	육안	1/1
승강로 내의 보호	밀폐식 승강로 개구부 등 설치상태	육안	1/3
	균형추(평형추) 칸막이 설치상태	육안	1/3
	피트 내 카간 칸막이 설치상태	육안	1/3
	반-밀폐식 승강로 접근방지 및 보호수단	육안	1/3
	승강로 환기 상태	육안	1/3
	풀리의 로프 고정장치 설치상태	측정	1/6
	도르래, 풀리 및 스프로킷의 보호 조치상태	육안	1/3
	균형추(평형추) 추락방지안전장치 작동상태	육안	1/3
	타 설비 비치 여부	육안	1/6
	출입문 · 비상문 및 점검문의 설치 및 작동상태	육안	1/1
	편향 도르래 등의 추락방지안전장치 설치상태	육안	1/6
승강장문	문짝과 문짝, 문틀 또는 문턱 사이의 틈새 `6mm 이하(마모된 경우 10mm까지 허용)`	측정	1/1
	승강장문 유리 사용 시 손상상태 `접합유리 사용`	육안	1/3
	어린이 손끼임방지 수단 설치상태	육안	1/1
	승강장문 및 관련 부품의 설치 및 작동상태 `승강장문 유효 높이 2m 이상`	육안	1/1
조명 및 콘센트	승강로 내 조명의 점등상태 및 조도 `카 지붕에서 수직 위로 1m 떨어진 곳 기준 50lx`	측정	1/3
	피트 콘센트 설치상태 `1개 이상`	육안	1/3
주행안내 레일	주행안내 레일의 고정 및 설치상태	육안	1/3
균형추	균형추의 고정 및 설치상태	육안	1/3

6. 카, 점검운전 및 접근허용

점검항목	점검내용	점검방법	점검주기 (회/월)
카	유리가 사용된 카 벽의 손잡이 고정 설치상태	육안	1/3
	카 내부의 표기상태	육안	1/3
	비상통화장치의 작동상태	시험	1/1
	조명의 점등상태 및 조도 `카 벽에서 100mm 이상 떨어진 카 바닥 위로 1m 모든 지점에 100lx 이상, 조명장치에는 2개 이상의 등이 병렬로 연결`	측정	1/3
	비상등 조도 및 작동상태 `5lx 이상, 1시간`	측정	1/1
	과부하감지장치 설치 및 작동상태	시험	1/1
	에이프런 고정 및 설치상태	육안	1/3
	카 내 버튼의 설치 및 작동상태	시험	1/1
	카 내 층 표시장치 등 작동상태	육안	1/1
카 상부	점검운전 조작반, 정지장치 및 콘센트의 작동상태	시험	1/1
	점검운전 제어시스템 작동상태	시험	1/1
	비상등의 조도 및 작동상태 `5lx 이상, 1시간`	측정	1/1
	보호난간의 고정상태	육안	1/3
	청결상태	육안	1/3
카문	문짝과 문짝, 문틀 또는 문턱 사이의 틈새 `6mm 이하(마모된 경우 10mm까지 허용)`	측정	1/1
	어린이 손끼임방지 수단 설치상태	측정	1/1
	카 문턱과 승강장 문턱 사이의 거리 `35mm 이하`	측정	1/3
	문의 개폐방식이 조합된 경우 문간 틈새 `150mm 이내`	측정	1/3
	카문 및 관련 부품의 설치 및 작동상태	육안	1/1
승강장문 및 카문의 시험	문닫힘안전장치의 설치 및 작동상태	시험	1/1
	문 열림버튼의 작동상태	시험	1/1
	문 벌어짐 틈새의 설치상태 `중앙개폐식 45mm, 측면개폐식 30mm 초과하지 않을 것`	시험	1/1
	승강장 점등상태 및 조도 `50lx 이상`	시험	1/1
	승강장문 비상해제장치 작동상태	시험	1/1
	승강장문 닫힘 확인장치 설치 및 작동상태	시험	1/1
	승강장문 잠금장치 설치 및 작동상태	시험	1/1

점검항목	점검내용	점검방법	점검주기 (회/월)
승강장문 및 카문의 시험	카문 잠금장치 설치 및 작동상태	시험	1/1
	카문 닫힘 확인장치 설치 및 작동상태	시험	1/1
	수동개폐식 문의 "카 있음" 표시	육안	1/6
승강장	승강장의 층 표시 상태	육안	1/1
	승강장 호출버튼의 작동상태	시험	1/1

7. 매다는 장치, 보상수단, 제동 및 권상

점검항목	점검내용	점검방법	점검주기 (회/월)
로프(벨트)	로프(벨트)의 마모 및 파단상태	측정	1/3
	로프(벨트) 단말부의 고정 및 설치상태	육안	1/3
	로프(벨트) 간 장력 균등상태	시험	1/3
체인	체인의 결합상태 핀, 링크 등	육안	1/3
	체인 끝 부분의 지지대 고정상태	육안	1/3
	체인 간 장력 균등상태	시험	1/3
이완감지	매다는 장치의 이완감지 작동상태	시험	1/1
보상수단	보상수단의 고정 및 설치상태	육안	1/3
	인장 또는 튀어오름방지장치의 설치상태 정격속도 3.5m/s 초과한 경우 튀어오름방지장치 설치	육안	1/3
권상/제동	권상도르래의 마모상태	측정	1/1
	브레이크의 권상/제동 상태 카에 125% 부하시 브레이크 작동	시험	1/1
	브레이크 및 관련 부품의 설치 및 작동상태	육안	1/1

8. 안전회로

점검항목	점검내용	점검방법	점검주기 (회/월)
안전접점 및 회로	파이널 리미트 스위치의 설치 및 작동상태	시험	1/1
	정지장치의 설치 및 작동상태	시험	1/1
	강제감속장치의 설치 및 작동상태	시험	1/1
	전기안전장치 작동상태	시험	1/1

9. 카 및 균형추의 추락방지안전장치와 과속에 대한 보호

점검항목	점검내용	점검방법	점검주기 (회/월)
카 추락방지 안전장치	추락방지안전장치 설치 및 작동상태 `하강방향으로 작동`	시험	1/1
	전기안전장치 설치 및 작동상태	시험	1/1
카 측 과속조절기	과속조절기 전기안전장치 작동상태	시험	1/1
	인장 풀리 설치상태	육안	1/1
	로프 마모 및 파단상태	측정	1/3
균형추 추락방지안전장치	균형추(평형추) 추락방지안전장치 설치 및 작동상태	시험	1/1
균형추/평형추 과속조절기	과속조절기 전기안전장치 작동상태	시험	1/1
	인장 풀리 설치상태	육안	1/1
	로프 마모 및 파단상태	측정	1/3
멈춤 쇠 장치	멈춤 쇠 장치 설치 및 작동상태 `유량제한기가 설치된 경우 : 정격속도 +0.3m/s 속도, 그외의 경우 : 하강 정격속도의 115%의 속도`	시험	1/1
	멈춤 쇠 장치와 각 층의 지지대 설치상태 `전기식 작동 멈춤 쇠 1개 이상`	시험	1/1
전기적 크리핑 방지시스템	전기적 크리핑 방지시스템의 작동상태	시험	1/1
카의 상승과속방지장치	상승과속방지장치 설치 및 작동상태 `균형추 완충기에 설계된 속도로 감속`	시험	1/1
	상승과속방지장치 전기안전장치 작동상태	시험	1/1
카의 개문출발방지장치	개문출발방지장치 설치 및 작동상태 `승강장으로부터 1.2m 이하 거리에서 정지`	시험	1/1
	개문출발방지장치 전기안전장치 작동상태	시험	1/1

10. 주행성능 측정

점검항목	점검내용	점검방법	점검주기 (회/월)
일반적인 주행시험	카의 주행 속도	측정	1/3
유압시스템의 점검	유압시스템 관련 밸브 설치 및 작동상태	시험	1/1
	로프, 체인이완감지장치 설치 및 작동 상태	시험	1/1
	유압유의 온도감지장치 작동상태	육안	1/1
	유압탱크 설치상태 및 유량상태	육안	1/6

점검항목	점검내용	점검방법	점검주기 (회/월)
유압시스템의 점검	배관, 밸브 등의 이음/고정 및 부식/누유상태	육안	1/1
	수동펌프 설치 및 작동상태	시험	1/1
	소화설비 비치 및 표기상태	육안	1/6
	잭 및 관련 부품의 설치 및 작동상태	시험	1/1

11. 보호장치

점검항목	점검내용	점검방법	점검주기 (회/월)
전동기의 보호	전동기 과열보호장치 작동상태	시험	1/3
전동기 구동시간 제한장치	전동기 구동시간 제한장치 작동상태	시험	1/3
조명 및 콘센트의 보호	조명 및 콘센트의 과전류 보호상태	시험	1/3

12. 전기적 보호

점검항목	점검내용	점검방법	점검주기 (회/월)
접지에 의한 절연저항	전동기 및 조명의 절연저항 전도체와 접지 사이에서 측정	측정	1/1
전기배선	전기배선(이동케이블 등) 설치 및 손상상태	육안	1/3
	모든 접지선의 연결상태	육안	1/3
	카문 및 승강장문의 바이패스 기능	시험	1/3

13. 장애인용 엘리베이터 추가요건

점검항목	점검내용	점검방법	점검주기 (회/월)
승강장의 공간	승강장 문턱과 카 문턱 사이의 거리 0.03m 이하	측정	1/3
조작설비	호출버튼, 조작반, 통화장치 등의 작동상태 스위치 높이는 벽면으로부터 0.8m 이상 1.2m 이하	시험	1/1
	조작반, 통화장치 등에 점자표시 여부	육안	1/3

점검항목	점검내용	점검방법	점검주기 (회/월)
기타설비	손잡이, 거울 등의 설치상태 `손잡이를 카 바닥에서 0.8m 이상 0.9m 이하의 위치에 설치`	육안	1/3
	신호장치, 표시장치 등의 작동상태	시험	1/1
	문열림 대기시간 `10초 이상`	측정	1/1
	카내 및 승강장의 조명 점등상태 및 조도 `150lx 이상`	측정	1/3

14. 소방구조용 엘리베이터 추가요건

점검항목	점검내용	점검방법	점검주기 (회/월)
건축물의 요건	모든 출입구마다 정지되는지 여부	시험	1/3
전기장치의 물에 대한 보호	피트 침수 방지수단 설치 및 작동상태	육안	1/3
소방관의 구출	카 외부 구출수단 `사다리(고정, 휴대용, 로프), 안전로프시스템`	육안	1/3
	자체 구출수단 `비상구출문, 사다리 또는 발판`	육안	1/3
제어 시스템	소방운전 스위치의 설치 및 작동상태	시험	1/3
	소방운전 작동 시 안전장치 작동상태	시험	1/3
	1단계, 2단계 소방운전 시 작동상태 `비접촉 문닫힘안전장치 무효화`	시험	1/3
	소방통화시스템의 작동상태	시험	1/3

15. 피난용 엘리베이터 추가요건

점검항목	점검내용	점검방법	점검주기 (회/월)
건축물의 요건	통제자의 직접 조작 여부	시험	1/3
전기장치의 물에 대한 보호	피트 침수 방지수단 설치 및 작동상태	육안	1/3
탑승자의 구출	카 외부 구출수단 `사다리(고정, 휴대용, 로프), 안전로프시스템`	육안	1/3
	자체 구출수단 `비상구출문, 사다리 또는 발판`	육안	1/3
제어 시스템	피난운전 스위치의 설치 및 작동상태	시험	1/3
	피난운전 스위치 작동 시 엘리베이터 관련 설비의 작동상태	시험	1/3
	피난통화시스템 작동상태 적합성	시험	1/3

2 에스컬레이터(무빙워크) 자체점검기준

1. 일반사항

점검항목	점검내용	점검방법	점검주기 (회/월)
안전표시	사용표지판 및 안내문 등 표시상태 주의표시는 80mm×100 mm 이상의 크기로 그림과 같이 표시	육안	1/3
수동핸들 지침	수동핸들의 사용지침서 비치상태	육안	1/3
	수동핸들의 운행방향 표시상태	육안	1/3
기계류 접근 출입문 안내	구동 및 순환장소 출입문 안내문구의 표시상태	육안	1/3
비상정지장치 표시	비상정지장치의 표시상태 적색, 흰색 글씨로 "정지" 표시	육안	1/3
유지보수 및 점검 중 접근 방지 수단	유지보수 등을 위한 접근방지수단의 비치상태	육안	1/3
운행방향 표시장치	운행방향 표시장치의 설치 및 작동상태	육안	1/1

2. 주변장치

점검항목	점검내용	점검방법	점검주기 (회/월)
접근금지장치	접근금지장치의 설치 및 고정상태	측정	1/3
미끄럼방지장치	미끄럼방지장치의 설치 및 고정상태	측정	1/3
인접한 손잡이 및 장애물로부터의 보호	막는 조치 및 안전보호판 설치상태	측정	1/1
	수직 디플렉터 설치상태	육안	1/1
승강장 공간	출구 자유공간의 확보 여부	측정	1/6
	진입방지대, 고정 안내 울타리 등의 설치상태	측정	1/6
방화셔터 인근의 에스컬레이터	에스컬레이터와 방화셔터의 연동 작동상태	시험	1/6
연속되는 에스컬레이터 사이 공간	에스컬레이터/무빙워크 사이의 공간이 충분하지 않은 경우, 추가 비상정지장치의 작동상태 디딤판이 콤 교차선에 도달하기 전 2~3m 사이에 설치	육안	1/3
손잡이 바깥쪽 건물난간	승강장 추락위험 예방조치의 설치 및 고정상태 진입방지 및 고정난간 설치	측정	1/1
조명	콤 교차점 바닥에서의 조도 50lx 이상	육안	1/1
	구동·순환 장소 및 기기 공간의 조명 점등상태 및 조도 200lx 이상	측정	1/3

3. 조명, 절연 및 접지

점검항목	점검내용	점검방법	점검주기 (회/월)
조명 절연저항	조명 관련 절연저항값 1MΩ 이상	측정	1/1
접지 연속성	제어반 접지상태	육안	1/3
	정전기 방지조치	육안	1/3

4. 틈새

점검항목	점검내용	점검방법	점검주기 (회/월)
디딤판 주행안내	주행안내 시스템의 설치상태	측정	1/1
디딤판	연속되는 2개의 스텝/팔레트의 틈새 6mm 이하	측정	1/1
	디딤판과 스커트 각 측면의 틈새 수평 틈새 4mm 이하, 양 측면에서 측정된 틈새의 합 7mm 이하	측정	1/1
	트레드 홈의 설치상태 트레드 홈에 맞물리는 콤 깊이 및 틈새 4mm 이하	측정	1/1
손잡이	손잡이 측면과 가이드 측면 사이의 틈새 8mm 이하	측정	1/3
	손잡이의 설치상태 디딤판의 속도와 -0%에서 +2%의 허용오차로 같은 방향과 속도로 움직이는 손잡이 설치	측정	1/3

5. 전기안전장치

점검항목	점검내용	점검방법	점검주기 (회/월)
유지점검/보수용 정지스위치	구동 및 순환장소의 정지스위치 설치 및 작동상태	시험	1/1
승강장의 비상정지장치	정지스위치 설치상태 및 작동상태	시험	1/1
과부하	전류/온도 증가 시 전동기 전원차단 상태	시험	1/1
안전장치의 감지	과속 감지의 작동상태	시험	1/1
	의도되지 않은 운행방향 역전 감지의 작동상태	시험	1/1
	보조 브레이크 미-작동 감지의 작동상태	시험	1/1
	디딤판을 직접 구동하는 부품의 파손 또는 늘어짐 감지의 작동상태	시험	1/1
	디딤판 체인 인장장치의 움직임 감지의 작동상태	시험	1/1

점검항목	점검내용	점검방법	점검주기 (회/월)
안전장치의 감지	콤 끼임 감지의 작동상태	시험	1/1
	연속되는 에스컬레이터/무빙워크의 정지 감지의 작동상태	시험	1/1
	손잡이 인입구 끼임 감지의 작동상태	시험	1/1
	스텝/팔레트 처짐 감지의 작동상태	시험	1/1
	스텝/팔레트 누락 감지의 작동상태	시험	1/1
	주 브레이크 미-작동 감지의 작동상태	시험	1/1
	손잡이의 속도 편차 감지의 작동상태 ±15% 이상	시험	1/1
	점검용 덮개 열림 감지의 작동상태	시험	1/1
	수동핸들의 설치 감지의 작동상태	시험	1/1
	유지보수 정지장치 감지의 작동상태	시험	1/1
	점검운전 제어반에서 정지장치의 작동 감지	시험	1/1
	쇼핑 카트 및 수하물 카트 접근방지를 위한 이동식 진입방지대 감지장치의 작동상태	시험	1/1

6. 운전장치

점검항목	점검내용	점검방법	점검주기 (회/월)
점검운전 제어반	작동 및 운행방향 표시상태	육안	1/3
	이동케이블 연결 콘센트의 설치상태	육안	1/3
수동 기동운전	작동 및 운행방향 표시상태	시험	1/3
자동 기동운전 (미리 정해진 방향으로 기동)	준비운전에 의한 자동 기동 작동상태	시험	1/1
	시각 신호시스템(표시)의 작동상태	육안	1/1
	반대방향 출입 감지의 작동상태	시험	1/1
	승강장의 이용자를 감지하는 수단의 작동상태	육안	1/1

7. 디딤판, 손잡이, 난간 및 주변보호

점검항목	점검내용	점검방법	점검주기 (회/월)
디딤판 주행	디딤판과 구조 부품과의 간섭 여부	육안	1/1
손잡이 주행	손잡이와 구조 부품과의 간섭 여부	육안	1/1
끼임방지수단	스커트 디플렉터 설치상태	육안	1/3
추락방지수단	기어오름 방지장치 설치상태	육안	1/1
	접근금지 장치 설치상태	육안	1/1
	미끄럼 방지장치 설치상태	육안	1/1
쇼핑카트	진입방지를 위한 접근방지대 설치상태	육안	1/1
옥외용 추가요건	지지설비의 부식 상태	육안	1/6
	강수에 대한 보호조치 설치 및 작동상태	육안	1/6
	난방시스템의 작동상태 <자동온도조절로 제어>	육안	1/6
	배수 및 정화시설의 작동상태	육안	1/6
	야간조명의 작동상태	육안	1/6

8. 주행성능 및 정지거리

점검항목	점검내용	점검방법	점검주기 (회/월)
속도, 전류 및 정지거리	무부하 상태의 디딤판 및 손잡이의 속도 및 전류 정지거리의 적합성	시험	1/1
보조 브레이크	보조 브레이크의 설치 및 작동상태	시험	1/1

CHAPTER 03 기계·전기 기초이론

Craftsman Elevator

Lesson 01 승강기 재료의 역학적 성질에 관한 기초

1 하중(Load)

(1) 하중이 작용하는 방향에 의한 분류
① **인장하중** : 재료를 하중이 작용하는 방향으로 늘어나게 하려는 하중이다.
② **압축하중** : 재료를 하중이 작용하는 방향으로 누르는 하중이다.
③ **전단하중** : 재료를 절단하려는 방향으로 작용하는 하중으로 재료를 축 방향 단면으로 자르는 것 같이 작용한다.
④ **굽힘하중(휨하중)** : 재료의 축에 각을 이루며 재료를 구부리려는 하중으로 굽힘하중이 작용되면 구부러진 재료의 바깥 지름 방향에는 인장하중이, 재료의 안쪽 지름 방향에는 압축하중이 작용한다.
⑤ **비틀림하중** : 재료를 비틀려고 하는 하중으로 재료 축의 중심에서 일정 거리만큼 떨어져서 작용하며, 축 주위에 모멘트를 발생시킨다.

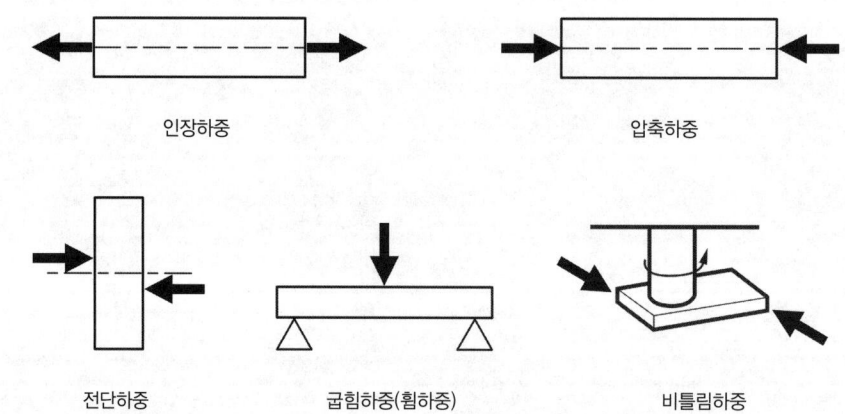

(2) 하중이 걸리는 속도에 의한 분류

① **정하중** : 시간에 따라 변하지 않고, 크기와 방향이 일정한 하중
② **동하중** : 하중의 크기와 방향이 시간에 따라 변하는 하중
  ㉮ 교번하중 : 크기와 방향이 주기적으로 변하는 하중
  ㉯ 충격하중 : 순간적으로 짧은 시간 사이에 격렬하게 작용하는 하중
  ㉰ 반복하중 : 동일한 방향으로 반복하여 작용하는 하중
    ㉠ 교번하중이나 반복하중 작용시 재료에 피로현상이 생긴다.
    ㉡ 충격하중은 설계시 다른 하중보다 안전율을 가장 크게 선정해야 한다.

(3) 하중의 분포상태에 따른 분류

① **집중하중** : 재료의 어느 한 점에 집중하여 작용하는 하중
② **분포하중** : 재료의 어느 범위내에 분포되어 작용하는 하중으로 균일 분포하중과 불균일 분포하중이 있다.

2 응력(Stress)

단위면적당의 저항력 또는 내력(하중)

(1) 수직응력

단면에 수직으로 작용하는 응력(**예** : 인장응력, 압축응력)

응력$(\sigma) = \dfrac{W}{A}$ (W : 작용하는 하중, A : 재료의 단면적)

(2) 접선응력(전단응력)

단면에 평행하게 작용하는 응력

응력$(\tau) = \dfrac{W}{A}$ (W : 전단 하중, A : 재료의 단면적)

3 변형률(Strain)

재료에 생긴 변형량과 원래의 치수와의 비

(1) **세로 변형률** : 재료의 길이 방향으로 변형이 일어나는 경우

변형률$(\varepsilon) = \dfrac{l' - l}{l} = \dfrac{\lambda}{l}$ (l' : 늘어난 길이, l : 원래 길이)

(2) **가로 변형률** : 재료의 지름(가로 방향)에 변형이 일어나는 경우

$$변형률(\varepsilon) = \frac{d' - d}{d} = \frac{\delta}{d} \quad (d' : 늘어난\ 지름,\ d : 원래\ 지름)$$

(3) **전단 변형률**(미끄럼 변형률)

$$변형률(\varepsilon) = \frac{변형된\ 길이(\lambda)}{원래의\ 길이(l)}$$

4　응력-변형률 선도 : 연강의 경우

(1) **비례한도** : 응력이 변형률에 비례하여 증가하는 점

(2) **탄성한도** : 응력을 제거하면 변형이 없어지는 한계점

(3) **항복점** : 응력이 증가하지 않아도 변형률이 갑자기 증가하는 점

(4) **극한강도** : 최대의 응력이 생기는 점

(5) **파괴점** : 재료가 파괴되는 점

5　후크의 법칙

비례한도내에서 응력과 변형률은 비례하며, 비례한계 내에서의 힘과 변형량과의 비를 탄성계수라 한다.

$$\frac{응력}{변형률} = 탄성계수$$

- 탄성계수는 재료에 따라 각각 고유한 값을 갖는다.

6　포와송의 비(Poisson's ratio)

재료에 생기는 가로변형률과 세로변형률의 비

$$\mu = \frac{가로변형률}{세로변형률} = \frac{\varepsilon'}{\varepsilon} = \frac{1}{m}$$

*포와송의 비의 역수인 m을 '포와송의 수(Poisson's number)'라고 한다.

7 재료의 강도

(1) **응력집중** : 재료의 취약한 부분(구멍, 노치부)에 국부적으로 큰 응력이 생기는 현상

(2) **열응력**
   ① 온도의 변화에 따른 신축현상으로 재료 내부에 생기는 응력

   $\lambda = l\alpha\Delta t = l\alpha(t_2 - t_1)$

   $\sigma = E\varepsilon = E\dfrac{\lambda}{l} = E\alpha\Delta t = E\alpha(t_2 - t_1)$

   ② 열응력은 세로 탄성계수, 선팽창계수, 온도변화에만 관계된다.

(3) **피로한도**
   ① 재료에 응력이 점차 감소하여, 어느 일정한 값에 도달하면 아무리 반복 횟수를 늘려도 재료는 파괴되지 않는 응력의 한도
   ② **S-N 곡선** : 피로한도를 구하기 위하여 반복횟수를 알아내는 곡선

(4) **크리이프현상**
   ① 고온에서 하중이 일정하더라도 시간이 지남에 따라 변형률이 조금씩 증가하는 현상
   ② 온도가 높을수록 크리이프현상은 커진다.

(5) **허용응력과 안전율**(안전계수)
   ① **허용응력** : 재료의 안전성을 고려하여 사용하는 재료에 허용되는 최대의 응력
   ② **사용응력** : 실제로 기계나 구조물의 각 부분에 생기는 응력

   ㉮ 극한강도 > 허용응력 ≥ 사용응력

   ㉯ 안전율 = $\dfrac{\text{극한강도}}{\text{허용응력}} = \dfrac{\text{인장강도}}{\text{허용응력}}$

Lesson 02　승강기 주요 기계요소별 구조와 원리

1. 링크기구

기계에 전달된 동력을 여러 모양의 얼개에 의해서 운동부분으로 전달되어서 필요한 일을 하는데 동력을 운반하는 요소로 최소한 4개가 있어야 한다.

> **• • 4절링크**
> 고정절의 주위에서 회전운동을 하는 것을 크랭크,
> 고정절 주위에서 왕복운동을 하는 것을 레버라고 한다.

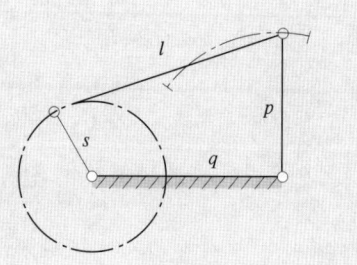

2. 캠

(1) 원리

회전 운동을 직선 운동이나 왕복 운동으로 바꾸어 주는 기계 요소로서, 특수한 둥근 모양이나 홈을 가지는 판, 원통, 구 모양의 기계부품이다.

(2) 종류

① **평면 캠** : 접촉 부분이 평면 운동을 하는 캠
② **입체 캠** : 입체의 표면에 여러 가지 모양의 홈이나 단면을 만들어 복잡한 운동을 할 수 있게 한 캠

3. 축용 기계요소

(1) 축

회전 운동으로 동력을 전달할 수 있는 둥근 막대 모양의 기계 요소
① **힘의 종류에 따른 분류** : 차축, 스핀들, 전동축
② **모양에 따른 분류** : 직선축, 크랭크축

(2) 베어링

운동을 하는 부분을 지지하여 고정하면서 마찰 저항을 줄여 주는 기계 요소

① **미끄럼 베어링** : 축과 베어링 안쪽이 직접 접촉하여 윤활유 막을 두고 미끄럼 운동을 하는 베어링으로 속도가 느리고 큰 힘을 받는 곳에 쓰임

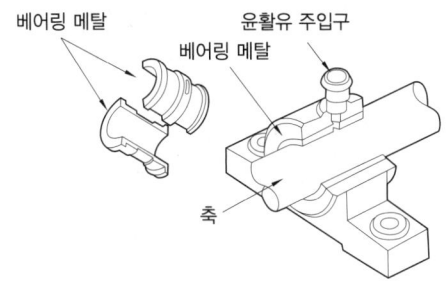

② **구름 베어링** : 축과 베어링 사이에 볼이나 롤러 등을 넣어 점이나 선 접촉을 하는 것

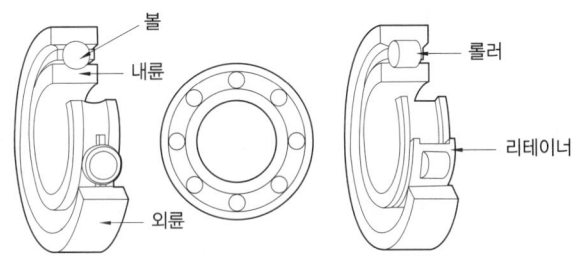

㉮ 볼 베어링, 롤러 베어링
㉯ 구름 베어링의 장점 : 과열의 위험이 없고, 교환성이 풍부하고, 윤활유가 적게 들고 마멸이 적음

4. 도르래(활차)장치

힘의 방향전환이나 작은 힘으로 큰 힘을 얻는 장치

(1) 단활차

도르래 1개만 사용한다.

① **정활차** : 힘의 방향만 바꾼다.(P = W)

② **동활차** : 하중을 위로 올릴시 $\frac{1}{2}$의 힘으로 올릴 수 있다.(P = 2W)

(2) 복활차

정활차와 동활차를 사용하여 조합한 활차로 작은 힘으로 큰 하중을 가진 물체를 들어 올릴수 있다.
$W = 2^n \times P$(W : 하중, n : 동활차의 수, P : 힘)

5. 마찰차

(1) 마찰차의 특성

① 접촉선상의 한 점에 있어서 양쪽 마찰차의 표면 속도는 항상 같다.

② 운전이 정숙하게 행하여 진다.

③ 미끄럼에 의해 다른 부분의 손상을 방지할 수 있다.

④ 효율은 그다지 좋지 못하다.

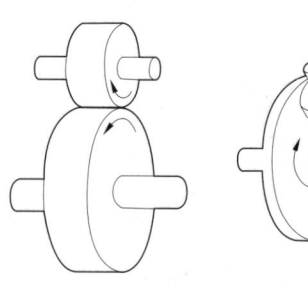

(2) 마찰차의 종류

① **원통 마찰차(평 마찰차)** : 두 축이 평행하며, 마찰차 지름에 따라 속도비가 다르다.

② **무단변속 마찰차(원판 마찰차)** : 구동축의 속도를 일정하게 유지하고 종동축의 회전속도를 어떤 범위 내에서 연속적으로 자유롭게 변화시킬 수 있다.

③ **원추 마찰차** : 두 축이 어느 각도로 교차할 때 사용되는 마찰차

④ **홈 마찰차** : 밀어붙이는 힘을 증가시키지 않고 전달 동력을 크게 할 수 있게 개량한 마찰차

6. 기어

(1) 기어의 특징

① 큰 동력을 일정한 속도비로 전달할 수 있다.

② 전동효율이 높고 감속비가 크다.

③ 충격에 약하고 소음, 진동이 발생한다.

④ 사용 범위가 넓다.

(2) 평행축기어

① **스퍼 기어** : 잇줄이 평행하고 제작이 용이함. 가장 많이 사용

② **랙(rack)과 피니언(pinion)** : 회전운동 ↔ 직선운동

③ **내접(internal) 기어** : 동일 회전

④ **헬리컬(helical) 기어** : 이의 물림이 원활해 조용한 운전

⑤ **더블헬리컬(herringbone) 기어** : 축 방향의 힘이 발생하지 않음

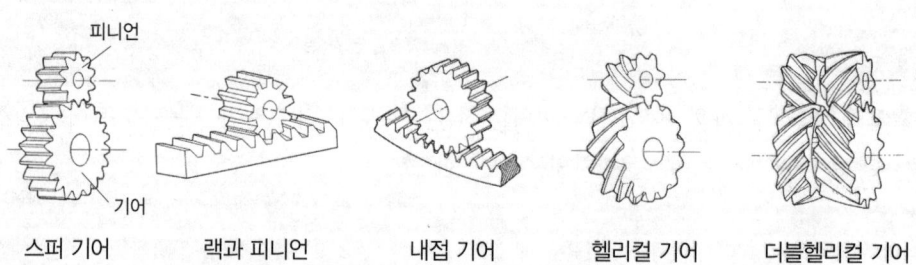

스퍼 기어 　 랙과 피니언 　 내접 기어 　 헬리컬 기어 　 더블헬리컬 기어

(3) **교차축 기어** : 두 축이 만남

① 직선 베벨(straight bevel) 기어 ② 스파이럴 베벨(spiral bevel) 기어
③ 제롤 베벨(zerol bevel) 기어 ④ 크라운 베벨(crown bevel) 기어

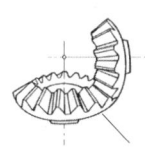 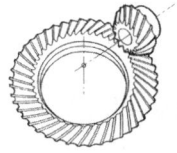 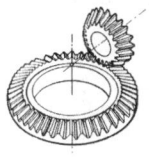 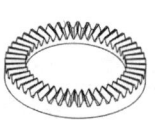

  직선 베벨 기어   스파이럴 베벨 기어   제롤 베벨 기어   크라운 베벨 기어

(4) **기어의 각부 명칭**

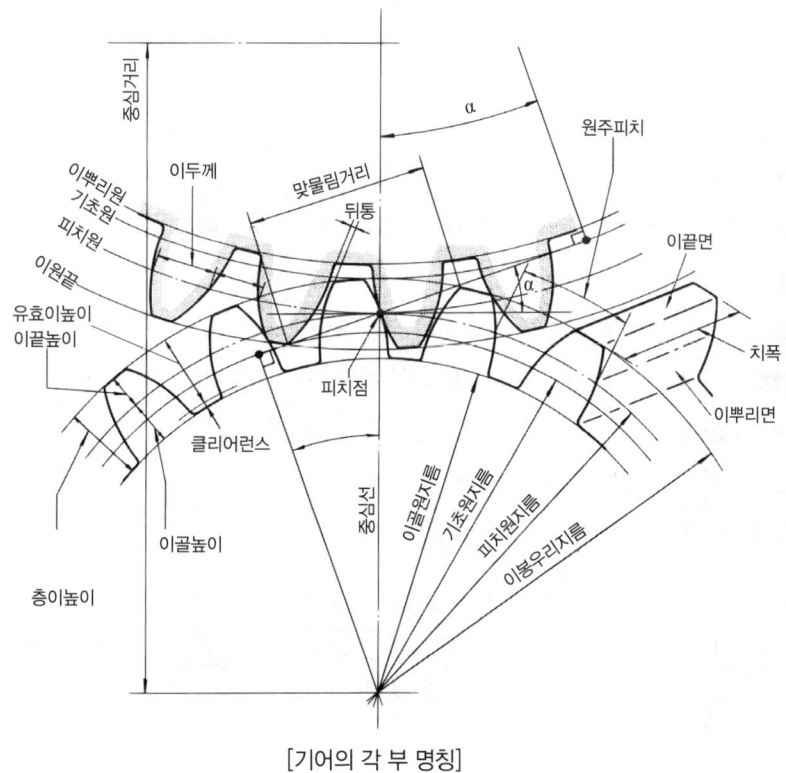

[기어의 각 부 명칭]

(5) **인벌루트 기어**

원통에 감은 실을 풀때 실의 끝이 그리는 곡선으로 치형을 만든 기어

① 기어의 물림에서 다소 중심이 틀려도 잘 물린다.
② 공작이 쉽다.
③ 호환성이 있다.
④ 이뿌리 부분이 튼튼하다.

(6) 기어 이의 크기 표시 방법

① 모듈(M) = $\dfrac{\text{피치원의 지름(D)[mm]}}{\text{잇수(Z)}}$

② 원주피치(P) = $\dfrac{\text{피치원의 둘레}(\pi D)[mm]}{\text{잇수(Z)}}$

③ 지름피치(인치식) = $\dfrac{\text{잇수(Z)}}{\text{피치원의 지름[in]}}$ (1[in] = 25.4[mm])

6. 볼트와 너트

(1) 볼트의 종류

① **관통볼트** : 고정할 부품을 관통시켜 볼트를 넣고 반대쪽에서 너트로 고정한다.

② **탭볼트** : 고정할 부품에 직접 암나사를 내어 너트를 사용하지 않고 볼트로 고정한다.

③ **스터드볼트** : 자주 분해 결합시 사용되는 것으로 볼트 머리가 없고 양단에 수나사로 되어있어 너트로 고정한다.

④ **스테이볼트** : 기계부품을 일정한 간격으로 유지하고 구조 자체를 보강하는데 사용한다.

⑤ **T홈 볼트** : 공작물과 기계바이스를 고정할 때 사용한다.

⑥ **아이볼트** : 무거운 물체 등을 들어 올리기 위한 로프, 체인, 훅 등을 거는 데 사용한다.

⑦ **리머볼트** : 리머로 다듬질한 구멍에 꼭 끼워 미끄럼을 방지하는 볼트이다.

⑧ **충격볼트** : 몸체 부분을 가늘게 하거나 단면적을 작게 해 충격력을 흡수하는 데 사용한다.

⑨ **기초볼트** : 기계 등을 콘크리트 바닥에 설치하는데 사용한다.

⑩ **나비볼트** : 손으로 돌려 죌 수 있는 모양으로 된 것이다.

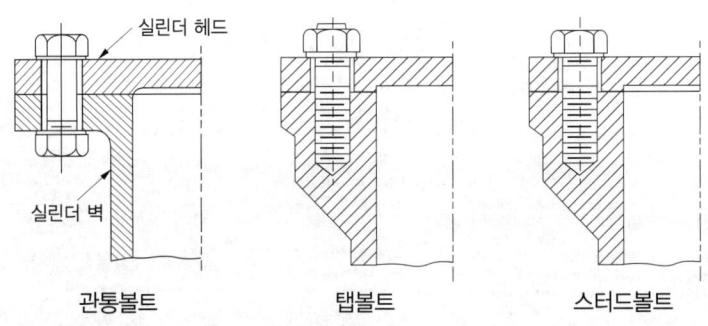

관통볼트   탭볼트   스터드볼트

(2) 너트의 종류

① **사각너트** : 너트의 모양이 사각인 너트로서 주로 목재에 쓰인다.

② **둥근너트** : 자리가 좁아 보통의 육각너트를 쓸 수 없는 경우 또는 너트의 높이를 작게 할 필요가 있는 경우에 쓰인다.

③ **플랜지 너트** : 너트의 밑면에 큰 지름의 와셔가 달린 너트로 볼트 구멍이 클 때, 접촉면이 거칠 때, 큰 면압을 피하려고 할 때 사용한다.

④ **캡너트** : 유체의 누설 방지용으로 사용한다.

⑤ **홈붙이 너트** : 너트의 위쪽에 분할 핀을 끼워 너트가 풀리지 않도록 할 때 사용한다.

⑥ **슬리브 너트** : 수나사 중심선의 편심을 방지하는데 사용한다.

⑦ **플레이트 너트** : 암나사를 깎을 수 없는 얇은 판에 리벳으로 설치하여 사용하는 너트이다.

⑧ **턴 버클** : 막대와 로프 등을 죄는 데 사용한다.

⑨ 그밖에 아이너트, 나비너트, T너트 등이 있다.

(3) 와셔

① **기계용 와셔** : 둥근 평 와셔

② **너트의 풀림방지용** : 스프링 와셔, 이붙이 와셔, 혀붙이 와셔, 클로(claw) 와셔

(4) 너트의 풀림방지법

① 와셔를 사용하는 방법

② 로크너트에 의한 방법

③ 자동 죔 너트에 의한 방법

④ 분할 핀, 작은나사, 멈춤나사에 의한 방법

⑤ 철사로 감아매는 방법

7. 키

축에 풀리, 기어, 플라이 휠, 커플링 등의 회전체를 고정시켜서 축과 회전체를 일체로 하여 회전운동을 전달시키는 기계요소(일반적으로 키의 테이퍼는 1/100)

(1) 키의 종류

① **묻힘키(성크키)** : 축과 보스의 양쪽에 키홈이 있는 것으로 가장 널리 사용된다.

② **반달키(우드루프키)** : 60mm 이하의 작은 축에 사용되고, 테이퍼축에 사용이 편리하다.

③ **접선키** : 큰 동력을 전달하는 데 적당한 키로 접선방향으로 키홈을 파서 서로 반대의 테이퍼를 가진 2개의 키를 조합하여 사용한다.(역회전이 가능하도록 120° 각도로 두 곳에 키를 끼운다)

④ **원뿔키** : 바퀴가 편심되지 않고 축의 어느 위치에나 설치할 수 있는 특징이 있다.

⑤ **미끄럼키(페더키)** : 회전력의 전달과 동시에 보스를 축 방향으로 이동할 때 사용하며, 안내 키라고도 하고 테이퍼가 없다.(클러치의 종동축에 사용)

⑥ **스플라인** : 축둘레에 4~20개의 턱을 만들어 큰 회전력을 전달할 경우에 사용한다.

⑦ **세레이션** : 축에 작은 삼각형의 작은 이를 만들어 축과 보스를 고정시킨 것으로 같은 지름의 스플라인에 비해 많은 이가 있으므로 전동력이 크다.

⑧ **새들키** : 축은 그대로 두고 보스에만 키홈을 파서 키를 박아 마찰에 의해 회전력을 전달하는 것으로 큰 힘의 전달에는 부적합하다.
⑨ **평키** : 키가 닿는 면만을 편평하게 깎는 것으로서 새들키 보다는 큰 힘을 전달할 수 있다.
⑩ **둥근키** : 핀키라고도 하며 핸들과 같이 토크가 작은 것의 고정에 사용된다.

> •• 동력 전달순서
> 세레이션 > 스플라인 > 접선키 > 묻힘키 > 반달키 > 평키 > 안장키

Lesson 03 승강기 요소 측정 및 시험

1 기계요소 계측 및 원리

1. 버니어 캘리퍼스 : 길이(바깥지름, 안지름, 깊이) 측정

① **측정범위** : 0.05mm 까지 측정
② **종류** : M형(M1, M2), CB형, CM형

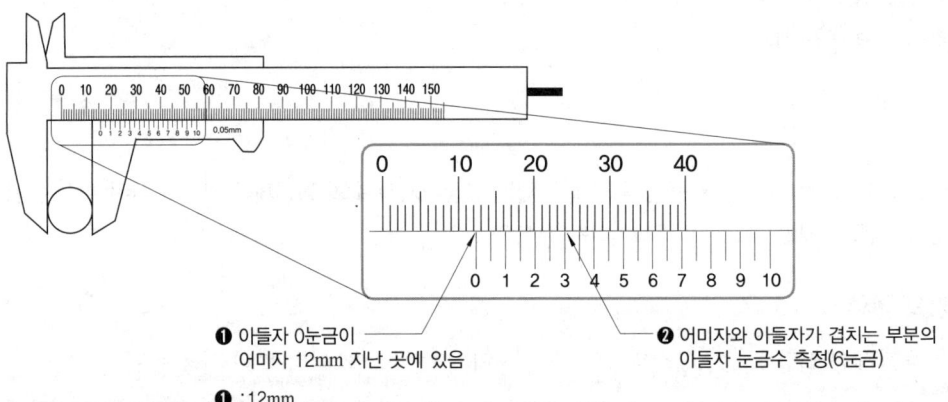

❶ 아들자 0눈금이 어미자 12mm 지난 곳에 있음
❷ 어미자와 아들자가 겹치는 부분의 아들자 눈금수 측정(6눈금)

❶ : 12mm
❷ : 아들자 눈금범위가 0.05mm이므로 0.05 × 6 = 0.3
∴ 12 + 0.3 = 12.3mm

2. 마이크로미터 : 정밀치수 측정기

① **용도** : 외경, 안지름, 깊이 측정
② **측정범위** : 0.01mm

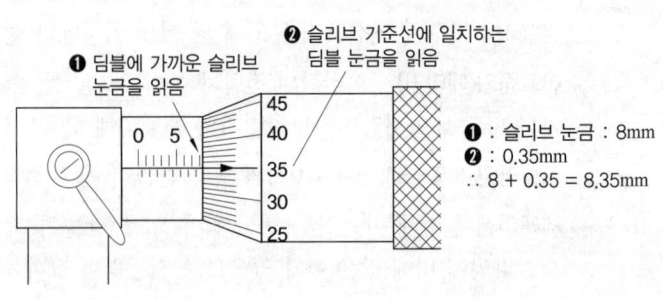

❶ 딤블에 가까운 슬리브 눈금을 읽음
❷ 슬리브 기준선에 일치하는 딤블 눈금을 읽음

❶ : 슬리브 눈금 : 8mm
❷ : 0.35mm
∴ 8 + 0.35 = 8.35mm

3. 다이얼게이지 : 길이, 변위 측정

① **측정범위** : 원둘레를 100등분하여 1눈금이 1/100mm
② **특성** : 평면의 요철, 공작물 부착 상태, 축 중심의 흔들림, 직각의 흔들림 등도 검사

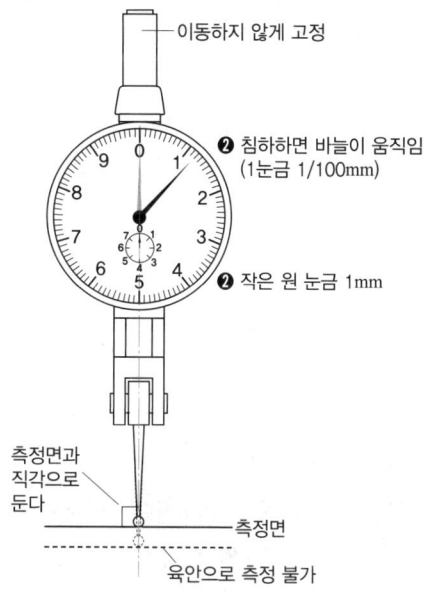

2 전기요소 계측 및 원리

1. 전압계 및 전류계

① 전압계
② 전류계

2. 분류기

전류계의 측정 범위를 넓히기 위해 전류계와 병렬로 접속하는 저항기를 말한다.

$$n(분류비) = \frac{I_O}{I_A}, \quad R_S = \frac{R_O}{n-1}[\Omega]$$

I : 측정하고자 하는 전류[A]
I_o : 전류계에 흐르는 전류[A]
I_s : 분류기 저항에 흐르는 전류[A]
R_o : 전류계의 내부저항[Ω]
R_s : 분류저항의 저항값[Ω]

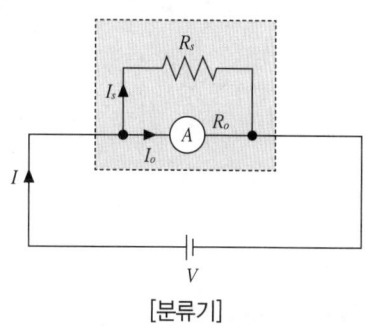

[분류기]

3. 배율기(倍率器 ; Multiplier)

전압계의 측정범위를 넓히기 위해 전압계와 직렬로 접속하는 저항기를 말한다.

$$m(배율비) = \frac{V_O}{V}, \quad R_m = (m-1)R_v\,[\Omega]$$

V_o : 측정하고자 하는 전압

V : 전압계에 가하는 전압[A]

I : 전압계에 흐르는 전류[A]

R_v : 전압계의 내부저항[Ω]

R_m : 배율저항의 저항값[Ω]

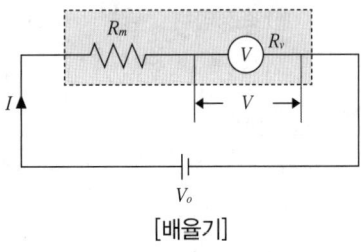

[배율기]

4. 저항측정

① **접지저항 측정** : 콜라슈 브리지, 접지저항계

② **휘트스톤 브리지** : 4개의 저항 P, Q, R, X에 검류계를 접속하여 미지의 저항을 측정하기 위한 회로로써 브리지의 평형 조건 PR = QX(마주보는 변의 곱은 서로 같다.)

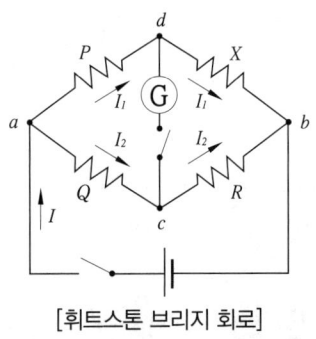

[휘트스톤 브리지 회로]

5. 주요측정계기

① **회로시험기** : 저항, 전압, 전류 측정(교류전류는 측정불가)

② **조도계** : 조명도 측정

③ **스트로브스코프** : 모터회전수 측정(측정물에 직접접속하지 않고 측정)

④ **절연저항계(메거)** : 절연저항 측정

Lesson 04 전기 기초이론

1 승강기 동력원의 기초전기

1. 정전기

(1) **정전기의 발생**

① **대전** : 마찰 등에 의해서 전기를 띠게 되는 현상

② **대전체** : 전기를 띠고 있는 물체

③ **전하** : 대전에 의해서 물체가 띠고 있는 전기

④ **전기량** : 전하로 존재할 수 있는 최소의 양, 1.602×10^{-19} [C]

(2) **정전유도**

도체에 대전체를 접근시키면 대전체에 가까운 쪽에서는 대전체와 다른 전하가 나타나며 그 반대쪽에는 대전체와 같은 종류가 나타나는 현상

(3) **정전기력**

① **쿨롱의 법칙**

㉮ 두 전하가 있을 때 다른 종류의 전하는 흡인력이 작용하고, 같은 종류의 전하는 반발력이 작용한다.

㉯ 두 전하 사이에 작용하는 힘은 두 전하 Q_1[C], Q_2[C]의 곱에 비례하고, 두 전하 사이의 거리 r[m]의 제곱에 반비례한다.

$$F = k\frac{Q_1 Q_2}{r^2} = \frac{1}{4\pi\varepsilon} \cdot \frac{Q_1 Q_2}{r^2} = \frac{1}{4\pi\varepsilon_0} \cdot \frac{Q_1 Q_2}{\varepsilon_s r^2} = 9 \times 10^9 \times \frac{Q_1 Q_2}{\varepsilon_s r^2} [N]$$

F : 두 전하 사이에 작용하는 힘[N]

ε_0 : 진공의 유전율(= 8.855×10^{-12}[F/m])

ε_s : 비유전율(진공 = 1, 공기 ≒ 1)

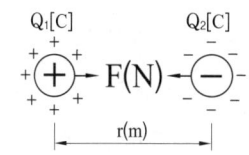

② **비유전율**

㉮ 물체의 유전율 ε 및 진공 유전율 ε_0와의 비를 비유전율(ε_s)이라고 한다

㉯ $\varepsilon_s = \dfrac{\varepsilon}{\varepsilon_0}$

(4) **콘덴서**

① **정전용량(커패시터)** : 2개의 도체 사이에 유전체를 끼워넣어 커패시턴스 작용

$C = \varepsilon \dfrac{A}{l}$

(C : 커패시턴스[F], ε : 유전율[F/m], l : 극판간의 간격[m], A : 극판의 면적[m²])

② 큰 정전용량의 콘덴서를 얻는 방법
  ㉮ 극판의 면적을 넓게 함
  ㉯ 극판 간의 간격을 좁게 함
  ㉰ 비유전율이 큰 절연체를 사용함

③ 콘덴서 접속
  ㉮ 직렬 접속 = $C = \dfrac{Q}{V} = \dfrac{1}{C_1} + \dfrac{1}{C_2} + \dfrac{1}{C_3}[F]$
  ㉯ 병렬접속 = $C = \dfrac{Q}{V} = C_1 + C_2 + C_3[F]$

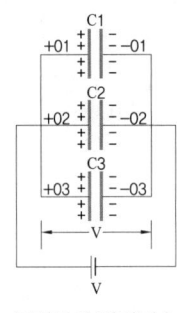
콘덴서의 병렬접속

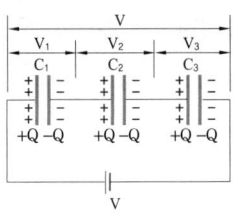
콘덴서의 직렬접속

④ 콘덴서에 축적되는 에너지
  $W = \dfrac{1}{2}CV^2[J]$ (C : 정전용량[F], V : 전압[V])

2. 직류회로

직류란 전류의 크기와 방향이 변하지 않는 전류를 말한다.

① **전류** : 전하의 이동
  $I = \dfrac{Q}{t}$ (I : 전류[A], Q : 전기량[C], t : 시간[초])

② **전압** : 회로내에 전기적인 압력이 가해져 전류가 흐르도록 하는 전위차
  $V = \dfrac{W}{Q}$ (V : 전압[V], W : 일[J], Q : 전기량[C])

③ **저항과 콘덕턴스**
  ㉮ 저항 : 전류의 흐름을 방해하는 정도
  $R = \rho \dfrac{l}{A}$ (R : 저항[Ω], ρ : 고유저항[Ω · m], l : 길이[m], A : 단면적[m²])
  ㉯ 콘덕턴스 : 전류가 흐르기 쉬운 정도
  $G = \dfrac{1}{R}[S]$

④ **옴의 법칙** : 한 도체의 두 점 사이에 흐르는 전류의 크기는 두 점 사이의 전압에 비례하고 도체의 저항에 반비례한다

$$I = \frac{V}{R}[A], \quad V = IR[V]$$

⑤ **전력** : 전기에너지에 의해 1초동안 하는 일량

$$I = \frac{V}{R}[A], \quad V = IR[V]$$

3. 교류회로

(1) **정현파 교류**

전압, 전류 등이 시간의 흐름에 따라 변화하는 모양

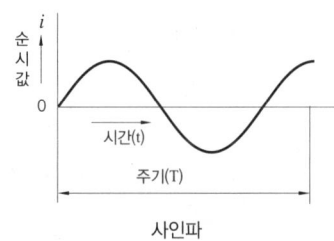

사인파

① **정현파 교류의 발생**

코일에 발생하는 유도기전력 : $e = Blv\sin\theta = V_m\sin\theta[V]$

② **각도의 표시**

㉮ 호도법 : 각도를 라디안[rad]으로 나타냄. $\theta = \frac{l}{r}[rad]$

㉯ 각도 : $180° = \pi[rad]$

㉰ 회전각 : $\theta = \omega t[rad]$

㉱ 각속도 : 회전체가 1초 동안에 회전한 각도, 기호는 $\omega[rad/s]$)

$\omega = 2\pi/T = 2\pi f[Hz]$

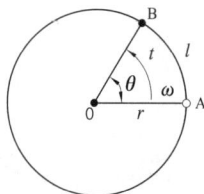

[라디안 각과 각속도]

(2) **주파수와 위상**

① **주기와 주파수**

㉮ 주기 : 1사이클 변화에 필요한 시간, 기호는 T, 단위는 [s], $T = \frac{2\pi}{\omega} = \frac{1}{f}$ [s]

㉯ 주파수 : 1초 동안에 반복되는 사이클의 수. 기호는 f, 단위는 헤르츠[Hz], $f = \frac{1}{T}[Hz]$

$v = V_m\sin\theta[V] = V_m\sin\omega t[V] = V_m\sin 2\pi ft[V]$

② **위상과 위상차**

㉮ 위상 : 주파수가 동일한 2개 이상의 교류가 존재할 때 상호간의 시간적인 차이

각속도로 표현, $\theta = \omega t[rad]$

㉯ 위상차 : 2개 이상의 교류 사이에서 발생하는 위상의 차

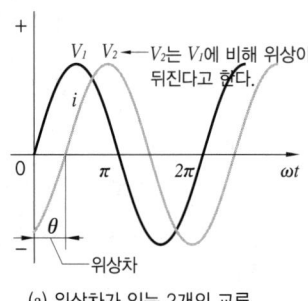 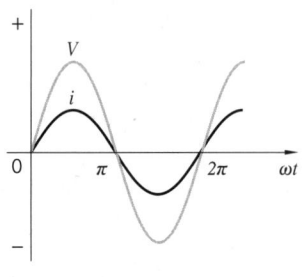

(a) 위상차가 있는 2개의 교류 (b) 동상의 전압과 전류

[교류의 위상과 위상차]

ⓒ 동상 : 동일한 주파수에서 위상차가 없는 경우
ⓓ 위상차와 교류 표시
- 뒤진교류 : $v = V_m \sin(\omega t - \theta)$ [V]
- 앞선교류 : $v = V_m \sin(\omega t - \theta)$ [V]

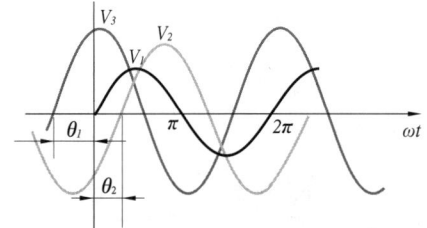

$V_1 = V_{m1} \sin \omega t$ ―――― 기준
$V_2 = V_{m2} \sin(\omega t - \theta_2)$ ― θ_2 뒤짐
$V_3 = V_{m3} \sin(\omega t + \theta_1)$ ― θ_1 앞섬

[위상차와 교류의 표시]

(3) 정현파 교류의 표시

① **순시값과 최대값**

㉮ 순시값(v) : 순간순간 변하는 교류의 임의의 시간에 있어서 값

$v = V_m \sin \omega t$ [V]

(v : 전압의 순시값[V], V_m : 전압의 최대값, ω : 각속도[rad/s], t : 주기[s])

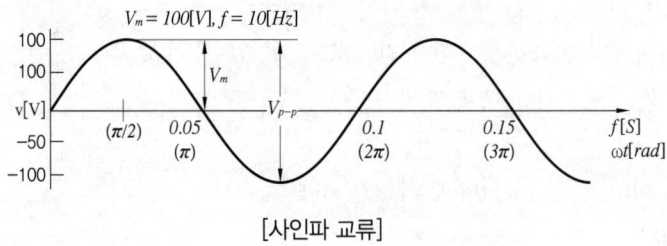

[사인파 교류]

- 최대값(V_m) : 순시값 중에서 가장 큰 값
- 피크–피크값(Vp–p) : 파형의 양의 최대값과 음의 최대값 사이의 값 Vp–p

④ 평균값(Va)

교류 순시값의 1주기 동안의 평균을 취하여 교류의 크기를 나타낸 값

$V_a = \dfrac{2}{\pi} V_m \simeq 0.637 V_m [V]$

㉰ 실효값(Vm)

- 교류의 크기를 교류와 동일한 일을 하는 직류의 크기로 바꿔 나타낸 값

$I = \sqrt{i^2 \text{의 1주기간의 평균값}}$, $I = \dfrac{I_m}{\sqrt{2}} \simeq 0.707 I_m [A]$

- 실효값과 최대값의 관계

$v = V_m \sin \omega t = \sqrt{2} V \sin \omega t [V]$

- 실효값과 평균값의 관계

$\dfrac{V}{V_a} = \dfrac{\frac{V_m}{\sqrt{2}}}{\frac{2V_m}{\pi}} = \dfrac{\pi}{2\sqrt{2}} \simeq 1.11$

(4) 교류전류에 대한 RLC의 작용

① 저항(R)만의 회로

㉮ 저항의 작용

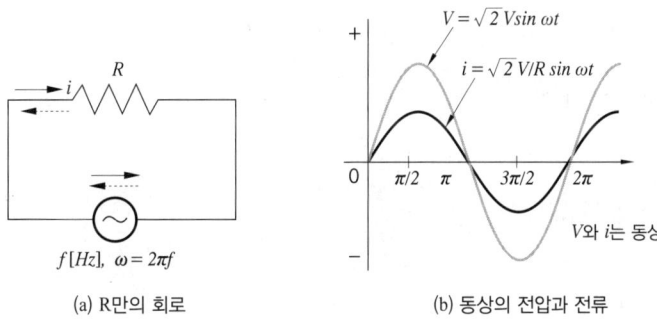

(a) R만의 회로   (b) 동상의 전압과 전류

[저항 R만의 회로와 파형]

$v = \sqrt{2} V \sin \omega t [V]$

$i = \sqrt{2} I \sin \omega t [A]$

※ 전류와 전압은 위상이 동상이다.

㉯ 전압과 전류의 관계 $I = \dfrac{V}{R}[A]$

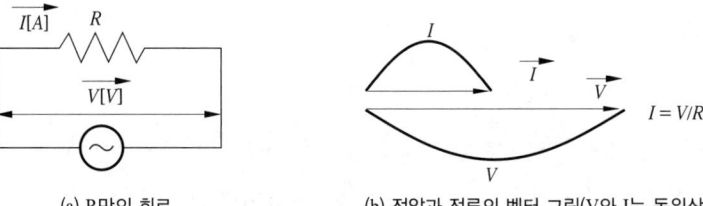

(a) R만의 회로   (b) 전압과 전류의 벡터 그림(V와 I는 동위상)

[저항 R만의 회로와 벡터 그림]

② **인덕턴스(L)만의 회로**

㉮ 인덕턴스(L)의 작용

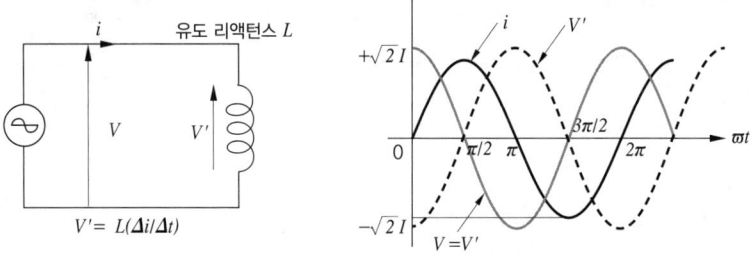

[인턱턴스 L만의 회로와 파형]

$i = \sqrt{2}\,I\sin\omega t[A]$

$v = \sqrt{2}\,V\sin\left(\omega t + \dfrac{\pi}{2}\right) = \sqrt{2}\,\omega LI\sin\left(\omega t + \dfrac{\pi}{2}\right)[V]$

※ 전압이 전류보다 위상이 π/2[rad] 만큼 빠르다.(지상)

㉯ 전압과 전류의 관계
- 유도 리액턴스 : $X_L = \omega L = 2\pi fL[\Omega]$
- $V = \omega LI_L$에서 $I_L = \dfrac{V}{\omega L} = \dfrac{V}{X_L}$

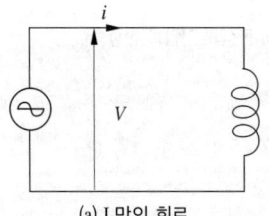 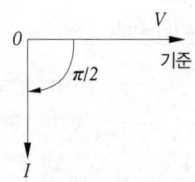

(a) L만의 회로   (b) 전압과 전류의 벡터 그림(I는 V보다 r/2뒤진다.)

[인턱턴스 L만의 회로와 벡터 그림]

㈐ 유도 리액턴스와 주파수의 관계

유도 리액턴스 X_L은 자체 인덕턴스 L과 주파수 f에 정비례한다.

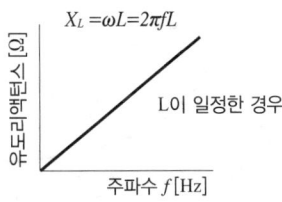

[유도 리액턴스의 주파수 특성]

③ **정전용량(C)만의 회로**

㉮ 정전용량(C)만의 작용

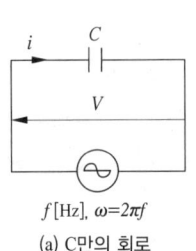

(a) C만의 회로

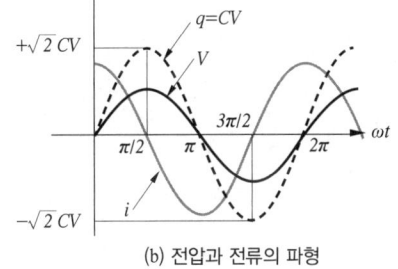

(b) 전압과 전류의 파형

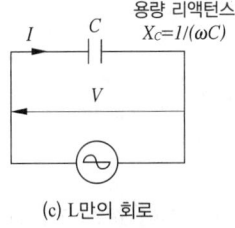

(c) L만의 회로

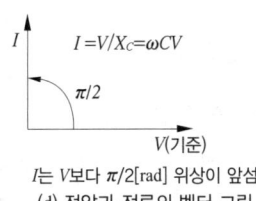

(d) 전압과 전류의 벡터 그림

[정전 용량 C만의 회로]

$$i = \sqrt{2}\,I\sin\omega t\,[A]$$

$$v = \sqrt{2}\,V\sin\left(\omega t + \frac{\pi}{2}\right) = \sqrt{2}\,\omega LI\sin\left(\omega t + \frac{\pi}{2}\right)[V]$$

※ 전압이 전류보다 위상이 π/2[rad] 만큼 빠르다.(지상)

㉯ 전압과 전류의 관계

- 유도 리액턴스 : $X_L = \omega L = 2\pi fL\,[\Omega]$

- $V = \omega L I_L$에서 $I_L = \dfrac{V}{\omega L} = \dfrac{V}{X_L}$

(5) 용량 리액턴스와 주파수의 관계

용량 리액턴스 Xc 는 정전 용량 C와 주파수 f에 반비례한다.

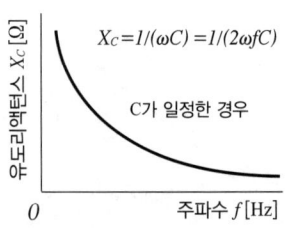

[용량 리액턴스의 주파수 특성]

(6) RLC회로의 계산

① RLC 직렬 회로

㉮ RLC 직렬회로와 벡터 그림

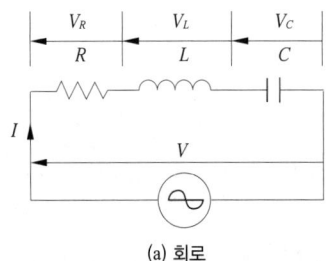
(a) 회로

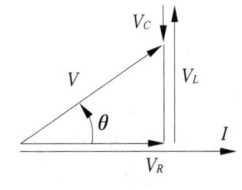
(b) $\omega L > 1/(\omega C)$ 경우의 벡터 그림

[RLC 직렬 회로와 벡터 그림]

- R, L, C 양단 전압

  - 전체 전압 : $\dot{V} = \dot{V_R} + \dot{V_L} + \dot{V_C}$
  - R 양단 전압 : $V_R = RI$, V_R은 전류 I와 동상
  - L 양단 전압 : $V_L = X_L I = \omega L I$, V_L은 전류 I보다 $\pi/2[rad]$만큼 앞선 위상
  - C 양단 전압 : $V_C = X_C I = \dfrac{1}{\omega C} I$, VC는 I보다 $\pi/2[rad]$만큼 뒤진 위상

- RLC 직렬회로의 관계 ($\omega L > \dfrac{1}{\omega C}$의 경우)

  - 전압 : $V = \sqrt{V_R^2 + (V_L - V_C)^2} = I\sqrt{R^2 + (X_L - X_C)^2}$ [V]
  - 전류 : $I = \dfrac{V}{\sqrt{R^2 + (X_L - X_C)^2}}$ [A]

- 위상차 : $\theta = \tan^{-1} \dfrac{X_L - X_C}{R} [rad]$

- 임피던스 : $Z = \sqrt{R^2 + \left(\omega L - \dfrac{1}{\omega C}\right)^2}$ [Ω]

㉯ 임피던스의 유도성과 용량성

- $\omega L > \dfrac{1}{\omega C}$ 일 때 : 전류는 전압에 비해 뒤진 위상(유도성)

- $\omega L < \dfrac{1}{\omega C}$ 일 때 : 전류는 전압에 비해 앞선 위상(용량성)

- $\omega L = \dfrac{1}{\omega C}$ 일 때 : 전류와 전압이 같은 위상(공진)

㉰ 직렬공진

- 공진 조건 : $\omega L = \dfrac{1}{\omega C}$
- 공진 임피던스 : $Z = R[\Omega]$
- 공진시 전류 : $I_0 = V/R\ [A]$
- 직렬공진일 때 임피던스 $Z=R$ 이 되어 임피던스는 최소, 전류는 최대
- 공진 주파수 : $f_0 = \dfrac{1}{2\pi\sqrt{LC}}[Hz]$
- 공진 곡선 : 공진회로에서 주파수에 대한 전류변화를 나타낸 곡선

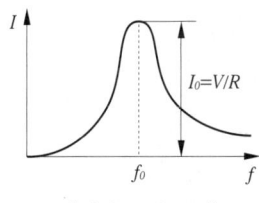

[직렬 공진 곡선]

- 선택도 : 회로에서 원하는 주파수와 원하지 않는 주파수를 분리하는 것

$Q = \dfrac{1}{R}\sqrt{\dfrac{L}{C}}$

② **RLC 병렬 회로**

㉮ RLC 병렬 회로와 벡터 그림

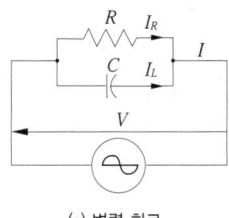

(a) 병렬 회로

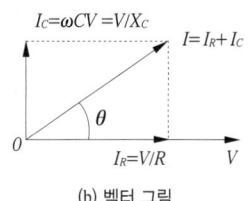

(b) 벡터 그림

[RC 병렬 회로와 벡터 그림]

- 전류 : $I = \sqrt{I_R^2 + I_C^2} = V\sqrt{\left(\dfrac{1}{R}\right)^2 + (\omega L)^2}\,[A]$

- 임피던스 : $Z = \dfrac{1}{\sqrt{\left(\dfrac{1}{R}\right)^2 + (\omega C)^2}}\,[\Omega]$

- 위상차 : $\theta = \tan^{-1}\omega CR\,[rad]$

㉯ 임피던스의 유도성과 용량성

- $\dfrac{1}{\omega L} < \omega C$ 일 때 : 전류는 전압에 비해 앞선 위상(용량성)

- $\dfrac{1}{\omega L} > \omega C$ 일 때 : 전류는 전압에 비해 뒤진 위상(유도성)

- $\dfrac{1}{\omega L} = \omega C$ 일 때 : 전류와 전압이 같은 위상(공진)

4. 자기장

(1) **직선 전류에 의한 자기장**

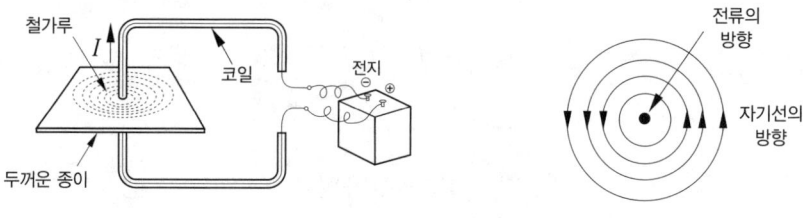

[전류와 자기장]

- **앙페르의 오른나사 법칙** : 자기력선의 방향은 오른나사를 전류가 흐르는 방향으로 돌려 박을 때, 나사가 돌아가는 방향과 일치한다.
  - ⊙ : 전류가 지면 밑에서 지면위로 나오는 방향을 표시
  - × : 전류가 지면 위에서 지면 아래로 들어가는 것을 표시

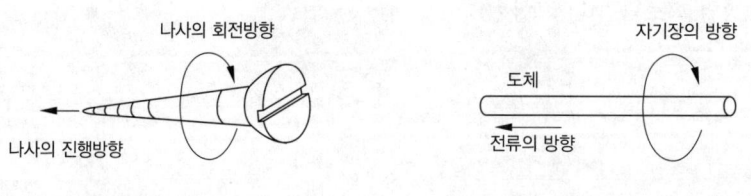

(a) 나사의 회전 방향과 진행 방향　　(b) 전류의 방향과 자기장의 방향

(2) **코일 전류에 의한 자기장**

직선 전류에 의한 자력선의 방향을 알아내는 오른 나사의 법칙이나 오른손 엄지손가락의 법칙에서 전류와 자력선의 관계를 바꾼 것과 같다.

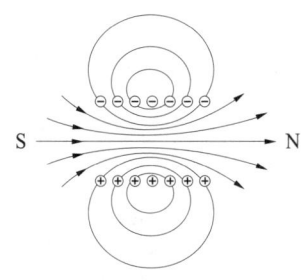

(3) 자기회로

① **기자력** : 자속을 발생시키는 원동력, $F = NI$ [AT]

② **자기저항** : 자기회로에서 전류의 흐름을 방해하는 것

$$R = \frac{l}{\mu A} = \frac{NI}{\phi} [\text{AT/Wb}]$$

(R : 자기저항, l : 길이[m], μ : 투자율[H/m], A : 단면적[m²], N : 감은횟수, I : 전류[A], ϕ : 자속[Wb])

(4) 전자력과 전자유도

① **플레밍의 왼손 법칙(전동기의 회전 원리)**

  ※엄지 손가락 : 힘의 방향
  ※집게 손가락 : 자장의 방향
  ※가운데 손가락 : 전류의 방향

  $F = BIl \sin\theta$ [N]

  (F : 힘, B : 자속밀도[Wb/AT], I : 전류[A], l : 길이[m], θ : 자장과의 각도)

  • 자기장의 방향과 전류의 방향이 직각이 아닐 경우 : 자기장을 전류와 직각인 방향과 전류와 같은 방향 성분으로 분해하여 직각 방향 성분과 전류 사이에 발생하는 힘을 취한다.

② **전자력의 크기**

  자속밀도 1[Wb/m²]인 평등 자기장 중에서 자기장과 직각 방향으로 1[A]의 전류가 흐르는 도체에는 도체 단위 길이 1[m]당 1[N]의 전자력 작용

  • B[Wb/m²]인 평등 자기장에서 자기장과 직각방향으로 길이 1[m]인 도체에 전류 I[A]가 흐를 때 발생되는 전자력은

  ※ $F = BIl$ [N]

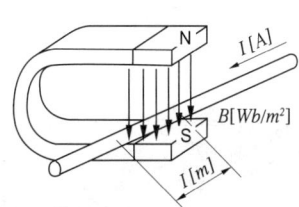

- 도체와 자기장이 직각이 아닌 경우
  자장에 대하여 θ의 각도로 놓인 도체에 작용하는 힘 F[N]은
  $F = BIl \sin\theta [N]$

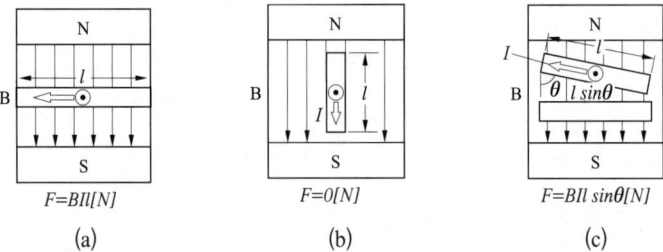

④ **평행 도체 사이에 작용하는 힘**
  ㉠ 힘의 방향
   • 2개의 도체에 동일한 방향의 전류가 흐르면 흡인력이 형성
   • 2개의 도체에 반대 방향의 전류가 흐르면 반발력이 형성

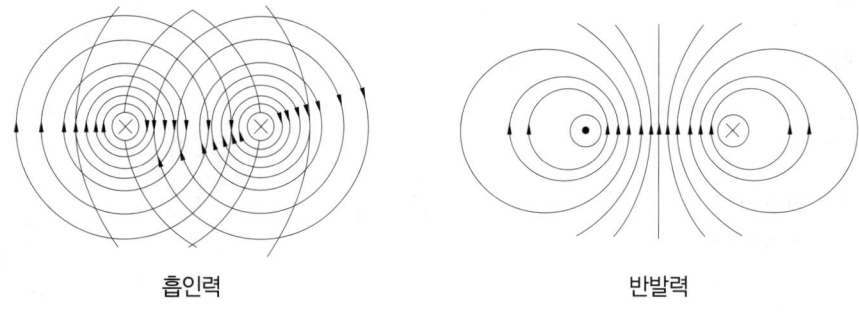

  ㉡ 힘의 크기
   전선 1[m]당 작용하는 힘 : $F = BI_2 l = 2 \times 10^{-7} \dfrac{I_1}{r} \times I_2 \times 1 = \dfrac{2I_1 I_2}{r} \times 10^{-7} [N]$

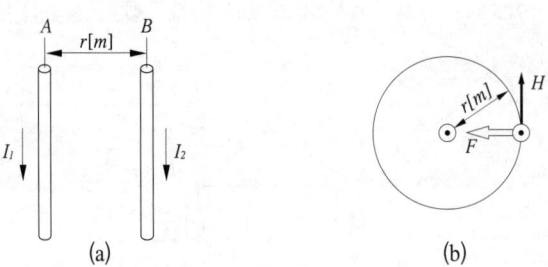

(5) 전자유도

① 자속의 변화에 의한 전자유도

코일 내부에 자석을 가까이했다 멀리했다 하면, 코일을 관통하는 자기력선속의 증감에 의하여 유도기전력이 발생하여 코일에 전류가 흐른다.

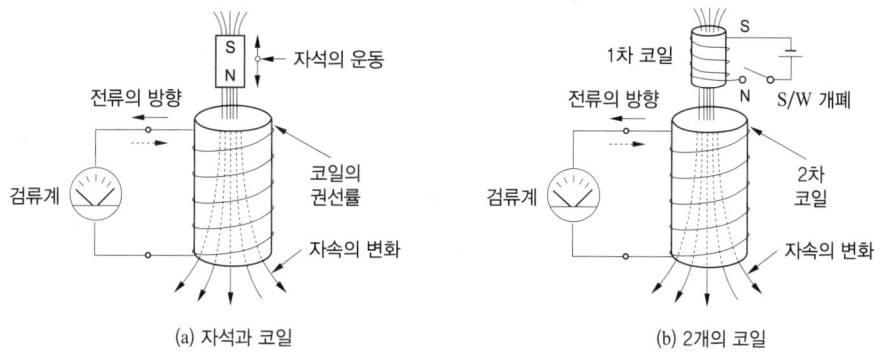

(a) 자석과 코일   (b) 2개의 코일

㉮ 전자유도
- 전자 유도 : 코일을 관통하는 자속을 변화시킬 때 기전력이 발생하는 현상
- 유도 기전력 : 전자 유도에 의해 발생된 기전력

㉯ 유도 기전력의 방향
- 렌츠의 법칙 : 자속변화에 의한 유도기전력의 방향 결정

  유도 기전력은 코일을 지나는 자속이 증가될 때에는 자속을 감소시키는 방향으로, 또 감소될 때에는 자속을 증가시키는 방향으로 발생한다.

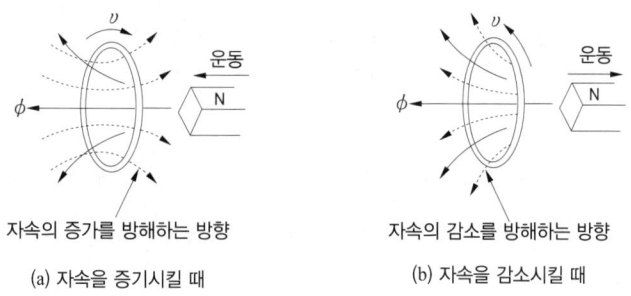

(a) 자속을 증가시킬 때   (b) 자속을 감소시킬 때

㉰ 유도 기전력의 크기
- 패러데이의 전자유도 법칙 : 자속 변화에 의한 유도기전력의 크기를 결정하는 법칙
- 유도 기전력의 크기 : $e = -N \dfrac{\Delta \phi}{\Delta t}$ [V]

  (e : 유도기전력[V], Δt : 시간의 변화량[s], N : 코일권수, $\Delta \phi$: 자속의 변화량[Wb]) 음(−)의 부호 : 유도 기전력이 발생하는 방향

② **도체의 운동에 의한 유도기전력**

㉮ 유도기전력의 방향

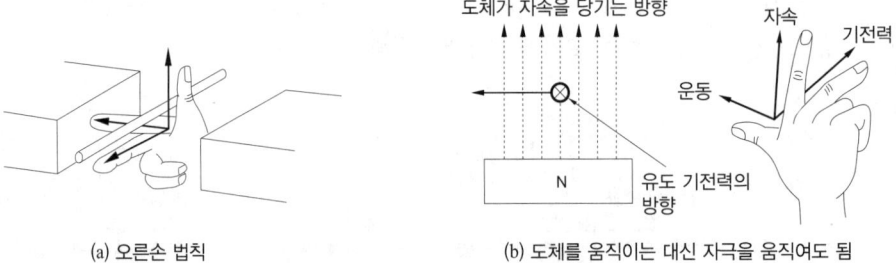

(a) 오른손 법칙   (b) 도체를 움직이는 대신 자극을 움직여도 됨

[플레밍의 오른손 법칙]

- 그림과 같이 도체를 자기력선속과 직각인 방향으로 움직이면 도체에는 유도기전력이 발생하여 흐르게 되고, 그 방향은 플레밍의 오른손 법칙에 따라 결정된다.
- 플레밍의 오른손 법칙 : 도체 운동에 의한 유도 기전력의 방향을 결정하는 법칙
  엄지-도체의 운동방향, 검지-자기장의 방향, 중지-유도기전력의 방향

㉯ 유도기전력의 크기

- 길이 1[m]인 도체가 자기력선속 밀도 $B[\text{Wb/m}^2]$의 자기장 속에서 $v[\text{m/s}]$의 속도로 직각으로 움직일 때 유도기전력은 $e = Blv[\text{V}]$
- 직각방향이 아니면 $e = Blv\sin\theta[\text{V}]$

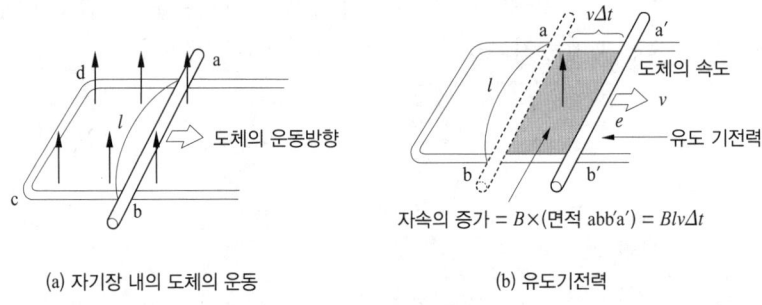

(a) 자기장 내의 도체의 운동   (b) 유도기전력

[회전운동에 의한 유도기전력]

(6) 인덕턴스

① **자체 인덕턴스** : 코일의 자체 유도 능력 정도를 나타내는 양. 기호는 L, 단위는 헨리[H]

㉮ 유도기전력의 표현 : $e = -\dfrac{N\Delta\phi}{\Delta t} = -L\dfrac{\Delta I}{\Delta t}[\text{V}]$

㉯ 자체 인덕턴스의 표현 : $L = \dfrac{N\phi}{I}[\text{H}]$

㉢ 환상 코일의 경우 자체인덕턴스(공심) : $L = \dfrac{N\phi}{I} = (4\pi \times 10^{-7})\dfrac{A}{l}N^2[\text{H}]$

㉣ 무한장 코일의 경우 자체인덕턴스(공심) : $L = \dfrac{N_0\phi}{I} = (4\pi \times 10^{-7})AN_0^2[\text{H}]$

㉤ 길이가 짧은 코일: 공심의 자체인덕턴스 : $L = k(4\pi \times 10^{-7})\dfrac{A}{l}N^2[\text{H}]$

② **상호 인덕턴스**

㉮ 상호 유도 : 한쪽 코일의 전류가 변화할 때 다른 쪽 코일에 유도기전력이 발생하는 현상

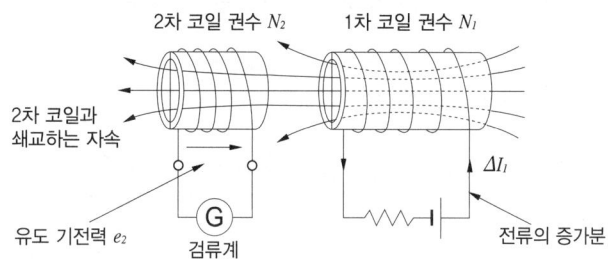

[상호 유도]

㉯ 상호 인덕턴스 : 1차 전류의 시간 변화량과 2차 유도 전압의 비례상수. 기호는 M, 단위는 헨리[H]

㉰ 2차 코일에 발생되는 유도기전력 : $e_2 = -M\dfrac{\Delta I_1}{\Delta t}[\text{V}]$

㉱ 자체 인덕턴스와 상호 인덕턴스와의 관계
- 누설 자속이 없는 경우 : $M = \sqrt{L_1 L_2}\,[\text{H}]$
- 누설 자속이 있는 경우 : $M = k\sqrt{L_1 L_2}\,[\text{H}]$ (k : 코일간의 결합계수)

③ **인덕턴스의 접속**

㉮ 전자 결합이 없는 경우 : $L = L_1 + L_2[\text{H}]$

㉯ 전자결합이 있는 경우
- 가동접속 : 1・2차 코일이 만드는 자속의 방향이 정방향이 되는 접속
  $L = L_1 + L_2 + 2M[\text{H}]$
- 차동접속 : 1・2차 코일이 만드는 자속의 방향이 역방향이 되는 접속
  $L = L_1 + L_2 - 2M[\text{H}]$

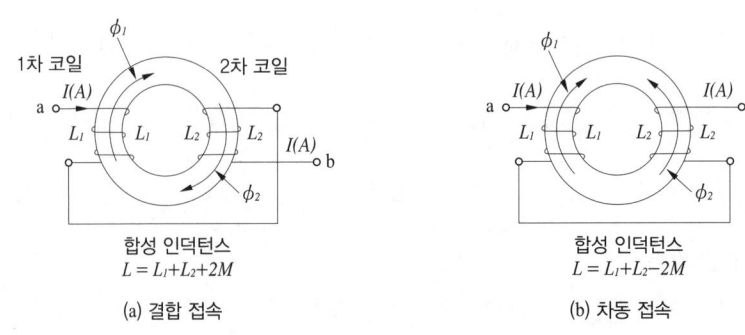

[인덕턴스의 접속]

④ **전자 에너지**

자체 인덕턴스에 축적되는 에너지

$$W = \frac{1}{2}LI^2 \text{(W : 축척에너지[J], } L \text{ : 자체 인덕턴스[H], } I \text{ : 전류[A])}$$

5. 전기보호기기

(1) 차단기

① **OCB(유입 차단기)** : 소호매질로 절연유를 사용하며 고압차단기로 사용된다.

② **VCB(진공 차단기)** : 진공상태에서 전로를 차단하며 현재 고압차단기로 가장 많이 사용되고 있다.

③ **GCB(가스 차단기)** : 소호매질로 SF6 가스를 사용하며 초고압차단기로 사용된다.

④ **ABB(공기 차단기)** : 소호매질이 압축공기이다.

⑤ **MBB(자기 차단기)** : 소호매질이 자기력이며, 고압차단기로 사용된다.

⑥ **ACB(기중 차단기)** : 공기로 소호되며 저압차단기로 많이 사용되고 있다.

⑦ **DS(단로기)** : 무부하시 회로 개폐 가능하며 차단기와 반드시 인터록기능이 있어야 된다.

(2) 절연저항

비교항목	시험 전압/직류(V)	절연 저항(MΩ)
SELV[a] 및 PELV[b] > 100 VA	250	≥ 0.5
≤ 500 FELV[c] 포함	500	≥ 1.0
> 500	1000	≥ 1.0

a SELV : 안전 초저압(Safety Extra Low Voltage)
b PELV : 보호 초저압(Protective Extra Low Voltage)
c FELV : 기능 초저압(Functional Extra Low Voltage)

2 승강기 구동 기계 기구 작동 및 원리

1. 직류전동기

(1) 구조

① **직류기의 3요소** : 계자, 전기자, 정류자

② **브러시(brush)** : 내부회로와 외부회로를 연결

③ **중권과 파권의 비교**

비교항목	중권(병렬권)	파권(직렬권)
병렬 회로수	극수 P와 같다.	항상 2
브러시 수	극수와 같다.	2개 또는 극수만큼
용도	저전압, 대전류용	소전류, 고전압용
균압고리	대용량에서 필요	불필요

(2) 특성

① **균압고리** : 브러시 불꽃 방지

② **전기자 반작용** : 전기자 권선의 전류로 인해 발생

㉮ 영향
- 주자속이 감소한다. → 토크 감소, 속도 증가
- 중성축이 이동한다. → 회전방향과 반대
- 정류자편과 브러시 사이에 불꽃이 발생한다. → 정류불량

③ **전기자 반작용 방지대책**

㉮ 브러시 위치를 전기적 중성점으로 이동시킨다.
㉯ 보극을 설치한다.
㉰ 보상 권선을 설치한다.

④ **양호한 정류를 얻는 조건**

㉮ 리액턴스 전압을 작게 한다.
㉯ 정류주기를 길게 한다.
㉰ 코일의 자기인덕턴스를 줄인다.(단절권)
㉱ 전압정류 - 보극 설치
㉲ 저항정류 - 탄소브러시 설치(접촉저항이 크기 때문에)

⑤ **리액턴스전압** : 작을수록 좋다.

$$e = -L\frac{di}{dt} \rightarrow e_L = L\frac{2I_c}{T_c}[V]$$

(3) 속도

$$N = K\frac{E}{\phi} = K\frac{V - I_a R_a}{\phi}[\text{rpm}]$$

(K : 상수, E : 역기전력, $\emptyset$: 자속, V : 단자전압, I_a : 전기자 전류, R_a : 전기자 저항)

(4) 종류

① **직권 전동기**
- ㉮ 힘이 세다.
- ㉯ 토크는 전류의 제곱에 비례한다.
- ㉰ 토크와 속도는 반비례한다.
- ㉱ 무부하운전이 금지된다.
- ㉲ 전동차, 권상기, 크레인 등에 사용된다.

② **분권 전동기**
- ㉮ 부하변동에 의한 속도변화가 거의 없어 정속도 전동기의 특징을 갖는다.
- ㉯ 토크는 전류에 비례한다.

(5) 토크

$$\tau = 9.55\frac{P}{N}[\text{N}\cdot\text{m}] = 0.975\frac{P}{N}[\text{kg}\cdot\text{m}]\ (\tau : \text{토크},\ P : \text{출력}[\text{W}],\ N : \text{회전수}[\text{rpm}])$$

(6) 효율

① $\eta = \dfrac{\text{출력}}{\text{입력}} \times 100[\%]$

② **전동기 규약 효율** : 전기적 에너지 기준

$$\eta_M = \frac{\text{입력} - \text{손실}}{\text{입력}} \times 100[\%]$$

(7) 속도제어

$$N = K'\frac{E_C}{\phi} = K'\frac{V - I_a R_a}{\phi}$$

(N : 회전속도[rpm], V : 단자전압[V], $\emptyset$: 자속[Wb], I_a : 전기자전류[A], R_a : 전기자저항[Ω])

속도제어방법	효율	특징
전압제어	좋다.	• 광범위한 속도제어가 가능하다. • 정토크제어가 가능하다. • 워드-레오나드 방식, 일그너 방식

계자제어	좋다.	• 세밀하고 안정된 속도제어가 가능하다. • 속도조정 범위가 좁다. • 정출력 구동방식이다.
저항제어	나쁘다.	• 속도조정 범위가 좁다. • 운전효율이 떨어지고 속도가 불안정하다.

2. 유도전동기

3상 유도전동기의 동작 원리는 회전자기장, 단상 유도전동기의 회전 원리는 교번자기장이다.

(1) 3상 유도전동기

① **동기속도** : $N_s = \dfrac{120f}{p}$[rpm] (f : 주파수[Hz], p : 극수)

② 슬립 s = $\dfrac{\text{동기속도} - \text{회전자속도}}{\text{동기속도}} = \dfrac{N_s - N}{N_s}$, 회전자 속도 : $N = (1-s)\dfrac{120f}{P}$

③ **권선형 유도전동기 2차 저항손** : $P_{C2} = sP_2$ (P_2 : 2차입력)

④ **농형유도전동기 기동법**

㉮ 전전압 기동법 : 5[kW] 이하

㉯ Y-△ 기동법

• 기동전류와 기동토크는 $\dfrac{1}{3}$ 감소되고, 기동전압은 $\dfrac{1}{\sqrt{3}}$로 감소된다.

• 5~15[kW]의 전동기에 사용

㉰ 리액터 기동법

㉱ 기동 보상기법 : 15[kW] 이상, 3상 단권 변압기(탭 변압기)

⑤ **권선형 유도전동기**

• 2차 저항 기동법 (기동 저항기법)

⑥ **유도전동기의 속도제어**

$N = (1-s)N_s = (1-s)\dfrac{120f}{p}$[rpm]

㉮ 농형전동기 : 극수변환법, 주파수제어법, 전압제어법

㉯ 권선형전동기 : 2차저항 제어법(슬립제어), 2차여자 제어법(슬립제어)

⑦ **유도전동기 이상현상**

㉮ 크로우닝 현상 : 전동기가 정격속도에 이르지 못하고 정격속도 이전의 낮은 속도에서 안정되어 버리는 현상(소음 발생)

㉯ 방지대책 : 사구(Skewed Slot) 채용

(2) 단상유도전동기

① **정역운전** : 주코일이나 보조코일의 극성을 바꾼다.
② **콘덴서 기동형 단상 유도 전동기** : 대용량의 전해 콘덴서를 보조권선과 직렬로 삽입한다.(역률개선)
③ **기동토크가 대 → 소 관계** : 반발기동형 → 반발유도형 → 콘덴서기동형 → 분상형 → 셰이딩코일형

Lesson 05 제어시스템

1 승강기 제어 시스템

1. 제어의 개념
어떤 동작을 하도록 만들어진 장치가 자동적으로 동작하도록 필요한 동작을 가하는 것을 말하며 개회로 제어계(open loop system)와 폐회로 제어계(closed loop system)가 있다.

2. 제어계의 요소 및 구성

(1) 피드백(feedback) 제어계의 구성

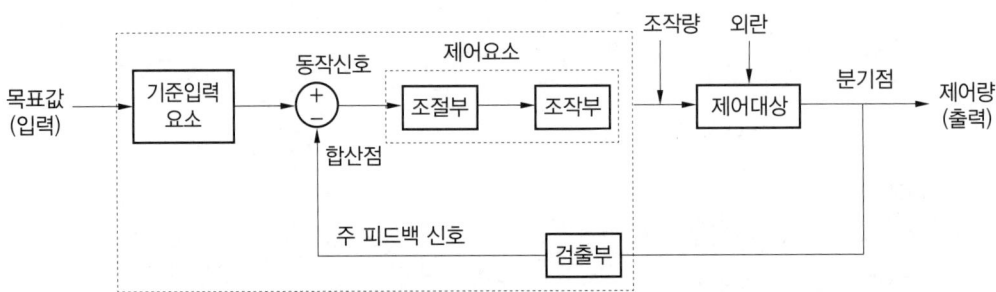

(2) 피드백 제어계의 용어 정의

① **목표값** : 입력값으로 피드백 요소에 속하지 않는 신호
② **기준입력요소(설정부)** : 목표값에 비례하는 기준 입력 신호를 발생 시키는 장치
③ **동작 신호** : 폐루프에 직접 가해지는 입력으로 기준 입력과 주 피드백 신호와의 차이로써, 제어 동작을 일으키는 신호로 편차라고도 한다.
④ **제어 요소** : 동작 신호를 조작량으로 변환하는 요소(조절부+조작부)
⑤ **조절부** : 제어 요소가 동작 하는데 필요한 신호를 만들어 조작부에 보내는 부분

⑥ **조작부** : 조절부로부터 받은 신호를 조작량으로 바꾸어 제어 대상에 보내 주는 부분
⑦ **조작량** : 제어 요소가 제어 대상에 가하는 제어 신호로써 제어 요소의 출력 신호, 제어 대상의 입력신호
⑧ **외란** : 제어량의 값을 교란시키려 하는 외부 신호
⑨ **제어 대상** : 제어 활동을 갖지 않는 출력 발생 장치로 제어계에서 직접 제어를 받는 장치
⑩ **검출부** : 제어량을 검출하고 입력과 출력을 비교하는 비교부가 반드시 필요
⑪ **제어량** : 제어를 받는 제어계의 출력, 제어 대상에 속하는 양

3. 자동제어의 분류

(1) 목표값의 성질에 의한 분류

① **정치 제어** : 목표값이 시간적으로 변화하지 않고 일정한 제어(프로세스 제어, 자동조정 제어)
② **추치 제어** : 목표값이 시간적으로 변화하는 경우의 제어
　㉮ 추종 제어 : 임의로 변화하는 제어로 서보기구가 이에 속한다.
　　대공포, 자동평형 계기, 추적 레이더
　㉯ 프로그램 제어 : 목표값의 변화가 미리 정해진 신호에 따라 동작
　　무인열차, 엘리베이터, 자판기 등
　㉰ 비율제어 : 시간에 따라 비례하여 변화(배터리 등)

(2) 전달함수 및 블록선도

① **전달함수** : 모든 초기값을 0으로 했을 경우 입력에 대한 출력의 비

$$G(s) = \frac{C(s)}{R(s)}$$

제어요소	전달함수	비고
비례요소	$G(s) = K$	K(이득상수)
적분요소	$G(s) = \dfrac{K}{s}$	
미분요소	$G(s) = Ks$	
1차 지연요소	$G(s) = \dfrac{K}{1 + Ks}$	
2차 지연요소	$G(s) = \dfrac{\omega_n^2}{s^2 + \delta\omega_n s + \omega_n^2}$	

② 블록선도

㉮ 정의식 $G(s) = \dfrac{경로}{1 - 폐로}$

㉯ 경로 : 입력에서 출력으로 가는 도중에 있는 각 소자의 곱

㉰ 폐로 : 입력으로 되돌아 오는 도중에 있는 각 소자의 곱

(3) 자동제어계의 과도 응답

① **오버슈트** : 과도상태중 계단입력을 초과하여 나타나는 출력의 최대 편차량

$$백분율\ 오버\ 슈트 = \dfrac{최대\ 오버\ 슈트}{최종\ 목표값} \times 100[\%]$$

② **지연시간(시간늦음)** : 정상값의 50% 에 도달하는 시간

③ **상승시간** : 정상값의 10~90%에 도달하는 시간

④ **정정시간** : 응답의 최종값의 허용 범위가 5~10% 내에 안정되기 까지 요하는 시간

⑤ 감쇠비 $= \dfrac{제2\ 오버\ 슈트}{최대\ 오버\ 슈트}$

⑥ 과도현상은 시정수가 클수록 오래 지속된다.

1 제어시스템의 원리

1. 시퀀스제어

(1) 유접점 논리계

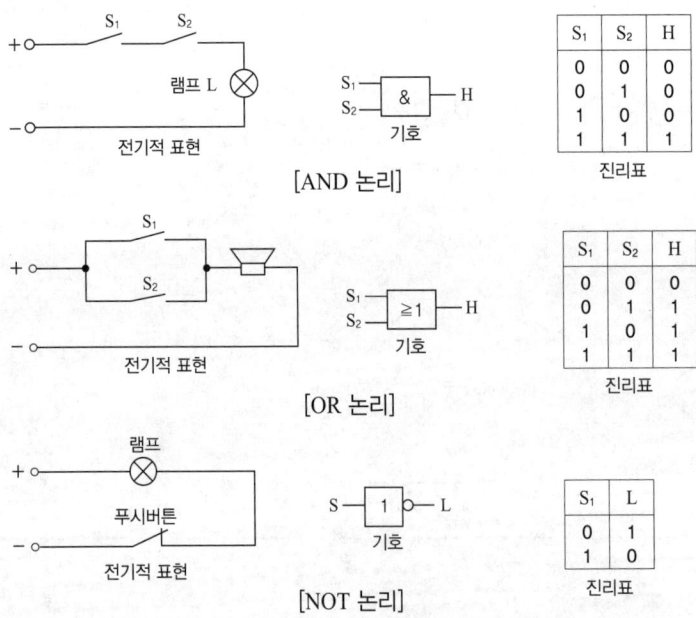

(2) **무접점 논리계** : 반도체를 사용한 논리소자를 이용하는 방식

- NOT 논리, 논리식 : $X = \overline{Y}$
- AND 논리, 논리식 : $A \cdot B$
- OR 논리, 논리식 : $A + B$

(3) **드모르간의 정리**

① 변수에 부정을 취한다.
② AND는 OR로, OR은 AND로 바꾼다.
③ 0은 1로, 1은 0으로 바꾼다.

예 $\overline{(A + B + C)} = \overline{A} \cdot \overline{B} \cdot \overline{C}$, $\overline{(A \cdot B \cdot C)} = \overline{A} + \overline{B} + \overline{C}$

(4) **스위치와 계전기의 심벌**

항목		a접점		b접점	
		횡서	종서	횡서	종서
수동 조작 접점	수동 복귀				
수동 조작 접점	자동 복귀				
릴레이 접점	수동 복귀				
	자동 복귀				
타이머 접점	한시 동작				
	한시 복귀				
기계적 접점					

(5) 자기유지회로(SET 우선회로, RESET 우선회로)

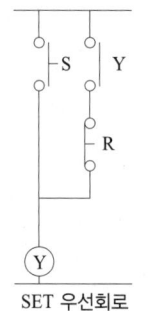
SET 우선회로

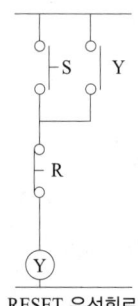
RESET 우선회로

(6) 인터록회로(동시투입 방지기능)

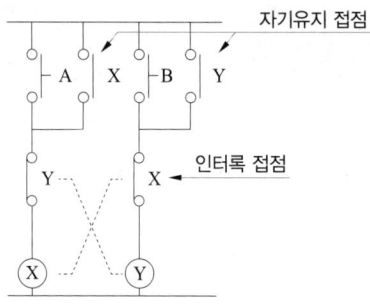

2. 반도체소자

(1) 반도체

반도체 종류로는 진성 반도체, 불순물 반도체가 있다.

불순물 반도체(extrinsic semiconductor) : 진성 반도체의 단 결정에 미량의 불순물을 혼합한 반도체. 진성 반도체보다 도전성이 높다. (n형, p형 반도체)

① **n형 반도체**
   ㉮ 진성 반도체에 원자가(가전자)가 5가 원소인 도너 불순물을 넣은 반도체
   ㉯ 도너(donor) : 과잉 전자를 만드는 불순물
   ㉰ 도너 불순물 : N(질소), P(인), As(비소), Sb(안티몬), Bi(비스므트)등 5족 원소
   ㉱ n형 반도체의 다수 캐리어는 전자이고 소수 캐리어는 정공이다.

② **p형 반도체**
   ㉮ 진성 반도체에 원자가(가전자)가 3가 원소인 억셉터 불순물을 넣은 반도체
   ㉯ 억셉터(acceptor) : 정공을 만들기 위한 불순물
   ㉰ 억셉터 불순물 : B(붕소), Al(알루미늄), Ga(갈륨), In(인듐), Tl(탈륨)등 3족 원소
   ㉱ p형 반도체의 다수 캐리어는 정공이고, 소수캐리어는 전자이다.

(2) 반도체 소자

① **다이오드** : 순방향으로 전압이 걸릴 경우 전류가 흐르며 역방향일 경우에는 흐르지 않는다.

㉮ 순방향 : 애노드(+), 캐소드(−)
㉯ 역방향 : 애노드(−), 캐소드(+)

② **LED** : 순방향으로 전압이 걸리면 빛을 발산한다.

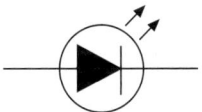

③ **제너다이오드** : 정전압 다이오드

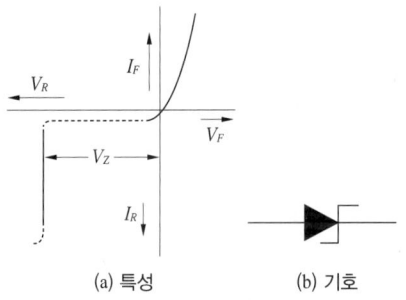

　　　　(a) 특성　　　　(b) 기호

[정전압 다이오드]

④ **트랜지스터** : 직류 스위칭 소자

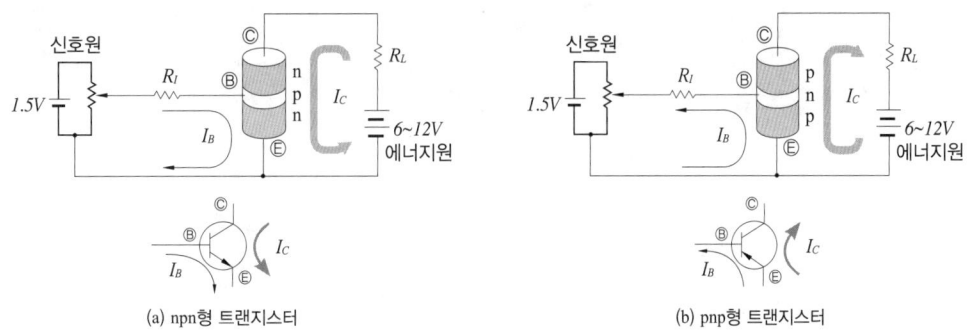

　(a) npn형 트랜지스터　　　　(b) pnp형 트랜지스터

[npn · pnp형 트랜지스터의 구조와 전류방향]

⑤ SCR
　㉮ 용도 : 대전류, 고전압 교류 스위칭 소자
　㉯ 게이트에 일정한 전류값 이상이 되었을 경우 양극과 음극간이 턴온한다. 턴오프하기 위해서는 양극과 음극간의 전류가 유지전류로 되어야 한다.
　㉰ 교류(+) 반주기만 제어가 가능하다.(단방향 소자)

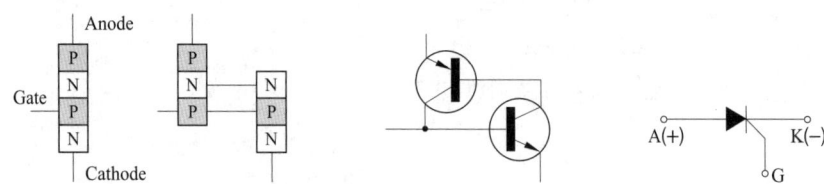

⑥ 다이액(양방향 소자) : 게이트 트리거 다이오드

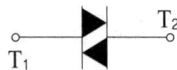

⑦ 트라이액(양방향 제어소자)

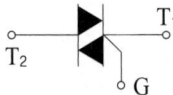

PART 02

필기 기출문제

2012년 2회 필기 기출문제

01 승객이나 운전자의 마음을 편하게 해주고 주위의 분위기를 부드럽게 하기 위하여 설치하는 장치는?

① 통신장치
② 관제운전장치
③ 구출운전장치
④ BGM장치

> BGM : 배경음악(Back Ground Music)의 약어

02 에스컬레이터의 구동장치가 아닌 것은?

① 구동기
② 스텝체인 구동장치
③ 핸드레일 구동장치
④ 구동체인 안전장치

> 구동체인 안전장치는 구동체인이 절단된 경우, 상승중이더라도 승객의 하중에 의해 하강운전을 일으켜 안전사고가 발생할 우려가 있기 때문에 디딤판을 정지시키는 안전장치이다.

03 카가 정지하고 있지 않는 층의 문이 열리지 않도록 하고, 각 층의 문이 닫혀있지 않으면 운전을 불가능하게 하는 장치는?

① 도어 인터록
② 도어 세이프티
③ 도어 오픈
④ 도어 클로저

> 도어인터록 : 카가 정지하고 있지 않는 층에서는 전용열쇠를 사용하지 않으면 열리지 않도록 하는 장치

04 중앙 개폐방식 승강장 도어를 나타내는 기호는?

① 2S
② UP
③ CO
④ SO

> 승강장 도어
>
> | 기호 | 설명 |
> |---|---|
> | S | 가로열기식(측면개폐) |
> | CO | 중앙열기식(중앙개폐) |
> | UP | 상하열기식(상승개폐) |

05 권상하중 1000[kg], 권상속도 60[m/min]의 엘리베이터용 전동기의 최소 용량은 몇 [kW]인가?(단, 권상장치의 효율은 70%, 오버밸런스율은 50%이다.)

① 5.5
② 7
③ 9.5
④ 11

> $P = \dfrac{LVS}{6120\eta} = \dfrac{1000 \times 60 \times 0.5}{6120 \times 0.7} \fallingdotseq 7[kW]$

06 승강로 출입구에 접한 승강 로비에 대한 설명으로 올바른 것은?

① 승강 로비는 엘리베이터 전용으로 하여야 한다.
② 당해 부분의 벽이 실내에 접하는 부분의 마감은 난연재료로 하여야 한다.
③ 당해 부분의 천장이 실내에 접하는 부분의 마감은 난연재료로 하여야 한다.
④ 로비 하부는 준불연재료로 하여야 한다.

> 벽 또는 울 및 출입문은 불연 재료 또는 내화 구조로 만들어야 한다.

07 가장 먼저 등록된 부름에만 응답하고 그 운전이 완료될 때까지는 다른 부름에는 응답하지 않는 방식으로 주로 화물용으로 사용되는 운전방식은?

① 단식 자동식
② 하강승합 전자동식
③ 군 승합 전자동식
④ 양방향 승합 전자동식

> 단식자동식 : 승강장 버튼은 오름·내림 공용방식이며, 먼저 눌러진 호출에 응답하고, 운행중 다른 호출에는 응하지 않는 방식

08 엘리베이터 기계실에서 고정된 사다리 또는 보호난간이 있는 계단이나 발판이 있어야 하는 경우는 바닥에 몇 m 를 초과하는 단차가 있는 경우인가?

① 0.3m
② 0.5m
③ 0.8m
④ 1.0m

> 기계실 바닥에 0.5m를 초과하는 단차가 있는 경우, 고정된 사다리 또는 보호난간이 있는 계단이나 발판이 있어야 한다.

09 엘리베이터용 로프의 특성으로 옳은 것은?

① 강도가 크고 유연성이 적어야 한다.
② 강도가 크고 유연성이 풍부하여야 한다.
③ 강도와 유연성이 적어야 한다.
④ 강도가 적고 유연성이 풍부하여야 한다.

> 엘리베이터용 로프의 특성
> • 강도가 높을 것
> • 소선의 파단이 균등할 것
> • 유연성이 클 것
> • 탄소량을 적게 하여 내마모성을 클 것

10 전기식 엘리베이터에서 카문의 문턱과 승강장문의 문턱 사이의 수평 거리는 몇 mm 이하여야 하는가?

① 10
② 25
③ 35
④ 40

> • 카문의 문턱과 승강장문의 문턱 사이의 수평 거리는 35mm 이하이어야 한다.
> • 승강장문과 카문 전체가 정상 작동하는 동안, 카문의 앞 부분과 승강장문 사이의 수평 거리는 0.12m 이하이어야 한다.

11 간접식 유압엘리베이터의 특징이 아닌 것은?

① 기계실의 위치가 자유롭다.
② 주로 저속 승강기에 사용된다.
③ 승강행정이 짧은 승강기에 사용된다.
④ 추락방지안전장치(비상정지장치)가 필요없다.

> 간접식 유압엘리베이터의 특징
> • 1:2, 1:4, 2:4 로핑방식이 있다.
> • 로프의 이완현상과 유체의 압축성으로 인한 바닥 침하가 발생한다.
> • 보호관이 없으므로 실린더의 점검이 쉽다.
> • 추락방지안전장치가 반드시 필요하다.

12 과속조절기와 추락방지안전장치에 관한 설명으로 틀린 것은?

① 추락방지안전장치의 작동을 위한 과속조절기는 정격속도의 115% 이상의 속도에서 작동되어야 한다.
② 과속조절기에는 추락방지안전장치의 작동과 일치하는 회전 방향 표시가 있어야 한다.
③ 정격속도가 1m/s를 초과한 경우, 균형추 또는 평형추의 추락방지안전장치는 즉시 작동형이어야 한다.
④ 추락방지안전장치가 조정이 가능할 경우, 최종 설정은 재조정할 수 없도록 봉인(표시)되어야 한다.

> 정격속도가 1m/s를 초과한 경우, 균형추 또는 평형추의 추락방지안전장치는 점차 작동형이어야 한다. 다만, 정격속도가 1m/s 이하인 경우에는 즉시 작동형일 수 있다.

13 다음 중 ( )안에 들어갈 내용으로 알맞은 것은?

"카가 유압완충기에 충돌했을 때 플런저가 하강하고 이에 따라 실린더내의 기름이 좁은 (   )을 (를) 통과하면서 생기는 유체저항에 의해 완충작용을 하게 된다."

① 오리피스 틈새
② 실린더
③ 오일게이지
④ 플런저

> 유압완충기
> • 자동차의 충격 흡수장치와 같은 원리로 오리피스에서 기름의 유출량을 점진적으로 감소시켜서 충격을 흡수하는 구조이다.
> • 카 또는 균형추가 유압완충기에 충돌했을 때의 완충작용은 플런저의 하강에 따라 실린더 내의 기름이 좁은 오리피스를 통과할 때에 생기는 유체저항에 의하여 주어진다.

14 가변전압 가변주파수(VVVF)제어에 대한 설명으로 틀린 것은?

① 교류 엘리베이터 속도제어의 방법이다.
② 전동기는 교류 유도 전동기를 사용한다.
③ 인버터제어이다.
④ 직류 엘리베이터 속도제어 방법이다.

🔍 교류 엘리베이터 속도제어법 : 교류1단 속도제어, 교류2단 속도제어, 교류 귀환속도제어, VVVF(인버터제어)

15 균형추의 중량을 결정하는 계산식은?(단, 여기서 L은 정격하중, F는 오버밸런스율이다.)

① 균형추의 중량 = 카 자체하중×(L·F)
② 균형추의 중량 = 카 자체하중+(L+F)
③ 균형추의 중량 = 카 자체하중+(L−F)
④ 균형추의 중량 = 카 자체하중+(L·F)

16 점차 작동형 추락방지안전장치(비상정지장치)에 대한 설명으로 옳지 않은 것은?

① 레일을 죄는 힘이 동작시부터 정지시까지 일정한 것이 F.G.C형이다.
② 레일을 죄는 힘이 처음에는 약하고 하강함에 따라 강하다가 얼마 후 일정값에 도달하는 것이 F.W.C형이다.
③ 구조가 간단하고 복구가 용이하기 때문에 대부분 F.W.C형을 사용한다.
④ 점차 작동형은 정격속도가 60m/min이상인 엘리베이터에 주로 사용한다.

🔍 **추락방지안전장치 그래프**

점차작동형(순차정지식)		즉시작동형(순간정지식)
F.G.C형	F.W.C형	

F.W.C형은 구조가 복잡하여 거의 사용되지 않으며, F.G.C형을 주로 사용한다.

17 소방구조용(비상용) 엘리베이터 구조로 옳지 않은 것은?

① 엘리베이터의 운행속도는 1m/s 이상 이어야 한다.
② 카는 비상운전시 반드시 모든 승강장의 출입구마다 정지할 수 있어야 한다.
③ 정전시 예비전원에 의해 2시간 이상 가동할 수 있어야 한다.
④ 90초 이내에 엘리베이터 운행에 필요한 전력을 공급하여야 한다.

🔍 **소방구조용 엘리베이터**
- 정전시에는 보조 전원공급장치에 의하여 60초 이내에 엘리베이터 운행에 필요한 전력용량을 자동으로 발생시키도록 하되 수동으로 전원을 작동시킬 수 있어야 하며, 2시간 이상 운행시킬 수 있어야 한다.
- 화재 발생 시 소방관의 직접적인 조작 아래에서 사용되며, 소방 운전 시 모든 승강장의 출입구마다 정지할 수 있어야 한다.
- 크기는 630kg의 정격하중을 갖는 폭 1,100mm, 깊이 1,400mm 이상 이어야 하며, 출입구 유효 폭은 800mm 이상 이어야 한다.
- 소방관이 조작하여 엘리베이터 문이 닫힌 이후부터 60초 이내에 가장 먼 층에 도착하여야 된다. 다만, 운행속도는 1m/s(60m/min) 이상이어야 한다.

18 에스컬레이터에서 탑승객이 좌우로 떨어지지 않도록 설치한 측면 벽의 명칭에 해당하는 것은?

① 난간
② 스커트가드
③ 손잡이(핸드레일)
④ 데크보드

🔍 에스컬레이터에서 탑승객이 좌우로 떨어지지 않도록 설치한 측면 벽을 난간이라 한다.

19 동력으로 운전하는 기계에 작업자의 안전을 위하여 기계마다 설치하는 장치는?

① 수동스위치 장치
② 동력차단장치
③ 동력장치
④ 동력전달장치

🔍 산업안전보건기준에 관한 규칙 제88조에 따르면, 사업주는 동력으로 작동되는 기계에 스위치·클러치(clutch) 및 벨트 이동장치 등 동력차단장치를 설치하여야 한다.

20 승강기 운행관리자의 직무가 아닌 것은?

① 고장 및 수리에 관한 기록 유지
② 사고발생에 대비한 비상연락망의 작성 및 관리
③ 사고시의 사고 보고
④ 고장시의 긴급 수리

🔍 고장시의 수리는 운행관리자의 직무라 할 수 없다.

21 감전사고시 응급조치로 가장 옳은 것은?

① 인공호흡을 하면 안 된다.
② 호흡이 정상인 경우에만 인공호흡을 한다.
③ 호흡이 정지된 경우에는 인공호흡을 안 한다.
④ 호흡이 정지되어 있으면 인공호흡을 하는 것이 좋다.

🔍 감전에 의한 호흡 정지 후 단시간 내에 올바른 방법으로 인공호흡을 실시한다면 소생율은 95% 이상에 이른다.

22 에스컬레이터 이용자의 준수사항과 관련이 없는 것은?

① 옷이나 물건 등이 틈새에 끼이지 않도록 주의하여야 한다.
② 화물은 디딤판 위에 반드시 올려놓고 타야 한다.
③ 디딤판 가장자리에 표시된 황색 안전선 밖으로 발이 벗어나지 않도록 하여야 한다.
④ 손잡이(핸드레일)를 잡고 있어야 한다.

🔍 에스컬레이터(무빙워크 포함) 이용자 준수사항
 • 에스컬레이터 또는 무빙워크에서는 뛰지 않아야 한다.
 • 에스컬레이터 또는 경사형 무빙워크에서는 걷지 않아야 한다.
 • 디딤판의 노란 안전선 안에 탑승하여 에스컬레이터 또는 무빙워크를 이용해야 한다.
 • 에스컬레이터 또는 경사형 무빙워크를 이용할 때에는 손잡이를 잡고 이용해야 한다. 다만, 쇼핑카트를 실을 수 있도록 특수하게 제작된 경사형 무빙워크의 경우에는 쇼핑카트 손잡이를 잡고 이용해야 한다.
 • 쇼핑카트를 가지고 무빙워크를 이용하는 경우에는 출구에서 힘껏 쇼핑카트를 밀어주어야 한다.
 • 에스컬레이터 또는 무빙워크 손잡이 난간 밖으로 몸을 내밀지 않아야 한다.
 • 에스컬레이터 또는 무빙워크 손잡이 난간에 몸을 기대지 않아야 한다.
 • 에스컬레이터 또는 무빙워크가 운행하는 반대 방향으로 탑승하지 않아야 한다.
 • 유모차 또는 수레 등을 가지고 에스컬레이터 또는 무빙워크에 탑승하지 않아야 한다. 다만, 유모차 또는 수레 등을 실을 수 있도록 특수하게 제작된 에스컬레이터 또는 무빙워크의 경우에는 승강기 안전관리자 등 관리자의 안내에 따라 이용해야 한다.
 • 휠체어 또는 전동 스쿠터 등에 탑승한 사람은 에스컬레이터 또는 무빙워크를 이용하지 않아야 한다. 다만, 휠체어 또는 전동 스쿠터 등을 실을 수 있도록 특수하게 제작된 에스컬레이터 또는 무빙워크의 경우에는 승강기 안전관리자 등 관리자의 안내에 따라 이용할 수 있다.
 • 검사에 불합격 하였거나 운행이 정지된 에스컬레이터 또는 무빙워크의 경우에는 임의로 이용하지 않아야 한다.
 • 에스컬레이터 또는 무빙워크 비상정지 버튼을 임의로 누르지 않아야 한다.
 • 그 밖에 이물질을 버리거나 담배를 피우는 등 타인에 피해가 되는 행위를 하지 않아야 한다.

23 안전점검의 목적에 해당되지 않는 것은?

① 생산위주로 시설 가동
② 결함이나 불안전 조건의 제거
③ 기계·설비의 본래 성능 유지
④ 합리적인 생산관리

🔍 안전점검의 목적
 • 결함이나 불안전 조건 등을 제거
 • 기계설비의 본래 성능 유지
 • 합리적인 생산관리 및 사용자의 편의 도모

24 경고나 주의를 표시할 때 사용하는 색채로 가장 알맞은 것은?

① 파란색   ② 보라색
③ 노란색   ④ 녹색

🔍 안전·보건표지의 색채 및 용도

색채	용도	사용례
빨간색	금지	정지신호, 소화설비 및 그 장소, 유해행위의 금지
	경고	화학물질 취급장소에서의 유해·위험 경고
노란색	경고	화학물질 취급장소에서의 유해·위험 경고 이외의 위험 경고, 주의표지 또는 기계방호물
파란색	지시	특정 행위의 지시 및 사실의 고지
녹색	안내	비상구 및 피난소 사람 또는 차량의 통행표시
흰색	–	파란색 또는 녹색에 대한 보조색
검은색	–	문자 및 빨간색 또는 노란색에 대한 보조색

25 건설용 리프트의 주요 검사항목과 관련 없는 것은?

① 브레이크
② 클러치
③ 완충기
④ 와이어로프

🔍 건설용 리프트의 주요 검사 항목은 브레이크, 클러치, 와이어로프, 균형추이며, 안전장치로는 완충기, 추락방지안전장치(비상정지장치) 등이 있다.

26 사다리 작업의 안전 지침으로 적당하지 않은 것은?

① 상부와 하부가 움직이지 않도록 고정되어야 한다.
② 사다리를 다리처럼 사용해서는 안된다.
③ 부서지기 쉬운 벽돌 등을 받침대로 사용해서는 안 된다.
④ 사다리 상단은 걸쳐놓은 지점으로부터 120[cm] 이상 올라가야 한다.

🔍 사다리 상단은 걸쳐놓은 지점으로부터 60[cm] 이상 올라가야 한다.

27 산업재해 예방의 기본 원칙에 속하지 않은 것은?

① 원인 규명의 원칙
② 대책 선정의 원칙
③ 손실 우연의 원칙
④ 원인 연계의 원칙

🔍 재해예방의 4원칙 : 손실우연의 원칙, 원인계기의 원칙, 예방가능의 원칙, 대책선정의 원칙

28 재해원인 중 생리적인 원인은?

① 안전장치 사용의 미숙
② 안전장치의 고장
③ 작업자의 무지
④ 작업자의 피로

🔍 안전사고의 발생요인 중 안전장치 사용의 미숙은 교육적 원인, 안전장치의 고장은 물적 원인, 작업자의 무지는 정신적 원인이라 할 수 있다.

29 유압식 엘리베이터에 설치하여야 하는 안전장치에 관한 설명으로 옳지 않은 것은?

① 릴리프 밸브는 펌프와 체크밸브 사이의 회로에 연결되어야 한다.
② 동력이 차단되었을 때 유압잭 내의 기름의 역류에 의한 카의 하강을 제지하는 장치
③ 작동유의 온도를 65℃ 이상 80℃ 이하로 유지하기 위한 장치
④ 전동기의 공전을 방지하기 위한 장치

🔍 작동유 냉각장치를 설치하여 유온을 5℃ 이상 60℃ 이하로 유지해야 한다.

30 화재 등 재난 발생 시 거주자의 피난활동에 적합하게 제조·설치된 엘리베이터로서 평상시에는 승객용으로 사용하는 엘리베이터는?

① 피난용 엘리베이터
② 소방구조용 엘리베이터
③ 승객화물용 엘리베이터
④ 승객용 엘리베이터

🔍 • 소방구조용 엘리베이터 : 화재 등 비상시 소방관의 소화활동이나 구조활동에 적합하게 제조·설치된 엘리베이터(건축법에 따른 비상용승강기를 말한다)로서 평상시에는 승객용 엘리베이터로 사용하는 엘리베이터
• 피난용 엘리베이터 : 화재 등 재난 발생 시 거주자의 피난활동에 적합하게 제조·설치된 엘리베이터로서 평상시에는 승객용으로 사용하는 엘리베이터

31 유압식 엘리베이터에서 상승방향으로만 기름을 흐르게 하고 역방향으로는 흐르지 못하게 하는 밸브는?

① 안전밸브
② 체크밸브
③ 스톱밸브
④ 럽처밸브

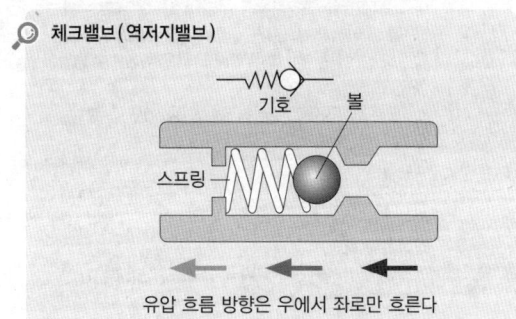

체크밸브(역저지밸브)
유압 흐름 방향은 우에서 좌로만 흐른다

액체의 역류를 방지하기 위해 한쪽방향으로만 흐르게 하는 밸브

32 유압 엘리베이터에 사용되고 있는 강제 송유식 펌프의 종류가 아닌 것은?

① 기어펌프   ② 베인펌프
③ 원심펌프   ④ 스크루펌프

🔍 유압엘리베이터에 사용되는 펌프의 종류로는 스크루 펌프(가장 많이 사용), 기어펌프, 베인펌프가 있다.

33 엘리베이터의 추락방지안전장치(비상정지장치)에 대한 설명 중 옳지 않은 것은?

① 순간식과 슬랙로프 세이프트식이 있다.
② 플랙시블 가이드 클램프형과 플랙시블 웨지 클램프형이 있다.
③ 추락방지안전장치의 정지거리는 제한이 있다.
④ 유압식 엘리베이터의 경우는 추락방지안전장치가 필요하지 않다.

🔍 간접 유압식 엘리베이터는 램이나 실린더가 매다는 장치(로프, 벨트 또는 체인 등)에 의해 카 또는 카 슬링에 연결된 유압식 엘리베이터로 추락방지안전장치가 필요하다.

34 엘리베이터의 전동기에 대한 설명으로 옳지 않은 것은?

① 기동토크가 작을 것
② 기동전류가 작을 것
③ 회전부분의 관성 모멘트가 적을 것
④ 잦은 기동빈도에 대해 열적으로 견딜 것

🔍 엘리베이터의 전동기 구비조건
- 기동토크가 클 것
- 기동전류가 작을 것
- 잦은 기동빈도에 대해 열적으로 견뎌낼 것
- 회전부분의 관성 모멘트가 적을 것

35 에스컬레이터의 높이가 6m 이하이고 공칭속도가 0.5m/s 이하인 경우 경사도는 몇 도(°)까지 증가시킬 수 있는가?

① 35°   ② 40°
③ 45°   ④ 50°

🔍 에스컬레이터의 경사도 α는 30°를 초과하지 않아야 한다. 다만, 높이가 6m 이하이고 공칭속도가 0.5m/s 이하인 경우에는 경사도를 35°까지 증가시킬 수 있다.

36 유압 엘리베이터 제어반에서 할 수 없는 것은?

① 작동시의 유압 측정
② 전동기의 전류 측정
③ 절연저항의 측정
④ 과전류계전기의 작동

🔍 작동시의 유압측정은 유압 파워 유니트에서 측정한다.

37 피트 아래를 사무실이나 통로 등 사람이 출입하는 장소로 이용하는 경우에 균형추측에 설치하는 장치는?

① 완충기
② 2중 슬라브
③ 과속스위치
④ 추락방지안전장치(비상정지장치)

🔍 추락방지안전장치의 설치
- 전기식(로프식) 엘리베이터 또는 간접식 유압 엘리베이터에서는 카(car) 측에 설치해야 한다.
- 승강로 하부에 접근할 수 있는 공간 즉, 피트 바닥 직하부에 사람이 상주하는 공간 또는 상시 출입하는 통로나 공간이 있는 경우 균형추 또는 평형추에 추락방지안전장치가 설치되어야 한다.

38 무빙워크의 경사도는 몇 ° 이하여야 하는가?

① 8° 이하   ② 12° 이하
③ 15° 이하   ④ 18° 이하

🔍 무빙워크의 경사도는 12° 이하이어야 한다.

39 에스컬레이터의 자체점검기준에 따른 추락방지수단 점검내용이 아닌 것은?

① 기어오름 방지장치 설치상태
② 미끄럼 방지장치 설치상태
③ 접근금지 장치 설치상태
④ 주행안내 시스템의 설치상태

> **추락방지수단 점검내용**
> - 기어오름 방지장치 설치상태(육안, 1/1)
> - 접근금지 장치 설치상태(육안, 1/1)
> - 미끄럼 방지장치 설치상태(육안, 1/1)

40 카 위에서 카를 조금씩 움직이면서 점검하는 주 로프의 점검항목이 아닌 것은?

① 회전상태
② 장력상태
③ 파단상태
④ 부식 및 마모상태

> 주로프와 과속조절기(조속기) 로프는 카 위에서 카를 조금씩 승강하면서 검사한다. 점검항목은 고정부위 조임상태 및 풀림 방지 분할핀 설치유무, 주로프의 장력, 소선의 파단상태, 부식 및 변동 상태이다.

41 엘리베이터 기계실에는 작업공간의 바닥 면에서 몇 lx 이상을 밝히는 영구적으로 설치된 전기조명이 있어야 하는가?

① 300lx
② 200lx
③ 100lx
④ 50lx

> **기계실 조명 및 콘센트**
> - 기계실·기계류 공간 및 풀리실에는 작업공간의 바닥 면에서 200lx 이상을 밝히는 영구적으로 설치된 전기조명이 있어야 하며, 전원공급은 구동기에 공급되는 전원과는 독립적이어야 한다.
> - 출입문의 가까운 곳에 적절한 높이로 설치되어 승강기 안전 관리 기술자 등 관련 자격을 갖춘 사람만이 접근할 수 있는 조명스위치가 있어야 한다.
> - 작업구역마다 적절한 위치에 설치된 1개 이상의 콘센트가 있어야 한다.

42 주행안내(가이드) 레일 보수 점검 항목에 해당되지 않는 것은?

① 이음판의 취부 볼트, 너트의 이완 상태
② 로프와 클립체결 상태
③ 주행안내 레일의 급유상태
④ 브래킷 용접부의 균열 상태

> 로프와 클립체결 상태는 로프의 보수 점검 항목이다.

43 과속조절기 로프 인장 풀리의 피치 직경과 과속조절기 로프의 공칭 지름의 비는 얼마 이상이어야 하는가?

① 25
② 30
③ 35
④ 40

> 과속조절기 로프의 최소 파단하중은 8 이상의 안전율을 확보해야 하며, 과속조절기 로프 인장 풀리의 피치 직경과 과속조절기 로프의 공칭 지름의 비는 30 이상이어야 한다.

44 에스컬레이터의 손잡이(핸드레일)는 정상운행 중 운행방향의 반대편에서 몇 N 정도의 힘으로 당겨도 정지하지 않아야 하는가?

① 250
② 350
③ 450
④ 550

> **에스컬레이터 손잡이(핸드레일) 시스템**
> - 각 난간의 상부에는 정상운행 조건하에서 디딤판의 속도와 −0%에서 +2%의 허용오차로 같은 방향과 속도로 움직이는 손잡이가 설치되어야 한다.
> - 손잡이는 정상운행 중 운행방향의 반대편에서 450N의 힘으로 당겨도 정지되지 않아야 한다.
> - 손잡이의 속도감시장치 또는 기능이 제공되어야 한다.

45 변형 및 강도를 고려시 와이어로프의 절단방법으로 가장 알맞은 것은?

① 산소절단기로 절단한다.
② 전기용접기로 절단한다.
③ 그라인더로 절단한다.
④ 쇠톱이나 와이어 커터로 절단한다.

> 와이어로프에 가해지는 높은 열로 인해 재질이 변화되어 강도가 저하될 우려가 있기 때문에 쇠톱이나 와이어 커터로 절단해야 한다.

46 에스컬레이터에서 콤이 홈에 맞물리는 깊이에 대한 설명으로 옳은 것은?

① 트레드 홈에 맞물리는 콤 깊이는 3mm 이상이어야 한다.
② 트레드 홈에 맞물리는 콤 깊이는 4mm 이상이어야 한다.
③ 트레드 홈에 맞물리는 콤 깊이는 5mm 이상이어야 한다.

④ 트레드 홈에 맞물리는 콤 깊이는 6mm 이상이어야 한다.

> 콤(comb, 홈에 맞물리는 각 승강장의 갈라진 부분)이 홈에 맞물리는 깊이
> • 트레드 홈에 맞물리는 콤 깊이는 4mm 이상이어야 한다.
> • 틈새는 4mm 이하이어야 한다.

47 절연저항계로 측정할 수 없는 것은?

① 선로와 대지간의 절연측정
② 선간절연의 측정
③ 도통시험
④ 주파수 측정

> 절연저항계(메거)로는 주파수를 측정할 수 없다. 주파수는 오실로스코프 및 주파수계 등으로 측정해야 한다.

48 전압 220[V], 전류 20[A], 역률 0.6인 3상 회로의 전력은 약 몇 [kW]인가?

① 4.6   ② 4.8
③ 5.0   ④ 5.2

> $P = \sqrt{3} VI \cos\theta$
> $= \sqrt{3} \times 220 \times 20 \times 0.6 ≒ 4572[W] ≒ 4.6[kW]$

49 진공 중에서 m[Wb]의 자극으로부터 나오는 총 자력선의 수는 어떻게 표현되는가?

① $\dfrac{m}{4\pi\mu_0}$ ② $\dfrac{m}{\mu_0}$
③ $\mu_0 m$ ④ $\mu_0 m^2$

> 진공 중에서 자력선수는 $\dfrac{m}{\mu_0}$ 개다.

50 전류의 열작용과 관계있는 법칙은?

① 옴의 법칙
② 줄의 법칙
③ 플레밍의 오른손 법칙
④ 키르히호프의 법칙

> • 줄의 법칙 : $H = 0.24 I^2 Rt$[cal] 전류로 인한 열작용
> • 옴의 법칙 : 전류는 저항에 반비례하고 전압에 비례한다

51 교류 용접기가 갖추어야 할 조건이 아닌 것은?

① 박막 용접이 잘 될 것
② 구조와 취급이 간단할 것
③ 무부하 전압이 최대한으로 높을 것
④ 아크 용접이 조용하고 쉬울 것

> 교류 용접기는 수하특성(부하전류가 올라가면 단자전압이 낮아지는 특성)으로 무부하시 전압이 전부하시 전압보다 높다. 따라서, 감전위험방지를 위해 무부하시 전압을 제한해야 한다.

52 정속도 전동기에 속하는 것은?

① 타여자 전동기
② 직권 전동기
③ 분권 전동기
④ 가동복권 전동기

> 분권전동기는 계자극 권선과 전기자 권선이 병렬로 연결된 직류전동기로 부하변동에 따른 속도변화가 적다.(정속도 특성)

53 전기에서 많이 사용되는 옴의 법칙은?

① $I = \dfrac{V}{R}$
② $V = IR$
③ $V = I^2 R$
④ $V = RV$

> 옴의 법칙 : 전류는 저항에 반비례하고 전압에 비례한다

54 검출 스위치에 해당되는 것은?

① 누름 버튼 스위치
② 리밋 스위치
③ 유지형 스위치
④ 가동복권 전동기

> ①항과 ③항은 조작 스위치에 해당된다.

55 그림과 같은 논리회로의 논리식은?

① $\overline{A+B+C}$ ② $A+B+C$
③ $A \cdot B \cdot C$ ④ $\overline{A \cdot B \cdot C}$

56 직류발전기의 주요 3요소는?

① 계자, 전기가, 정류자
② 계자, 전기자, 브러시
③ 정류자, 계자, 브러시
④ 보극, 보상권선, 전기자권선

• 직류기의 3요소는 계자, 전기자, 정류자이다.

57 다음 회로에서 A, B간의 합성용량은 몇 $[\mu F]$인가?

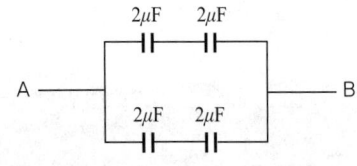

① 2 ② 4
③ 8 ④ 16

• $2\mu F$ 콘덴서 직렬연결시
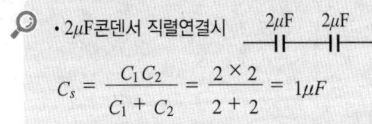
$C_s = \dfrac{C_1 C_2}{C_1 + C_2} = \dfrac{2 \times 2}{2 + 2} = 1\mu F$

• $1\mu F$ 콘덴서 병렬연결시
$C_p = 1 + 1 = 2\mu F$

58 제어계에 사용하는 비 접촉식 입력요소로만 짝지어진 것은?

① 누름 버튼 스위치, 광전 스위치
② 근접 스위치, 리밋 스위치
③ 리밋 스위치, 광전 스위치
④ 근접 스위치, 광전 스위치

• 접촉식 입력요소 : 누름버튼 스위치, 셀렉터 스위치, 리밋 스위치
• 비접촉식 입력요소 : 광전스위치, 근접스위치, 유도형 센서, 용량형 센서

59 재료를 축 방향으로 눌러 수축하도록 작용하는 하중은?

① 연장하중 ② 압축하중
③ 전단하중 ④ 휨하중

• 하중의 종류
• 인장하중(Tensile Load) : 재료의 축방향으로 늘어나게 하려는 하중
• 압축하중(Compressive Load) : 재료를 축 방향으로 누르는 하중
• 전단하중(Shearing Load) : 재료를 가위로 자르려는 것과 같이 작용하는 하중
• 굽힘하중(Bending Load) : 재료를 구부려 휘어지도록 작용하는 하중
• 비틀림하중(Torsional Load) : 재료가 비틀어지도록 작용하는 하중

60 무게 W[N]가 움직이는 도르래에 매달려 있다. 물체를 끌어 올리는 힘 F[N]는?(단, 도르래와 로프의 무게는 없다고 본다.)

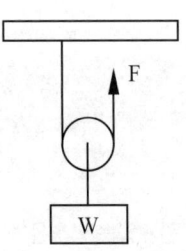

① $F = \dfrac{1}{4}W$ ② $F = \dfrac{1}{3}W$
③ $F = \dfrac{1}{2}W$ ④ $F = W$

🔍 도르래 1개일 경우 힘은 $\frac{1}{2}$로 감소, 도르래가 2개일 경우 $\frac{1}{4}$로 감소, 도르래가 3개일 경우 $\frac{1}{8}$로 감소된다. 따라서, $F = \frac{1}{2}W$가 된다.

정답 필기기출문제 – 2012년 2회

01 ④	02 ④	03 ①	04 ③	05 ②
06 ①	07 ①	08 ②	09 ②	10 ③
11 ④	12 ③	13 ①	14 ④	15 ④
16 ③	17 ④	18 ①	19 ②	20 ④
21 ④	22 ②	23 ①	24 ②	25 ③
26 ④	27 ①	28 ④	29 ③	30 ①
31 ②	32 ③	33 ④	34 ①	35 ①
36 ①	37 ④	38 ②	39 ④	40 ①
41 ②	42 ②	43 ②	44 ②	45 ④
46 ②	47 ④	48 ①	49 ②	50 ②
51 ③	52 ③	53 ②	54 ②	55 ②
56 ①	57 ①	58 ④	59 ②	60 ③

2012년 3회 필기 기출문제

01 엘리베이터 제동기(brake)의 전자-기계 브레이크에 대한 설명으로 틀린 것은?

① 브레이크 라이닝은 불연성이어야 한다.
② 브레이크슈 또는 패드 압력은 압축 스프링 또는 추에 의해 발휘되어야 한다.
③ 밴드 브레이크가 같이 사용되어야 한다.
④ 자체적으로 카가 정격속도로 정격하중의 125%를 싣고 하강방향으로 운행될 때 구동기를 정지시킬 수 있어야 한다.

🔍 **브레이크 시스템**
- 엘리베이터의 브레이크 시스템은 전자-기계 브레이크(마찰 형식)가 있어야 한다. 다만, 추가로 다른 브레이크 장치(전기적 방식 등)가 있을 수 있다.
- 브레이크는 주동력 또는 제어회로에 전원공급이 차단될 경우 자동으로 작동해야 한다.
- 전자-기계 브레이크의 경우 밴드 브레이크는 사용되지 않아야 한다.

02 기동과 주행은 고속권선으로 하고 감속과 착상은 저속으로 하며, 착상지점에 근접해지면 모든 접점을 끊고 동시에 브레이크를 거는 제어방식은?

① VVVF 제어방식
② 교류1단 제어방식
③ 교류2단 제어방식
④ 교류귀환 제어방식

🔍 **교류 엘리베이터 제어방식**

속도 제어방법	특징	용도
교류1단 속도 제어	3상유도전동기에 전원투입으로 기동과 정속운전, 전원차단 후 정지하는 가장 간단한 방식	30m/min 이하 저속용
교류2단 속도 제어	기동과 주행은 고속권선, 감속은 저속권선으로 하는 방식	30~60 m/min 화물용
교류귀환 제어	카의 실제속도와 지령속도를 비교하여 사이리스터의 점호각을 바꾸는 방식	45~105 m/min
VVVF (가변전압 가변주파수 제어)	전압과 주파수의 변화로 직류 전동기와 동등한 제어성능을 갖는 방식	고속용

03 스트랜드의 내층·외층소선을 같은 직경으로 구성하고 소선간의 틈새에 가는 소선을 넣은 와이어로프는?

① 실형
② 필러형
③ 워링톤형
④ 헬테레스형

🔍 **구성에 의한 분류**
- 실형 : 스트랜드의 외층소선을 내층소선보다 굵게하여 구성한 로프로 내마모성이 크다. 실형의 8꼬임은 엘리베이터 주로프에 가장 많이 사용된다.
- 필러형 : 스트랜드의 내층·외층소선을 같은 직경의 소선으로 구성하여 내·외층의 소선간에 가능한 간격을 좁게 하기 위해 가는 소선을 넣은 로프, 실형에 비해 유연성이 다소 높아 곡률 특성이 양호하며 주로 고층용 엘리베이터 등에 사용한다.
- 워링톤형 : 외층소선에 2종류 직경의 소선을 상호 이웃하게 배열한 로프, 현재는 거의 사용하지 않는다.

04 승강장 도어구조에 해당되지 않는 것은?

① 착상 스위치함
② 도어 스위치
③ 행거 롤러
④ 도어 가이드 슈

🔍 착상 스위치함은 카 상부 조작반에 위치해 있다.

05 간접식 유압엘리베이터의 특징이 아닌 것은?

① 부하에 의한 카 바닥의 빠짐이 비교적 작다.
② 추락방지안전장치(비상정지장치)가 필요하다.
③ 실린더 설치를 위한 보호관이 필요하지 않다.
④ 실린더의 점검이 용이하다.

🔍 **간접식 유압엘리베이터의 특징**
- 1:2, 1:4, 2:4 로핑방식이 있다.
- 로프의 이완현상과 유체의 압축성으로 인한 바닥 침하가 발생한다.
- 보호관이 없으므로 실린더의 점검이 쉽다.
- 추락방지안전장치가 반드시 필요하다.

06 에스컬레이터의 적재하중 산출과 관계가 없는 것은?

① 스텝면의 수평투영면적
② 층고
③ 스텝폭
④ 정격속도

> 에스컬레이터의 적재하중
> G = 270A = 270 × √3 × W × H
> [G : 에스컬레이터의 적재하중(kg), A : 스텝면의 수평투영면적(m^2), W : 디딤판(스텝)의 폭(m), H : 층고(m)]

07 전기식 엘리베이터의 균형추 무게를 계산하는 식은? (단, 오버밸런스는 50%로 한다.)

① 카하중 + 카하중의 50%
② 카하중 + 정격하중의 50%
③ 정격하중의 150%
④ 정격하중의 50%

> 균형추의 무게는 카의 하중에 정격하중 × 오버밸런스율(정격하중의 약 35~55%)을 더하여 중량을 보상한다.

08 자동차용 엘리베이터의 경우 카의 유효 면적은 $1m^2$ 당 몇 kg으로 계산한 값 이상이어야 하는가?

① 100   ② 150
③ 250   ④ 300

> 자동차용 엘리베이터 및 주택용 엘리베이터 카의 유효 면적
> • 자동차용 엘리베이터의 경우 카의 유효면적은 $1m^2$ 당 150kg으로 계산한 값 이상이어야 한다.
> • 주택용 엘리베이터의 경우 카의 유효 면적은 $1.4m^2$ 이하이어야 하고, 다음과 같이 계산되어야 한다.
> - 유효 면적이 $1.1m^2$ 이하인 것 : $1m^2$ 당 195kg으로 계산한 수치, 최소 159kg
> - 유효 면적이 $1.1m^2$ 초과인 것 : $1m^2$ 당 305kg으로 계산한 수치

09 1:1 로핑에 비하여 2:1 로핑의 단점이 아닌 것은?

① 적재용량이 줄어든다.
② 로프의 수명이 짧아진다.
③ 로프의 길이가 길어진다.
④ 종합효율이 낮아진다.

> 엘리베이터에서 2:1 로핑 방식은 적재용량을 늘리기 위해서 채택한다.

10 무부하 상태의 에스컬레이터 및 하강 방향으로 움직이는 제동부하 상태의 에스컬레이터에 대한 정지거리는 공칭속도가 0.75m/s 일 때 얼마이어야 하는가?

① 0.20m에서 1.00m 사이
② 0.30m에서 1.30m 사이
③ 0.40m에서 1.50m 사이
④ 0.55m에서 1.70m 사이

> 에스컬레이터의 정지거리

공칭속도 V	정지거리
0.50 m/s	0.20m부터 1.00m까지
0.65 m/s	0.30m부터 1.30m까지
0.75 m/s	0.40m부터 1.50m까지

11 기계실 위치에 의한 엘리베이터 분류에서 기계실을 승강로의 아래쪽 방향에 설치하는 방식은?

① 기어드 방식
② 횡인구동 방식
③ 베이스먼트 방식
④ 사이드머신 방식

> • 정상부형 : 건물 꼭대기에 설치하는 방식
> • 사이드머신 : 승강로 중간에 인접해서 설치하는 방식
> • 베이스먼트 : 엘리베이터 최하 정지층의 승강로와 인접시켜 설치하는 방식

12 엘리베이터 완충기에 대한 설명으로 적합하지 않은 것은?

① 정격속도 1m/s 이하의 엘리베이터에 스프링 완충기를 사용하였다.
② 정격속도 1m/s 초과 엘리베이터에 유압완충기를 사용하였다.
③ 유압완충기의 플런저를 완전히 압축한 상태에서 완전 복구할 때까지의 시간은 120초 이하이다.
④ 유압완충기에서 최소적용중량은 카 자중+적재하중으로 한다.

> 유압완충기의 최소적용중량은 카 자중 + 75[kg]이며, 스프링 완충기의 최소적용중량은 카 자중 + 적재하중이다.

13 엘리베이터의 구조 중 사람이나 화물을 싣는 카에 설치되어 있지 않은 것은?

① 카 천장
② 문 개폐장치
③ 운전스위치
④ 카 완충기

> 카 완충기는 카나 균형추가 어떤 원인으로 최하층을 통과하여 피트에 도달했을 때 카나 균형추의 충격을 완화시켜 주는 장치를 말한다.

14 엘리베이터의 과속조절기(조속기) 기능 및 구조에 관한 설명 중 옳지 않은 것은?

① 과속조절기 로프는 카와 같은 속도로 움직인다.
② 카의 과속을 검출하여 전원을 끊고 브레이크를 건다.
③ 고속형 엘리베이터에는 플라이볼형 과속조절기가 일반적으로 사용된다.
④ 추락방지안전장치의 작동을 위한 과속조절기는 정격속도의 140% 이상의 속도에서 작동되어야 한다.

> 추락방지안전장치의 작동을 위한 과속조절기는 정격속도의 115% 이상의 속도에서 작동되어야 한다.

15 엘리베이터의 기계실 출입문 크기에 대한 기준으로 적합한 것은?

① 높이 1.8m 이상, 폭 0.5m 이상
② 높이 1.8m 이상, 폭 0.7m 이상
③ 높이 0.5m 이상, 폭 0.5m 이상
④ 높이 1.4m 이상, 폭 0.5m 이상

> **기계실의 구조**
> • 기계실은 설비의 작업이 쉽고 안전하도록 충분한 크기이어야 하며, 작업구역의 유효 높이는 2.1m 이상이어야 한다.
> • 기계실, 승강로 및 피트 출입문은 높이 1.8m 이상, 폭 0.7m 이상이어야 한다. (다만, 주택용 엘리베이터의 경우 기계실 출입문은 폭 0.6m 이상, 높이 0.6m 이상으로 할 수 있다.)
> • 작업구역간 이동통로의 유효 높이(바닥에서 천장의 가장 낮은 충돌점 사이)는 1.8m 이상이어야 한다.
> • 작업구역 간 이동통로의 유효 폭은 0.5m 이상이어야 한다. 다만, 움직이는 부품이나 고온의 표면이 없는 경우에는 0.4m까지 감소될 수 있다.
> • 보호되지 않은 회전부품 위로 0.3m 이상의 유효 수직거리가 있어야 한다.
> • 기계실 바닥에 0.5m를 초과하는 단차가 있는 경우, 고정된 사다리 또는 보호난간이 있는 계단이나 발판이 있어야 한다.

16 엘리베이터용 전동기의 출력을 계산하고자 한다. 다음 식의 ( )안에 알맞은 것은?

$$\frac{\text{정격하중}[kg] \cdot (\quad)(1-\text{오버밸런스율}(\%)/100)}{6120 \times \text{종합효율}}[kW]$$

① 정격속도[m/min]
② 균형추 중량[kg]
③ 정격전압[V]
④ 회전속도[rpm]

> 출력 = $\dfrac{\text{정격하중}(kg) \times \text{정격속도}(m/min) \times \text{평형률}}{6120 \times \text{종합효율}}[kW]$

17 엘리베이터가 어떤 이유로 승강장 근처에서 정지한 경우 승객이 카에서 빠져나오기 위해 카 내에서 손으로 승강장문과 함께 카문을 열거나 부분적으로 열기 위해 필요한 힘은 얼마를 초과하지 않아야 하는가? (단, 잠금해제구간인 경우이다.)

① 100 N   ② 300 N
③ 500 N   ④ 700 N

> 엘리베이터가 어떤 이유로 인해 잠금해제구간에서 정지한다면, 다음과 같은 위치에서 손으로 승강장문 및 카문을 열 수 있어야 하고, 그 힘은 300N을 초과하지 않아야 한다.
> • 승강장문이 비상잠금해제 삼각열쇠에 의해 잠금이 해제되었거나 카문에 의해 해제된 이후의 승강장
> • 카 내부

18 3가닥 이상의 로프(벨트)에 의해 구동되는 권상 구동 엘리베이터인 경우 매다는 장치의 안전율은 얼마인가?(단, 공칭 직경이 8mm 이상인 로프를 사용하는 경우이다.)

① 8 이상   ② 10 이상
③ 12 이상   ④ 16 이상

🔍 매다는 장치의 안전율은 다음 구분에 따른 수치 이상이어야 한다.
- 3가닥 이상의 로프(벨트)에 의해 구동되는 권상 구동 엘리베이터의 경우 : 12
- 3가닥 이상의 6mm 이상 8mm 미만의 로프에 의해 구동되는 권상 구동 엘리베이터의 경우 : 16
- 2가닥 이상의 로프(벨트)에 의해 구동되는 권상 구동 엘리베이터의 경우 : 16
- 로프가 있는 드럼 구동 및 유압식 엘리베이터의 경우 : 12
- 체인에 의해 구동되는 엘리베이터의 경우 : 10

19 승강로에 대한 설명으로 틀린 것은?

① 엘리베이터의 균형추 또는 평형추는 카와 다른 승강로에 있어야 한다.
② 승강로에는 1대 이상의 엘리베이터 카가 있을 수 있다.
③ 승강로는 누수가 없고 청결상태가 유지되는 구조이어야 한다.
④ 승강로 내에 설치되는 돌출물은 안전상 지장이 없어야 한다.

🔍 승강로 일반사항
- 승강로에는 1대 이상의 엘리베이터 카가 있을 수 있다.
- 엘리베이터의 균형추 또는 평형추는 카와 동일한 승강로에 있어야 한다.
- 승강로 내에 설치되는 돌출물은 안전상 지장이 없어야 한다.
- 승강로 내에는 각 층을 나타내는 표기가 있어야 한다.
- 승강로는 누수가 없고 청결상태가 유지되는 구조이어야 한다.
- 유압식 엘리베이터의 잭은 카와 동일한 승강로 내에 있어야 하며, 지면 또는 다른 장소로 연장될 수 있다.

20 전기식 승강기로 짝지어진 것은?

① 직접식과 간접식
② 견인식과 권동식
③ 견인식과 직접식
④ 권동식과 간접식

🔍 직접식과 간접식은 유압식 엘리베이터의 종류이다.

21 엘리베이터에 필요 없는 안전장치는?

① 도어 인터록
② 과속조절기(조속기)
③ 추락방지안전장치(비상정지장치)
④ 손잡이(핸드레일) 안전장치

🔍 손잡이(핸드레일) 안전장치는 에스컬레이터의 안전장치이다.

22 엘리베이터 자체점검기준상 점검주기가 1개월에 1회에 해당되지 않는 점검내용은?

① 승강로 비상통화장치의 설치 및 작동상태
② 주개폐기 설치 및 작동상태
③ 피트 탈출 수직틈새의 확보상태
④ 피트내 점검운전 조작반의 작동상태

🔍 주개폐기 설치 및 작동상태는 3개월에 1회 육안으로 점검한다.

23 사고발생빈도에 영향을 미치지 않는 것은?

① 작업시간
② 작업자의 연령
③ 작업숙련도 및 경험년수
④ 작업자의 거주지

24 전기안전기준으로 옳지 않은 것은?

① 전기코드는 물이나 습기에 안전한 것이어야 한다.
② 전기위험설비에는 위험표시를 해야 한다.
③ 전기설비의 감전, 누전, 화재, 폭발방지를 위해 매년 1회 이상 점검한다.
④ 감전의 위험이 있는 작업을 할 때에는 통전시간을 명시하고 관계 근로자에게 미리 주지시킨다.

🔍 전기설비의 안전점검은 매달 1회 이상 실시해야 한다.

25 스패너를 힘주어 돌릴 때 지켜야 할 안전사항이 아닌 것은?

① 스패너 자루에 파이프를 끼워 힘껏 조인다.
② 주위를 살펴보고 조심성 있게 조인다.
③ 스패너를 밀지 않고 당기는 식으로 사용한다.
④ 스패너를 조금씩 여러 번 돌려 사용한다.

🔍 스패너를 파이프에 끼워 사용해서는 안 된다.

26 감전사고의 원인이 되는 것과 관계없는 것은?

① 콘덴서의 방전코일이 없는 상태
② 전기기계기구나 공구의 절연파괴
③ 기계기구의 빈번한 기동 및 정지
④ 정전 작업시 접지가 없어 유도전압의 발생

🔍 • 콘덴서의 방전코일이 없을 경우 콘덴서의 충전 전압으로 인한 감전위험
• 전기기계기구나 공구의 절연파괴는 누전으로 인한 감전위험
• 정전 작업시 접지가 없을 경우 유도전압으로 인한 감전위험

27 산업재해의 간접원인에 해당되지 않는 것은?

① 기술적원인　② 인적원인
③ 교육적원인　④ 정신적원인

🔍 직접원인에는 인적원인(불안전한 행동), 물적원인(불안전한 상태)이 있다.

28 다음 중 사고방지를 위한 5단계 중 가장 먼저 조치해야 할 사항은?

① 사실의 발견　② 안전조직
③ 분석평가　　④ 대책의 선정

🔍 사고예방대책의 기본원리 5단계
• 1단계 : 조직(안전관리조직)
• 2단계 : 사실의 발견(현상파악)
• 3단계 : 분석, 평가(원인규명)
• 4단계 : 시정책의 선정
• 5단계 : 시정책의 적용(3E 적용)

29 주행안내(가이드) 레일에 관한 설명으로 맞지 않은 것은?

① 레일의 가장 좋은 규격은 길이 5m이다.
② 대용량 엘리베이터에는 13K, 18K, 24K가 사용되고 있다.
③ 레일규격의 호칭은 1m당의 중량으로 한다.
④ 추락방지안전장치가 작동할 때 안전하게 물려야 한다.

🔍 대용량 엘리베이터에는 37K, 50K 레일 등의 종류가 사용된다.

30 권상기의 브레이크 기능을 설명한 것으로 옳지 않은 것은?

① 승객용의 경우 카에 125% 부하상태에서 정격속도로 하강 중에도 안전하게 감속·정지시켜야 한다.
② 브레이크는 전기가 입력되는 즉시 브레이크 슈가 작동하여 드럼을 잡아 미끄러지지 않도록 설계되어야 한다.
③ 브레이크는 전동기, 카, 균형추 등 모든 장치의 관성을 제지하는 역할을 해야 한다.
④ 정지후에는 부하에 의한 불균형 역구동이 되어 움직이는 일이 없어야 한다.

🔍 브레이크는 전기가 차단되는 즉시 브레이크 슈가 작동하여 드럼을 잡아 미끄러지지 않도록 설계되어야 한다.

31 에스컬레이터의 구동 체인이 규정값 이상으로 늘어져 있을 경우에 나타나는 현상은?

① 브레이크가 작동하지 않는다.
② 안전회로가 차단되어 구동되지 않는다.
③ 상승만 가능하다.
④ 하강만 가능하다.

🔍 구동체인 안전장치가 동작하여 구동되지 않는다.

32 과속조절기(조속기)의 보수 점검항목에 해당되지 않는 것은?

① 과속조절기 스위치의 접점 청결상태
② 세이프티 링크 스위치와 캠의 간격
③ 운전의 윤활성 및 소음 유무
④ 과속조절기 로프와 클립 체결상태

🔍 ②항은 비상정지스위치 점검항목에 해당된다.

33 에스컬레이터 구동장치 보수점검사항에 해당 되지 않는 것은?

① 구동체인의 이완 여부
② 브레이크 작동상태
③ 스텝과 손잡이 속도차이
④ 각부의 볼트 및 너트의 풀림상태

🔍 스텝과 손잡이(핸드레일)의 속도차이 점검은 손잡이 시스템 점검 항목에 해당된다.

34 주행안내(가이드) 레일에 대한 점검사항이 아닌 것은?

① 세이프티 링크 스위치와 캠의 간격
② 브래킷 용접부의 균열 유무
③ 이음판 취부의 볼트, 너트 이완 유무
④ 주행안내 레일의 급유 상태

🔍 브래킷 용접부의 균열 유무는 비상정지스위치 점검사항이다.

35 에스컬레이터 디딤판(스텝) 체인 및 구동 체인의 안전율로 알맞은 것은?

① 5 이상   ② 7 이상
③ 8 이상   ④ 10 이상

구분	안전율
트러스 및 빔	5 이상
디딤판 체인 및 구동 체인	10 이상
모든 구동 부품	5 이상

36 승강기의 가변전압 가변주파수 제어에서 인버터가 제어하는 방식은?

① PAM   ② PWM
③ PSM   ④ IGBT

🔍 PWM(Pulse Width Modulation)은 펄스폭 변조방식을 응용하여 인버터제어(VVVF)하는 방식이다.

37 에스컬레이터 및 무빙워크의 비상정지스위치에 관한 설명으로 옳지 않은 것은?

① 상하 승강장이 잘 보이는 곳에 설치한다.
② 색상은 적색으로 하여야 한다.
③ 장난 등에 의한 오조작 방지를 위하여 잠금장치를 설치하여야 한다.
④ 버튼 또는 버튼 부근에는 "정지" 표시를 하여야 한다.

🔍 비상정지스위치에는 정상운행 중에 임의로 조작하는 것을 방지하기 위해 보호 덮개가 설치되어야 하며, 보호 덮개는 비상시에는 쉽게 열리는 구조이어야 한다.

38 유압식 엘리베이터의 부품 및 특징에 대한 설명으로 옳지 않은 것은?

① 역저지밸브 : 정전이나 그 외의 원인으로 펌프의 토출 압력이 떨어져 실린더의 기름이 역류하여 카가 자유 낙하하는 것은 방지하는 역할을 한다.
② 스톱밸브 : 유압파워유니트와 실린더 사이의 압력 배관에 설치되며 이것은 닫으면 실린더의 기름이 파워유니트로 역류하는 것은 방지한다.
③ 스트레이너 : 역할은 필터와 같으나 일반적으로 펌프의 출구쪽에 붙인 것을 말한다.
④ 사이렌서 : 자동차의 머플러와 같이 작동유의 압력 맥동을 흡수하여 진동, 소음을 감소시키는 역할을 한다.

🔍 스트레이너 : 유체 속에 포함된 고형물을 제거하여 기기 등에 이물질이 유입되는 것을 방지하는 장치

39 엘리베이터 자체점검기준과 관련하여 카 상부 점검항목의 점검 내용이 아닌 것은?

① 점검운전 제어시스템 작동상태
② 비상등의 조도 및 작동상태
③ 보호난간의 고정상태
④ 어린이 손끼임방지 수단 설치상태

🔍 카 상부의 점검내용
• 점검운전 조작반, 정지장치 및 콘센트의 작동상태(시험, 1/1)
• 점검운전 제어시스템 작동상태(시험, 1/1)
• 비상등의 조도 및 작동상태(측정, 1/1)
• 보호난간의 고정상태(육안, 1/3)
• 청결상태(육안, 1/3)

40 승강장 문의 로크 및 스위치 검사시 적합하지 않은 것은?

① 승강장 문은 외부에서 열 수 없도록 로크장치의 설치상태가 견고하여야 한다.
② 승강장 문이 열려 있거나 닫혀 있지 않은 경우 도어스위치는 열려 있어야 한다.
③ 승강장 문의 인터록장치는 로크가 걸린 후에 도어스위치를 닫아야 한다.
④ 승강장 문의 도어스위치가 확실히 열리기 전에 로크가 벗겨져야 한다.

🔍 승강장 문의 도어 스위치가 확실히 열린 후에 로크가 벗겨져야 한다.

🔍 전동기의 회전속도는 스토로보스코프나 타코메타로 측정한다.

41 카 내의 적재하중이 초과되었음을 알려 주는 과부하 감지장치는 정격적재하중의 몇 %가 되기 전에 작동해야 하는가?

① 120% ② 110%
③ 100% ④ 90%

🔍 부하 제어
- 카에 과부하가 발생할 경우에는 재-착상을 포함한 정상 기동을 방지하는 장치가 설치되어야 한다.
- 유압식 엘리베이터의 경우, 장치는 재-착상을 방지하여서는 안 된다.
- 과부하는 정격하중의 10%(최소 75kg)를 초과하기 전에 검출되어야 한다.

42 기계식 주차장치의 종류에서 순환방식에 속하지 않는 것은?

① 멀티순환방식 ② 수평순환방식
③ 수직순환방식 ④ 다층순환방식

🔍 기계식 주차장치는 수직 및 수평순환, 다층순환, 엘리베이터 방식 등이 있다.

43 로프의 미끄러짐 현상을 줄이는 방법으로 틀린 것은?

① 권부각을 크게 한다.
② 가감속도를 완만하게 한다.
③ 균형체인이나 균형로프를 설치한다.
④ 카 자중을 가볍게 한다.

🔍 로프의 미끄러짐 현상은 카의 가속도와 감속도가 클수록 미끄러지기 쉬우며, 로프가 감기는 각도인 권부각이 작을수록 미끄러지기 쉽다.

44 전동기에 대한 점검을 하고자 할 때, 계측기를 사용하지 않으면 측정이 불가능한 것은?

① 전동기의 회전속도
② 이상음 발생 유무
③ 전동기 본체의 파손
④ 이상발열 유무

45 권상기 주도르래의 로프 홈으로 언더컷형을 사용하는 이유로 가장 적절한 것은?

① 마모를 줄이기 위하여
② 로프의 직경을 줄이기 위하여
③ 제조 시 가공을 용이하게 하기 위하여
④ 트랙션 능력을 키우기 위하여

🔍 도르래의 로프 홈은 U홈과 V홈의 중간 특성을 가지며 트랙션 능력이 큰 언더컷 홈을 주로 사용한다.

46 오일이 실린더로 들어가는 곳에 설치되어 만일 파이프가 파손되었을 때 자동적으로 밸브를 닫아 카가 급격히 떨어지는 것을 방지하는 밸브는?

① 럽쳐 밸브
② 체크 밸브
③ 스톱 밸브
④ 사이런서

🔍 럽쳐밸브 : 압력이 비정상적으로 상승했을 때 파열되어 장치 전체의 손상을 막는 1회용 밸브

47 다음 그림과 같은 제어계의 전체 전달함수는?(단, H(s) = 1이다)

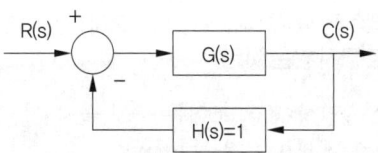

① $\dfrac{1}{G(s)}$ ② $\dfrac{1}{1+G(s)}$

③ $\dfrac{G(s)}{1+G(s)}$ ④ $\dfrac{G(s)}{1-G(s)}$

🔍 $T(s) = \dfrac{경로}{1-폐로} = \dfrac{G(s)}{1-[-G(s) \cdot H(s)]} = \dfrac{G(s)}{1+G(s)}$

48 정현파 교류에서 시간의 변화에 따라 시시각각 다르게 나타나는 값은?

① 최대값
② 실효값
③ 순시값
④ 파고율

> 교류 전압의 분류
> • 순시값 : 순간순간 변하는 교류의 임의의 시간에 있어서 값
> • 실효값 : 교류의 크기를 교류와 동일한 일을 하는 직류의 크기로 바꿔 나타낸 값
> • 최대값 : 순시값 중에서 가장 큰 값
> • 평균값 : 교류 순시값의 1주기 동안의 평균을 취하여 교류의 크기를 나타낸 값

49 직류기의 구조에서 계자에 해당하는 것은?

① 자극편
② 정류자
③ 전기자
④ 공극

> 계자는 계자철심, 계자권선, 자극편, 계철 등으로 구성된다.

50 5[Ω]의 저항에 5[A]의 전류가 흐른다면 전압[V]은?

① 0.02
② 0.2
③ 25
④ 50

> V = IR = 5 × 5 = 25[V]

51 직류전위차계에 대한 설명으로 옳은 것은?

① 전압계를 회로에 병렬로 접속하여 측정한다.
② 3[V] 이상의 직류전압을 정밀하게 측정한다.
③ 배율기를 사용하여 고전압을 측정한다.
④ 1[V] 이하의 직류전압을 정밀하게 측정한다.

> 전위차나 기전력 등을 표준 전지와 비교해서 정밀하게 측정하는 계기이다.

52 전압, 전류, 주파수, 회전속도 등 전기적, 기계적 양을 주로 제어하는 것으로서 응답속도가 대단히 빨라야 하는 특징인 제어는?

① 프로세스제어
② 서보기구
③ 프로그램제어
④ 자동조정

> • 자동조정 : 주로 전압, 전류, 회전 속도, 회전력 등의 양을 자동 제어하는 것
> • 프로세스제어 : 목표값이 시간적으로 변화지 않고 일정한 제어
> • 서보기구 : 임의로 변화하는 제어
> • 프로그램제어 : 목표값의 변화가 미리 정해진 신호에 따라 동작

53 전자유도현상에 의한 유기기전력의 방향을 정하는 것은?

① 플레밍의 오른손법칙
② 옴의 법칙
③ 플레밍의 왼손법칙
④ 렌츠의 법칙

> • 플레밍의 오른손법칙 : 도체의 운동으로 유기되는 기전력의 방향(발전기원리)
> • 옴의 법칙 : 전류는 전압에 비례하고 저항에는 반비례한다.
> • 플레밍의 왼손법칙 : 자기장 속에 있는 도선에 전류가 흐를 때 자기장의 방향과 도선에 흐르는 전류의 방향으로 도선이 받는 힘의 방향을 결정(전동기원리)

54 2[Ω]의 저항 10개를 직렬로 연결했을 때는 병렬로 연결했을 때의 몇 배인가?

① 10
② 50
③ 100
④ 200

> 직렬 연결시 $R_s = nR = 10 × 2 = 20Ω$,
> 병렬 연결시 $R_p = \dfrac{P}{m} = \dfrac{2}{10} = 0.2Ω$
> 따라서, $R_s = 100 R_p$

55 다음의 접점 기호는 무엇을 나타내는가?

① 한시동작 순시복귀의 a접점
② 한시동작 순시복귀의 b접점
③ 순시동작 한시복귀의 a접점
④ 순시동작 한시복귀의 b접점

56 어떤 물질의 대전 상태를 설명한 것으로 옳은 것은?

① 어떤 물질이 전자의 과부족으로 전기를 띠는 상태이다.
② 물질이 안정된 상태이다.
③ 중성임을 뜻한다.
④ 원자핵이 파괴된 것이다.

> 대전 : 물질이 전자가 부족하거나 남게 된 상태에서 양전기나 음전기를 띠는 것

57 높이를 측정할 수 있는 측정기기는?

① 다이얼 게이지   ② 하이트 게이지
③ 마이크로미터   ④ 오토콜리미터

> • 다이얼 게이지 : 길이, 변위 측정
> • 마이크로미터 : 정밀 치수 측정
> • 오토콜리미터 : 미세 정밀 각도 측정

58 그림과 같은 활차장치의 옳은 설명은?

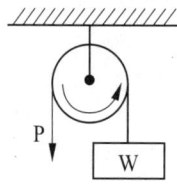

① 힘의 방향만 변환시키고, 크기는 P = W이다.
② 힘의 방향만 변환시키고, 크기는 $P = \dfrac{W}{2}$이다.
③ 힘의 크기만 변환시키고, 크기는 $P = \dfrac{W}{3}$이다.
④ 힘의 크기만 변환시키고, 크기는 $P = \dfrac{W}{4}$이다.

> 고정도르래 사용시 힘의 방향은 변환되나 당기는 힘과 일은 같다.

59 캠이 가장 많이 사용되는 경우는?

① 회전운동을 직선운동으로 할 때
② 왕복운동을 직선운동으로 할 때
③ 요동운동을 직선운동으로 할 때
④ 상하운동을 직선운동으로 할 때

> 캠 : 회전운동·왕복운동을 하는 특수한 윤곽이나 홈이 있는 판상장치

60 다음 진리표에 맞는 논리회로는?

입력		출력
0	0	1
0	1	0
1	0	0
1	1	0

① OR   ② NOR
③ AND   ④ NAND

A	B	OR	AND	NOR	NAND	EX-OR
0	0	0	0	1	1	0
0	1	1	0	0	1	1
1	0	1	0	0	1	1
1	1	1	1	0	0	0

정답 필기기출문제 - 2012년 3회

01 ③	02 ③	03 ②	04 ①	05 ①
06 ④	07 ②	08 ②	09 ①	10 ③
11 ③	12 ④	13 ④	14 ④	15 ②
16 ①	17 ②	18 ③	19 ①	20 ②
21 ④	22 ②	23 ②	24 ③	25 ①
26 ③	27 ②	28 ②	29 ②	30 ②
31 ②	32 ②	33 ③	34 ①	35 ④
36 ②	37 ③	38 ③	39 ④	40 ④
41 ②	42 ①	43 ④	44 ①	45 ④
46 ①	47 ③	48 ③	49 ①	50 ③
51 ④	52 ④	53 ②	54 ③	55 ②
56 ①	57 ②	58 ①	59 ①	60 ②

2013년 1회 필기 기출문제

승강기기능사

01 유압식 엘리베이터를 구조에 따라 분류할 때 해당되지 않는 것은?

① 펌프식
② 간접식
③ 팬더그래프식
④ 직접식

> 유압식 엘리베이터의 구조에 따른 분류는 직접식, 간접식, 팬더그래프식이 있다.

02 교류 엘리베이터 제어방식에 관한 설명 중 옳지 않은 것은?

① 교류 일단속도제어는 30[m/min] 이하에 적용한다.
② VVVF 제어는 전압과 주파수를 동시에 제어하는 방식이다.
③ 교류 궤환제어는 사이리스터의 점호각을 바꾸어 유도전동기의 속도를 제어하는 방식이다.
④ 교류 이단속도제어방식은 교류 일단속도제어보다 착상 오차가 큰 것이 단점이다.

> • 교류1단 속도 제어 : 3상유도전동기에 전원투입으로 기동과 정속운전, 전원차단 후 정지하는 가장 간단한 방식
> • 교류2단 속도 제어 : 기동과 주행은 고속권선, 감속은 저속권선으로 하는 방식

03 유압완충기는 정격속도가 몇 [m/min] 초과시에 주로 사용하는가?

① 30   ② 45
③ 50   ④ 60

> 에너지 축적형 완충기 중 선형특성을 갖는 스프링식 완충기는 승강기 정격속도가 1.0m/s(60m/min)를 초과하지 않는 곳에 사용하며, 에너지 분산형 완충기인 유압완충기는 승강기의 정격속도에 상관없이 사용할 수 있다.

04 과부하 감지장치(Overload Switch)의 작동범위로 맞는 것은?

① 정격하중의 95~100%
② 정격하중의 100~105%
③ 정격하중의 105~110%
④ 정격하중의 110~115%

> 과부하감지장치의 작동치는 정격 적재하중의 110%를 초과하지 않아야한다.(권장치는 105~ 110%로 한다.)

05 카의 고장으로 카가 정격속도의 115%를 초과하지 않고 최하층을 통과하여 피트로 떨어졌을 때 충격을 완화시켜 주기 위하여 설치하는 장치는?

① 조속기(과속조절기)
② 브레이크
③ 비상정지장치(추락방지안전장치)
④ 완충기

> 완충기는 스프링 또는 유체 등을 이용하여 카, 균형추 또는 평형추의 충격을 흡수하기 위한 제동수단을 말한다.

06 일반 승객용 엘리베이터의 도어머신에 요구되는 구비조건이 아닌 것은?

① 작동이 원활하고 조용할 것
② 방수 및 내화구조일 것
③ 카 상부에 설치하기 위해 소형 경량일 것
④ 작동이 확실해야할 것

> **도어머신에 요구되는 구비조건**
> • 작동이 원활하고 소음이 발생하지 않을 것
> • 카상부에 설치하기 위하여 소형 경량일 것
> • 동작횟수가 엘리베이터 기동횟수의 2배가 되므로 보수가 용이할 것
> • 가격이 저렴할 것

07 엘리베이터 기계실 작업구역 간 이동통로의 유효높이 (바닥에서 천장의 가장 낮은 충돌점 사이)는 몇 m 이상이어야 하는가?

① 1.5
② 1.8
③ 2.5
④ 3.0

> 작업구역간 이동통로의 유효 높이(바닥에서 천장의 가장 낮은 충돌점 사이)는 1.8 m 이상, 이동통로의 유효 폭은 0.5 m 이상이어야 한다. 다만, 움직이는 부품이나 고온의 표면이 없는 경우에는 0.4 m까지 감소될 수 있다.

08 엘리베이터 권상기의 구성 요소가 아닌 것은?

① 감속기
② 브레이크
③ 추락방지안전장치
④ 전동기

> 추락방지안전장치(비상정지장치)는 과속이 발생하거나 로프 등 매다는 장치가 파단 될 경우, 주행안내 레일 상에서 엘리베이터의 카 또는 균형추를 정지시키고 그 정지 상태를 유지하기 위한 기계장치이다.

09 승강로 내에서 카를 상하로 주행 안내하고 주행 중 카에 전달되는 진동을 감소시켜 주는 역할을 하는 것은?

① 가이드 슈
② 완충기
③ 중간 스토퍼
④ 주행안내 레일

> 가이드 슈는 엘리베이터의 승강기틀이나 균형추틀의 위쪽 끝 및 아래쪽 끝에 설치하는 것으로, 주행안내 레일면과 접촉되고 연동하면서 승강기와 추를 가이드하는 장치이다.

10 승객용 엘리베이터에 작용할 수 있는 도어 방식 중 승강로 공간이 동일한 조건에서 열림 폭을 가장 크게 할 수 있는 것은?

① 2짝 상하개폐방식
② 2짝 중앙개폐방식
③ 2짝 측면개폐방식
④ 3짝 측면개폐방식

11 추락방지안전장치(비상정지장치) 등의 작동을 위한 과속조절기(조속기)는 엘리베이터 정격속도의 몇 % 이상의 속도에 작동되어야 하는가?

① 130%
② 125%
③ 120%
④ 115%

> 추락방지안전장치 등의 작동을 위한 과속조절기는 정격속도의 115% 이상의 속도 그리고 다음과 같은 속도 이하에서 작동되어야 한다.
> • 롤러로 잡는 타입을 제외한 즉시 작동형 추락방지안전장치 : 0.8m/s
> • 롤러로 잡는 타입의 추락방지안전장치 : 1m/s
> • 정격속도가 1m/s 이하의 엘리베이터에 사용되는 점차 작동형 추락방지안전장치 : 1.5m/s
> • 정격속도가 1m/s를 초과하는 엘리베이터에 사용되는 점차 작동형 추락방지안전장치 : $1.25v + \dfrac{0.25}{v}$ m/s

12 여러 층으로 배치되어 있는 고정된 주차구획에 상하로 이동할 수 있는 운반기에 의해 자동차를 운반 이동하여 주차하도록 설계된 주차장치는?

① 승강기식 주차장치
② 평면왕복식 주차장치
③ 수평순환식 주차장치
④ 승강기 슬라이드식 주차장치

13 에스컬레이터 구동장치와 관련한 설명으로 틀린 것은?

① 하나의 구동장치는 2대 이상의 에스컬레이터 또는 무빙워크를 작동하지 않아야 한다.
② 무부하 에스컬레이터의 속도는 공칭주파수 및 공칭전압에서 공칭속도로부터 ±10%를 초과하지 않아야 한다.
③ 무빙워크의 공칭속도는 0.75m/s 이하이어야 한다.
④ 경사도 α가 30° 이하인 에스컬레이터는 0.75m/s 이하이어야 한다.

> 무부하 에스컬레이터 또는 무빙워크의 속도는 공칭주파수 및 공칭전압에서 공칭속도로부터 ±5%를 초과하지 않아야 한다.

14 소형 화물 등의 운반에 적합하게 제작된 덤웨이터(소형 화물용 엘리베이터) 적재용량은?

① 300kg 이하
② 600kg 이하
③ 1.0톤 이하
④ 1.2톤 이하

🔍 소형화물용 엘리베이터(덤웨이터)란 사람이 출입할 수 없도록 정격하중이 300kg 이하이고, 정격속도가 1m/s 이하인 엘리베이터를 말한다.

15 엘리베이터의 도어인터록에 대한 설명 중 옳지 않은 것은?

① 카가 정지하고 있지 않은 층의 문은 반드시 전용열쇠로만 열려져야 한다.
② 문이 닫혀있지 않으면 운전이 불가능하도록 하는 도어 스위치가 있어야 한다.
③ 시건장치 후에 도어스위치가 ON되고, 도어스위치가 OFF후에 시건장치가 빠지는 구조로 되어야 한다.
④ 승강장에서는 비상시에 대비하여 자물쇠가 일반 공구로도 열려지게 설계되어야 한다.

🔍 승강장문은 반드시 전용열쇠로만 열려지도록 설계되어야 한다.

16 공칭속도가 0.75m/s인 경우 무부하 상승, 무부하 하강 및 부하 상태 하강에 대한 에스컬레이터 정지거리는?

① 0.20m부터 1.00m까지
② 0.30m부터 1.30m까지
③ 0.40m부터 1.50m까지
④ 0.50m부터 1.70m까지

🔍 에스컬레이터의 정지거리

공칭속도(v)	정지거리
0.50m/s	0.20m부터 1.00m까지
0.65m/s	0.30m부터 1.30m까지
0.75m/s	0.40m부터 1.50m까지

17 균형추(counter weight)의 중량을 구하는 식은?(단, 오버밸런스율은 0.45로 한다.)

① 카 무게 + 정격하중 × 0.45
② 카 무게 × 0.45
③ 카 무게 + 정격하중
④ 카 무게

🔍 균형추의 중량 = 카무게 + 정격하중 × 오버밸런스율

18 1200형 에스컬레이터의 시간당 수송능력은?

① 3000명
② 6000명
③ 9000명
④ 12000명

🔍 난간폭에 의한 분류
• 800형 : 수송능력 6000명/시간
• 1200형 : 수송능력 9000명/시간

19 재해 원인분석의 개별분석방법에 관한 설명으로 옳지 않은 것은?

① 이 방법은 재해 건수가 적은 사업장에 적용된다.
② 특수하거나 중대한 재해의 분석에 적합하다.
③ 청취에 의하여 공통 재해의 원인을 알 수 있다.
④ 개개의 재해 특유의 조사항목을 사용 할 수 있다.

🔍 • 개별적 원인 분석
  - 재해마다 특유의 조사항목을 사용 가능
  - 재해빈도가 적은 중소기업이나 특수재해, 중대재해일 경우 사용 가능
• 통계적 원인 분석
  - 통계이론을 적용해 실제 사회 또는 자연 현상을 경험적으로 조사·분석하는 것
  - 통계분석 : 자료의 수집 → 자료의 정리·요약 → 자료의 해석 → 모집단 특성에 대한 결론

20 안전을 위한 작업의 중지조건이 될 수 없는 것은?

① 안개가 짙게 끼었을 때
② 퇴근시간이 되었을 때
③ 우천, 강풍 등이 생겼을 때
④ 작업원의 신체에 장애가 생겼을 때

21 3가닥 이상의 로프(벨트)에 의해 구동되는 권상 구동 엘리베이터인 경우 매다는 장치의 안전율은 얼마인가?(단, 공칭 직경이 8mm 이상인 로프를 사용하는 경우이다.)

① 8 이상
② 10 이상
③ 12 이상
④ 16 이상

> 매다는 장치의 안전율은 다음 구분에 따른 수치 이상이어야 한다.
> • 3가닥 이상의 로프(벨트)에 의해 구동되는 권상 구동 엘리베이터의 경우 : 12
> • 3가닥 이상의 6mm 이상 8mm 미만의 로프에 의해 구동되는 권상 구동 엘리베이터의 경우 : 16
> • 2가닥 이상의 로프(벨트)에 의해 구동되는 권상 구동 엘리베이터의 경우 : 16
> • 로프가 있는 드럼 구동 및 유압식 엘리베이터의 경우 : 12
> • 체인에 의해 구동되는 엘리베이터의 경우 : 10

22 카의 추락방지안전장치(비상정지장치)에 대한 설명으로 틀린 것은?

① 카, 균형추, 평형추에 여러 개의 추락방지안전장치가 설치된 경우에는 모두 즉시 작동형이어야 한다.
② 추락방지안전장치의 복귀는 정격하중 이하의 모든 하중조건에 대해서 가능해야 한다.
③ 추락방지안전장치의 복귀 후에 엘리베이터가 정상 운행되기 위해서는 전문가의 개입이 요구되어야 한다.
④ 추락방지안전장치가 조정 가능한 경우, 최종 설정은 봉인의 파단 없이는 재조정을 할 수 없도록 봉인(표시)되어야 한다.

> 카, 균형추, 평형추에 여러 개의 추락방지안전장치가 설치된 경우에는 모두 점차 작동형이어야 한다.

23 사고 예방 대책 기본 원리 5단계 중 3E를 적용하는 단계는?

① 1단계
② 2단계
③ 3단계
④ 5단계

> 사고 예방대책의 기본원리 5단계
> • 1단계 : 조직
> • 2단계 : 사실의 발견
> • 3단계 : 분석평가
> • 4단계 : 시정방법의 선정
> • 5단계 : 시정책의 적용(3E 적용)

24 승강기 관리주체는 해당 승강기에 대하여 국민안전처장관이 실시하는 검사를 받아야 한다. 다음 중 해당되는 검사가 아닌 것은?

① 완성검사
② 정기검사
③ 수시검사
④ 특별검사

> 승강기시설 안전관리법에 따르면 승강기 관리주체는 해당 승강기에 대하여 행정안전부장관이 실시하는 검사를 받아야 하며 이러한 검사에는 완성검사, 정기검사, 수시검사가 있다.

25 재해원인의 분석방법 중 개별적 원인분석은?

① 각각의 재해원인을 규명하면서 하나하나 분석하는 것이다.
② 사고의 유형, 기인물 등을 분류하여 큰 순서대로 도표화하는 것이다.
③ 특성과 요인관계를 도표로 하여 물고기 모양으로 세분화 하는 것이다.
④ 월별 재해 발생수를 그래프화 하여 관리선을 선정하여 관리하는 것이다.

> 문제19번 해설 참조

26 엘리베이터 이상 발견시 조치순서로 옳은 것은?

① 발견 – 조치 – 점검 – 수리 – 확인
② 발견 – 조치 – 확인 – 수리 – 점검
③ 발견 – 점검 – 조치 – 수리 – 확인
④ 발견 – 점검 – 조치 – 확인 – 수리

27 감전사고로 의식을 잃은 환자에게 가장 먼저 취하여야 할 조치로 옳은 것은?

① 인공호흡을 시킨다.
② 음료수를 흡입시킨다.
③ 의복을 벗긴다.
④ 몸에서 피가 나오도록 유도한다.

28 재해 누발자의 유형이 아닌 것은?

① 미숙성 누발자
② 상황성 누발자
③ 습관성 누발자
④ 자발성 누발자

🔍 재해 누발자의 유형은 소질성 재해누발자, 미숙성 재해누발자, 상황성 재해누발자, 습관성 재해누발자가 있다.

29 간접식 유압 엘리베이터의 체인은 몇 본 이상으로 설치하여야 하는가?

① 1
② 2
③ 3
④ 4

🔍 유압식에서 로프 또는 체인의 최소 가닥
• 간접식 엘리베이터의 경우 : 잭 당 2가닥
• 카와 평형추 사이의 연결의 경우 : 잭 당 2가닥

30 에스컬레이터 또는 무빙워크를 구성하는 디딤판 체인에 대한 내용으로 틀린 것은?

① 각 체인의 절단에 대한 안전율이 3 이상이어야 한다.
② 디딤판 체인의 표면은 해로운 금, 갈라짐, 흠 등의 결함이 없어야 한다.
③ 디딤판 체인의 축간 거리의 정밀도는 0.4mm 이상 초과할 수 없다.
④ 핀의 고정방법에 따라 분할핀형, 리벳형, 기타형으로 구분할 수 있다.

🔍 디딤판 체인은 일반적으로 무한 피로수명으로 설계되어야 하며, 각 체인의 절단에 대한 안전율이 5 이상이어야 한다.

31 카 추락방지안전장치가 작동될 때, 정격하중이 균일하게 분포된 부하 상태의 카 바닥은 정상적인 위치에서 몇 %를 초과하여 기울어지지 않아야 하는가?

① 10%
② 7%
③ 5%
④ 3%

🔍 카 추락방지안전장치가 작동될 때, 무부하 상태의 카 바닥 또는 정격하중이 균일하게 분포된 부하 상태의 카 바닥은 정상적인 위치에서 5%를 초과하여 기울어지지 않아야 한다.

32 엘리베이터를 구성하는 상승과속방지장치는 빈 카(car)의 감속도가 정지단계 동안 얼마 이상을 초과하는 것을 허용하지 않아야 하는가?

① $1g_n$
② $2g_n$
③ $3g_n$
④ $4g_n$

🔍 상승과속방지장치용 브레이크는 최소한 카가 설정한 속도에 도달하였을 때 또는 그 이전에 제어불능 운행을 감지하여야 하며, 균형추가 완충기에 도달하기 전에 카를 정지시키거나 완충기 설계속도 이하로 낮추도록 하는 장치로 빈 카의 감속도가 정지단계 동안 $1g_n$을 초과하는 것을 허용하지 않아야 한다.

33 엘리베이터용 유압회로에서 실린더와 유량제어밸브 사이에 들어갈 수 없는 것은?

① 스트레이너
② 스톱밸브
③ 사이렌서
④ 라인필터

🔍 스트레이너 : 유체 속에 포함된 고형물을 제거하여 기기 등에 이물질이 유입하는 것을 방지하는 장치

34 과속조절기(조속기)에 관한 설명 중 틀린 것은?

① 과속 스위치는 반드시 수동으로 복귀해야 한다.
② 과속조절기(조속기)는 정격속도의 115% 이상의 속도에서 작동되어야 한다.
③ 과속 스위치는 상승 및 하강의 양 방향에서 작동해야 한다.
④ 균형추측에 조속기가 있는 경우 카 측보다 먼저 작동해야 한다.

🔍 균형추 측에 설치되어 있더라도 카(car) 측이 먼저 작동해야 한다.

35 가이드 레일의 규격(호칭)에 해당되지 않는 것은?

① 8K
② 13K
③ 15K
④ 18K

🔍 1m당 중량에 따라 8, 13, 18, 24, 30, 37, 50K 레일

36 피트에서 하는 검사에 관한 사항 중 옳지 않은 것은?

① 소방구조용(비상용) 엘리베이터의 경우에는 최하층 바닥면 아래에 설치되는 스위치류는 비상용으로 쓰여 질 때는 분리 되어서는 안 된다.
② 아랫부분 리미트 스위치류의 설치상태는 견고하고, 작동상태는 양호하여야 한다.
③ 스프링 완충기는 녹 또는 부식 등이 없어야 하고, 유압 완충기의 경우에는 유량이 적절하여야 한다.
④ 이동케이블은 손상의 염려가 없어야 한다.

🔍 소방구조용(비상용) 엘리베이터의 경우 최하층 바닥면 아래에 설치되는 스위치류는 비상용으로 쓰여 질 때는 분리 되어야 된다.

37 승강장 도어에 대한 설명 중 옳지 않은 것은?

① 승강장 도어와 문틀사이의 여유간격은 6[mm] 이하이어야 한다.
② 중앙개폐식 도어는 서로 맞부딪치는 도어의 끝부분이 평활하고 뽀족한 돌출부분이 없어야 한다.
③ 승강장 도어에는 비상해제장치를 설치할 필요가 없다.
④ 도어는 위와 양쪽옆, 상호간에 서로 겹쳐야 하며, 다중속도 도어의 경우는 12[mm] 이상 겹쳐야 한다.

🔍 승강장 도어에는 비상해제장치를 설치해야 하며, 카가 정지하고 있지 않은 층에서는 특수한 키를 사용할 경우 개방되어야 한다.

38 엘리베이터의 추락방지안전장치에 대한 보수점검 사항이 아닌 것은?

① 세이프티 링크 기구에 이완이나 용접이 벗겨지는 일은 없는지 점검
② 세이프티 링크 스위치와 캠의 간격 점검
③ 마찰 댐퍼의 스프링 및 볼트 변형 등 점검
④ 과속스위치의 접점 및 작동 점검

🔍 ④항은 과속조절기(조속기) 보수점검 사항이다.

39 전기식 엘리베이터의 과부하감지장치에 대한 설명으로 틀린 것은?

① 엘리베이터 주행 중에는 오동작을 방지하기 위해 과부하감지장치 작동은 유효화되어 있어야 한다.
② 과부하감지장치의 작동치는 정격 적재하중의 110%를 초과하지 않아야 한다.
③ 과부하감지장치의 작동상태는 초과하중이 해소되기까지 계속 유지되어야 한다.
④ 적재하중 초과시 경보가 울리고 출입문의 닫힘이 자동적으로 제지되어야 한다.

🔍 엘리베이터 주행 중에는 오동작을 방지하기 위해 과부하방지장치의 작동은 무효화되어 있어야 한다.

40 무빙워크(수평보행기)의 경사도는 몇 도 이하로 하여야 하는가?

① 12   ② 18
③ 25   ④ 30

🔍 에스컬레이터의 경사도 α는 30°를 초과하지 않아야 하며, 무빙워크(수평보행기)의 경사도는 12° 이하이어야 한다.

41 장애인용 엘리베이터인 경우 승강장바닥과 승강기바닥의 틈은 얼마여야 하는가?

① 0.05m 이상
② 0.05m 이하
③ 0.03m 이상
④ 0.03m 이하

🔍 (측정/3개월에 1회) 장애인용 엘리베이터의 승강장바닥과 승강기바닥의 틈은 0.03m 이하이어야 한다.

42 승강기 자체점검 결과 점검주기와 관계없이 다음 달에도 점검해야 하는 경우는?

① 양호   ② 주의 관찰
③ 긴급 수리   ④ 의견 없음

🔍 • 주의 관찰 : 다음 달에도 점검
• 긴급 수리 : 해당 승강기의 운행을 중지시키고 수리 등 개선 조치

43 승객용 엘리베이터에서 자동으로 동력에 의해 문을 닫는 방식에서의 문닫힘 안전장치의 기준에 부적합한 것은?

① 문닫힘 동작시 사람 또는 물건이 끼일 때 문이 반전하여 열려야 한다.
② 문닫힘 안전장치 연결전선이 끊어지면 문이 반전하여 닫혀야 한다.
③ 문닫힘 안전장치의 종류에는 세이프티슈, 광전장치, 초음파장치 등이 있다.
④ 문닫힘 안전장치는 카 문이나 승강장 문에 설치되어야 한다.

> 문닫힘 안전장치는 세이프티 슈, 세이프티 레이, 초음파 도어센서등이 있다. 따라서 문닫힘 안전장치 연결전선이 끊어지면 문이 반전하여 열리도록 해야 한다.

44 승강기 회로의 공칭 회로 전압이 500V를 초과할 경우 시험전압(직류) 1000V에서의 절연저항은 몇 MΩ 이상이어야 하는가?

① 0.5MΩ   ② 1.0MΩ
③ 2.0MΩ   ④ 5.0MΩ

> 저압전로의 절연성능

전로의 사용전압(V)	시험전압/직류(V)	절연저항(MΩ)
SELV 및 PELV	250	0.5 이상
FELV, 500V 이하	500	1.0 이상
500V 초과	1,000	1.0 이상

[주] 특별저압(extra low voltage : 2차 전압이 AC 5V, DC 120V 이하)으로 SELV(비접지회로 구성) 및 PELV(접지회로 구성)은 1차와 2차가 전기적으로 절연된 회로, FELV는 1차와 2차가 전기적으로 절연되지 않은 회로

45 보상(균형)체인과 보상(균형)로프의 점검사항이 아닌 것은?

① 연결부위의 이상 마모가 있는지를 점검
② 이완상태가 있는지를 점검
③ 이상소음이 있는지를 점검
④ 양쪽 끝단은 카의 양측에 균등하게 연결되어 있는지를 점검

> 보상체인과 보상로프는 설치상태로 이상마모, 이완, 이상소음 등을 점검한다.

46 에스컬레이터의 이동식 손잡이(핸드레일)의 경우, 운행 전구간에서 디딤판과 손잡이(핸드레일) 속도차의 범위는?

① 0~1% 이하   ② 0~2% 이하
③ 0~3% 이하   ④ 0~4% 이하

> 이동식 손잡이의 경우, 운행 전구간에서 디딤판과 손잡이의 속도차는 0~2% 이하로 한다.

47 엘리베이터의 상승 전자접촉기와 하강 전자접촉기 상호간에 구성하여 할 회로로 가장 옳은 것은?

① 인터록회로   ② 병렬회로
③ 직병렬회로   ④ 합성회로

> 인터록회로는 상승과 하강 전자접촉기가 동시에 동작하지 못하도록 구성하는 회로이다.

48 그림과 같이 마이크로미터에 나타난 측정값(mm)은?

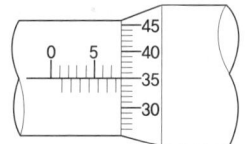

① 0.85   ② 5.35
③ 7.85   ④ 9.35

> 슬리브 값이 7.5mm, 딤블의 값이 0.35mm이므로 7.5mm + 0.35mm = 7.85mm

49 다음 응력에 대한 설명 중 옳은 것은?

① 단면적이 일정한 상태에서 외력이 증가하면 응력은 작아진다.
② 단면적이 일정한 상태에서 하중이 증가하면 응력은 증가한다.
③ 외력이 일정한 상태에서 단면적이 작아지면 응력은 작아진다.
④ 외력이 증가하고 단면적이 커지면 응력은 증가한다.

> 응력(σ) = $\dfrac{하중(W)}{단면적(A)}$

50 2[V]의 기전력으로 80[J]의 일을 할 때 이동한 전기량 [C]은?

① 0.4　　② 4
③ 40　　④ 160

🔍 $V = \dfrac{W}{Q}$, $Q = \dfrac{W}{V} = \dfrac{80}{2} = 40[C]$

51 자기저항의 단위로 맞는 것은?

① [Ω]
② [AT/Wb]
③ [∅]
④ [Wb]

🔍 ①는 전기저항, ③는 자속, ④는 자극의 세기

52 지름 5[cm], 길이 30[cm]인 환봉이 있다. P = 24[ton]인 장력을 작용시킬 때 0.01[mm]가 신장된다면 이 재료의 탄성계수 [kg/cm²]는?

① 3.66×10^6
② 3.66×10^5
③ 4.22×10^6
④ 4.22×10^5

🔍 $A = \dfrac{\pi D^2}{4} = \dfrac{3.14 \times 5^2}{4} = 19.625[\text{cm}^2]$,

탄성계수 $= \dfrac{\text{장력} \times \text{길이}}{\text{단면적}(A) \times \text{신장길이}}$

$= \dfrac{24000 \times 30}{19.625 \times 0.01} ≒ 3.66 \times 10^6 [\text{kg/cm}^2]$

53 회전축에서 베어링과 접촉하고 있는 부분은?

① 핀
② 체인
③ 베어링
④ 저널

🔍 회전축을 지지하는 기계요소는 베어링이며 베어링 속에서 회전하는 축 부분을 저널이라 한다.

54 직류발전기에서 무부하 전압 $V_0[V]$, 정격전압 $V_n[V]$일 때 전압 변동률은?

① $\dfrac{V_0 - V_n}{V_0} \times 100$　　② $\dfrac{V_n - V_0}{V_n} \times 100$

③ $\dfrac{V_n - V_0}{V_0} \times 100$　　④ $\dfrac{V_0 - V_n}{V_n} \times 100$

55 되먹임제어에서 꼭 필요한 장치는?

① 응답속도를 느리게 하는 장치
② 응답 속도를 빠르게 하는 장치
③ 안정도를 좋게 하는 장치
④ 입력과 출력을 비교하는 장치

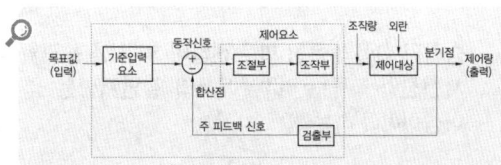

56 다음 중 직류 직권전동기의 용도로 가장 적합한 것은?

① 엘리베이터
② 컨베이어
③ 크레인
④ 에스컬레이터

🔍 직류 직권전동기는 전동차, 크레인과 같이 부하의 변동이 심하고, 기동 토크가 큰 것을 요구하는 데 적합하다.

57 전기의 본질에 대한 설명으로 틀린 것은?

① 전자는 음(−)의 전기를 띤 입자이다.
② 양성자는 양(+)의 전기를 띤 입자이다.
③ 중성자는 전기를 띠지 않지만 질량은 전자와 거의 같다.
④ 전기량의 크기는 양성자와 같다.

🔍 중성자의 질량은 전자 질량의 약 1,840배이다.

58 직류발전기의 구조에서 공극을 통하여 전기자에 계자 자속을 적당히 분포시키는 역할을 하는 것은?

① 계철
② 브러쉬
③ 공극
④ 자극편

> 전자석 끝부분에 설치한 자성 재료편을 자극편이라 한다.

59 전동용 기계요소에서 마찰차의 적용 범위에 해당되지 않는 것은?

① 무단 변속을 하는 경우
② 전달하는 힘이 커서 속도비가 중요시되지 않는 경우
③ 회전속도가 커서 보통의 기어를 사용할 수 없는 경우
④ 두 축 사이를 자주 단속할 필요가 있는 경우

> 마찰차의 적용 범위
> - 무단 변속을 하는 경우
> - 전달하는 힘이 크지 않아도 되는 경우
> - 속도비가 중요하지 않은 경우
> - 회전속도가 커서 보통의 기어를 쓰기 곤란한 경우
> - 두 축 사이를 자주 단속할 필요가 있는 경우

60 다음 중 길이를 측정하는 측정기가 아닌 것은?

① 버니어캘리퍼스
② 마이크로미터
③ 서피스게이지
④ 내경퍼스

> 서피스게이지는 공작물에 평행선을 긋거나 평행면의 검사용으로 사용하는 공구

정답 필기기출문제 – 2013년 1회

01 ①	02 ④	03 ④	04 ③	05 ④
06 ②	07 ②	08 ③	09 ①	10 ④
11 ④	12 ①	13 ②	14 ①	15 ④
16 ③	17 ①	18 ③	19 ③	20 ②
21 ③	22 ①	23 ④	24 ④	25 ①
26 ②	27 ①	28 ④	29 ②	30 ①
31 ③	32 ①	33 ①	34 ④	35 ③
36 ①	37 ③	38 ④	39 ①	40 ①
41 ④	42 ②	43 ②	44 ②	45 ④
46 ②	47 ①	48 ③	49 ②	50 ③
51 ②	52 ①	53 ④	54 ④	55 ④
56 ③	57 ③	58 ④	59 ②	60 ③

2013년 2회 필기 기출문제

승강기기능사

01 승강장의 문이 열린 상태에서 모든 제약이 해제되면 자동적으로 닫히게 하여 문의 개방에서 생기는 2차 재해를 방지하는 것은?

① 도어 인터록
② 도어 클로저
③ 도어 머신
④ 도어 행거

🔍 승강장의 문이 열린 상태에서 자동적으로 닫히게 하는 장치를 도어 클로저라 한다.

02 도어 사이에 이물질이 있는 경우 도어를 반전시키는 안전장치가 아닌 것은?

① 세이프티 슈
② 세이프티 디바이스
③ 세이프티 레이
④ 초음파 장치

🔍 도어보호장치
- 세이프티 슈 : 이물질 검출장치를 설치하여 사람이나 사물이 접촉했을 경우 도어의 닫힘은 중단되고 열리도록 하는 장치
- 세이프티 레이 : 광선 빔을 통과시켜 광선빔이 차단될 때 도어의 닫힘은 중단되고 열리도록 하는 장치
- 초음파 도어 센서 : 도어의 앞 가장자리에서 초음파를 발사하여 이에 접근하는 것을 검출하여 도어의 닫힘은 중단되고 열리도록 하는 장치

03 엘리베이터가 설정된 속도에 달하면 원심력에 의해 진자(振子)가 움직이고 가속 스위치를 작동시켜서 정지시키는 과속조절기(조속기)로 추형과 슈형 방식이 있는 것은?

① 마찰정지형
② 디스크형
③ 플라이 볼형
④ 양방향형

🔍 과속조절기의 종류
- 마찰정지(Traction type)형 : 엘리베이터가 과속된 경우, 과속스위치가 이를 검출하여 동력 전원 회로를 차단하고, 전자 브레이크를 작동시켜서 과속조절기 도르래의 회전을 정지시켜 과속조절기 도르래 홈과 로프 사이의 마찰력으로 비상 정지시키는 과속조절기
- 디스크형 : 엘리베이터가 설정된 속도에 달하면 원심력에 의해 진자(振子)가 움직이고 가속 스위치를 작동시켜서 정지시키는 과속조절기
- 플라이 볼(Fly Ball)형 : 과속조절기 도르래의 회전을 베벨 기어에 의해 수직축의 회전으로 변환하고, 이 축의 상부에서부터 링크 기구에 의해 매달린 구형(球形)의 진자에 작용하는 원심력으로 추락방지안전장치를 작동시키는 과속조절기
- 양방향 과속조절기 : 과속조절기의 캣치가 양방향(상·하) 추락방지안전장치를 작동시킬 수 있는 구조를 갖는 과속조절기

04 승강기의 안전검사 중 정기검사의 경우 기본적으로 검사 주기는 몇 년 이내여야 하는가?

① 2년
② 3년
③ 4년
④ 5년

🔍 승강기 안전검사 중 정기검사는 설치검사 후 정기적으로 하는 검사로 기본 검사주기는 2년 이하이다.

05 승강기가 어떤 원인으로 피트에 떨어졌을 때 충격을 완화하기 위하여 설치하는 것은?

① 과속조절기(조속기)
② 추락방지안전장치(비상정지장치)
③ 완충기
④ 제동기

06 엘리베이터의 브레이크 시스템에 대한 설명으로 틀린 것은?

① 브레이크 제동은 개방 회로의 차단 후에 추가적인 지연 없이 유효해야 한다.
② 주동력 전원공급이 차단 경우에는 작동하여야 하지만, 제어회로에 전원공급이 차단된 경우에는 작동하지 않아야 한다.

③ 자체적으로 카가 정격속도로 정격하중의 125%를 싣고 하강방향으로 운행될 때 구동기를 정지시킬 수 있어야 한다.
④ 카의 감속도는 추락방지안전장치의 작동 또는 카가 완충기에 정지할 때 발생되는 감속도를 초과하지 않아야 한다.

🔍 주동력과 제어회로에 전원공급이 차단된 경우 모두 브레이크가 자동으로 작동하여야 한다.

07 층고가 6m 이하이고, 공칭속도가 얼마 이하인 경우 에스컬레이터의 경사도를 35°까지 증가시킬 수 있는가?

① 0.3m/s 이하
② 0.5m/s 이하
③ 0.75m/s 이하
④ 1.0m/s 이하

🔍 에스컬레이터의 경사도 α는 30°를 초과하지 않아야 한다. 다만, 층고(h13)가 6m 이하이고, 공칭속도가 0.5m/s 이하인 경우에는 경사도를 35°까지 증가시킬 수 있다.

08 에스컬레이터와 건물의 빔 또는 에스컬레이터를 교차 승계형 배열로 설치했을 경우에 생기는 협각부에 끼는 것을 방지하기 위해 설치하는 것은?

① 역결상 검출장치
② 스커트가드 판넬
③ 리미트스위치
④ 삼각부 보호판

🔍 삼각부 보호판은 삼각부에 사람의 머리 등 신체의 일부가 끼이는 것을 방지한다.

09 엘리베이터 기계실에서 작업구역의 유효 높이는 얼마 이상이어야 하는가?

① 2.1m   ② 2.5m
③ 3.0m   ④ 3.5m

🔍 기계실은 설비의 작업이 쉽고 안전하도록 충분한 크기여야 하며, 특히, 작업구역의 유효 높이는 2.1m 이상이어야 한다.

10 엘리베이터 전원이 정전이 될 경우 카내 예비 조명장치에 관한 설명 중 타당하지 않는 것은?

① 비상전원공급장치에 의해 1시간 동안 전원이 공급되어야 한다.
② 조도는 5lx 미만이어야 한다.
③ 자동차용 엘리베이터는 설치하지 않아도 된다.
④ 카내 조작반이 없는 화물용 엘리베이터는 설치하지 않아도 된다.

🔍 카에는 자동으로 재충전되는 비상전원공급장치에 의해 5lx 이상의 조도로 1시간 동안 전원이 공급되는 비상등이 있어야 한다. 이 비상등은 정상 조명전원이 차단되면 즉시 자동으로 점등되어야 한다.

11 수직면내에 배열된 다수의 주차구획이 순환 이동하는 방식의 주차설비는 무엇인가?

① 다층순환식
② 수평순환식
③ 승강기식
④ 수직순환식

🔍 **주차장치의 종류**
- 다층순환식주차장치 : 주차구획에 자동차를 들어가도록 한 후 그 주차구획을 여러 층으로 된 공간에 아래·위 또는 수평으로 순환 이동하여 자동차를 주차하도록 설계한 주차장치
- 수평순환식주차장치 : 주차구획에 자동차를 들어가도록 한 후 그 주차구획을 수평으로 순환 이동하여 자동차를 주차하도록 설계한 주차장치
- 승강기식주차장치 : 여러 층으로 배치되어 있는 고정된 주차구획에 아래·위로 이동할 수 있는 운반기에 의하여 자동차를 자동으로 운반 이동하여 주차하도록 설계한 주차장치
- 수직순환식주차장치 : 주차에 사용되는 부분(주차구획)에 자동차를 들어가도록 한 후 그 주차구획을 수직으로 순환 이동하여 자동차를 주차하도록 설계한 주차장치
- 2단식주차장치 : 주차구획이 2층으로 배치되어 있고 출입구가 있는 층의 모든 주차구획을 주차장치출입구로 사용할 수 있는 구조로서 그 주차구획을 아래·위 또는 수평으로 이동하여 자동차를 주차하도록 설계한 주차장치
- 다단식주차장치 : 주차구획이 3층 이상으로 배치되어 있고 출입구가 있는 층의 모든 주차구획을 주차장치출입구로 사용할 수 있는 구조로서 그 주차구획을 아래·위 또는 수평으로 이동하여 자동차를 주차하도록 설계한 주차장치
- 승강기슬라이드식주차장치 : 여러 층으로 배치되어 있는 고정된 주차구획에 아래·위 및 옆으로 이동할 수 있는 운반기에 의하여 자동차를 자동으로 운반 이동하여 주차하도록 설계한 주차장치
- 평면왕복식주차장치 : 평면으로 배치되어 있는 고정된 주차구획에 운반기에 의하여 자동차를 운반 이동하여 주차하도록 설계한 주차장치
- 특수형식주차장치 : 위의 8가지 형식 이외의 형식으로 설계한 주차장치

12 엘리베이터의 로프 거는 방법에서 1:1에 비하여 3:1, 4:1 또는 6:1로 하였을 때 나타나는 현상으로 옳지 않은 것은?

① 로프의 수명이 짧아진다.
② 로프의 길이가 길어진다.
③ 속도가 빨라진다.
④ 종합적인 효율이 저하된다.

> 1:1, 3:1, 4:1 또는 6:1 등은 '카 측에 걸린 로프 수 : 권상도르래에서 내려진 로프 수'를 나타내는 속도비로 속도비가 커질수록 속도는 늦어진다.

13 엘리베이터의 완충기에 대한 설명 중 옳지 않은 것은?

① 에너지 축적형과 에너지 분산형 완충기가 있다.
② 스프링 완충기는 정격속도 1.0m/s를 초과하지 않는 곳에 사용한다.
③ 유압 완충기는 정격속도에 상관없이 사용할 수 있다.
④ 스프링 완충기의 작용은 유체저항에 의한다.

> 에너지 축적형 완충기 중 스프링 완충기는 스프링 저항에 의해, 에너지 분산형 완충기인 유압 완충기는 유체저항에 의해 작동한다.

14 직접식 유압엘리베이터의 특징으로 옳지 않은 것은?

① 승강로의 소요 평면 치수가 작고, 구조가 간단하다.
② 추락방지안전장치(비상정지장치)가 필요하다.
③ 부하에 의한 바닥 침하가 적다.
④ 실린더 보호관을 땅속에 설치할 필요가 있다.

> **직접식 엘리베이터**
> • 1:1로핑 방식이다.
> • 실린더 설치를 위한 보호관을 지하에 매설해야 되므로 설치가 어렵다.
> • 추락방지안전장치가 없어도 되며 부하에 대한 케이지의 응력이 작아진다.
> • 승강로 행정거리와 실린더의 길이가 동일하다.

15 전기식 엘리베이터에서 주로프가 절단되었을 때 일어나는 현상이 아닌 것은?

① 과속조절기(governor)의 과속 스위치가 작동된다.
② 추락방지안전장치(safety device)가 작동된다.
③ 과속조절기 로프에 카(car)가 매달린다.
④ 과속조절기의 캣치가 작동한다.

> 주로프가 절단되어 카가 낙하하면 과속조절기의 캣치가 작동하여 과속스위치가 작동되고 이에 따라 추락방지안전장치에 의해 카가 정지한다.

16 에스컬레이터의 경사도는 일반적으로 몇 도[°] 이하로 하여야 하는가?

① 10   ② 20
③ 30   ④ 40

> **경사도**
> • 에스컬레이터 : 30°를 초과하지 않아야 하며, 다만, 층고가 6m 이하이고, 공칭속도가 0.5m/s 이하인 경우 35°까지 증가 가능
> • 무빙워크 : 12° 이하

17 에스컬레이터의 디딤판(스텝)에 대한 설명 중 옳지 않은 것은?

① 이용자 운송구역에서 스텝 트레드는 운행방향에 ±1°의 공차로 수평해야 한다.
② 스텝 깊이는 0.38m 이상이어야 한다.
③ 스텝 높이는 0.24m 이하이어야 한다.
④ 연속되는 2개의 스텝 사이의 틈새는 8mm 이하이어야 한다.

> 트레드 표면에서 측정된 이용 가능한 모든 위치의 연속되는 2개의 스텝 또는 팔레트 사이의 틈새는 6mm 이하이어야 한다.

18 사이리스터의 점호각을 바꿔 유도전동기의 속도를 제어하는 방식은?

① 교류 1단제어
② 교류 2단제어
③ 교류 궤환제어
④ VVVF제어

교류 엘리베이터 제어방식		
속도 제어방법	특징	용도
교류1단 속도 제어	3상유도전동기에 전원투입으로 기동과 정속운전, 전원차단 후 정지하는 가장 간단한 방식	30m/min 이하 저속용
교류2단 속도 제어	기동과 주행은 고속권선, 감속은 저속권선으로 하는 방식	30~60 m/min 화물용
교류귀환 제어	카의 실제속도와 지령속도를 비교하여 사이리스터의 점호각을 바꾸는 방식	45~105 m/min
VVVF(가변전압 가변주파수 제어)	전압과 주파수의 변화로 직류전동기와 동등한 제어성능을 갖는 방식	고속용

19 소형화물용 엘리베이터의 특징으로 틀린 것은?

① 사람의 탑승을 금지한다.
② 덤웨이터(dumbwaiter)라고도 한다.
③ 바닥면적이 0.5제곱미터 이하이고, 높이가 0.6미터 이하인 것이다.
④ 음식물이나 서적 등 소형 화물의 운반에 적합하게 제조되었다.

> 소형화물용 엘리베이터(Dumbwaiter)란 음식물이나 서적 등 소형 화물의 운반에 적합하게 제조·설치된 엘리베이터로서 사람의 탑승을 금지하는 엘리베이터로 바닥면적이 $0.5m^2$ 이하이고, 높이가 0.6m 이하인 것은 제외한다.

20 안전점검 및 진단순서가 맞는 것은?

① 실태 파악→결함 발견→대책 결정→대책 실시
② 실태 파악→대책 결정→결함 발견→대책 실시
③ 결함 발견→실태 파악→대책 실시→대책 결정
④ 결함 발견→실태 파악→대책 결정→대책 실시

21 중량물을 달아 올릴 때 와이어 로프에 가장 힘이 크게 걸리는 각도는?

① 45° ② 55°
③ 65° ④ 90°

> 중량물을 수직으로 들어올릴 때 로프에 가장 큰 힘이 걸리게 된다.

22 물건에 끼여진 상태나 말려든 상태는 어떤 재해인가?

① 추락 ② 전도
③ 협착 ④ 낙하

> **재해발생의 형태**
> • 추락 : 고소 등에서 작업에 종사하고 있었던 근로자가 지상 등에 낙하하여 발생되는 재해
> • 낙하 : 물건이 높은 곳에서 움직여 사람이 맞아 발생되는 재해
> • 협착 : 기계의 움직이는 부분 사이 또는 움직이는 부분과 고정 부분 사이에 신체 또는 신체 일부분이 끼이거나 물리거나 말려들어가 발생되는 재해
> • 전도 : 사람이 평면 또는 경사면, 층계 등에서 구르거나 넘어짐 또는 미끄러짐으로 인해 발생되는 재해
> • 충돌 : 사람이 정지되어 있는 물체에 부딪혀서 발생되는 재해

23 재해원인에 대한 설명으로 옳지 않은 것은?

① 불안전한 행동과 불안전한 상태는 재해의 간접원인이다.
② 불안전한 상태는 물적원인에 해당된다.
③ 위험장소의 접근은 재해의 불안전한 행동에 해당된다.
④ 부적당한 조명, 온도 등 작업환경의 결함도 재해원인에 해당된다.

> **재해원인의 분류**
> • 직접원인
> - 불안전한 행동(인적원인) : 위험장소 접근, 안전장치의 기능 제거, 복장·보호구의 잘못 사용, 기계·기구 잘못 사용, 운전중인 기계장치의 손질, 불안전한 속도 조작, 위험물 취급 부주의, 불안전한 상태 방치, 불안전한 자세 동작, 감독 및 연락 불충분
> - 불안전한 상태(물적원인) : 물 자체 결함, 안전 방호장치 결함, 복장·보호구의 결함, 물의 배치 및 작업 장소 결함, 작업환경의 결함, 생산 공정의 결함, 경계표시·설비의 결함
> • 간접원인
> - 기술적 원인 : 건물·기계장치 설계 불량, 구조·재료의 부적합, 생산 공정의 부적당, 점검·정비·보존 불량
> - 교육적 원인 : 안전의식의 부족, 안전수칙의 오해, 경험 훈련의 미숙, 작업방법의 교육 불충분, 유해위험 작업의 교육 불충분
> - 관리적 원인(작업관리상 원인) : 안전관리 조직 결함, 안전수칙 미제정, 작업준비 불충분, 인원배치 부적당, 작업지시 부적당

24 재해 원인을 분류할 때 인적 요인에 해당되는 것은?

① 방호장치의 결함 ② 안전장치의 결함
③ 보호구의 결함 ④ 지식의 부족

🔍 문제23번 해설참조

25 산업재해(사고)조사 항목이 아닌 것은?

① 재해원인 물체
② 재해발생 날짜, 시간, 장소
③ 재해책임자 경력
④ 피해자 상해정도 부위

🔍 재해 조사항목
• 소재지, 업종 등을 비롯하여 산업재해의 발생 일시와 재해발생지역(부서)을 기재한다.
• 인적 피해 및 물적 피해에 관한 세부 내용과 재해발생과정 및 원인을 구체적으로 기재한다.

26 기계 설비의 기계적 위험에 해당되지 않는 것은?

① 직선운동과 미끄럼운동
② 회전운동과 기계 부품의 튀어나옴
③ 재료의 튀어나옴과 진동 운동체의 끼임
④ 감전, 누전 등 오통전에 의한 기계의 오작동

🔍 ④는 전기적인 위험에 해당된다.

27 재해가 발생되었을 때의 조치순서로서 가장 알맞은 것은?

① 긴급처리 → 재해조사 → 원인강구 → 대책수립 → 실시 → 평가
② 긴급처리 → 원인강구 → 대책수립 → 실시 → 평가 → 재해조사
③ 긴급처리 → 재해조사 → 대책수립 → 실시 → 원인강구 → 평가
④ 긴급처리 → 재해조사 → 평가 → 대책수립 → 원인강구 → 실시

🔍 • 이상발견시 조치사항 : 발견 → 점검 → 조치 → 수리 → 확인
• 재해발생시 조치사항 : 긴급처리 → 재해조사 → 원인강구 → 대책수립 → 실시 → 평가

28 안전점검의 종류가 아닌 것은?

① 정기점검   ② 특별점검
③ 순회점검   ④ 수시점검

🔍 안전점검의 종류
• 수시점검(일상점검) : 승강기의 품질유지를 통한 안전한 운행으로 이용자의 편리를 도모하고 내구성을 높이기 위해 실시한다.
• 특별점검 : 천재지변 등으로 인한 이상상태가 발생하였을 때에 기능상 이상 유무를 점검하는 것을 말한다.
• 정기점검(계획점검) : 일정한 기간을 정하여 점검하는 것으로 주간점검, 월간점검 및 연간점검등이 있으며 법적기준 또는 사내 안전 규정에 따라 해당 책임자가 실시하는 점검이다.
• 임시점검 : 정기점검 실시후 다음 점검기일 이전에 임시로 실시하는 점검을 말하며 기계·기구 또는 실시의 이상 발견시에 이루어지는 점검을 말한다.

29 승강기를 보수 점검할 경우 보수점검의 내용이 틀린 것은?

① 메인 로프와 시브의 마모를 줄이기 위해 그리스를 주기적으로 충분하게 주입한다.
② 권동기의 기어오일을 확인하고 부족시 주유한다.
③ 레일 가이드 슈의 오일을 확인하여 부족시 보충하고 구동 체인에는 그리스를 주입한다.
④ 도어슈, 도어클로저, 체인 등에서 소음이 발생할 때 링크 부위를 그리스로 주입하고 볼트와 너트가 풀린 곳을 확인하고 조인다

🔍 메인 로프와 시브의 마모를 줄이기 위해 그리스를 주입하게 되면 카의 가속 및 가속시 로프와 시브가 미끄러짐을 유발하여 정확한 위치에 카를 진행할 수 없게 된다.

30 유압식 엘리베이터의 유압 파워유니트(Power Unit)의 구성 요소가 아닌 것은?

① 펌프   ② 유압실린더
③ 유량제어밸브   ④ 체크밸브

🔍 유압 엘리베이터에서 유압파워유니트는 펌프, 유량제어밸브, 체크밸브, 안전밸브 및 주전동기를 주된 구성요소로 하는 유니트를 말한다.

31 에스컬레이터의 800형, 1200형이라 부르는 것은 무엇을 기준으로 한 것인가?

① 난간폭   ② 계단의 폭
③ 속도   ④ 양정

난간폭에 의한 분류
- 800형 : 수송능력이 6000명/시간
- 1200형 : 수송능력이 9000명/시간

32 엘리베이터에 관련된 안전율 기준으로 해당 안전율 기준에 미달되는 것은?

① 과속조절기(조속기) 로프는 8 이상이다.
② 소형화물용 엘리베이터(덤웨이터)의 체인은 4 이상이다.
③ 유압식 엘리베이터의 가요성 호스는 8 이상이다.
④ 보상수단(로프, 체인, 벨트 및 그 단말부)은 안전율 5 이상이다.

체인에 의해 구동되는 엘리베이터의 경우 매다는 장치의 안전율은 10 이상이어야 한다.

33 에스컬레이터 제동기의 설치상태는 견고하고 양호하여야 한다. 적재하중을 작용시키지 않고 스텝이 하강할 때 정격속도가 0.5m/s인 경우 정지거리는 몇 m 사이이어야 하는가?

① 0.1~0.9 ② 0.2~1.0
③ 0.3~1.1 ④ 0.4~1.2

에스컬레이터의 정지거리

공칭속도 V	정지거리
0.50 m/s	0.20m부터 1.00m까지
0.65 m/s	0.30m부터 1.30m까지
0.75 m/s	0.40m부터 1.50m까지

34 유압식 엘리베이터에 대한 설명으로 옳지 않은 것은?

① 실린더를 사용하기 때문에 행정거리와 속도에 한계가 있다.
② 균형추를 사용하지 않으므로 전동기의 소요 동력이 커진다.
③ 건물 꼭대기 부분에 하중이 많이 걸린다.
④ 승강로 꼭대기 틈새가 작아도 좋다.

건물 꼭대기 부분이 하중이 많이 걸리는 엘리베이터는 전기식이다.

35 에너지 축적형 완충기의 설계 기준 중 ( ) 안에 알맞은 내용은?

선형 특성을 갖는 완충기는 카 자중과 정격하중(또는 균형추의 무게)을 더한 값의 (㉠)배와 (㉡)배 사이의 정하중으로 행정이 적용되도록 설계되어야 한다.

① ㉠ 2.0, ㉡ 4   ② ㉠ 2.0, ㉡ 5
③ ㉠ 2.5, ㉡ 4   ④ ㉠ 2.5, ㉡ 5

선형 특성을 갖는 에너지 축적형 완충기
- 완충기의 가능한 총 행정은 정격속도의 115%에 상응하는 중력 정지거리의 2배[0.135v²(m)] 이상이어야 한다. 다만, 행정은 65mm 이상이어야 한다.
- 완충기는 카 자중과 정격하중(또는 균형추의 무게)을 더한 값의 2.5배와 4배 사이의 정하중으로 행정이 적용되도록 설계되어야 한다.

36 교류 엘리베이터 제어 방식이 아닌 것은?

① VVVF 제어방식
② 정지 레오나드 제어방식
③ 교류 귀환 제어방식
④ 교류 2단 속도 제어방식

직류 엘리베이터 제어방식은 정지 레오나드 방식과 워드레오나드 방식이 있다.

37 회전운동을 하는 유희시설에 해당되지 않는 것은?

① 코스터   ② 문로켓트
③ 오토퍼스   ④ 해적선

회전운동의 유희시설에는 회전그네, 비행탑, 회전 목마 등이 있으며 코스터는 중력을 이용한 유희시설이다.

38 엘리베이터 카의 속도를 검출하는 장치는?

① 배선용차단기
② 전자접촉기
③ 제어용 릴레이
④ 과속조절기(조속기)

과속조절기 : 기계적 과속 제어 기구

39 엘리베이터 자체점검기준에 따른 카에서의 점검내용이 아닌 것은?

① 비상통화장치의 작동상태
② 카 내 버튼의 설치 및 작동상태
③ 점검운전 제어시스템 작동상태
④ 에이프런 고정 및 설치상태

🔍 점검운전 제어시스템 작동상태는 카 상부의 점검내용에 해당된다.

40 전기식 엘리베이터에서 권상기 도르래 홈의 언더컷의 잔여량은 몇 [mm] 미만일 때 도르래를 교체하여야 하는가?

① 4 ② 3
③ 2 ④ 1

🔍 권상기 도르래 홈의 언더컷의 잔여량은 1mm 이상이어야 하고, 권상기 도르래에 잠긴 주로프 가닥끼리의 높이차는 2mm 이내이어야 한다.

41 엘리베이터 카 도어머신에 요구되는 성능이 아닌 것은?

① 작동이 원활하고 정숙할 것
② 카 상부에 설치하기 위해 소형 경량일 것
③ 동작횟수가 엘리베이터 기동횟수의 2배이므로 보수가 용이할 것
④ 어떠한 경우라도 수동으로 카 도어가 열려서는 안될 것

🔍 도어머신의 성능상 요구되는 조건
• 카상부에 설치하므로 소형 경량일 것
• 작동이 원활하고 정숙할 것
• 동작횟수가 엘리베이터 기동횟수의 2배이므로 보수가 용이할 것
• 가격이 저렴할 것

42 엘리베이터의 안정된 사용 및 정지를 위하여 승강장·중앙관리실 또는 경비실 등에 설치되어 카 이외의 장소에서 엘리베이터 운행의 정지조작과 재개조작이 가능한 안정장치는?

① 자동/수동 전환 스위치
② 도어 안전장치
③ 파킹스위치
④ 카 운행정지스위치

43 엘리베이터 비상구출문에 대한 설명 중 옳지 않는 것은?

① 카 천장에 비상구출문이 설치된 경우, 유효 개구부의 크기는 0.4m×0.5m 이상이어야 한다.
② 카 천장의 비상구출문은 카 내부 방향으로 열려야 한다.
③ 카 천장의 비상구출문은 카 외부에서 열쇠 없이 열려야 한다.
④ 하나의 승강로에 2대 이상의 엘리베이터가 있는 경우, 카 벽에 비상구출문을 설치할 수 있다.

🔍 • 카 천장의 비상구출문은 카 외부에서 열쇠 없이 열려야 하고, 카 내부에서는 에 따른 비상잠금해제 삼각열쇠로 열려야 한다.
• 카 천장의 비상구출문은 카 내부 방향으로 열리지 않아야 한다.
• 카 천장의 비상구출문이 완전히 열렸을 때, 그 열린 부분은 카 천장의 가장자리를 넘어 돌출되지 않아야 한다.

44 주행안내(가이드) 레일의 보수점검 사항 중 틀린 것은?

① 녹이나 이물질이 있을 경우 제거한다.
② 레일 브래킷의 조임상태를 점검한다.
③ 레일 클립의 변형 유무를 체크한다.
④ 과속조절기 로프의 미끄럼 유무를 점검한다.

🔍 주행안내 레일은 카와 균형추의 승강로 평면 내의 위치를 규제하고, 카의 자중이나 하중 위치에 따른 기울어짐을 방지하고 추락방지안전장치 작동 시 수직하중을 유지하기 위해 설치하는 것으로 과속조절기 로프의 미끄럼 유무와는 관련이 없다.

45 엘리베이터 기계실에는 작업공간의 바닥 면에서 몇 lx 이상을 밝히는 영구적으로 설치된 전기조명이 있어야 하는가?

① 50lx ② 100lx
③ 200lx ④ 300lx

🔍 기계실 조명 및 콘센트
• 기계실·기계류 공간 및 풀리실에는 작업공간의 바닥 면에서 200lx 이상을 밝히는 영구적으로 설치된 전기조명이 있어야 하며, 전원공급은 구동기에 공급되는 전원과는 독립적이어야 한다.
• 출입문의 가까운 곳에 적절한 높이로 설치되어 승강기 안전관리 기술자 등 관련 자격을 갖춘 사람만이 접근할 수 있는 조명스위치가 있어야 한다.
• 작업구역마다 적절한 위치에 설치된 1개 이상의 콘센트가 있어야 한다.

46 전기식 엘리베이터의 주행안내(가이드) 레일 설치에서 패킹(보강재)이 설치된 경우는?

① 주행안내 레일이 짧게 설치되어 보강할 경우
② 주행안내 레일 양 폭의 너비를 조정 작업할 경우
③ 레일브래킷의 간격이 필요이상 한계를 초과할 경우 레일의 뒷면에 강재를 붙여서 보강하는 경우
④ 레일브래킷의 간격이 필요이상 한계를 초과할 경우 레일의 앞면에 강재를 붙여서 보강하는 경우

🔍 보강재를 설치하면 레일브래킷의 보강 및 간격조정이 된다.

47 그림의 회로에서 전체의 저항값 R을 구하는 공식은?

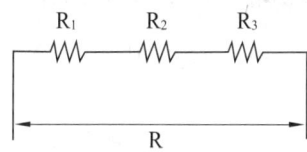

① $R = R_1 + R_2 + R_3$
② $R = \dfrac{1}{R_1} + \dfrac{1}{R_2} + \dfrac{1}{R_3}$
③ $R = \dfrac{R_1 + R_2 + R_3}{2}$
④ $R = R_1 \times R_2 \times R_3$

🔍 저항이 직렬로 연결되어 있으므로
$R = R_1 + R_2 + R_3$

48 길이 1[m]의 봉이 인장력을 받고 0.2[mm] 만큼 늘어났다. 인장변형률은 얼마인가?

① 0.0001 ② 0.0002
③ 0.0004 ④ 0.0005

🔍 인장변형률 = $\dfrac{\text{변형된 길이}}{\text{원래의 길이}}$ = $\dfrac{0.2}{1000}$ = 0.0002

49 체인의 종류가 아닌 것은?

① 링크체인
② 롤러체인
③ 리프체인
④ 베어링체인

🔍 체인의 종류 : 링크체인, 롤러체인, 리프체인, 사일런트체인, 블록체인 등

50 부하 1상의 임피던스가 3 + j4[Ω]인 △결선 회로에 100[V]의 전압을 가할 때 선전류는 몇 [A]인가?

① 10
② $10\sqrt{3}$
③ 20
④ $20\sqrt{3}$

🔍 Z의 크기 = $\sqrt{3^2+4^2}$ = 5,
상전류 = $\dfrac{100}{5}$ = 20[A]
△결선시 선전류 = $\sqrt{3}$ × 상전류 = $20\sqrt{3}$

51 전환 스위치가 있는 접지저항계를 이용한 접지저항 측정방법으로 틀린 것은?

① 전환 스위치를 이용하여 절연저항과 접지저항을 비교한다.
② 전환 스위치를 이용하여 E, P간의 전압을 측정한다.
③ 전환 스위치를 저항값에 두고 검류계의 밸런스를 잡는다
④ 전환 스위치를 이용하여 내장 전지의 양부 (+,-)를 확인한다.

🔍 절연저항은 절연체의 높은 저항값이므로 접지저항과는 무관하다.

52 로프 소선의 파단강도에 따라 구분되는 로프 중에서 파단강도가 높기 때문에 초고층용 엘리베이터나 로프 가닥수를 작게 하고자 하는 경우에 쓰이는 것은?

① A종 ② B종
③ E종 ④ G종

구분	파단강도	용도 및 특징
E종	135kgf/mm²	보통 엘리베이터에 사용
G종	150kgf/mm²	습기에 강한 아연도금의 재질로 습도가 높은 현장에 사용
A종	165kgf/mm²	초고층 엘리베이터나 로프의 본수를 줄이기 위해 사용하며, 도르래의 마모도가 심해 도르래의 교체주기가 짧다.
B종	180kgf/mm²	엘리베이터에서 사용하지 않음

53 3상 유도전동기에서 슬립(slip) s의 범위는?

① 0 < s < 1
② 0 > s > -1
③ 2 > s > 1
④ -1 < s < 1

> 슬립(s) = (동기속도 - 회전속도) / 동기속도
> • 정지 및 기동시 (회전속도 = 0) : 슬립 s = 1
> • 무부하 운전시 (동기속도 ≒ 회전속도) : 슬립 s = 0
> 따라서, 범위는 0 < s < 1이 된다.

54 엘리베이터 제어반에 설치되는 기기가 아닌 것은?

① 배선용차단기
② 전자접촉기
③ 리미트스위치
④ 제어용 계전기

> 리미트 스위치는 승강기가 최상층 이상 및 최하층 이하로 운행 되지 않도록 최상층 상단 및 최하층 하단에 설치한다.

55 2축이 만나는(교차하는) 기어는?

① 나사(SCREW)기어
② 베벨기어
③ 웜기어
④ 하이포이드기어

> 교차축 기어 : 두축이 만남
> • 직선 베벨(straight bevel) 기어
> • 스파이럴 베벨(spiral bevel) 기어
> • 제롤 베벨(zerol bevel) 기어
> • 크라운 베벨(crown bevel) 기어

56 NAND 게이트 3개로 구성된 논리회로의 출력값 E는?

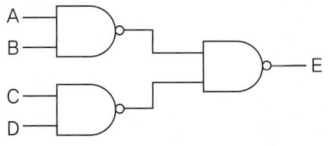

① $A \cdot B + C \cdot D$
② $(A + B) \cdot (C + D)$
③ $\overline{A \cdot B} + \overline{C \cdot D}$
④ $A \cdot B \cdot C \cdot D$

> $E = \overline{\overline{AB} \cdot \overline{CD}} = \overline{\overline{AB}} + \overline{\overline{CD}} = AB + CD$
> 드모르간 정리 ($\overline{A \cdot B} = \overline{A} + \overline{B}$, $\overline{\overline{A}} = A$)

57 정현파 교류의 실효치는 최대치의 몇 배 인가?

① π배
② $\frac{2}{\pi}$배
③ $\sqrt{2}$배
④ $\frac{1}{\sqrt{2}}$배

> $V_m = \sqrt{2} V$, $V = \frac{V_m}{\sqrt{2}}$

58 입체(실체) 캠이 아닌 것은?

① 원통 캠
② 경사판 캠
③ 판 캠
④ 구면 캠

> • 입체 캠 : 원통 캠, 원추 캠, 구면 캠, 단면 캠, 사판 캠
> • 평면 캠 : 판 캠, 직동 캠, 정면(확동) 캠

59 일반적으로 유도전동기의 공극은 약 몇 [mm] 인가?

① 0.3~2.5
② 3~4
③ 5~6
④ 7~8

🔍 유도전동기의 공극은 0.3~2.5[mm] 정도 작아야 된다.

60 직류 전위차계에 대한 설명으로 옳은 것은?

① 미소한 전류나 전압의 유무 검출시 사용
② 직류 고전압 측정기로 45[kV] 까지 측정시 사용
③ 가동코일형으로 20[mV]~1000[V] 까지 측정 시 사용
④ 1[V] 이하의 직류전압을 정밀하게 측정할 때 사용

🔍 전위차나 기전력 등을 표준 전지와 비교해서 정밀하게 측정하는 계기

정답 필기기출문제 – 2013년 2회

01 ②	02 ②	03 ②	04 ①	05 ③
06 ②	07 ②	08 ④	09 ①	10 ②
11 ④	12 ③	13 ④	14 ②	15 ③
16 ③	17 ④	18 ③	19 ③	20 ①
21 ④	22 ③	23 ①	24 ④	25 ③
26 ④	27 ①	28 ③	29 ①	30 ②
31 ①	32 ②	33 ②	34 ③	35 ③
36 ②	37 ①	38 ④	39 ③	40 ④
41 ④	42 ③	43 ②	44 ④	45 ③
46 ③	47 ①	48 ②	49 ④	50 ④
51 ①	52 ①	53 ①	54 ③	55 ②
56 ①	57 ④	58 ③	59 ①	60 ④

2013년 3회 필기 기출문제

01 엘리베이터에 사용되는 완충기와 관련한 설명으로 틀린 것은?

① 에너지 분산형 완충기는 작동 후에는 영구적인 변형이 없어야 한다.
② 에너지 분산형 완충기는 엘리베이터 정격속도와 상관없이 사용될 수 있다.
③ 정격속도 60m/min 이하의 것은 운동에너지가 작아서 선형 또는 비선형 특성을 갖는 에너지 축적형 완충기가 주로 사용된다.
④ 에너지 축적형 완충기는 유체의 수위가 쉽게 확인될 수 있는 구조여야 한다.

> 유체를 이용하는 완충기는 에너지 분산형 완충기로 유압 완충기가 대표적이다.

02 레일의 규격은 어떻게 표시하는가?

① 1m당 중량
② 1m당 레일이 견디는 하중
③ 레일의 높이
④ 레일 1개의 길이

> 일반적으로 단면이 T자형인 엘리베이터용 레일이 이용되고 1m당 중량에 따라 8, 13, 18, 24, 30, 37, 50K 레일 등의 종류가 있다.

03 교류 귀환제어방식에 관한 설명으로 옳은 것은?

① 카의 실속도와 지령속도를 비교하여 다이오드의 점호각을 바꿔 유도전동기의 속도를 제어한다.
② 유도전동기의 1차측 각 상에서 사이리스터와 다이오드를 병렬로 접속하여 토크를 변화시킨다.
③ 미리 정해진 지령속도에 따라 제어되므로 승차감 및 착상정도가 좋다.
④ 교류 이단속도와 같은 저속주행시간이 없으므로 운전시간이 길다.

04 1,200형 에스컬레이터의 시간당 수송능력 [명/시간]은?

① 1,200
② 4,500
③ 6,000
④ 9,000

> 난간폭에 의한 분류
> • 800형 : 수송능력이 6000명/시간
> • 1200형 : 수송능력이 9000명/시간

05 자동차용 엘리베이터나 대형 화물용 엘리베이터에 주로 사용하는 도어 개폐방식은?

① CO
② SO
③ UD
④ UP

> 도어시스템의 종류

종류		용도
가로열기 (S)	1S, 2S, 3S	화물용 및 침대용 엘리베이터
중앙열기 (CO)	2CO, 4CO	승용 엘리베이터
상하열기 (UP)	외짝문식, 2짝문식	자동차용, 대형 화물 전용엘리베이터

06 균형추 쪽에도 추락방지안전장치(비상정지장치)를 설치해야 하는 경우는?

① 정격속도가 360m/min 이상인 승객용 엘리베이터
② 정격속도가 400m/min 이상인 승객용 엘리베이터
③ 피트 바닥 직하부를 사람이 상주하는 공간으로 사용할 경우
④ 주행안내 레일(가이드 레일)의 길이가 짧은 경우

승강로 하부에 접근할 수 있는 공간(피트 바닥 직하부에 사람이 상주하는 공간 또는 상시 출입하는 통로나 공간)이 있는 경우, 피트의 기초는 5,000N/m² 이상의 부하가 걸리는 것으로 설계되어야 하고, 균형추 또는 평형추에 추락방지안전장치가 설치되어야 한다.

07 에너지 분산형 완충기가 스프링식 또는 중력 복귀식일 경우, 최대 몇 초 이내에 완전히 복귀되어야 하는가?

① 120
② 90
③ 50
④ 30

완충기는 완전히 압축한 위치에서 5분 동안 유지되어야 하며, 완충기가 스프링식 또는 중력 복귀식일 경우 최대 120초 이내에 완전히 복귀되어야 한다.

08 고속 엘리베이터의 일반적인 속도 범위는?

① 0.75~1m/s
② 1~4m/s
③ 4~6m/s
④ 6~8m/s

속도별 분류

분류	속도		용도
저속	0.75m/s 이하	45m/min 이하	소형 빌딩
중속	1~4m/s	60~240m/min	아파트 및 중형 빌딩
고속	4~6m/s	240~360m/min	대형 빌딩 및 대형 백화점
초고속	6m/s 이상	360m/min 이상	초고층 빌딩

09 무빙워크(수평보행기)에서 경사각이 몇 도 이하인 경우, 디딤판을 광폭형으로 설치할 수 있는가?

① 6°
② 8°
③ 10°
④ 12°

에스컬레이터 및 무빙워크의 공칭 폭은 0.58m 이상 1.1m 이하이어야 한다. 다만, 경사도가 6° 이하인 무빙워크의 폭은 1.65m까지 허용된다.

10 엘리베이터의 정상 조명전원이 차단되면 자동으로 점등되는 비상등에 대한 설명으로 옳은 것은?

① 카 바닥 위 2m 지점의 카 중심부에서 5lx 이상의 밝기가 필요하다.
② 카 바닥 위 2m 지점의 카 중심부에서 3lx 이상의 밝기가 필요하다.
③ 카 바닥 위 1m 지점의 카 중심부에서 5lx 이상의 밝기가 필요하다.
④ 카 바닥 위 1m 지점의 카 중심부에서 3lx 이상의 밝기가 필요하다.

카에는 자동으로 재충전되는 비상전원공급장치에 의해 5lx 이상의 조도로 1시간 동안 전원이 공급되는 비상등이 있어야 한다. 이 비상등은 다음과 같은 장소에 조명되어야 하고, 정상 조명전원이 차단되면 즉시 자동으로 점등되어야 한다.
• 카 내부 및 카 지붕에 있는 비상통화장치의 작동 버튼
• 카 바닥 위 1m 지점의 카 중심부
• 카 지붕 바닥 위 1m 지점의 카 지붕 중심부

11 도어 관련 부품 중 안전장치가 아닌 것은?

① 도어 머신
② 도어 스위치
③ 도어 인터록
④ 도어 클로저

도어머신은 모터의 회전을 감속하고 암이나 로프등을 구동시키고 도어를 개폐시키는 장치이다.

12 발전기의 계자 전류를 조절하여 발전기의 발생 전압을 임의로 연속적으로 변화시켜 직류 모터의 속도를 연속으로 광범위하게 제어하는 방식은?

① 사이리스터 제어방식
② 여자기 제어방식
③ 워드-레오나드방식
④ 피드백 제어방식

워드레오나드 방식은 직류 발전기의 출력단을 직접 직류 전동기 전기자에 연결시키고, 발전기의 계자 전류를 조정하여 발전 전압을 엘리베이터의 속도에 대응하여 연속적으로 공급시키는 방식이다.

13 비상정지장치(추락방지안전장치)에 대한 설명으로 틀린 것은?

① 비상정지장치(추락방지안전장치)는 상승방향으로만 작동해야 한다.
② 카, 균형추, 평형추에 여러 개의 추락방지안전장치가 설치된 경우에는 모두 점차 작동형이어야 한다.
③ 정격속도가 1m/s를 초과하는 경우, 균형추 또는 평형추의 추락방지안전장치는 점차 작동형이어야 한다.
④ 카, 균형추 또는 평형추의 추락방지안전장치의 복귀 및 자동 재설정은 카, 균형추 또는 평형추를 들어 올리는 것에 의해서만 가능해야 한다.

🔍 **추락방지안전장치(비상정지장치)**
- 추락방지안전장치란 과속이 발생하거나 로프 등 매다는 장치가 파단 될 경우, 주행안내 레일 상에서 엘리베이터의 카 또는 균형추를 정지시키고 그 정지 상태를 유지하기 위한 기계장치를 말한다.
- 매다는 장치의 파손, 즉 로프 등이 끊어지더라도 과속조절기의 차단속도에서 하강방향으로 작동하여 주행안내 레일을 잡아 정격하중의 카를 정지시킬 수 있고 카, 균형추 또는 평형추를 유지할 수 있는 추락방지안전장치가 설치되어야 한다.
- 상승방향으로 작동되는 추가적인 기능을 가진 추락방지안전장치는 카의 상승과속방지장치에 사용될 수 있다.

14 기계실에 설치되지 않는 것은?

① 과속조절기　　② 권상기
③ 제어반　　　　④ 완충기

🔍 완충기는 카나 균형추가 어떤 원인으로 최하층을 통과하여 피트에 도달했을 때 카나 균형추의 충격을 완화시켜 주는 장치이다.

15 엘리베이터의 속도가 규정치 이상이 되었을 때 작동하여 동력을 차단하고 추락방지안전장치(비상정지장치)를 작동시키는 기계장치는?

① 구동기
② 과속조절기(조속기)
③ 완충기
④ 도어스위치

🔍 **과속조절기(overspeed governor, 조속기)**
- 엘리베이터가 미리 설정된 속도에 도달할 때 엘리베이터를 정지시키도록 하고, 필요한 경우에는 추락방지안전장치를 작동시키는 장치로 마찰정지(Traction type)형, 디스크형 플라이 볼(Fly Ball)형 등이 있다.
- 추락방지안전장치 등의 작동을 위한 과속조절기는 정격속도의 115% 이상의 속도에서 작동되어야 한다.

16 엘리베이터 구조음의 진동이 카로 전달되지 않도록 하는 것은?

① 과부하 검출장치
② 방진고무
③ 맞대임고무
④ 도어인터록

17 유압엘리베이터 작동유의 적정 온도 범위는?

① 30℃ 이상 70℃ 이하
② 30℃ 이상 80℃ 이하
③ 5℃ 이상 90℃ 이하
④ 5℃ 이상 60℃ 이하

🔍 유압식 엘리베이터 작동유는 5℃ 이상 60℃ 이하로 유지되도록 작동유 냉각장치를 설치한다.

18 기계실로 가는 계단의 폭은 얼마 이상으로 해야 하는가?(단, 주택용 엘리베이터가 아닌 경우이다.)

① 0.5m
② 0.7m
③ 0.9m
④ 1.1m

🔍 계단을 포함한 통로는 출입문의 폭과 높이 이상이어야 하며, 계단에는 높이 0.85m 이상의 견고한 난간이 설치되어야 한다. 기계실, 승강로 및 피트 출입문은 높이 1.8m 이상, 폭 0.7m 이상이어야 한다. 다만, 주택용 엘리베이터의 경우 기계실 출입문은 폭 0.6m 이상, 높이 0.6m 이상으로 할 수 있다.

19 문닫힘 안전장치의 동작 중 부적합한 것은?

① 사람이나 물건이 도어 사이에 끼이게 되면 도어의 닫힘 동작이 중지되고 열림 동작으로 바뀌게 되는 장치이다.
② 문닫힘 안전장치는 엘리베이터의 중요한 안전장치로 동작이 확실해야 한다.
③ 장치를 작동시키면 즉시 도어의 열림 동작이 멈추어야 한다.
④ 닫힘 동작이 멈춘 후에는 즉시 열림 동작에 의하여 도어가 열려야 한다.

🔍 장치를 작동시키면 즉시 도어의 닫힘 동작이 멈추어야 한다.

20 재해의 발생 순서로 옳은 것은?

① 이상상태 – 불안전 행동 및 상태 – 사고 – 재해
② 이상상태 – 사고 – 불안전 행동 및 상태 – 재해
③ 이상상태 – 재해 – 사고 – 불안전 행동 및 상태
④ 재해 – 이상상태 – 사고 – 불안전 행동 및 상태

21 에스컬레이터 사고 발생 중 가장 많이 발생하는 원인은?

① 과부하
② 기계불량
③ 이용자의 부주의
④ 작업자의 부주의

🔍 에스컬레이터는 이용자가 많은 만큼 이용자의 부주의로 인한 사고 발생 가능성이 가장 크다.

22 카 상부작업시의 안전수칙으로 옳지 않은 것은?

① 작업개시 전에 작업등을 켠다.
② 이동 중에 로프를 손으로 잡아서는 안 된다.
③ 운전 선택 스위치는 자동으로 설치한다.
④ 안전스위치를 작동시켜 안전회로를 차단시킨다.

🔍 운전 선택 스위치는 수동으로 설치한다.

23 전기화재의 원인이 아닌 것은?

① 누전
② 단락
③ 과전류
④ 케이블 연피

🔍 케이블 연피(lead covered)란 케이블 심선이 외부 습기의 영향을 받지 않도록 납으로 피복하는 것을 말한다.

24 엘리베이터의 안전장치에 관한 설명으로 틀린 것은?

① 작업 형편상 경우에 따라 일시 제거해도 좋다.
② 카의 출입문이 열려있는 경우 움직이지 않는다.
③ 불량할 때는 즉시 보수한 다음 작업한다.
④ 반드시 작업 전에 점검한다.

🔍 작업 형편 또는 일시적으로나마 안전장치를 제거하거나 기능을 상실시켜서는 안 된다. 필요할 경우 반드시 관리책임자 및 안전관리자에게 허가를 받아야 한다.

25 전기적 문제로 볼 때 감전사고의 원인으로 볼 수 없는 것은?

① 전기기구나 공구의 절연파괴
② 장시간 계속 운전
③ 정전작업 시 접지를 안한 경우
④ 방전코일이 없는 콘덴서의 사용

26 이상 시 재해원인 중 통계적 재해의 분류에 속하지 않는 것은?

① 중상해
② 경상해
③ 중미상해
④ 경미상해

🔍 상해로 인한 분류

사망	업무상 목숨을 잃게 되는 경우
중상해	부상으로 인해 8일 이상의 노동력 손실을 가져온 상해정도
경상해	부상으로 인해 1일 이상, 7일 미만의 노동력 손실을 가져온 상해정도
무상해	부상은 입었지만 작업에 종사하면서 통원 치료를 받는 상해정도

27 안전점검 시 유의사항으로 옳지 않은 것은?

① 여러 가지의 점검방법을 병용하여 점검한다.
② 과거의 재해발생 부분은 고려할 필요 없이 점검한다.
③ 불량 부분이 발견되면 다른 동종의 설비도 점검한다.
④ 발견된 불량 부분은 원인을 조사하고 필요한 대책을 강구한다.

> 과거의 재해발생 부분은 그 원인이 배제 되었는지 확인한다.

28 승강로 작업 시 착용하는 보호구로 알맞지 않은 것은?

① 안전모
② 안전대
③ 핫스틱
④ 안전화

> 핫스틱이란 활선작업을 할 때 손으로 잡는 부분이 절연재료로 만들어진 봉상의 절연물로 되어서 절연용 보호구를 착용하지 않고 활선작업을 할 수 있는 것을 말한다.

29 전기식 엘리베이터의 현수 로프의 공칭 직경은 몇 mm 이상이어야 하는가?(단, 정격속도가 1.75m/s 초과하는 경우)

① 5mm ② 6mm
③ 7mm ④ 8mm

> 전기식 엘리베이터에서 현수 로프의 공칭 직경은 8mm 이상이어야 한다. 다만, 구동기가 승강로에 위치하고, 정격속도가 1.75m/s 이하인 경우로서 행정안전부장관이 안전성을 확인한 경우에 한정하여 공칭 직경 6mm의 로프가 허용된다.

30 화재 등 재난 발생 시 거주자의 피난활동에 적합하게 제조·설치된 엘리베이터로서 평상 시에는 승객용으로 사용하는 엘리베이터는?

① 피난용 엘리베이터
② 승객용 엘리베이터
③ 승객화물용 엘리베이터
④ 소방구조용 엘리베이터

> • 승객용 엘리베이터 : 사람의 운송에 적합하게 제조·설치된 엘리베이터
> • 승객화물용 엘리베이터 : 사람의 운송과 화물 운반을 겸용하기에 적합하게 제조·설치된 엘리베이터
> • 소방구조용 엘리베이터 : 화재 등 비상시 소방관의 소화활동이나 구조활동에 적합하게 제조·설치된 엘리베이터로서 평상 시에는 승객용 엘리베이터로 사용하는 엘리베이터

31 카가 최하층에 정지하였을 때 균형추 상단과 기계실 하부와의 거리는 카 하부와 완충기와의 거리보다 어떤 상태이어야 하는가?

① 작아야 한다.
② 커야 한다.
③ 같아야 한다.
④ 크거나 작거나 관계없다.

> 균형추 상단과 기계실 하부와의 거리는 카가 완충기에 충돌하기 전 균형추가 기계실 하부에 충돌하기 때문에 카 하부와 완충기와의 거리보다는 커야 한다.

32 다음 중 치수가 가장 큰 것은?

① 이동케이블과 레일브라켓 사이의 간격
② 테일코드와 카의 간격
③ 테일코드와 테일코드 사이의 간격
④ 카 도어 열림 시 출입구 기둥과 도어단차 사이의 간격

33 유압엘리베이터의 역저지(체크) 밸브에 대한 설명으로 옳은 것은?

① 작동유의 압력이 150%를 넘지 않도록 하는 밸브
② 수동으로 카를 하강시키기 위한 밸브
③ 카의 정지 중이나 운행 중 작동유의 압력이 떨어져 카가 역행하는 것을 방지시키기 위한 밸브
④ 안전밸브와 역저지밸브 사이에 설치

> ①은 안전밸브(릴리프밸브), ②는 수동하강밸브, ③은 역저지밸브로 일방향으로만 유체를 통과시키는 밸브

34 강도가 다소 낮으나 유연성을 좋게 하여 소선이 파단되기 어렵고 도르래의 마모가 적게 제조되어 엘리베이터에 주로 사용되는 소선은?

① E종
② A종
③ G종
④ D종

구분	파단강도	용도 및 특징
E종	135kgf/mm²	보통 엘리베이터에 사용
G종	150kgf/mm²	습기에 강한 아연도금의 재질로 습도가 높은 현장에 사용
A종	165kgf/mm²	초고층 엘리베이터나 로프의 본수를 줄이기 위해 사용하며, 도르래의 마모도가 심해 도르래의 교체주기가 짧다.
B종	180kgf/mm²	엘리베이터에서 사용하지 않음

35 이동식 핸드레일의 운행 전 구간에서 디딤판과 핸드레일의 속도차는 몇 %인가?

① 0~2
② 3~4
③ 5~6
④ 7~8

> 에스컬레이터의 손잡이(핸드레일) 시스템
> • 각 난간의 상부에는 정상운행 조건하에서 디딤판의 속도와 –0%에서 +2%의 허용오차로 같은 방향과 속도로 움직이는 손잡이가 설치되어야 한다.
> • 손잡이는 정상운행 중 운행방향의 반대편에서 450N의 힘으로 당겨도 정지하지 않아야 한다.

36 압력배관 시에 사용되는 배관이음방식에 해당되지 않는 것은?

① 관용나사를 사용한 나사이음
② 일반나사를 사용한 나사이음
③ 플랜지 이음
④ 빅토릭 타입 이음

> 압력배관 시 배관을 나사접합으로 하고자 하는 경우에는 일반나사를 사용해서는 안되며 관용 테이퍼 나사에 의한 이음을 하여야 한다.

37 레일은 5m 단위로 제조되는데 T형 주행안내 레일에서 13K, 18K, 24K, 30K를 바르게 설명한 것은?

① 주행안내 레일 형상
② 주행안내 레일 길이
③ 주행안내 레일 1m의 무게
④ 주행안내 레일 5m의 무게

> 일반적으로 단면이 T자형인 엘리베이터용 레일이 이용되고 1m당 중량에 따라 8, 13, 18, 24, 30, 37, 50K 레일 등의 종류가 있다.

38 보상(균형)체인이나 보상(균형)로프의 사용목적을 설명한 것으로 가장 적절한 것은?

① 카의 위치변화에 따른 주로프 무게의 차이에 의한 권상비 보상
② 카의 무게 및 적재하중 변화에 따른 권상비 보상
③ 카의 무게중심을 유지하기 위한 보상
④ 카의 승객의 승차감을 좋게 하기 위한 보상

> 보상체인과 보상로프
>
> | 종류 | 목적 | 용도 |
> |---|---|---|
> | 보상체인 | 카의 위치변화에 따른 로프의 무게 보상 | 저·중속 엘리베이터 |
> | 보상로프 | 카의 위치변화에 따른 주로프의 무게에 의한 권상비를 보상하며, 로프가 엉키는 것을 방지하기 위해 인장시브를 설치 | 고속 엘리베이터 |

39 엘리베이터 제어장치의 보수점검 및 조정방법이 아닌 것은?

① 절연저항 측정
② 전동기의 진동 및 소음
③ 저항기의 불량 유무 확인
④ 각 접점의 마모 및 작동상태

> 전동기는 엘리베이터 구동장치이므로 제어장치에 포함되지 않는다.

40 엘리베이터의 파킹스위치를 설치해야 하는 곳은?

① 오피스 빌딩 ② 공동주택
③ 숙박시설 ④ 의료시설

> 엘리베이터의 안정된 사용 및 정지를 위하여 파킹스위치를 설치한 경우 다음 기준에 적합하여야 한다. 다만 공동주택, 숙박시설, 의료시설은 제외할 수 있다.
> • 파킹스위치는 승강장·중앙관리실 또는 경비실 등에 설치되어 카 이외의 장소에서 엘리베이터 운행의 정지조작과 재개조작이 가능하여야 한다.
> • 파킹스위치를 정지로 작동시키면 버튼등록이 정지되고 자동으로 지정 층에 도착하여 운행이 정지되어야 한다.
> • 파킹스위치의 작동 및 설치상태는 양호하여야 한다.

41 엘리베이터의 운행속도를 기계적이고 전기적인 방법으로 동시에 검출하고 작동하는 안전장치는?

① 제동기
② 추락방지안전장치(비상정지장치)
③ 과속조절기(조속기)
④ 브레이크

> 과속조절기는 엘리베이터가 미리 정해진 속도에 도달할 때 엘리베이터를 정지시키도록 하며 필요한 경우에는 추락방지안전장치를 작동시키는 안전장치를 말한다.

42 소방구조용 엘리베이터는 정전 시 몇 초 이내에 엘리베이터 운행에 필요한 전력용량이 자동적으로 발생되어야 하는가?

① 60 ② 90
③ 120 ④ 150

> 소방구조용 엘리베이터 : 정전시에는 보조 전원공급장치에 의하여 엘리베이터를 다음과 같이 운행시킬 수 있어야 한다.
> • 60초 이내에 엘리베이터 운행에 필요한 전력용량을 자동으로 발생시키도록 하되 수동으로 전원을 작동시킬 수 있어야 한다.
> • 2시간 이상 운행시킬 수 있어야 한다.

43 전기(로프)식 승객용 엘리베이터에서 자동 착상장치가 고장났을 때의 현상으로 볼 수 없는 것은?

① 고속에서 저속으로 전환되지 않는다.
② 최하층으로 직행 감속되지 않고 완충기에 충돌하였다.
③ 어느 한쪽방향의 착상오차가 100mm 이상 일어난다.
④ 호출된 층에 정지하지 않고 통과한다.

> ②는 과속조절기가 고장 났을 때의 현상이다.
> 자동착상장치 : 엘리베이터가 있는 층에 정지, 착상했을 때 착상오차가 소정의 범위 내로 되도록 자동적으로 층 레벨을 맞추는 장치

44 에스컬레이터와 무빙워크의 구조에 대한 설명으로 옳지 않은 것은?

① 일반적으로 에스컬레이터의 경사도는 30°를 초과하지 않아야 하며, 무빙워크의 경사도는 12° 이하이어야 한다.
② 손잡이는 정상운행 중 운행방향의 반대편에서 450N의 힘으로 당겨도 정지되지 않아야 한다.
③ 무부하 에스컬레이터 또는 무빙워크의 속도는 공칭주파수 및 공칭전압에서 공칭속도로부터 ±5%를 초과하지 않아야 한다.
④ 스텝 높이는 0.2m 이하이어야 하며, 스텝 깊이는 0.4m 이상이어야 한다.

> 스텝 높이는 0.24m 이하이어야 하며, 스텝 깊이는 0.38m 이상이어야 한다. 또한, 스텝 트레드 및 팔레트의 표면은 진행방향으로 콤의 빗살과 맞물리는 홈이 있어야 한다.

45 엘리베이터에 많이 사용하는 주행안내 레일의 허용응력은 보통 몇 [kgf/cm^2]인가?

① 1,000 ② 1,450
③ 2,100 ④ 2,400

> 승강기에서 많이 쓰이는 주행안내 레일의 허용응력은 원칙적으로 2400kgf/cm^{2}이다.

46 추락방지안전장치(비상정지장치)의 작동으로 카가 정지할 때까지 레일이 죄는 힘이 처음에는 약하게 그리고 하강함에 따라 강해지다가 얼마 후 일정치로 도달하는 방식은?

① 순간정지식
② 슬랙로프 세이프티
③ 플렉시블 가이드 방식
④ 플렉시블 웨지 클램프 방식

추락방지안전장치 그래프

점차작동형(순차정지식)		즉시작동형 (순간정지식)
F.G.C형	F.W.C형	

47 전동기 주회로의 전압이 500[V]를 초과할 때 절연저항은 몇 [MΩ] 이상이어야 하는가?

① 0.2
② 1.4
③ 0.6
④ 1.0

저압전로의 절연성능

전로의 사용전압(V)	시험전압/직류(V)	절연저항(MΩ)
SELV 및 PELV	250	0.5 이상
FELV, 500V 이하	500	1.0 이상
500V 초과	1,000	1.0 이상

[주] 특별저압(extra low voltage : 2차 전압이 AC 5V, DC 120V 이하)으로 SELV(비접지회로 구성) 및 PELV(접지회로 구성)은 1차와 2차가 전기적으로 절연된 회로, FELV는 1차와 2차가 전기적으로 절연되지 않은 회로

48 직류전동기의 속도제어법이 아닌 것은?

① 계자 제어법
② 전류 제어법
③ 저항 제어법
④ 전압 제어법

직류전동기의 속도제어법

직류속도제어방법	효율	특징
전압제어	좋다.	• 광범위 속도제어 • 일그너방식 (부하가 급변하는곳) • 워드레어너드 방식 • 정토크 제어
계자제어	좋다.	• 세밀하고 안정된 속도제어 • 속도조정범위 좁다 • 정출력 구동방식
저항제어	나쁘다.	• 속도조정범위 좁다.

49 전자유도현상에 의한 유도 기전력의 방향을 정하는 것은?

① 플레밍의 오른손법칙
② 옴의 법칙
③ 플레밍의 왼손법칙
④ 렌츠의 법칙

• 렌츠의 법칙 : 전자유도현상에 의한 유도기전력의 방향을 정하는 법칙
• 패러데이의 법칙 : 자속 변화에 의한 유도기전력의 크기를 결정하는 법칙

50 접지저항을 측정하는 데 적합하지 않은 것은?

① 절연 저항계
② Wenner 4 전극법
③ 어스 테스터
④ 코올라시 브리지법

절연저항은 메거(절연 저항계)로 측정한다.

51 변형량과 원래 치수와의 비를 변형률이라 하는데 다음 중 변형률의 종류가 아닌 것은?

① 가로 변형률
② 세로 변형률
③ 전단 변형률
④ 전체 변형률

변형률은 가로 변형률, 세로 변형률, 전단 변형률이 있다.

52 베어링의 구비조건이 아닌 것은?

① 마찰 저항이 적을 것
② 강도가 클 것
③ 가공수리가 쉬울 것
④ 열전도도가 적을 것

베어링의 구비조건
• 마찰계수가 적어야 한다.
• 강도가 커야 한다.
• 내식성이 커야 한다.
• 가공성이 좋으며 유지 및 수리가 쉬워야 한다.
• 마찰열의 발산이 잘되도록 열전도도가 좋아야 된다.

53 3상 교류 전원을 받아서 직류전동기를 구동시키기 위해 DC 전원을 만드는 장치는?

① 권상기
② 정전압장치
③ 전동발전기
④ 브리지회로

🔍 워드 레오나드 방식은 주 전동기는 타려식이고 이 전동기의 전원으로 타려식의 가감전압 직류 발전기를 장치한다. M(3상 유도전동기)-G(직류발전기)-M(직류전동기)방식

54 그림과 같은 회로의 합성저항 R은 몇 [Ω]인가?

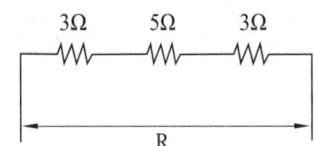

① $\dfrac{3}{10}$ 　　② $\dfrac{10}{3}$

③ 3 　　④ 10

🔍 직렬연결이므로 R = $R_1 + R_2 + R_3$ = 3 + 5 + 2 = 10Ω

55 와이어로프의 사용 하중은 파단강도의 어느 정도로 하면 되는가?

① $\dfrac{1}{2} \sim \dfrac{1}{5}$ 　　② $\dfrac{1}{5} \sim \dfrac{1}{10}$

③ $\dfrac{2}{3} \sim \dfrac{3}{5}$ 　　④ $\dfrac{1}{10} \sim \dfrac{1}{15}$

🔍 와이어로프의 안전하중은 로프 규격의 $\dfrac{1}{10}$을 넘지 않도록 하고 사용횟수가 매우 적은 것이라도 $\dfrac{1}{5}$이 넘지 않아야 된다.

56 인장(파단)강도가 400kg/cm²인 재료를 사용 응력 100kg/cm²로 사용하면 안전계수는?

① 1 　　② 2
③ 3 　　④ 4

🔍 안전율 = $\dfrac{극한강도}{허용응력}$ = $\dfrac{인장강도}{허용응력}$ = $\dfrac{400}{100}$ = 4

57 제어 시스템의 과도응답 해석에 가장 많이 쓰이는 입력의 모양은?(단, 가로축이 시간이다.)

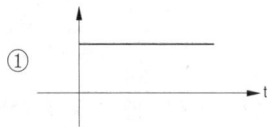

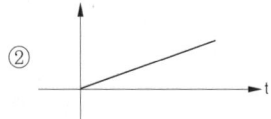

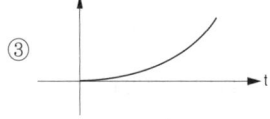

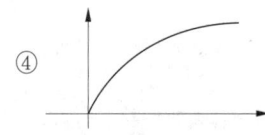

🔍 제어 시스템의 과도응답 해석에 가장 많이 쓰이는 압력의 파형은 임펄스함수, 단위함수가 있다.

58 회전축에서 베어링과 접촉하고 있는 부분을 무엇이라고 하는가?

① 저널　　② 체인
③ 베어링　　④ 핀

🔍 회전축을 지지하는 기계요소는 베어링이며 베어링 속에서 회전하는 축 부분을 저널이라 한다.

59 SCR의 게이트 작용은?

① 소자의 ON-OFF 작용
② 소자의 Turn-on 작용
③ 소자의 브레이크 다운 작용
④ 소자의 브레이크 오버 작용

> SCR의 동작 : 게이트에 일정한 전류값 이상이 되었을 경우 양극과 음극간이 턴온한다. 턴오프하기 위해서는 양극과 음극 간의 전류가 유지전류로 되어야 한다.

60 동일 규격의 축전지 2개를 병렬로 접속하면 전압과 용량의 관계는 어떻게 되는가?

① 전압과 용량이 모두 반으로 줄어든다.
② 전압과 용량이 모두 2배가 된다.
③ 전압은 반으로 줄고 용량은 2배가 된다.
④ 전압은 변하지 않고 용량은 2배가 된다.

> • **직렬연결시**
> 전압 = 1개의 전압 × 2(두배로 된다)
> 용량(Ah) = 1개의 용량 × 1(변함이 없다)
> • **병렬연결시**
> 전압 = 1개의 전압 × 1(변함이 없다)
> 용량(Ah) = 1개의 용량 × 2(두배로 된다)

정답 필기기출문제 – 2013년 3회

01 ④	02 ①	03 ③	04 ④	05 ④
06 ③	07 ①	08 ③	09 ①	10 ③
11 ①	12 ③	13 ①	14 ④	15 ②
16 ②	17 ④	18 ②	19 ③	20 ①
21 ③	22 ③	23 ④	24 ①	25 ②
26 ③	27 ②	28 ③	29 ④	30 ①
31 ②	32 ③	33 ②	34 ①	35 ①
36 ②	37 ③	38 ①	39 ②	40 ①
41 ③	42 ①	43 ②	44 ④	45 ④
46 ④	47 ④	48 ②	49 ④	50 ①
51 ④	52 ④	53 ③	54 ④	55 ②
56 ④	57 ①	58 ①	59 ②	60 ④

2014년 1회 필기 기출문제

승강기기능사

01 카의 실속도와 지령속도를 비교하여 사이리스터의 점호각을 바꿔 유도전동기의 속도를 제어하는 방식은?

① 교류일단속도제어
② 교류이단속도제어
③ 교류궤환전압제어
④ 가변전압가변주파수방식

🔍 교류엘리베이터 제어방식

속도 제어방법	특징	용도
교류1단 속도 제어	3상유도전동기에 전원투입으로 기동과 정속운전, 전원차단 후 정지하는 가장 간단한 방식	30m/min 이하 저속용
교류2단 속도 제어	기동과 주행은 고속권선, 감속은 저속권선으로 하는 방식	30~60 m/min 화물용
교류귀환 (궤한)제어	카의 실제속도와 지령속도를 비교하여 사이리스터의 점호각을 바꾸는 방식	45~105 m/min
VVVF (가변전압 가변주파수제어)	전압과 주파수의 변화로 직류전동기와 동등한 제어성능을 갖는 방식	고속용

02 균형(보상)로프의 주된 사용 목적은?

① 카의 소음진동을 보상
② 카의 위치변화에 따른 주 로프무게를 보상
③ 카의 밸런스 보상
④ 카의 적재하중 변화를 보상

🔍 보상체인과 보상로프

종류	목적	용도
보상체인	카의 위치변화에 따른 로프의 무게 보상	저·중속 엘리베이터
보상로프	카의 위치변화에 따른 주로프의 무게에 의한 권상비를 보상하며, 로프가 엉키는 것을 방지하기 위해 인장시브를 설치	고속 엘리베이터

03 엘리베이터의 도어시스템에 관한 설명 중 틀린 것은?

① 승강장 도어 록킹장치와는 별도로 카 도어 록킹장치를 설치하는 것도 허용된다.
② 승강장 도어는 비상시를 대비하여 일반 공구로 쉽게 열리도록 한다
③ 승강기 도어용 모터로 직류 모터뿐만 아니라 교류 모터도 사용된다.
④ 자동차용이나 대형 화물용 엘리베이터는 상승(상하)개폐방식이 많이 사용된다.

🔍 승강장 도어에는 비상해제장치를 설치해야 하며, 카가 정지하고 있지 않은 층에서는 특수한 키를 사용할 경우 개방되어야 한다.

04 피트에 설치되지 않는 것은?

① 인장도르래
② 과속조절기
③ 완충기
④ 균형추

🔍 균형추(counter weight)는 엘리베이터 권상을 보상하기 위한 무게추로 카와 연결된 권상로프의 반대편에 연결된 중량물을 말한다.

05 무빙워크의 공칭속도 [m/s]는 얼마 이하로 하여야 하는가?

① 0.55
② 0.65
③ 0.75
④ 0.95

🔍 에스컬레이터 및 무빙워크의 공칭속도
- 경사도 30° 이하인 에스컬레이터는 0.75m/s 이하
- 경사도 30°를 초과하고 35° 이하인 에스컬레이터는 0.5m/s 이하
- 무빙워크의 공칭속도는 0.75m/s 이하

06 과속조절기(조속기)의 캣치가 작동되었을 때 로프의 인장력에 대한 설명으로 적합한 것은?

① 300N 이상과 추락방지안전장치를 거는데 필요한 힘의 1.5배를 비교하여 큰 값 이상
② 300N 이상과 추락방지안전장치를 거는데 필요한 힘의 2배를 비교하여 큰 값 이상
③ 400N 이상과 추락방지안전장치를 거는데 필요한 힘의 1.5배를 비교하여 큰 값 이상
④ 400N 이상과 추락방지안전장치를 거는데 필요한 힘의 2배를 비교하여 큰 값 이상

> 과속조절기가 작동될 때, 과속조절기에 의해 발생되는 과속조절기 로프의 인장력은 다음 두 값 중 큰 값 이상이어야 한다.
> • 추락방지안전장치(비상정지장치)가 작동하는 데 필요한 힘의 2배
> • 300N

07 에스컬레이터의 비상정지 스위치의 설치 위치를 바르게 설명한 것은?

① 디딤판과 콤(comb)이 맞물리는 지점에 설치한다.
② 리미트 스위치에 설치한다.
③ 상·하부의 승강구에 설치한다.
④ 승강로의 중간부에 설치한다.

> 비상정지 스위치는 비상시 쉽게 조작이 가능하도록 승강구 상부 및 하부에 설치한다.

08 엘리베이터의 완충기에 대한 설명 중 옳지 않은 것은?

① 엘리베이터 피트부분에 설치한다.
② 케이지나 균형추의 자유낙하를 완충한다.
③ 스프링 완충기와 유압(유입) 완충기가 가장 많이 사용된다.
④ 스프링 완충기는 엘리베이터의 속도가 낮은 경우에 주로 사용된다.

> 완충기는 유체 또는 스프링 등을 사용하여 주행의 종점에서 충격의 흡수를 위해 사용되는 제동수단이다.

09 엘리베이터의 분류법에 해당되지 않은 것은?

① 구동방식에 의한 분류
② 속도에 의한 분류
③ 제작연도에 의한 분류
④ 용도 및 종류에 의한 분류

> 엘리베이터의 일반적인 분류 방식은 구동방식별(구조별), 용도별, 속도별, 조작방법별로 구분된다.

10 기계식 주차설비의 설치기준에서 모든 자동차의 입출고 시간으로 맞는 것은?

① 입고시간 60분 이내, 출고시간 60분 이내
② 입고시간 90분 이내, 출고시간 90분 이내
③ 입고시간 120분 이내, 출고시간 120분 이내
④ 입고시간 150분 이내, 출고시간 150분 이내

> 기계식 주차장치의 안전기준 및 검사기준 등에 관한 규정에서 주차장치에 수용할 수 있는 자동차를 모두 입고하는데 소요되는 시간과 이를 모두 출고하는데 소요되는 시간은 각각 2시간 이내이어야 한다. 다만, 2단식주차장치 및 다단식주차장치에는 적용하지 아니한다.

11 과속조절기(조속기)의 종류가 아닌 것은?

① 마찰정지형 과속조절기
② 디스크형 과속조절기
③ 플렉시블형 과속조절기
④ 플라이볼형 과속조절기

> 과속조절기의 종류로는 마찰정지(Traction type)형, 디스크형, 플라이 볼(Fly Ball)형이 있다.

12 정전시 비상전원장치의 비상조명의 점등조건은?

① 정전시에 자동으로 점등
② 고장시 카가 급정지하면 점등
③ 정전시 비상등스위치를 켜야 점등
④ 항상 점등

> 카에는 자동으로 재충전되는 비상전원공급장치에 의해 5lx 이상의 조도로 1시간 동안 전원이 공급되는 비상등이 있어야 하며, 비상등은 정상 조명전원이 차단되면 즉시 자동으로 점등되어야 한다.

13 전망용 엘리베이터의 카에 주로 사용하는 유리의 기준으로 옳은 것은?

① 반사유리　② 거울유리
③ 강화유리　④ 방음유리

🔍 유리를 사용할 경우에는 한국산업규격의 망유리·강화유리·접합유리와 동등 이상의 것을 사용하여야 한다.

14 다음 중 회전운동을 하는 유희시설이 아닌 것은?

① 해적선
② 로터
③ 비행탑
④ 워터슈트

🔍 워터슈트는 유원지 등지에서, 급사면으로 된 미끄럼틀 위에서 보트를 타고 높은 곳으로부터 활강하여 물위로 미끄러져 활주하는 놀이 또는 그 시설을 말한다.

15 엘리베이터 기계실의 구조에 대한 설명으로 틀린 것은?

① 내장의 마감은 방청도료를 칠하여야 한다.
② 다른 부분과 방화구조로 구획한다.
③ 다른 부분과 내화구조로 구획한다.
④ 벽면이 외기에 직접 접하는 경우에는 불연재료로 구획할 수 있다.

🔍 기계실은 당해 건축물의 다른 부분과 내화구조 또는 방화구조로 구획하고, 기계실의 내장은 준불연재료 이상으로 마감되어야 한다. 다만, 기계실 벽면이 외기에 직접 접하는 등 건축물 구조상 내화구조 또는 방화구조로 구획할 필요가 없는 경우에는 불연재료를 사용하여 구획할 수 있다.

16 구조에 따라 분류한 유압 엘리베이터의 종류가 아닌 것은?

① 직접식
② 간접식
③ 팬더그래프식
④ VVVF식

🔍 유압식 엘리베이터의 종류는 직접식, 간접식, 팬더그래프식이 있다.

17 교류 엘리베이터의 제어방법이 아닌 것은?

① 워드레오나드방식제어
② 교류일단속도제어
③ 교류이단속도제어
④ 교류귀환제어

🔍 직류 엘리베이터의 제어방식은 워드레오나드 방식과 정지레오나드 방식이 있다.

18 무기어식 엘리베이터의 종합효율은?

① 0.3~0.5
② 0.5~0.7
③ 0.7~0.85
④ 0.85~0.90

🔍 로프식 엘리베이터의 종합효율
- 감속비 크기, 로핑방식, 가이드슈의 종류, 승강로와 카 크기 및 주행속도에 따라 50~70% 정도까지의 차이
- 전동기의 교류와 직류, 회전수의 크기, 정격출력에 따라 75~90%의 차이
- 기어방식에 따른 차이 : 웜기어(50~70%), 헬리컬기어(80~85%), 무기어식(85~90%)

19 추락 대책 수립의 기본방향에서 인적 측면에서의 안전대책과 관련이 없는 것은?

① 작업 지휘자를 지명하여 집단작업을 통제한다.
② 작업의 방법과 순서를 명확히 하여 작업자에게 주지시킨다.
③ 작업자의 능력과 체력을 감안하여 적정한 배치를 한다.
④ 작업대와 통로 주변에는 보호대를 설치한다.

🔍 ①, ②, ③은 인적 측면에서의 안전대책, ④는 물적 측면에서의 안전대책이다.

20 안전점검 시 에스컬레이터의 운전 중 점검 확인 사항에 해당되지 않는 것은?

① 운전 중 소음과 진동상태
② 스텝에 작용하는 부하의 작용 상태
③ 콤 빗살과 스텝 홈의 물림상태
④ 핸드레일과 스텝의 속도차이 유무

• 운전 전 점검

스텝 및 콤	• 스텝이 깨어지거나 금이 간 곳이 있는지를 확인한다. • 스텝이나 콤에 작은 돌, 단추, 담배꽁초 종이 등 이물질이 끼여 있지 않는가 확인하고 끼여있으면 제거한다. • 스텝이나 콤의 빗살이 빠져있는지 확인하고 빠져있는 경우 보수업체에 연락하여 교체하도록 한다.
스커트 키드	• 스텝 양측의 스커드가드 및 데크의 연결 부분의 어긋남 또는 조임나사의 풀림 등을 확인한다.
틈새	• 스텝과 스커드가드의 틈새가 정상인지를 확인한다. 한쪽이 4mm 이하, 양쪽을 합쳐서 7mm 이하면 정상이다.
핸드레일	• 핸드레일이 찢어지거나 심하게 긁힌 자국이 있는지 확인한다. 핸드레일에 기름, 그리스 등의 오물이 있는지를 확인한다.
조명	• 난간조명이나 일반조명의 점등 및 밝기를 확인한다.

• 운전 중 점검

소음 및 진동	운행 중 평소와 다른 이상음이 나는지 확인한다. 운행 중 평소와 다른 이상진동이 있는지 확인한다.
핸드레일의 속도	핸드레일의 속도가 스텝의 속도와 동일한지 확인한다.
스텝의 인입	출구에서 스텝의 클리드와 콤의 빗살이 정확히 맞추어 들어가는지 확인한다.

21 안전 작업모를 착용하는 목적에 있어서 안전관리와 관계가 없는 것은?

① 종업원의 표시
② 물체의 낙하로 인한 부상방지
③ 감전의 방지
④ 비산물로 인한 부상방지

안전모는 물체의 낙하 또는 날아옴 및 추락에 의한 위험을 방지 또는 경감시키기 위한 목적과 머리부위 감전에 의한 위험을 방지하기 위한 목적으로 사용된다.

22 그림과 같은 경고표지는?

① 낙하물 경고
② 고온 경고
③ 방사성물질 경고
④ 고압전기 경고

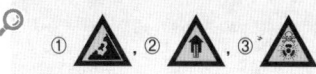

23 휠체어리프트 이용자가 승강기의 안전운행과 사고 방지를 위하여 준수해야 할 사항과 거리가 먼 것은?

① 전동휠체어 등을 이용할 경우에는 운전자가 직접 이용할 수 있다.
② 정원 및 적재하중의 초과는 고장이나 사고의 원인 되므로 엄수하여야 한다.
③ 휠체어 사용자 전용이므로 보조자 이외의 일반인은 탑승하여서는 안 된다.
④ 조작반의 비상정지스위치 등을 불필요하게 조작하지 말아야 한다.

휠체어리프트 이용자의 준수사항
• 수직형 휠체어리프트 출입문에 충격을 가하지 않아야 한다.
• 수직형 휠체어리프트 출입문에 손이나 발을 대지 않아야 한다.
• 수직형 휠체어리프트 출입문 또는 경사형 휠체어리프트 보호대를 강제로 열지 않아야 한다.
• 수직형 휠체어리프트 출입문이 완전히 열린 후에 타거나 내려야 한다.
• 휠체어리프트에서는 뛰거나 장난치지 않아야 한다.
• 휠체어리프트를 이용할 때에는 정원 또는 정격하중을 준수하여야 한다.
• 휠체어리프트에는 화물을 싣지 않아야 한다.
• 휠체어리프트에 갇히는 등 비상시에는 임의로 판단하여 탈출을 시도하지 않아야 한다. 이 경우 비상통화장치를 통해 외부에 구출을 요청하고 차분히 기다려야 하며, 구출활동 중에는 구출자의 지시에 따라야 한다.
• 경사형 휠체어리프트의 경우에는 임의로 조작하지 않아야 하며, 승강기 안전관리자 등 관리자의 도움을 받아 이용해야 한다.
• 전동 스쿠터 또는 전동 휠체어에 탑승한 이용자는 휠체어리프트에 탑승하면 전동 스쿠터 또는 전동 휠체어의 시동을 꺼야 한다.
• 검사에 불합격 하였거나 운행이 정지된 휠체어리프트의 경우에는 임의로 이용하지 않아야 한다.
• 정전이나 고장 등으로 휠체어리프트가 움직이지 않는 경우에는 비상경보장치나 비상통화장치 등으로 구조 요청을 한 후 침착하게 기다려야 하며, 임의로 탈출을 시도하지 않아야 한다.
• 그 밖에 이물질을 버리거나 담배를 피우는 등 타인에 피해가 되는 행위를 하지 않아야 한다.

24 승강기 안전관리자의 임무가 아닌 것은?

① 승강기 비상열쇠 관리
② 자체점검자 선임
③ 운행관리규정의 작성 및 유지관리
④ 승강기 사고시 사고보고 관리

> 🔍 **승강기 안전관리자의 직무범위**
> • 승강기 운행 및 관리에 관한 규정 작성
> • 승강기 사고 또는 고장 발생에 대비한 비상연락망의 작성 및 관리
> • 유지관리업자로 하여금 자체점검을 대행하게 한 경우 유지관리업자에 대한 관리·감독
> • 중대한 사고 또는 중대한 고장의 통보
> • 승강기 내에 갇힌 이용자의 신속한 구출을 위한 승강기 조작 (해당 승강기관리교육을 받은 경우만 해당)
> • 피난용 엘리베이터의 운행(해당 승강기관리교육을 받은 경우만 해당)
> • 그 밖에 승강기 관리에 필요한 사항으로서 행정안전부장관이 정하여 고시하는 업무
>   – 승강기의 일상점검 실시
>   – 승강기 비상열쇠의 관리
>   – 승강기의 고장수리 및 승강기부품의 교체 내용 등을 고장수리일지에 기록 및 관리

25 현장 내에 안전표지판을 부착하는 이유로 가장 적합한 것은?

① 작업방법을 표준화하기 위하여
② 작업환경을 표준화하기 위하여
③ 기계나 설비를 통제하기 위하여
④ 비능률적인 작업을 통제하기 위하여

26 감전이나 전기화상을 입을 위험이 있는 작업에 반드시 갖추어야 할 것은?

① 보호구   ② 구급용구
③ 위험신호장치   ④ 구명구

> 🔍 보호구란 각종 위험요인으로부터 근로자를 보호하기 위한 보조 장구를 말한다.

27 안전점검 중 어떤 일정기간을 정해 두고 행하는 점검은?

① 수시점검   ② 정기점검
③ 임시점검   ④ 특별점검

> 🔍 **안전점검의 종류**
> • 수시점검(일상점검) : 승강기의 품질유지를 통한 안전한 운행으로 이용자의 편리를 도모하고 내구성을 높이기 위해 실시한다.
> • 특별점검 : 천재지변 등으로 인한 이상상태가 발생하였을 때에 기능상 이상 유무를 점검하는 것을 말한다.
> • 정기점검(계획점검) : 일정한 기간을 정하여 점검하는 것으로 주간점검, 월간점검 및 연간점검등이 있으며 법적기준 또는 사내 안전 규정에 따라 해당 책임자가 실시하는 점검이다.
> • 임시점검 : 정기점검 실시후 다음 점검기일 이전에 임시로 실시하는 점검을 말하며 기계·기구 또는 실시의 이상 발견시에 이루어지는 점검을 말한다.

28 재해 발생 과정의 요건이 아닌 것은?

① 사회적 환경과 유전적인 요소
② 개인적 결함
③ 사고
④ 안전한 행동

> 🔍 재해 발생과정의 요건으로는 소질의 영향에 따른 유전과 환경의 영향, 성격과 신체적인 결함으로 생기는 심신의 결함, 불안전한 행동 및 상태 등이 있다.

29 스텝체인 안전장치에 대한 설명으로 알맞은 것은?

① 스커트 가드 판과 스텝 사이에 이물질의 끼임을 감지하여 안전스위치를 작동시키는 장치이다.
② 스텝과 레일 사이에 이물질의 끼임을 감지하는 장치이다.
③ 스텝체인이 절단되거나 늘어남을 감지하는 장치이다.
④ 상부 기계실내 작업시에 전원이 투입되지 않도록 하는 장치이다

> 🔍 스텝체인 안전장치 : 스텝체인이 끊어지거나 과도하게 늘어나면 스텝과 스텝사이에 틈이 발생하고 심한 경우에는 스텝 여러 개 분의 공간이 발생하여 위험하기 때문에 이를 감지하여 전원을 차단하고 제동기를 작동시키는 안전장치
> ①은 스커트가드 안전장치, ②는 핸드레일출입구 안전장치, ④는 보수안전 스위치

30 간접식 유압엘리베이터의 주로프 본수는 카 1대에 대하여 몇 본 이상인가?

① 1   ② 2
③ 3   ④ 4

간접 유압식 엘리베이터의 경우에는 간접 작동 잭 당 2가닥 이상이어야 하고, 카와 평형추 사의 연결 부분에 2가닥 이상이어야 한다.

부하 제어
- 카에 과부하가 발생할 경우에는 재-착상을 포함한 정상 기동을 방지하는 장치가 설치되어야 한다.
- 유압식 엘리베이터의 경우, 장치는 재-착상을 방지하여서는 안 된다.
- 과부하는 정격하중의 10%(최소 75kg)를 초과하기 전에 검출되어야 한다.

31 스크루(Screw) 펌프에 대한 설명으로 옳은 것은?

① 나사로 된 로터가 서로 맞물려 돌 때 축방향으로 기름을 밀어내는 펌프
② 2개의 기어가 회전하면서 기름을 밀어내는 펌프
③ 케이싱의 캠링속에 편심한 로터에 수개의 베인이 회전하면서 밀어내는 펌프
④ 2개의 플런저를 동작시켜서 밀어내는 펌프

스크루 펌프 : 2개의 정밀하게 구성된 나사가 하우징 내에서 밀폐되어 회전하며, 매우 조용하고 효율적으로 유체를 토출한다.

32 엘리베이터용 모터에 부착되어 있는 로터리 엔코더의 역할은?

① 모터의 소음 측정
② 모터의 진동 측정
③ 모터의 토크 측정
④ 모터의 속도 측정

모터에 부착된 엔코더의 역할은 모터의 속도를 측정하여 위치 검출하도록 하는 장치이다.

33 카 추락방지안전장치(비상정지장치)가 작동될 때, 정격하중이 균일하게 분포된 부하 상태의 카 바닥은 정상적인 위치에서 몇 %를 초과하여 기울어지지 않아야 하는가?

① 10%   ② 9%
③ 7%   ④ 5%

카 추락방지안전장치가 작동될 때, 무부하 상태의 카 바닥 또는 정격하중이 균일하게 분포된 부하 상태의 카 바닥은 정상적인 위치에서 5%를 초과하여 기울어지지 않아야 한다.

34 카 내의 적재하중이 초과되었음을 알려 주는 과부하감지장치는 정격적재하중의 몇 %를 초과하기 전에 작동해야 하는가?

① 120%   ② 110%
③ 100%   ④ 90%

35 엘리베이터용 승강장 도어 표기를 "2S"라고 할 때 숫자 "2"와 문자 "S"가 나타내는 것은?

① "2" : 도어의 형태, "S" : 중앙열기
② "2" : 도어의 매수, "S" : 중앙열기
③ "2" : 도어의 매수, "S" : 측면열기
④ "2" : 도어의 형태, "S" : 측면열기

도어시스템의 종류

구분	기호	종류	용도
가로열기식 (측면개폐)	S	1S, 2S, 3S	화물용 및 침대용 엘리베이터
중앙열기식 (중앙개폐)	CO	2CO, 4CO	승용 엘리베이터
상하열기식 (상승개폐)	UP	외짝문식, 2짝문식	자동차용, 대형 화물 전용엘리베이터

36 압력배관에 대한 설명으로 옳지 않는 것은?

① 건물벽 관통부에는 가급적 사용하지 않는다.
② 파워 유닛에서 실린더까지는 압력배관으로 연결하도록 한다.
③ 진동이 건물에 전달되지 않도록 방진고무를 넣어서 건물에 고정시킨다.
④ 압력 고무호스는 여유가 없어야 하며 일직선으로 연결 되어 있어야 한다.

압력이 가해지면 호스가 수축되므로 5~8% 여유를 준다.

37 피트 내 설비의 자체점검 시 육안으로 점검해야 하는 사항은?

① 점검운전 조작반의 작동상태
② 피트 내 정지장치의 설치 및 작동상태
③ 튀어오름 방지장치의 설치 및 작동상태
④ 피트 내 누수 및 청결상태

> **피트 내 설비 점검항목**
> - 점검운전 조작반의 작동상태(시험, 1/1)
> - 피트 내 정지장치의 설치 및 작동상태(시험, 1/1)
> - 피트 점검운전스위치 작동 후 복귀상태(시험, 1/3)
> - 튀어오름 방지장치의 설치 및 작동상태(시험, 1/3)
> - 피트 내 누수 및 청결상태(육안, 1/3)

38 카가 최하층에 수평으로 정지되어 있는 경우 카와 완충기의 거리에 완충기의 행정을 더한 수치는?

① 균형추의 꼭대기 틈새보다 작아야 한다.
② 균형추의 꼭대기 틈새의 2배이어야 한다.
③ 균형추의 꼭대기 틈새와 같아야 한다.
④ 균형추의 꼭대기 틈새의 3배이어야 한다.

> 카가 최하층에 수평으로 정지되어 있는 경우에 카와 완충기의 거리에 완충기의 충격정도를 더한 수치는 균형추의 꼭대기 틈새보다 작아야 한다.

39 에스컬레이터의 구동 전동기의 용량을 결정하는 요소로 거리가 가장 먼 것은?

① 속도
② 경사각도
③ 적재하중
④ 디딤판의 높이

> $P = \dfrac{LVS}{6120\eta} \sin\theta \, [kW]$
> (L : 정격하중[kg], V : 정격속도[m/s], S : 1-A(A : 오버밸런스율), η : 종합효율, θ : 경사각도)

40 스텝체인 절단 검출장치의 점검항목이 아닌 것은?

① 검출스위치의 동작여부
② 검출스위치 및 캠의 취부상태
③ 암, 레버장치의 취부상태
④ 종동장치 텐션스프링의 올바른 치수여부

> ③항은 스텝체인의 동력전달장치이다.

41 에스컬레이터에 바르게 타도록 스텝 뒤쪽 끝부분을 황색 등으로 표시한 안전마크는?

① 스텝체인
② 테크보드
③ 데마케이션
④ 스커트 가드

> ①은 스텝을 주행시키는 역할, ②는 에스컬레이터 이동손잡이와 외측판 사이의 판재, ④는 에스컬레이터 내측판의 물체가 끼임 방지 역할

42 주차설비 중 자동차를 운반하는 운반기의 일반적인 호칭으로 사용되지 않는 것은?

① 카고, 리프트
② 케이지, 카트
③ 트레이, 팔레트
④ 리프트, 호이스트

> 운반기라 함은 기계식주차장치에서 자동차를 운반하는 부분을 말하며 반기, 카고, 케이지, 트레이, 팔레트 등으로도 불리며, 순환식이나 2단주차장치 등에서는 주차구획으로도 쓰이는 말이다.

43 엘리베이터가 정격속도를 현저히 초과할 때 모터에 가해지는 전원을 차단하여 카를 정지시키는 장치는?

① 권상기 브레이크
② 주행안내(가이드) 레일
③ 권상기 드라이버
④ 과속조절기(조속기)

> 과속조절기는 기계적 과속 제어기구로 엘리베이터에서 구동로프의 움직임을 멈추고 지지하는 데에 쓰이는 와이어로프 구동방식의 원심력을 이용한 장치이다.

44 비상운전 및 작동시험을 위한 장치의 점검 시 패널에 있는 장치에서 측정하여 얼마 이상으로 비추는 전기조명이 영구적으로 설치되어야 하는가?

① 5lx
② 50lx
③ 100lx
④ 200lx

> (측정/3개월에 1회) 패널에 있는 장치에서 측정하여 조도 200lx 이상으로 비추는 전기조명이 영구적으로 설치되어야 하며, 패널 자체 또는 근처에 있는 스위치로 패널의 조명을 점멸해야 한다.

45 승객용 엘리베이터의 시브가 편마모되었을 때 그 원인을 제거하기 위해 어떤 것을 보수, 조정하여야 하는가?

① 완충기
② 과속조절기
③ 보상체인
④ 로프의 장력

🔍 로프의 장력이 높을 경우 파단이 될 수 있으며, 낮을 경우는 시브에 편마모를 가져올 수 있다.

46 유압엘리베이터의 파워 유닛(power unit)의 점검 사항으로 적당하지 않은 것은?

① 기름의 유출 유무
② 작동 유(油)의 온도 상승 상태
③ 과전류계전기의 이상 유무
④ 전동기와 펌프의 이상음 발생 유무

🔍 과전류계전기의 전동기의 전류 상태를 제어하는 전기장치로 기계실에서 점검한다.

47 되먹임 제어에서 가장 필요한 장치는?

① 입력과 출력을 비교하는 장치
② 응답속도를 느리게 하는 장치
③ 응답속도를 빠르게 하는 장치
④ 안정도를 좋게 하는 장치

🔍 폐루프 제어계(피드백 제어계)는 출력신호와 입력신호를 비교하여 정확한 제어를 하는 것이다.

48 엘리베이터 전원공급 배선회로의 절연 저항 측정으로 가장 적당한 측정기는?

① 휘트스톤 브리지
② 메거
③ 콜라우시 브리지
④ 켈빈더블 브리지

🔍 ①은 정밀저항 측정, ③은 접지저항 측정, ④는 1Ω 이하의 저저항 정밀 측정

49 배선용 차단기의 기호(약호)는?

① S   ② DS
③ THR   ④ MCCB

🔍 S : 개폐기, DS : 단로기, THR : 열동형계전기

50 회전축에 가해지는 하중이 마찰저항을 작게 받도록 지지하여 주는 기계요소는?

① 클러치   ② 베어링
③ 커플링   ④ 축

🔍 축과 베어링
- 축 : 회전 운동으로 동력을 전달할 수 있는 둥근 막대 모양의 기계요소
- 베어링 : 회전하고 있는 기계의 축(軸)을 일정한 위치에 고정시키고 축의 자중과 축에 걸리는 하중을 지지하면서 축을 회전시키는 역할을 하는 기계요소

51 직류전동기의 속도 제어 방법이 아닌 것은?

① 저항제어
② 전압제어
③ 계자제어
④ 주파수제어

🔍 ④는 3상 교류전동기 속도제어 방법이다.

52 R-L-C 직렬회로에서 최대전류가 흐르게 되는 조건은?

① $\omega L^2 - \dfrac{1}{\omega C} = 0$

② $\omega L^2 + \dfrac{1}{\omega C} = 0$

③ $\omega L - \dfrac{1}{\omega C} = 0$

④ $\omega L + \dfrac{1}{\omega C} = 0$

🔍 R-L-C 직렬회로의 특성
- 직렬공진일 때 임피던스 Z=R 이 되어 임피던스는 최소, 전류는 최대
- 공진 주파수 : $f_0 = \dfrac{1}{2\pi\sqrt{LC}}$ [Hz]

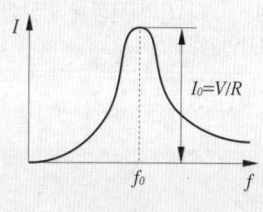

직렬 공진 곡선

53 하중이 작용하는 방향에 따른 분류에 속하지 않는 것은?

① 압축 하중
② 인장 하중
③ 교번 하중
④ 전단 하중

🔍 **하중의 종류**
- 인장하중(Tensile Load) : 재료의 축방향으로 늘어나게 하려는 하중
- 압축하중(Compressive Load) : 재료를 누르는 하중
- 전단하중(Shearing Load) : 재료를 가위로 자르려는 것과 같이 작용하는 하중
- 굽힘하중(Bending Load) : 재료를 구부려 휘어지도록 작용하는 하중
- 비틀림하중(Torsional Load) : 재료가 비틀어지도록 작용하는 하중
- 교번하중 : 크기와 방향이 주기적으로 변하는 하중

54 그림과 같은 심벌의 명칭은?

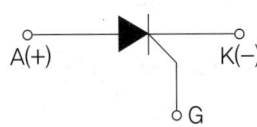

① TRIAC
② SCR
③ DIODE
④ DIAC

🔍
트라이액 (TRIAC)	다이액 (DIAC)	다이오드 (DIODE)
T₂, T₁, G	T₂, T₁	애노드 ▷▏캐소드

55 3[Ω], 4[Ω], 6[Ω]의 저항을 병렬접속할 때 합성저항은 몇 [Ω]인가?

① $\dfrac{1}{3}$ ② $\dfrac{4}{3}$
③ $\dfrac{5}{6}$ ④ $\dfrac{3}{4}$

🔍 병렬접속시 합성저항은
$$\dfrac{1}{R} = \dfrac{1}{R_1} + \dfrac{1}{R_2} + \dfrac{1}{R_3},$$
$$R = \dfrac{R_1 R_2 R_3}{R_1 R_2 + R_2 R_3 + R_3 R_1}$$
$$= \dfrac{3 \times 4 \times 6}{(3 \times 4) + (4 \times 6) + (6 \times 3)} = \dfrac{4}{3}[\Omega]$$

56 엘리베이터에서 기계적으로 작동시키는 스위치가 아닌 것은?

① 도어 스위치
② 과속조절기 스위치
③ 인덕터 스위치
④ 승강로 종점 스위치

🔍 인덕터 스위치는 전기적인 스위치에 해당된다.

57 3상 농형 유도전동기 기동 시 공급전압을 낮추어 기동하는 방식이 아닌 것은?

① 전전압 기동법
② Y-Δ 기동법
③ 리액터 기동법
④ 기동 보상기 기동법

🔍 저전압기동법 : Y-Δ 기동법, 리액터 기동법, 기동 보상기 기동법
①항은 전동기 용량이 5[kW] 이하에 사용된다.

58 전력량 1[kWh]는 몇 줄(Joule)가?

① $3.6 \times 10^4[J]$
② $3.6 \times 10^5[J]$
③ $3.6 \times 10^6[J]$
④ $3.6 \times 10^7[J]$

🔍 $1[kWh] = 1 \times 10^3 \times 3600 = 3.6 \times 10^6[J]$

59 권수가 400인 코일에서 0.1초 사이에 0.5[Wb]의 자속이 변화한다면 유도 기전력의 크기는 몇 [V]인가?

① 100
② 200
③ 1000
④ 2000

$e = N\dfrac{\Delta \Phi}{\Delta t} = 400 \times \dfrac{0.5}{0.1} = 2000\,[\text{V}]$

60 입력신호 A, B가 모두 "1"일 때만 출력값이 "1"이 되고 그 외에는 "0"이 되는 회로는?

① AND회로
② OR회로
③ NOT회로
④ NOR회로

A	B	OR	AND	NOR	NAND	EX-OR
0	0	0	0	1	1	0
0	1	1	0	0	1	1
1	0	1	0	0	1	1
1	1	1	1	0	0	0

정답 필기기출문제 - 2014년 1회

01 ③	02 ②	03 ②	04 ④	05 ③
06 ②	07 ③	08 ②	09 ③	10 ③
11 ③	12 ①	13 ③	14 ④	15 ①
16 ④	17 ①	18 ④	19 ④	20 ②
21 ①	22 ④	23 ①	24 ②	25 ②
26 ①	27 ②	28 ④	29 ③	30 ②
31 ①	32 ④	33 ③	34 ②	35 ③
36 ④	37 ④	38 ①	39 ④	40 ③
41 ③	42 ④	43 ④	44 ④	45 ④
46 ③	47 ①	48 ②	49 ④	50 ②
51 ④	52 ③	53 ③	54 ②	55 ②
56 ③	57 ①	58 ③	59 ④	60 ①

2014년 2회 필기 기출문제

01 직접식 유압엘리베이터의 장점이 되는 항목은?

① 실린더를 보호하기 위한 보호관을 설치할 필요가 없다.
② 승강로의 소요평면 치수가 크다.
③ 부하에 의한 카 바닥의 빠짐이 크다.
④ 추락방지안전장치(비상정지장치)가 필요하지 않다.

🔍 **직접식 엘리베이터**
- 1:1로핑 방식이다.
- 실린더 설치를 위한 보호관을 지하에 매설해야 되므로 설치가 어렵다.
- 추락방지안전장치가 없어도 되며 부하에 대한 케이지의 응력이 작아진다.
- 승강로 행정거리와 실린더의 길이가 동일하다.

02 기종 용도를 표시하는 엘리베이터의 기호 연결이 옳지 않은 것은?

① P : 전기식(로프식) 일반 승객용
② R : 전기식(로프식) 주택용
③ B : 전기식(로프식) 침대용
④ S : 전기식(로프식) 비상용

🔍 **엘리베이터 기종용도 표시 기호**
(예 : P20-CO150-15S)

용도	정원	개폐 방식	속도	정지 층수
P : 승객용 B : 침대용 R : 주택용 F : 화물용 E : 비상용	20 : 정원	S : 가로 CO : 중앙 UP : 상하	150 [m/min]	15층

03 회전운동을 하는 유희시설이 아닌 것은?

① 관람차   ② 비행탑
③ 회전목마   ④ 모노레일

🔍 모노레일 : 단궤도 위를 달리는 교통기관

04 구동체인이 늘어나거나 절단되었을 경우 아래로 미끄러지는 것을 방지하는 안전장치는?

① 스텝체인 안전장치
② 정지스위치
③ 인입구 안전장치
④ 구동체인 안전장치

05 3상 교류의 단속도 전동기에 전원을 공급하는 것으로 기동과 정속운전을 하고 정지는 전원을 차단한 후 제동기에 의해 기계적으로 브레이크를 거는 제어방식은?

① 교류1단 속도제어
② 교류2단 속도제어
③ VVVF제어
④ 교류귀환 전압제어

🔍 **교류승강기의 제어시스템**

속도 제어방법	특징	용도
교류1단 속도 제어	3상유도전동기에 전원투입으로 기동과 정속운전, 전원 차단 후 정지하는 가장 간단한 방식	30m/min 이하 저속용
교류2단 속도 제어	기동과 주행은 고속권선, 감속은 저속권선으로 하는 방식	30~60 m/min 화물용
교류귀환 제어	카의 실제속도와 지령속도를 비교하여 사이리스터의 점호각을 바꾸는 방식	45~105 m/min
VVVF(가변전압 가변주파수 제어)	전압과 주파수의 변화로 직류전동기와 동등한 제어 성능을 갖는 방식	고속용

06 전기식 엘리베이터 기계실의 조도는 기기가 배치된 바닥면에서 몇 lx 이상이어야 하는가?

① 150   ② 200
③ 250   ④ 300

기계실에는 바닥 면에서 200 lx 이상을 비출 수 있는 영구적으로 설치된 전기 조명이 있어야 한다. 조명 스위치는 기계실 출입문 가까이에 적절한 높이로 설치되어야 하며, 1개 이상의 콘센트가 있어야 한다.

07 승강장 도어의 측면 개폐방식의 기호는?

① A
② CO
③ S
④ I

도어시스템의 종류

기호	설명
S	가로열기식(측면개폐)
CO	중앙열기식(중앙개폐)
UP	상하열기식(상승개폐)

08 전기식 엘리베이터 기계실의 구비조건으로 틀린 것은?

① 기계실의 크기는 작업구역에서의 유효높이는 2.5m 이상이어야 한다.
② 기계실에는 소요설비 이외의 것을 설치하거나 두어서는 안된다.
③ 유지관리에 지장이 없도록 조명 및 환기 시설은 승강기검사기준에 적합하여야 한다.
④ 출입문은 외부인의 출입을 방지할 수 있도록 잠금장치를 설치하여야 한다.

기계실은 설비의 작업이 쉽고 안전하도록 충분한 크기여야 하며, 특히, 작업구역의 유효 높이는 2.1m 이상이어야 한다.

09 트랙션 머신 시브를 중심으로 카 반대편의 로프에 매달리게 하여 카 중앙에 대한 평형을 맞추는 것은?

① 과속조절기
② 보상(균형)체인
③ 완충기
④ 균형추

과속조절기(조속기)는 기계적 과속 제어기구, 균형체인은 카의 위치 변화에 따른 로프의 무게 보상, 완충기는 카나 균형추가 어떤 원인으로 최하층을 통과하여 피트에 도달했을 때 카나 균형추에 충격을 완화시켜 주는 장치를 말한다.

10 카가 어떤 원인으로 최하층을 통과하여 피트에 도달했을 때 카의 충격을 완화시켜 주는 장치는?

① 완충기
② 추락방지안전장치(비상정지장치)
③ 과속조절기(조속기)
④ 과부하감지장치

완충기는 스프링 또는 유체 등을 이용하여 카, 균형추 또는 평형추의 충격을 흡수하기 위한 제동수단을 말한다.

11 승객과 운전자의 마음을 편하게 해주기 위하여 설치하는 장치는?

① 파킹장치
② 통신장치
③ 과속조절기
④ B.G.M 장치

B.G.M(Back Ground Music)

12 T형 가이드레일의 공칭 규격이 아닌 것은?

① 8K
② 14K
③ 18K
④ 24K

일반적으로 단면이 T자형인 엘리베이터용 레일이 이용되고 1m 당 중량에 따라 8, 13, 18, 24, 30, 37, 50K 레일 등의 종류가 있다.

13 유압완충기의 부품이 아닌 것은?

① 완충고무
② 플런저
③ 스프링
④ 유량조절밸브

유량조절밸브는 실린더의 속도제어용으로 사용된다.

14 도어 인터록 장치의 구조로 가장 옳은 것은?

① 도어 스위치가 확실히 걸린 후 도어 인터록이 들어가야 한다.
② 도어 스위치가 확실히 열린 후 도어 인터록이 들어가야 한다.
③ 도어록 장치가 확실히 걸린 후 도어 스위치가 들어가야 한다.
④ 도어록 장치가 확실히 열린 후 도어 스위치가 들어가야 한다.

🔍 도어 인터록 : 도어록 장치가 확실히 걸린 후 도어 스위치가 들어가고, 또한 도어 스위치가 끊어진 후에 도어록이 열리는 구조

15 과속조절기(조속기)에서 과속스위치의 작동원리는 무엇을 이용한 것인가?

① 회전력
② 원심력
③ 과속조절기 로프
④ 승강기의 속도

🔍 기계적 과속 제어기구로 엘리베이터에서 구동로프의 움직임을 멈추고 지지하는 데에 쓰이는 와이어로프 구동방식의 원심력을 이용한 장치

16 소방구조용(비상용) 엘리베이터에 대한 설명으로 옳지 않은 것은?

① 평상시는 승객용 또는 승객·화물용으로 사용할 수 있다.
② 카는 비상운전 시 반드시 모든 승강장의 출입구마다 정지 할 수 있어야 한다.
③ 별도의 비상전원장치가 필요하다.
④ 도어가 열려 있으면 카를 승강시킬 수 없다.

🔍 소방구조용(비상용) 엘리베이터는 도어가 열려있는 상태에서 카를 승강시킬 수 있다.

17 트랙션 권상기의 설명 중 옳지 않은 것은?

① 기어식과 무기어식 권상기가 있다.
② 행정거리의 제한이 없다.
③ 소요 동력이 크다.
④ 지나치게 감기는 현상이 일어나지 않는다.

🔍 트랙션 권상기의 특징
• 기어식(웜기어, 헬리컬기어)과 무기어식이 있다.
• 행정거리의 제한이 없다.
• 소요동력이 적다.
• 지나치게 감기는 현상이 일어나지 않는다.

18 엘리베이터에 반드시 운전자(operator)가 있어야 운행이 가능한 조작방식은?

① 반자동식(ATT Attendant)방식
② 단식자동(Single Automatic)방식
③ 승합전자동(Selective Collective)방식
④ ATT조작방식과 단식자동방식

🔍 무운전원 방식
• 단식자동식 : 승강장 버튼은 오름·내림 공용방식이며, 먼저 눌러진 호출에 응답하고, 운행중 다른 호출에는 응하지 않는 방식
• 하강 승합 자동식 : 2층 이상의 승강장에는 내림방향의 버튼 밖에 없다. 중간층에서 위방향으로 갈 때는 1층에 내려와서 올라가야만 하는 방식
• 승합전자동식 : 승강자의 버튼을 상·하2개가 있고 기억시키면서 동작 카진행 방향일 경우에는 응답하여 오르내리는 방식(용도: 1대 승용엘리베이터)

19 추락에 의하여 근로자에게 위험이 미칠 우려가 있을 때 비계를 조립하는 등의 방법에의하여 작업발판을 설치하도록 되어 있다. 높이가 몇 m 이상인 장소에서 작업을 하는경우에 설치하는가?

① 2　　　　② 3
③ 4　　　　④ 5

🔍 근로자가 추락하거나 넘어질 위험이 있는 장소 또는 기계·설비·선박블록 등에서 작업을 할 때에 근로자가 위험해질 우려가 있는 경우 비계(飛階)를 조립하는 등의 방법으로 작업발판을 설치하여야 하며, 비계의 높이가 2m 이상인 작업장소에는 산업안전보건기준에 관한 규칙에 따른 작업발판을 설치하여야 한다.

20 다음 중 불안전한 행동이 아닌 것은?

① 방호조치의 결함
② 안전조치의 불이행
③ 위험한 상태의 조장
④ 안전장치의 무효화

> **재해원인의 분류**
> - 직접원인
>   - 불안전한 행동(인적원인) : 위험장소 접근, 안전장치의 기능 제거, 복장·보호구의 잘못 사용, 기계·기구 잘못 사용, 운전중인 기계장치의 손질, 불안전한 속도 조작, 위험물 취급 부주의, 불안전한 상태 방치, 불안전한 자세 동작, 감독 및 연락 불충분
>   - 불안전한 상태(물적원인) : 물 자체 결함, 안전 방호장치 결함, 복장·보호구의 결함, 물의 배치 및 작업 장소 결함, 작업환경의 결함, 생산 공정의 결함, 경계표시·설비의 결함
> - 간접원인
>   - 기술적 원인 : 건물·기계장치 설계 불량, 구조·재료의 부적합, 생산 공정의 부적당, 점검·정비·보존 불량
>   - 교육적 원인 : 안전의식의 부족, 안전수칙의 오해, 경험훈련의 미숙, 작업방법의 교육 불충분, 유해위험 작업의 교육 불충분
>   - 관리적 원인(작업관리상 원인) : 안전관리 조직 결함, 안전수칙 미제정, 작업준비 불충분, 인원배치 부적당, 작업지시 부적당

21 다음 중 정기점검에 해당되는 점검은?

① 일상점검   ② 월간점검
③ 수시점검   ④ 특별점검

> 정기점검 : 일정한 기간을 정하여 점검하는 것으로 주간점검, 월간점검 및 연간점검 등이 있으며 법적기준 또는 사내 안전 규정에 따라 해당 책임자가 실시하는 점검

22 작업자의 재해 예방에 대한 일반적인 대책으로 맞지 않는 것은?

① 계획의 작성
② 엄격한 작업감독
③ 위험요인의 발굴 대처
④ 작업지시에 대한 위험 예지의 실시

> 작업감독을 엄격하게 한다고 해서 재해가 예방되는 것은 아니다. 재해 예방은 재해 요인을 사전에 파악하고, 이에 따른 필요한 조치 활동을 통해 이루어지는 것이다.

23 안전사고의 발생요인으로 심리적인 요인에 해당되는 것은?

① 감정
② 극도의 피로감
③ 육체적 능력 초과
④ 신경계통의 이상

> 안전사고의 발생요인 중 피로감, 육체적 능력초과, 신경계통의 이상은 신체적 요인이라 할 수 있다.

24 인체에 전격의 위험을 결정하는 주된 인자가 아닌 것은?

① 통전전류의 크기
② 통전경로
③ 음파의 크기
④ 통전시간

> **감전 위험요소**
> - 1차적 감전 위험요소 : 통전전류의 크기, 통전경로, 통전시간, 전원의 종류
> - 2차적 감전 위험요소 : 인체의 조건, 전압, 계절, 주파수

25 엘리베이터로 인하여 인명 사고가 발생했을 경우 안전(운행)관리자의 대처사항으로 부적합한 것은?

① 의약품, 들것, 사다리 등의 구급용구를 준비하고 장소를 명시한다.
② 구급을 위해 의료기관과의 비상연락체계를 확립한다.
③ 전문 기술자와의 비상연락체계를 확립한다.
④ 자체점검에 관한 사항을 숙지하고 기술적인 사고 요인을 검사하여 고장 요인을 제거한다.

> ④는 일상적인 자체검사 내용으로 승강기 유지보수 및 안전관리자 임무이다. 따라서 인명 사고가 발생했을 경우 운행관리자의 대처사항으로 부적합하다.

26 다음 중 방호장치의 기본 목적으로 가장 옳은 것은?

① 먼지 흡입 방지
② 기계 위험 부위의 접촉방지
③ 작업자 주변의 사람 접근방지
④ 소음과 진동 방지

> 방호장치는 기계기구의 위험부위 접촉방지 및 전기에 의한 인체 감전사고를 방지하기 위해 시설한다.

27 재해의 직접원인에 해당되는 것은?

① 안전지식의 부족
② 안전수칙의 오해
③ 작업기준의 불명확
④ 복장, 보호구의 결함

🔍 문제 20번 해설참조

28 다음 중 엘리베이터 자체점검 시의 점검 항목으로 크게 중요하지 않은 사항은?

① 브레이크장치
② 와이어로프 상태
③ 비상정지장치
④ 각종 계전기의 명판 부착 상태

🔍 ④항은 자체점검 시 점검해야 할 항목이지만 ①, ②, ③항과 같이 안전에 미치는 영향이 크지 않다.

29 카 실(cage)의 구조에 대한 설명 중 옳지 않은 것은?

① 구조상 경미한 부분을 제외하고는 불연재료를 사용하여야 한다.
② 카 천장에 비상구출구를 설치하여야 한다.
③ 승객용 카의 출입구에는 정전기 장애가 없도록 방전코일을 설치하여야 한다.
④ 승객용은 한 개의 카에 두 개의 출입구를 설치할 수 있는 경우도 있다.

🔍 승객용 카의 출입구에는 방전코일을 설치하면 안 된다. 방전 전류로 인해 인체에 영향을 미칠 우려가 있기 때문이다.

30 에스컬레이터의 유지관리에 관한 설명으로 옳은 것은?

① 계단식 체인은 굴곡반경이 적으므로 피로와 마모가 크게 문제시 된다.
② 계단식 체인은 주행속도가 크기 때문에 피로와 마모가 크게 문제시 된다.
③ 구동체인은 속도, 전달동력 등을 고려할 때 마모는 발생하지 않는다.
④ 구동체인은 녹이 슬거나 마모가 발생하기 쉬우므로 주의해야 한다.

🔍 구동체인은 재료 특성상 녹이 슬거나 마모가 발생할 수 있으므로 지속적인 관리가 필요하다.

31 엘리베이터 기계실 작업공간의 바닥 면에는 얼마 이상을 밝히는 영구적으로 설치된 조명이 있어야 하는가?

① 200lx ② 150lx
③ 100x ④ 50lx

🔍 기계실·기계류 공간 및 풀리실에는 다음의 구분에 따른 조도 이상을 밝히는 영구적으로 설치된 전기조명이 있어야 하며, 전원공급은 구동기에 공급되는 전원과는 독립적이어야 한다.
• 작업공간의 바닥 면: 200lx
• 작업공간 간 이동 공간의 바닥 면: 50lx

32 승강장 도어 인터록장치의 설정 방법으로 옳은 것은?

① 인터록이 잠기기 전에 스위치 접점이 구성되어야 한다.
② 인터록이 잠김과 동시에 스위치 접점이 구성되어야 한다.
③ 인터록이 잠긴 후 스위치 접점이 구성되어야 한다.
④ 스위치에 관계없이 잠금 역할만 확실히 하면 된다.

🔍 도어인터록은 카가 정지하고 있지 않는 층에서는 전용열쇠를 사용하지 않으면 열리지 않도록 하는 장치이다. 또한, 도어록 장치가 확실히 걸린 후 도어 스위치가 들어가고, 또한 도어 스위치가 끊어진 후에 도어록이 열리는 구조이다.

33 손잡이(핸드레일) 인입구에 손이나 이물질이 끼었을 때 즉시 작동하여 에스컬레이터를 정지시키는 장치는?

① 핸드레일 안전장치
② 구동체인 안전장치
③ 과속조절기(조속기)
④ 핸드레일 인입구 안전장치

🔍 **에스컬레이터의 안전장치**
• 구동체인 안전장치: 구동체인이 절단된 경우, 상승중이더라도 승객의 하중에 의해 하강운전을 일으켜 안전사고가 발생할 우려가 있기 때문에 디딤판을 정지시키는 안전장치
• 제동기: 구동기의 검사나 보수시 또는 안전장치가 작동하여 전원을 차단한 때에 전동기의 관성을 제지함으로써 승객이 타고 있는 경우에도 에스컬레이터가 역전하지 않도록 유지하는 중요한 안전장치

- **스텝체인 안전장치** : 스텝체인이 끊어지거나 과도하게 늘어나면 스텝과 스텝사이에 틈이 발생하고 심한 경우에는 스텝 여러 개 분의 공간이 발생하여 위험하기 때문에 이를 감지하여 전원을 차단하고 제동기를 작동시키는 안전장치
- **핸드레일 인입구 안전장치** : 핸드레일 인입구에 손 또는 이물질이 끼었을 때 즉시 작동하여 에스컬레이터를 정지시키는 안전장치
- **스커트가드 안전장치** : 스커트가드와 스텝사이의 틈에 신체의 일부나 옷, 신발 등이 끼었을 때 이를 검출하여 에스컬레이터를 정지시키는 스커트가드 판넬 안쪽에 설치하는 안전장치

34 다음 중 에스컬레이터를 수리할 때 지켜야 할 사항으로 적절하지 않은 것은?

① 상부 및 하부에 사람이 접근하지 못하도록 단속한다.
② 작업 중 움직일 때는 반드시 상부 및 하부를 확인하고 복명 복창한 후 움직인다.
③ 주행하고자 할 때는 작업자가 안전한 위치에 있는지 확인한다.
④ 작동시간을 게시한 후 시간이 되면 작동시킨다.

🔍 수리 완료 후 안전상태를 확인하고 에스컬레이터를 작동시켜야 한다.

35 유압장치의 보수, 점검, 수리 시에 사용되고, 일명 게이트 밸브라고도 하는 것은?

① 스톱밸브　② 사이렌서
③ 체크밸브　④ 필터

🔍 스톱밸브 : 유압파워유니트에서 유압잭에 이르는 압력배관의 도중에 설치한 수동밸브로서 이것을 닫으면 파워유니트측과 유압잭측을 분리하는 것이 가능하다. 주로 보수·점검 또는 수리를 할 때에 사용한다.

36 승객의 구출 및 구조를 위한 카 상부 비상구출문의 크기는 얼마 이상이어야 하는가?

① 0.2m×0.2m　② 0.4m×0.5m
③ 0.5m×0.5m　④ 0.25m×0.3m

🔍 비상구출문
- 카 천장에 비상구출문이 설치된 경우, 유효 개구부의 크기는 0.4m×0.5m 이상이어야 한다. 다만, 카 벽에 설치된 경우 제외될 수 있다.
- 하나의 승강로에 2대 이상의 엘리베이터가 있는 경우, 카 벽에 비상구출문을 설치할 수 있다. 다만, 카 간의 수평거리는 1m를 초과할 수 없다.
- 카 벽에 설치된 비상구출문의 크기는 폭 0.4m 이상, 높이 1.8m 이상이어야 한다.

37 매다는 장지(현수)에 사용되는 로프는 공칭직경 몇 mm 이상으로 몇 가닥 이상이어야 하는가?

① 8mm, 2가닥　② 8mm, 3가닥
③ 12mm, 2가닥　④ 12mm, 3가닥

🔍 매다는 장치(현수)
- 로프는 공칭 직경이 8mm 이상이어야 한다. 다만, 구동기가 승강로에 위치하고, 정격속도가 1.75m/s 이하인 경우로서 행정안전부장관이 안전성을 확인한 경우에 한정하여 공칭 직경 6mm의 로프가 허용된다.
- 로프 또는 체인 등의 가닥수는 2가닥 이상이어야 한다.
- 간접 유압식 엘리베이터의 경우에는 간접 작동 잭 당 2가닥 이상이어야 하고, 카와 평형추 사이의 연결 부분에 2가닥 이상이어야 한다.

38 유압엘리베이터의 카가 심하게 떨거나 소음이 발생하는 경우의 조치에 해당되지 않는것은?

① 실린더 내부의 공기 완전 제거
② 실린더 로드면의 굴곡 상태 확인
③ 리미트 스위치의 위치 수정
④ 릴리프 세팅 입력 조정

🔍 리미트 스위치는 유압식 엘리베이터의 카 상부 및 카 하부에 설치하며 소음과 진동과는 관계가 없다.

39 간접식 유압엘리베이터의 특징이 아닌 것은?

① 부하에 의한 카의 빠짐이 비교적 작다.
② 실린더의 점검이 용이하다.
③ 승강로는 실린더를 수용할 부분만큼 더 커지게 된다.
④ 추락방지안전장치가 필요하다.

🔍 간접식 엘리베이터의 특징
- 1:2, 1:4, 2:4 로핑방식이 있다.
- 로프의 이완현상과 유체의 압축성으로 인한 바닥 침하가 발생한다.
- 보호관이 없으므로 실린더의 점검이 쉽다.
- 추락방지안전장치가 반드시 필요하다.

40 승강기에 보상(균형)체인을 설치하는 목적은?

① 균형추의 낙하 방지를 위하여
② 주행 중 카의 진동과 소음을 방지하기 위하여
③ 카의 무게 중심을 위하여
④ 이동케이블과 로프의 이동에 따라 변화되는 무게를 보상하기 위하여

종류	목적	용도
보상체인	카의 위치변화에 따른 로프의 무게 보상	저·중속 엘리베이터
보상로프	카의 위치변화에 따른 주로프의 무게에 의한 권상비를 보상하며, 로프가 엉키는 것을 방지하기 위해 인장시브를 설치	고속 엘리베이터

41 유압용 엘리베이터에서 가장 많이 사용하는 펌프는?

① 기어펌프
② 스크루펌프
③ 베인펌프
④ 피스톤펌프

🔍 **유압엘리베이터의 특징**
- 기계실의 위치가 자유롭다.
- 높이 7층 이하 속도 60m/min에 적용된다.
- 상부 여유거리(상부틈)가 작아도 된다.
- 하강시에는 펌프를 구동하지 않고 밸브를 제어하여 하강시킨다.
- 로프식 엘리베이터에 비하여 효율이 떨어져 모터의 용량과 소비전력이 크다.
- 상승시 오일 압력이 정격 압력의 150%를 초과하지 못하도록 안전밸브를 설치해야 한다.
- 스크루 펌프가 가장 널리 사용된다.

42 주행안내(가이드) 레일의 역할이 아닌 것은?

① 카 자체의 기울어짐을 방지
② 추락방지안전장치(비상정지장치) 작동시 수직 하중을 유지
③ 승강로의 기계적 강도를 보강
④ 균형추의 승강로 평면내의 위치를 규제

🔍 주행안내 레일은 엘리베이터 등의 카, 균형추 또는 플런저 등을 안내하는 궤도로써 승강로 평면내의 위치를 규제하고 카의 자중이나 하중이 반드시 카의 중심에 없기 때문에 기울어짐을 막아내고, 더욱이 추락방지안전장치가 작동했을 때의 수직하중을 유지한다.

43 전자-기계 브레이크에 대한 설명으로 틀린 것은?

① 브레이크 라이닝은 불연성이어야 한다.
② 브레이크슈 또는 패드 압력은 압축 스프링 또는 무게추에 의해 발휘되어야 한다.
③ 구동기는 자동조작에 의해서만 브레이크를 개방할 수 있어야 한다.
④ 브레이크 작동과 관련된 부품은 권상도르래, 드럼 또는 스프로킷 등 직접적이고 확실한 장치에 의해 연결되어야 한다.

🔍 전자-기계 브레이크에서 구동기는 지속적인 수동조작에 의해 브레이크를 개방할 수 있어야 하며, 이러한 동작은 기계식(레버 등)과 자동충전식 비상전원공급을 통한 전기식으로 할 수 있다.

44 승강기에 적용하는 주행안내(가이드) 레일의 규격을 결정하는데 관계가 가장 적은 것은?

① 과속조절기(조속기)의 속도
② 지진 발생시 건물의 수평진동력
③ 추락방지안전장치(비상정지장치) 작동시 작용할 수 있는 좌굴하중
④ 불균형한 큰 하중이 적재될 때 작용하는 회전 모멘트

🔍 문제42번 해설참조

45 엘리베이터의 부하 제어와 관련하여 과부하의 경우에 조치되어야 할 사항으로 틀린 것은?

① 청각 및 시각적인 신호에 의해 카 내 이용자에게 알려야 한다.
② 자동 동력 작동식 문은 완전히 개방되어야 한다.
③ 과부하 시 예비운전은 유효화되어야 한다.
④ 수동 작동식 문은 잠금해제 상태를 유지해야 한다.

🔍 엘리베이터의 과부하 시 예비운전은 무효화되어야 한다.

46 카 위의 비상구출구가 개방되었을 때 발생되는 현상 중 옳은 것은?

① 주행 중에 비상구출구가 개방되어도 계속 운전한다.

② 비상구출구가 개방되면 카는 언제든지 중단되는 구조이다.
③ 비상구출구가 개방되면 카 내에 조명이 꺼진다.
④ 비상구출구 개방 유무에 관계없이 운행에 영향을 주지 않는다.

🔍 비상구출구가 개방되었을 경우 카는 즉시 중단되어야 한다.

47 후크의 법칙을 옳게 설명한 것은?

① 응력과 변형률은 반비례 관계이다.
② 응력과 탄성계수는 반비례 관계이다.
③ 응력과 변형률은 비례 관계이다.
④ 변형률과 탄성계수는 비례 관계이다.

🔍 비례한도내에서 응력과 변형률은 비례하며, 비례상수를 탄성계수라 한다.

$$\frac{응력}{변형률} = 탄성계수$$

48 유압식 엘리베이터를 구동시키고 정지시키는 구동기의 구성 부품으로 틀린 것은?

① 제어밸브   ② 스프로킷
③ 펌프 조립체   ④ 펌프 전동기

🔍 구동기 구성 부품
• 권상식 또는 포지티브 구동방식 엘리베이터 : 전동기, 기어, 브레이크, 도르래 또는 스프로킷, 드럼
• 유압식 엘리베이터: 펌프 조립체, 펌프 전동기, 제어밸브

49 다음 유도전동기의 제동 방법이 아닌 것은?

① 극수제동   ② 회생제동
③ 발전제동   ④ 단상제동

🔍 유도전동기의 제동법은 발전제동, 플러깅(역상제동), 단상제동, 회생제동이 있다.

50 전기기기의 충전부의 외함 사이의 저항은 어떤 저항인가?

① 브리지저항   ② 접지저항
③ 접촉저항   ④ 절연저항

🔍 충전부에서 외함으로 전류(누설전류)가 흘러와서는 안 된다. 따라서, 절연저항을 높여야만 한다. 회로의 용도 및 사용전압에 따른 절연저항은 문제43번 해설 참조

51 교류회로에서 유효전력이 $P[W]$이고 피상전력이 $P_a[VA]$일 때 역률은?

① $\sqrt{P + P_a}$ ② $\dfrac{P}{P_a}$

③ $\dfrac{P_a}{P}$ ④ $\dfrac{P}{P + P_a}$

🔍 $P_a = VI$, $P = VI\cos\theta$,
∴ $\cos\theta = \dfrac{P}{VI} = \dfrac{P}{P_a}$

52 정밀성을 요하는 판의 두께를 측정하는 것은?

① 줄자
② 직각자
③ R게이지
④ 마이크로미터

🔍 마이크로미터는 정밀한 길이를 측정하는 사용된다.

53 회전운동을 직선운동, 왕복운동, 전동 등으로 변환하는 기구는?

① 링크기구   ② 슬라이더
③ 캠   ④ 크랭크

🔍 캠기구는 회전운동으로부터 임의의 왕복운동을 주기 위한 기구이다.

54 안전상 허용할 수 있는 최대응력을 무엇이라고 하는가?

① 안전율   ② 허용응력
③ 사용응력   ④ 탄성한도

🔍 • 허용응력 : 재료의 안전성을 고려하여 사용하는 재료에 허용되는 최대의 응력
• 사용응력 : 실제로 기계나 구조물의 각 부분에 생기는 응력

55 RLC 소자의 교류회로에 대한 설명 중 틀린 것은?

① R만의 회로에서 전압과 전류의 위상은 동상이다.
② L만의 회로에서 저항성분을 유도성 리액턴스 X_L이라 한다.
③ C만의 회로에서 전류는 전압보다 위상이 90° 앞선다.
④ 유도성 리액턴스 $X_L = 1/\omega L$이다.

- 유도성 리액턴스 $X_L = \omega L$
- 용량성 리액턴스 $X_C = 1/\omega C$

56 엘리베이터의 권상기에서 일반적으로 저속용에는 적은 용량의 전동기를 사용하여 큰 힘을 내도록 하는 동력 전달방식은?

① 웜 및 웜 기어
② 헬리컬 기어
③ 스퍼어 기어
④ 피니언과 래크 기어

서로 교차하지 않는 직각축간의 운동 전달에 사용되는 것이 웜과 웜기어이다. 이 기어는 속도비가 매우 크므로 감속장치로서 많이 이용된다. 웜으로부터 웜기어로의 운동 전달은 가능하지만 그 역(逆)은 불가능하다.

57 동기발전기의 전기자 권선법 중 분포권의 장점이 아닌 것은?

① 기전력파형 개선
② 누설리액턴스 감소
③ 과열방지
④ 기전력 감소

분포권의 특징
- 고조파 제거에 의해 파형이 개선된다.
- 누설 리액턴스가 작다.($L \propto N^2$)
- 코일에서의 열발산이 고르게 분포되므로 권선의 과열을 방지할 수 있다.
- 집중권에 비해 유기기전력이 K_d배로 감소한다.

58 전지 내부저항 0.5[Ω]이고 기전력 1.5[V]인 전지를 부하저항 2.5[Ω]에 연결할 때 전지 양단의 전압[V]은?

① 1.25
② 2
③ 2.5
④ 3

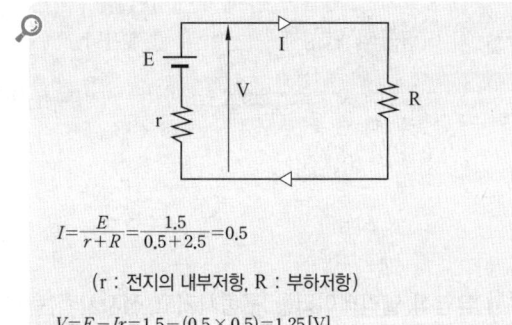

$I = \dfrac{E}{r+R} = \dfrac{1.5}{0.5+2.5} = 0.5$

(r : 전지의 내부저항, R : 부하저항)

$V = E - Ir = 1.5 - (0.5 \times 0.5) = 1.25$[V]

59 다음 중 절연저항을 측정하는 계기는?

① 회로시험기
② 메거
③ 훅온미터
④ 휘트스톤브리지

절연저항은 메거로 측정한다.

60 물질 내에서 원자핵의 구속력을 벗어나 자유로이 이동할 수 있는 것은?

① 분자
② 자유전자
③ 양자
④ 중성자

원자의 구성
- 원자핵 : 양성자와 중성자가 강한 핵력으로 결합(핵 = 양성자 + 중성자)
- 전자 : 음전기를 지닌 입자
- 최외각 전자 : 원자핵 주위를 돌고 있는 전자 중 가장 바깥쪽 궤도의 전자
- 자유전자 : 원자핵의 구속으로부터 이탈하여 자유로이 움직일 수 있는 전자

정답 필기기출문제 – 2014년 2회

01 ④	02 ④	03 ④	04 ④	05 ①
06 ②	07 ③	08 ①	09 ④	10 ①
11 ④	12 ②	13 ④	14 ③	15 ②
16 ④	17 ③	18 ①	19 ①	20 ①
21 ②	22 ②	23 ①	24 ③	25 ④
26 ②	27 ④	28 ④	29 ③	30 ④
31 ①	32 ③	33 ④	34 ④	35 ①
36 ②	37 ①	38 ③	39 ①	40 ④
41 ②	42 ③	43 ③	44 ①	45 ③
46 ②	47 ③	48 ②	49 ①	50 ④
51 ②	52 ④	53 ③	54 ②	55 ④
56 ①	57 ④	58 ①	59 ②	60 ②

2014년 3회 필기 기출문제

01 사람이 출입할 수 없도록 정격하중이 300kg 이하이고 정격속도가 1m/s인 승강기는?

① 소형화물용 엘리베이터(덤웨이터)
② 비상용 엘리베이터
③ 승객 · 화물용 엘리베이터
④ 수직형 휠체어리프트

> 화물용 엘리베이터의 한 종류인 덤웨이터는 사람이 탑승하지 않으면서 적재용량이 300kg 이하인 것으로서 소형화물(서적, 음식물 등) 운반에 적합하게 제작된 엘리베이터이다. 다만, 바닥면적이 0.5제곱미터 이하이고 높이가 0.6미터 이하인 엘리베이터는 제외한다.

02 화재 시 소화 및 구조활동에 적합하게 제작된 엘리베이터는?

① 덤웨이터
② 소방구조용 엘리베이터
③ 전망용 엘리베이터
④ 승객 · 화물용 엘리베이터

> 소방구조용 엘리베이터는 화재 등 비상시 소방관의 소화활동이나 구조활동에 적합하게 제조·설치된 엘리베이터로서 평상시에는 승객용 엘리베이터로 사용하는 엘리베이터를 말한다.

03 엘리베이터가 최종단층을 통과하였을 때 엘리베이터를 정지시키며 상승, 하강 양방향 모두 운행이 불가능하게 하는 안전장치는?

① 슬로다운 스위치
② 파킹 스위치
③ 피트 정지스위치
④ 파이널 리미트 스위치

> · 리미트 스위치 : 카가 최상층 및 최하층에 근접했을 때에 자동적으로 엘리베이터를 정지시켜 과주행을 방지한다.
> · 파이널 리미트 스위치 : 리미트 스위치가 어떤 원인에 의해서 작동하지 않아 카가 최상층 또는 최하층을 현저하게 지나치는 경우에 안전확보를 위하여 모든 전기회로를 끊고 엘리베이터를 정지시키는 장치이다.

04 에스컬레이터 또는 무빙워크(수평보행기)에 모두 설치해야 하는 것이 아닌 것은?

① 제동기
② 스커트가드 안전장치
③ 디딤판체인 안전장치
④ 구동체인 안전장치

> 스커트가드(Skirt Guard)는 에스컬레이터 내측판의 스텝에 인접한 부분을 말하는 것으로 무빙워크의 경우 스커트가드 안전장치가 불필요하다.

05 에스컬레이터의 안전율에 대한 기준으로 옳은 것은?

① 트러스와 빔에 대해서는 5 이상
② 트러스와 빔에 대해서는 10 이상
③ 체인류에 대해서는 6 이상
④ 체인류에 대해서는 8 이상

> 재료의 허용응력(허용전단 응력, 허용지지압력 및 허용좌굴응력은 제외한다)의 값은 당해 재료의 파괴강도를 안전율로 나눈 값

에스컬레이터부분	안전율
트러스 및 빔	5 이상
스텝 체인 및 구동 체인	10 이상
모든 구동 부품	5 이상

06 전동기의 회전을 감속시키고 암이나 로프 등을 구동시켜 승강기 문을 개폐시키는 장치는?

① 도어 인터록
② 도어 머신
③ 도어 스위치
④ 도어 클로저

> · 도어머신 : 모터의 회전을 감속하고 암이나 로프등을 구동시키고 도어를 개폐시키는 것
> · 도어인터록 : 카가 정지하고 있지 않는 층에서는 전용열쇠를 사용하지 않으면 열리지 않도록 하는 장치
> · 도어클로저 : 승장 도어가 열려있을 경우 자동으로 닫히게 하는 장치

07 기계실에 설치할 설비가 아닌 것은?

① 완충기 ② 권상기
③ 과속조절기 ④ 제어반

🔍 완충기는 카나 균형추가 어떤 원인으로 최하층을 통과하여 피트에 도달했을 때 충격을 완화시켜 주는 장치로 피트 바닥에 설치된다.

08 고속의 엘리베이터에 이용되는 경우가 많은 과속조절기(조속기)는?

① 롤 세이프티형
② 디스크형
③ 플랙시블형
④ 플라이 볼형

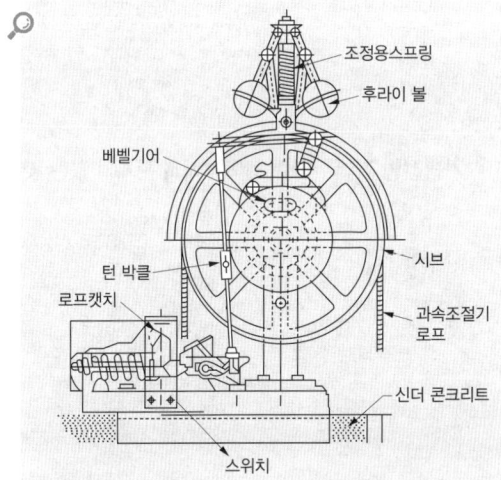

플라이 볼형 과속조절기는 도르래의 회전을 베벨기어에 의해 수직축의 회전으로 변환하고, 이 축의 상부에서부터 링크기구에 의해 매달린 구형의 진자에 작용하는 원심력으로 작동하는 과속조절기이다. 구조가 복잡하지만 검출 정밀도가 높으므로 고속엘리베이터에 많이 사용된다.

09 승강장문의 유효 출입구 폭은 카 출입구의 폭 이상으로 하되, 양쪽 측면 모두 카 출입구 측면의 폭보다 몇 mm를 초과하지 않아야 하는가?

① 50 ② 60
③ 70 ④ 80

🔍 승강장문의 출입구 유효 폭은 카 출입구 폭 이상으로 하되, 카 출입구 폭보다 50mm를 초과하지 않아야 한다.

10 FGC(Flexible Guide Clamp)형 추락방지안전장치(비상정지장치)의 장점은?

① 베어링을 사용하기 때문에 접촉이 확실하다.
② 구조가 간단하고 복구가 용이하다.
③ 레일을 죄는 힘이 초기에는 약하나, 하강함에 따라 강해진다.
④ 평균 감속도를 $0.5g_n$으로 제한한다.

🔍 점차 작동형 추락방지안전장치
- F.G.C형 : 레일을 죄는 힘이 동작에서 정지까지 일정하며, 구조가 간단하고 복구가 쉬워 널리 사용되고 있다.
- F.W.C형 : 레일을 죄는 힘이 동작 초기에는 약하나 점점 강해진 후 일정하다.
- 즉시 작동형 추락방지안전장치 : 카에 사용 시 정격속도가 0.63m/s를 초과하지 않은 경우 사용가능하다.

11 엘리베이터의 문 닫힘 안전장치 중에서 카 도어의 끝단에 설치하여 이물체가 접촉되면 도어의 닫힘이 중지되는 안전장치는?

① 광전장치 ② 초음파장치
③ 세이프티 슈 ④ 가이드 슈

🔍 도어 보호장치
- 세이프티 슈 : 이물질 검출장치를 설치하여 사람이나 사물이 접촉했을 경우 도어의 닫힘은 중단되고 열리도록 하는 장치
- 세이프티 레이 : 광선 빔을 통과시켜 광선빔이 차단될 때 도어의 닫힘은 중단되고 열리도록 하는 장치
- 초음파 도어 센서 : 도어의 앞 가장자리에서 초음파를 발사하여 이에 접근하는 것을 검출하여 도어의 닫힘은 중단되고 열리도록 하는 장치

12 승강로의 점검문과 비상문에 관한 내용으로 틀린 것은?

① 이용자의 안전과 유지보수 이외에는 사용하지 않는다.
② 비상문은 폭 0.35m 이상, 높이 1.8m 이상이어야 한다.
③ 점검문 및 비상문은 승강로 내부로 열려야 한다.
④ 트랩방식의 점검문일 경우는 폭 0.5m 이하, 높이 0.5m 이하이어야 한다.

🔍 점검문 및 비상문은 안전을 고려하여 승강로 외부로 열려야 한다.

13 권상기 도르래 홈에 대한 설명 중 옳지 않은 것은?

① 마찰계수의 크기는 U홈 〈 언더커트 홈 〈 V홈 순이다.
② U홈은 로프와의 면압이 작으므로 로프의 수명은 길어진다.
③ 언더커트 홈의 중심각이 작으면 트랙션 능력이 크다.
④ 언더커트 홈은 U홈과 V홈의 중간적 특성을 갖는다.

🔍 언더커트 홈시브는 도르래 방식의 엘리베이터에 있어서 구동 도르래에 있는 로프 홈의 일종으로 U자형 홈의 바닥에 더 작은 홈을 만든 것으로 로프 마모가 비교적 심하다. 또한 언더커트의 홈의 중심각이 작을 경우 마찰계수가 적어 트랙션 능력이 적어진다.

14 전기식(로프식) 엘리베이터에서 카에 여러 개의 추락방지안전장치(비상정지장치)가 설치된 경우 어떤 형식을 사용해야 하는가?

① 평시 작동형
② 즉시 작동형
③ 점차 작동형
④ 순간 작동형

🔍 카, 균형추, 평형추에 여러 개의 추락방지안전장치가 설치된 경우에는 모두 점차 작동형이어야 한다.

15 일반적인 에스컬레이터 경사도는 몇 도(°)를 초과하지 않아야 하는가?

① 25°   ② 30°
③ 35°   ④ 40°

🔍 에스컬레이터의 경사도는 30°를 초과하지 않아야 한다. 다만, 층고가 6m 이하이고, 공칭속도가 0.5m/s 이하인 경우에는 경사도를 35°까지 증가시킬 수 있다.

16 유압회로의 구성요소 중 역류 제지 밸브(check valve)의 설명으로 올바른 것은?

① 압력맥동이 적고 소음과 진동이 적은 스크루 펌프가 많이 사용된다.
② 회로의 압력이 상용압력의 125% 이상 높아지면 바이패스 회로를 열어 압력상승을 방지한다.
③ 탱크로 되돌려지는 유량을 제어하여 플런저의 상승속도를 간접적으로 처리하는 밸브이다.
④ 한쪽 방향으로만 기름이 흐르도록 하는 밸브로서 기름이 역류하여 카가 낙하하는 것을 방지한다.

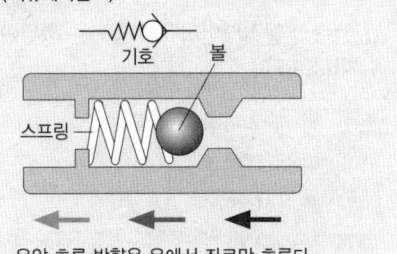

액체의 역류를 방지하기 위해 한쪽방향으로만 흐르게 하는 밸브

17 가변전압 가변주파수 제어방식과 관계가 없는 것은?

① PAM   ② VVVF
③ 인버터   ④ MG세트

🔍 가변전압 가변주파수(VVVF=인버터) : 전압크기 및 주파수를 변화시키는 방식으로 전압의 크기(PAM)방식과 주파수변화를 동시에 할 수 있는 속도제어 방식이다.

18 정전 시 카내 예비조명장치에 관한 설명으로 틀린 것은?

① 조도는 5lx 이상이어야 한다.
② 조도는 카 바닥 위 1m 지점의 카 중심부의 조도이다.
③ 정전 후 60초 이내에 점등되어야 한다.
④ 1시간 동안 전원이 공급되어야 한다.

🔍 카에는 자동으로 재충전되는 비상전원공급장치에 의해 5lx 이상의 조도로 1시간 동안 전원이 공급되는 비상등이 있어야 한다. 이 비상등은 다음과 같은 장소에 조명되어야 하고, 정상 조명전원이 차단되면 즉시 자동으로 점등되어야 한다.
• 카 내부 및 카 지붕에 있는 비상통화장치의 작동 버튼
• 카 바닥 위 1m 지점의 카 중심부
• 카 지붕 바닥 위 1m 지점의 카 지붕 중심부

19 승강기의 안전점검시 체크 사항과 가장 거리가 먼 것은?

① 각종 안전장치가 유효하게 작동될 수 있도록 조정되어 있는지의 여부
② 정격용량을 초과한 과부하의 적재 여부
③ 소비 전력량의 정도
④ 승강기 운전 및 사용법 숙지 여부

20 승강기 안전관리자에 대한 승강기관리교육의 교육내용이 아닌 것은?(단, 그 밖에 승강기 안전관리에 필요한 사항은 제외한다.)

① 승강기에 관한 일반지식 및 법령 등의 규정
② 승강기의 운행 및 관리
③ 승강기 사고 또는 고장 발생 시 조치
④ 승강기 구입 및 긴급 수리

> 교육내용(다중이용 건축물의 승강기를 관리하는 승강기 안전관리자)
> • 승강기에 관한 일반지식 및 법령 등의 규정
> • 승강기의 운행 및 관리
> • 승강기 사고 또는 고장 발생 시 조치
> • 승강기에 갇힌 이용자의 신속한 구출을 위한 승강기 조작
> • 그 밖에 승강기 안전관리에 필요한 사항

21 사고원인이 잘못 설명된 것은?

① 인적 원인 : 불안전한 행동
② 물적 원인 : 불안전한 상태
③ 교육적인 원인 : 안전지식 부족
④ 간접 원인 : 고의에 의한 사고

> 재해원인의 분류
> • 직접원인
>   – 불안전한 행동(인적원인) : 위험장소 접근, 안전장치의 기능 제거, 복장·보호구의 잘못 사용, 기계·기구 잘못 사용, 운전중인 기계장치의 손질, 불안전한 속도 조작, 위험물 취급 부주의, 불안전한 상태 방치, 불안전한 자세 동작, 감독 및 연락 불충분
>   – 불안전한 상태(물적원인) : 물 자체 결함, 안전 방호장치 결함, 복장·보호구의 결함, 물의 배치 및 작업 장소 결함, 작업환경의 결함, 생산 공정의 결함, 경계표시·설비의 결함
> • 간접원인
>   – 기술적 원인 : 건물·기계장치 설계 불량, 구조·재료의 부적합, 생산 공정의 부적당, 점검·정비·보존 불량
>   – 교육적 원인 : 안전의식의 부족, 안전수칙의 오해, 경험훈련의 미숙, 작업방법의 교육 불충분, 유해위험 작업의 교육 불충분

> – 관리적 원인(작업관리상 원인) : 안전관리 조직 결함, 안전수칙 미제정, 작업준비 불충분, 인원배치 부적당, 작업지시 부적당

22 승강기 보수의 자체점검 시 취해야 할 안전조치 사항이 아닌 것은?

① 보수작업 소요시간 표시
② 보수 계약 기간 표시
③ 보수 중 이라는 사용금지 표시
④ 작업자명과 연락처의 전화번호

> 자체점검 시 보수 계약 기간을 표시할 필요는 없다.

23 재해 발생의 원인 중 가장 높은 빈도를 차지하는 것은?

① 열량의 과잉 억제
② 설비의 배치 착오
③ 과부화
④ 작업자의 작업행동 부주의

직접원인	인적 원인 (불안전한 행동)	전체 재해 발생의 88[%] 정도
	물적 원인 (불안전한 상태)	전체 재해 발생의 10[%] 정도

24 기계실에서 승강기를 보수하거나 검사시의 안전수칙에 어긋나는 것은?

① 전기장치를 검사할 경우는 모든 전원스위치를 ON 시키고 검사한다.
② 규정복장을 착용하고 소매끝이 회전물체에 말려 들어가지 않도록 주의한다.
③ 가동부분은 필요한 경우를 제외하고는 움직이지 않도록 한다.
④ 브레이크 라이너를 점검할 경우는 전원스위치를 OFF시킨 상태에서 점검하도록 한다.

> 전기장치를 검사할 경우에는 감전의 위험이 있으므로 모든 전원스위치를 OFF시키고 검사해야 한다.

25 기계설비의 위험방지를 위해 보전성을 개선하기 위한 사항과 거리가 먼 것은?

① 안전사고 예방을 위해 주기적인 점검을 해야 한다.
② 고가의 부품인 경우는 고장발생 직후에 교환한다.
③ 가동율을 높이고 신뢰성을 향상시키기 위해 안전 모니터링 시스템을 도입하는 것은 바람직하다.
④ 보전용 통로나 작업장의 안전 확보는 필요하다.

🔍 고가의 부품인 경우 기계설비의 위험방지를 위해 보전성을 개선하기 위해서는 주기적인 점검을 실시해야 한다.

26 작업시 이상 상태를 발견할 경우 처리절차가 옳은 것은?

① 작업중단 → 관리자에 통보 → 이상상태 제거 → 재발방지대책수립
② 관리자에 통보 → 작업중단 → 이상상태 제거 → 재발방지대책수립
③ 작업중단 → 이상상태 제거 → 관리자에 통보 → 재발방지대책수립
④ 관리자에 통보 → 이상상태 제거 → 작업중단 → 재발방지대책수립

27 감전에 영향을 주는 1차적 감전 요소가 아닌 것은?

① 통전시간　　② 통전전류의 크기
③ 인체의 조건　④ 전원의 종류

🔍 감전 위험요소
 • 1차적 감전 위험요소 : 통전전류의 크기, 통전경로, 통전시간, 전원의 종류
 • 2차적 감전 위험요소 : 인체의 조건, 전압, 계절, 주파수

28 다음 중 전기재해에 해당되는 것은?

① 동상　　② 협착
③ 전도　　④ 감전

🔍 감전은 신체가 회로의 한 부분이 되었을 때, 전류가 몸을 타고 흘러 신체에 상해를 입히는 현상을 말한다.

29 기계실 바닥에 몇 m를 초과하는 단차가 있을 경우에는 보호난간이 있는 계단 또는 발판이 있어야 하는가?

① 0.3　　② 0.5
③ 0.7　　④ 1.0

🔍 기계실
 • 작업구역의 유효 높이는 2.1m 이상이어야 한다.
 • 작업구역간 이동통로의 유효 높이는 1.8m 이상, 유효 폭은 0.5m 이상이어야 한다.
 • 보호되지 않은 회전부품 위로 0.3 m 이상의 유효 수직거리가 있어야 한다.
 • 기계실 바닥에 0.5m를 초과하는 단차가 있는 경우, 고정된 사다리 또는 보호난간이 있는 계단이나 발판이 있어야 한다.

30 마찰정지형(롤 세이프티형) 과속조절기의 점검방법에 대한 설명으로 틀린 것은?

① 각 지점부의 부착상태, 급유상태 및 조정 스프링에 약화 등이 없는지 확인한다.
② 과속조절기 스위치를 끊어 놓고 안전회로가 차단됨을 확인한다.
③ 카 위에 타고 점검운전을 하면서 조속기 로프의 마모 및 파단상태를 확인하지만, 로프 텐션의 상태는 확인할 필요가 없다.
④ 시브 홈의 마모상태를 확인한다.

🔍 보기 ③에서 로프 텐션의 상태도 점검해야 한다.

31 플라이 볼형 과속조절기(조속기)의 구성요소에 해당되지 않는 것은?

① 플라이 웨이트　② 로프캐치
③ 플라이 볼　　　④ 베벨기어

🔍 플라이 웨이트는 디스크형 과속조절기의 구성요소이다.

32 소방구조용(비상용) 엘리베이터에 사용되는 권상기의 도르래 교체기준으로 부적합한 것은?

① 도르래에 균열이 발생한 경우
② 제조사가 권장하는 크리프량을 초과하지 않은 경우
③ 도르래 홈의 마모로 인해 슬립이 발생한 경우
④ 도르래 홈에 로프자국이 심한 경우

권상기 도르래 교체기준은 따로 없으며 승강기 검사기준의 도르래 마모 한계에 따르면 도르래는 심한 마모가 없어야 한다. 권상기 도르래홈의 언더컷의 잔여량은 1mm 이상이어야 하고, 권상기 도르래에 감긴 주로프 가닥끼리의 높이차 또는 언더컷 잔여량의 차이는 2mm 이내이어야 한다.

33 벨트식 무빙워크의 경우, 경사부에서 수평부로 전환되는 천이구간의 곡률반경은 몇 m 이상이어야 하는가?

① 0.2
② 0.4
③ 0.6
④ 0.8

- 벨트식 무빙워크의 경우, 경사부에서 수평부로 전환되는 천이구간의 곡률반경은 0.4m 이상이어야 한다.
- 팔레트식 무빙워크의 경우, 2개의 연속되는 팔레트 사이의 최대 허용거리는 항상 충분히 크기 때문에 곡률반경의 결정은 필요하지 않다.

34 카와 균형추에 대한 로프거는 방법으로 2:1 로핑방식을 사용하는 경우 그 목적으로 가장 적절한 것은?

① 로프의 수명을 연장하기 위하여
② 속도를 줄이거나 적재하중을 증가시키기 위하여
③ 로프를 교체하기 쉽도록 하기 위하여
④ 무부하로 운전할 때를 대비하기 위하여

로프를 1:1로 걸때 로프장력은 부하측의 중력과 동일하지만 로프를 직접 부하측에 끌어 정지시키지 않고 도르래를 통하여 이것을 끌어올리고, 로프장력은 부하측 중력의 1/2로 되며, 부하측의 속도가 로프속도의 1/2가 된다. 이로핑을 2:1 로핑이라 한다. 2:1로핑방식을 적용하는 목적은 속도를 줄이고 적재하중을 늘리기 위함이다.

35 유압엘리베이터의 전동기는?

① 상승시에만 구동된다.
② 하강시에만 구동된다.
③ 상승시와 하강시 모두 구동된다.
④ 부하의 조건에 따라 상승시 또는 하강시에 구동된다.

유압엘리베이터의 전동기는 상승시에만 구동되고 하강시에는 구동되지 않는다.

36 일반적으로 카가 최저 위치에 있을 때 피트 바닥과 카의 가장 낮은 부분 사이의 유효 수직거리는 몇 m 이상이어야 하는가?(단, 주택용 엘리베이터가 아닌 경우이다.)

① 1.5
② 1.0
③ 0.5
④ 0.05

- 카가 최저 위치에 있을 때 피트 바닥과 카의 가장 낮은 부분 사이의 유효 수직거리는 0.5m 이상이어야 한다.(다만, 인접한 벽에서 수평거리 0.15m 이내에 에이프런 또는 수직 개폐식 문의 어느 부분이 있는 경우에는 0.1m까지 줄일 수 있다.)
- 주택용 엘리베이터의 경우 카가 완전히 압축된 완충기 위에 있을 때 피트 바닥과 카의 가장 낮은 부품(에이프런 등) 사이의 수직거리는 0.05m 이상이어야 한다.

37 카 상부에 탑승하여 작업할 때 지켜야 할 사항으로 옳지 않은 것은?

① 정전스위치를 차단한다.
② 카 상부에 탑승하기 전 작업등을 점등한다.
③ 탑승 후에는 외부 문부터 닫는다.
④ 자동스위치를 점검 쪽으로 전환한 후 작업한다.

작업자의 안전을 위해 정전스위치를 차단해서는 안된다.

38 승강기용 제어반에 사용되는 릴레이의 교체기준으로 부적합한 것은?

① 릴레이 접점표면에 부식이 심한 경우
② 릴레이 접점이 마모, 전이 및 열화된 경우
③ 채터링이 발생된 경우
④ 리미트 스위치 레버가 심하게 손상된 경우

④의 리미트 스위치는 카가 최상층 및 최하층에 근접했을 때에 자동적으로 엘리베이터를 정지시켜 과주행을 방지한다.

39 에스컬레이터 구동기의 공칭속도는 몇 %를 초과하지 않아야 하는가?

① ±1
② ±3
③ ±5
④ ±8

무부하 에스컬레이터 또는 무빙워크의 속도는 공칭주파수 및 공칭전압에서 공칭속도로부터 ±5%를 초과하지 않아야 한다.

40 일종의 압력조정 밸브로 회로의 압력이 상용압력의 125% 이상 높아지게 되면 바이패스 회로를 여는 밸브는?

① 사이렌서
② 스톱 밸브
③ 안전 밸브
④ 체크 밸브

🔍 안전밸브(릴리프밸브) : 상용압력의 125% 이내에서 자동적으로 작동[150% 초과금지]

41 에스컬레이터의 안전장치에 관한 설명으로 틀린 것은?

① 승강장에서 디딤판의 승강을 정지시키는 것이 가능한 장치이다.
② 사람이나 물건이 핸드레일 인입구에 꼈을 때 디딤판의 승강을 자동적으로 정지시키는 장치이다.
③ 상하 승강장에서 디딤판과 콤플레이트 사이에 사람이나 물건이 끼이지 않도록 하는 장치이다.
④ 디딤판체인이 절단 되었을 때 디딤판의 승강을 수동으로 정지시키는 장치이다.

🔍 ①항은 비상정지장치, ②항은 핸드레일 인입구 안전 장치, ③항은 콤에 대한 설명이다.

42 에스컬레이터의 손잡이(핸드레일)에 관한 설명 중 틀린 것은?

① 핸드레일은 디딤판과 속도가 일치해야 하며 역방향으로 승강하여야 한다.
② 정상운행 동안 핸드레일이 핸드레일 가이드로부터 이탈되지 않아야 한다.
③ 핸드레일 인입구에 적절한 보호장치가 설치되어 있어야 한다.
④ 핸드레일 인입구에 이물질 및 어린이의 손이 끼이지 않도록 안전 스위치가 있어야 한다.

🔍 각 난간의 꼭대기에는 정상운행 조건하에서 스텝, 팔레트 또는 벨트의 실제 속도와 관련하여 동일 방향으로 −0%에서 +2%의 공차가 있는 속도로 움직이는 손잡이가 설치되어야 한다.

43 유압식 엘리베이터의 속도제어에서 주회로에 유량제어밸브를 삽입하여 유량을 직접 제어하는 회로는?

① 미터오프 회로
② 미터인 회로
③ 블리디오프 회로
④ 블리디인 회로

🔍 **속도제어회로**
• 미터인회로 : 유량제어밸브를 사용하여 실린더로 들어가는 유체의 양을 조절하여 속도를 제어하는 회로
• 미터아웃회로 : 유량제어밸브를 사용하여 실린더에서 배기되는 유체의 양을 조절하여 속도를 제어하는 회로

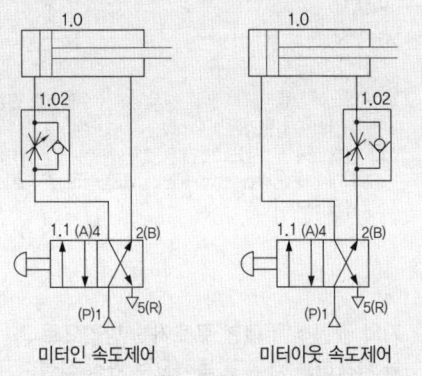

미터인 속도제어   미터아웃 속도제어

• 블리드오프회로 : 유량제어밸브를 실린더와 병렬로 설치하여 실린더의 입구측에 불필요한 압유를 배출시켜 작동효율을 증진시킨 회로로써 효율이 비교적 높다.

44 3가닥 이상의 8mm를 초과하는 로프에 의해 구동되는 권상 구동 엘리베이터의 매다는 장치 안전율을 얼마 이상이어야 하는가?

① 8
② 9
③ 11
④ 12

🔍 **매다는 장치의 안전율**
• 3가닥 이상의 로프(벨트)에 의해 구동되는 권상 구동 엘리베이터의 경우 : 12 이상
• 3가닥 이상의 6mm 이상 8mm 미만의 로프에 의해 구동되는 권상 구동 엘리베이터의 경우 : 16 이상
• 2가닥 이상의 로프(벨트)에 의해 구동되는 권상 구동 엘리베이터의 경우 : 16 이상
• 로프가 있는 드럼 구동 및 유압식 엘리베이터의 경우 : 12 이상
• 체인에 의해 구동되는 엘리베이터의 경우 : 10 이상

45 기계실이 있는 엘리베이터의 승강로 내에 설치되지 않는 것은?

① 균형추
② 완충기
③ 이동 케이블
④ 과속조절기(조속기)

🔍 ④는 카 상부에 설치되어 있다.

46 와이어로프 클립(wire rope clip)의 체결방법으로 가장 적합한 것은?

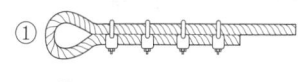
①

②

③
④

🔍 와이어로프 클립 체결 순서
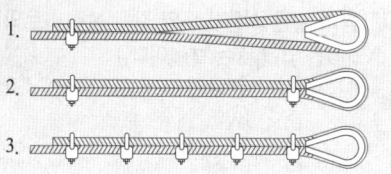

47 응력을 옳게 표현한 것은?

① 단위길이에 대한 늘어남
② 단위체적에 대한 질량
③ 단위면적에 대한 변형률
④ 단위면적에 대한 힘

🔍 응력(Stress) : 단위면적당의 저항력 또는 내력(하중)

48 다음 중 직류전압의 측정범위를 확대하여 측정할 수 있는 계기는?

① 변압기   ② 배율기
③ 분류기   ④ 변류기

🔍 배율기(倍率器 ; Multiplier)
전압계의 측정범위를 넓히기 위해 전압계와 직렬로 접속하는 저항기를 말한다.

$n = \dfrac{V_o}{V}$, $R_m = (m-1)R_v [\Omega]$

• V_o : 측정전압 [V]
• V : 전압계에 가하는 전압 [V]
• R_v : 전압계의 내부저항 [Ω]
• R_m : 배율저항의 저항값 [Ω]

49 크레인, 엘리베이터, 공작기계, 공기압축기 등의 운전에 가장 적합한 전동기는?

① 직권전동기   ② 분권전동기
③ 차동복권전동기   ④ 가동복권전동기

🔍 직류전동기의 용도

구분	용도
타여자전동기	대형 압연기나 승강기 등에 이용
직권전동기	전차, 크레인 등에 이용
분권전동기	공작 기계, 펌프 등에 이용
차동복권전동기	–
가동복권전동기	크레인, 엘리베이터, 공작 기계 및 공기 압축기 등에 사용

50 포와송비에 대한 설명으로 옳은 것은?

① 세로변형률을 가로변형률로 나눈 값이다.
② 가로변형률을 세로변형률로 나눈 값이다.
③ 세로변형률과 가로변형률을 곱한 값이다.
④ 세로변형률과 가로변형률을 더한 값이다.

🔍 포와송의 비(Poisson's ratio) : 재료에 생기는 가로변형률과 세로변형률의 비

$\mu = \dfrac{\text{가로변형률}}{\text{세로변형률}} = \dfrac{\varepsilon'}{\varepsilon} = \dfrac{1}{m}$

51 다음과 같은 그림기호는?

① 플로트레스 스위치
② 리미트 스위치
③ 텀블러 스위치
④ 누름버튼 스위치

항목	A접점	B접점
플로트레스 스위치		
리미트 스위치		
텀블러 스위치		
누름버튼 스위치		

52 기어, 풀리, 플라이휘일을 고정시켜 회전력을 전달시키는 기계요소는?

① 키이
② 와셔
③ 베어링
④ 클러치

- 키이(key) : 축에 풀리, 기어, 플라이 휠, 커플링 등의 회전체를 고정시켜서 축과 회전체를 일체로 하여 회전운동을 전달시키는 기계요소
- 베어링 : 운동을 하는 부분을 지지하여 고정하면서 마찰 저항을 줄여 주는 기계 요소
- 클러치 : 한 축에서 다른 축으로 동력을 끊었다 이었다 하는 장치
- 와셔 : 너트의 풀림 방지용, 기계용

53 다음 중 3상 유도전동기의 회전방향을 바꾸는 방법은?

① 두 선의 접속변환
② 기상보상기 이용
③ 전원의 주파수변환
④ 전원의 극수변환

②는 전동기 기동법, ③, ④는 전동기 속도제어법

54 전기력선의 성질 중 옳지 않은 것은?

① 양전하에서 시작하여 음전하에서 끝난다.
② 전기력선의 접선방향이 전장의 방향이다.
③ 전기력선은 등전위면과 직교한다.
④ 두 전기력선은 서로 교차한다.

전기력선의 성질
- 전기력선의 접선방향은 그 접점에서의 전기장의 방향을 가리킨다.
- 전기력선의 밀도는 전기장의 크기를 나타낸다.
- 도체 표면에서 수직으로 출입한다.
- 서로 교차하지 않는다.
- 양(+)전하에서 시작하여 음(-)전하에서 끝난다.
- 전위가 높은 점에서 낮은 점으로 향한다.
- 그 자신만으로는 폐곡선이 안된다.

55 자기인덕턴스 L[H]의 코일에 전류 I[A]를 흘렸을 때 여기에 축적되는 에너지 W[J]를 나타내는 공식으로 옳은 것은?

① $W = LI^2$
② $W = \frac{1}{2}LI^2$
③ $W = L^2I$
④ $W = \frac{1}{2}L^2I$

56 자극수 4, 전기자 도체수 400, 각 자극의 유효자속수 0.01Wb, 회전수 600rpm인 직류발전기가 있다. 전기자권수가 파권인 경우 유기기전력(V)은?

① 40
② 70
③ 80
④ 100

$$E = \frac{Pz}{60a}\phi N$$
$$= \frac{4 \times 400}{60 \times 2} \times 0.01 \times 600 ≒ 80[V]$$

57 그림과 같은 시퀀스도와 같은 논리회로의 기호는?(단, A와 B는 입력, X는 출력이다.)

① A,B → OR → X
② A,B → AND → X
③ A,B → NOR → X
④ A,B → NAND → X

A와 B의 유접점이 직렬 연결되어 있으므로 무접점회로로 변환하면 AND회로와 같다.

①은 OR회로(병렬)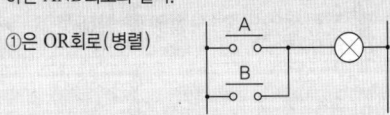

③은 NOR회로, ④는 NAND회로

58 끝이 고정된 와이어로프 한쪽을 당길 때 와이어로프에 작용하는 하중은?

① 인장하중
② 압축하중
③ 반복하중
④ 충격하중

🔍 **하중의 종류**
- 인장하중(Tensile Load) : 재료의 축방향으로 늘어나게 하려는 하중
- 압축하중(Compressive Load) : 재료를 누르는 하중
- 전단하중(Shearing Load) : 재료를 가로로 자르려는 것과 같이 작용하는 하중
- 굽힘하중(Bending Load) : 재료를 구부려 휘어지도록 작용하는 하중
- 비틀림하중(Torsional Load) : 재료가 비틀어지도록 작용하는 하중

59 전류 I[A]와 전하 Q[C] 및 시간 t[초]와의 상관관계를 나타낸 식은?

① $I = \dfrac{Q}{t}[A]$
② $I = \dfrac{t}{Q}[A]$
③ $I = \dfrac{Q^2}{t}[A]$
④ $I = \dfrac{Q}{t^2}[A]$

🔍 $Q = It$

60 하중의 시간변화에 따른 분류가 아닌 것은?

① 충격하중
② 반복하중
③ 전단하중
④ 교번하중

🔍 전단하중(Shearing Load)은 재료를 가로로 자르려는 것과 같이 작용하는 하중이므로 시간변화와 무관하다.

정답 필기기출문제 – 2014년 3회

01 ①	02 ②	03 ④	04 ②	05 ①
06 ②	07 ①	08 ④	09 ①	10 ②
11 ③	12 ③	13 ③	14 ③	15 ②
16 ④	17 ④	18 ③	19 ③	20 ④
21 ④	22 ②	23 ④	24 ①	25 ②
26 ①	27 ③	28 ④	29 ②	30 ③
31 ①	32 ②	33 ③	34 ②	35 ①
36 ③	37 ①	38 ④	39 ③	40 ③
41 ④	42 ①	43 ②	44 ④	45 ④
46 ②	47 ④	48 ②	49 ④	50 ②
51 ②	52 ①	53 ①	54 ④	55 ②
56 ③	57 ②	58 ①	59 ①	60 ③

2015년 1회 필기 기출문제

승강기기능사

01 상승하던 에스컬레이터가 갑자기 하강방향으로 움직일 수 있는 상황을 방지하는 안전장치는?

① 디딤판 체인(스텝 체인)
② 손잡이(핸드레일)
③ 구동체인 안전장치
④ 스커트 가드 안전장치

🔍 구동체인 안전장치는 구동체인이 절단된 경우, 상승중이더라도 승객의 하중에 의해 하강운전을 일으켜 안전사고가 발생할 우려가 있기 때문에 디딤판을 정지시키는 안전장치며, 체인이 이완되거나 끊어지면 전원 차단과 동시에 구동스프로킷에 부착된 래칫 휠(ratchet wheel)에 폴(pawl)이 걸려서 구동스프로킷의 하강방향의 회전을 기계적으로 제지하는 구조이다.

02 교류 엘리베이터의 제어방식이 아닌 것은?

① 교류 1단 속도 제어방식
② 교류귀환 전압 제어방식
③ 가변전압 가변주파수(VVVF) 제어방식
④ 교류상환 속도 제어방식

🔍 **교류 엘리베이터의 제어방식**

속도 제어방법	특징	용도
교류1단 속도 제어	3상유도전동기에 전원투입으로 기동과 정속운전, 전원차단 후 정지하는 가장 간단한 방식	30m/min 이하 저속용
교류2단 속도 제어	기동과 주행은 고속권선, 감속은 저속권선으로 하는 방식	30~60 m/min 화물용
교류귀환 제어	카의 실제속도와 지령속도를 비교하여 사이리스터의 점호각을 바꾸는 방식	45~105 m/min
VVVF (가변전압 가변주파수제어)	전압과 주파수의 변화로 직류전동기와 동등한 제어성능을 갖는 방식	고속용

03 승강기에 사용되는 전동기의 소요 동력을 결정하는 요소가 아닌 것은?

① 정격적재하중
② 정격속도
③ 종합효율
④ 건물길이

🔍 전동기의 소요동력을 결정하는 요소는 정격적재하중, 정격속도, 오버밸런스율, 종합효율이다.

04 카가 최상층 및 최하층을 지나쳐 주행하는 것을 방지하는 것은?

① 리미트 스위치
② 균형추
③ 인터록 장치
④ 정지스위치

🔍 리미트 스위치는 승강기가 최상층 이상 및 최하층 이하로 운행되지 않도록 엘리베이터의 초과운행을 방지하기 위한 장치이다.

05 엘리베이터의 매다는 로프의 무게에 대한 보상수단과 관련한 설명으로 틀린 것은?

① 정격속도가 3m/s 이하인 경우에는 반드시 보상 로프가 설치되어야 한다.
② 정격속도가 3.5m/s를 초과한 경우에는 추가로 튀어오름방지장치가 있어야 한다.
③ 튀어오름방지장치가 작동되면 전기안전장치에 의해 구동기의 정지가 시작되어야 한다.
④ 정격속도가 1.75m/s를 초과한 경우, 인장장치가 없는 보상수단은 순환하는 부근에서 안내봉 등에 의해 안내되어야 한다.

🔍 정격속도가 3m/s 이하인 경우에는 체인, 로프 또는 벨트와 같은 수단이 설치될 수 있으며, 정격속도가 3m/s를 초과한 경우에는 보상 로프가 설치되어야 한다.

06 엘리베이터 기계실의 작업구역마다 몇 개 이상의 콘센트를 적절한 위치에 설치하여야 하는가?

① 4
② 3
③ 2
④ 1

🔍 기계실·기계류 공간 및 풀리실에는 다음과 같은 장치가 있어야 한다.
- 출입문의 가까운 곳에 적절한 높이로 설치되어 승강기 안전관리 기술자 등 관련 자격을 갖춘 사람만이 접근할 수 있는 조명스위치
- 작업구역마다 적절한 위치에 설치된 1개 이상의 콘센트
- 각 접근 지점의 가까운 곳에 설치된 풀리실 내의 정지장치

07 무빙워크의 경사는 몇 도 이하이어야 하는가?

① 30
② 20
③ 15
④ 12

🔍 경사도
- 에스컬레이터 : 30°를 초과하지 않아야 하며, 다만, 층고가 6m 이하이고, 공칭속도가 0.5m/s 이하인 경우 35°까지 증가 가능
- 무빙워크 : 12° 이하

08 수직순환식 주차장치를 승입방식에 따라 분류할 때 해당되지 않는 것은?

① 하부승입식
② 중간승입식
③ 상부승입식
④ 원형승입식

🔍 수직순환식 주차장치는 주차에 사용되는 부분(주차구획)에 자동차를 들어가도록 한 후 그 주차구획을 수직으로 순환 이동하여 자동차를 주차하도록 설계한 주차장치이다. 종류로는 하부승입식, 중간승입식, 상부승입식이 있다.

09 엘리베이터의 주행안내(가이드) 레일에 대한 치수를 결정할 때 유의해야 할 사항이 아닌 것은?

① 안전장치가 작동할 때 레일에 걸리는 좌굴 하중을 고려한다.
② 수평진동에 의한 레일의 휘어짐을 고려한다.
③ 카에 회전모멘트가 걸렸을 때 레일이 지지할 수 있는지 여부를 고려한다.
④ 레일에 이물질이 끼었을 때 배출을 고려한다.

🔍 주행안내(가이드) 레일은 엘리베이터 등의 카, 균형추 또는 플런저 등을 안내하는 궤도로써 승강로 평면내 의 위치를 규제하고 카의 자중이나 하중이 반드시 카의 중심에 있지 않기 때문에 기울어짐을 막아내고, 더욱이 추락방지안전장치가 작동했을 때의 수직 하중을 유지한다. 따라서, 레일의 치수를 결정할 때에는 이물질과는 무관하다.

10 유압 엘리베이터의 동력전달 방법에 따른 종류가 아닌 것은?

① 스크루식
② 직접식
③ 간접식
④ 팬더그래프식

🔍 유압식 엘리베이터의 동력전달 방법으로는 직접식, 간접식, 팬더그래프식이 있다.

11 사람이 탑승하지 않으면서 적재용량 300kg 미만의 소형화물 운반에 적합하게 제작된 엘리베이터는?

① 소형화물용 엘리베이터
② 화물용 엘리베이터
③ 비상용 엘리베이터
④ 승객용 엘리베이터

🔍 소형화물용 엘리베이터(덤웨이터)란 사람이 탑승하지 않으면서 적재용량이 300kg 이하인 것으로서 소형화물(서적, 음식물 등) 운반에 적합하게 제작된 엘리베이터를 말하며, 승강로의 모든 출입구 문이 닫혀야만 카를 승강시킬 수 있다.

12 승강장문의 유효 출입구 높이는 몇 m 이상이어야 하는가?(단, 자동차용 엘리베이터는 제외)

① 1
② 1.5
③ 2
④ 2.5

🔍 출입문의 높이 및 폭
- 높이 : 승강장문 및 카문의 출입구 유효 높이는 2m 이상이어야 한다. 다만, 주택용 엘리베이터의 경우에는 1.8m 이상으로 할 수 있으며, 자동차용 엘리베이터의 경우에는 제외한다.
- 폭 : 승강장문의 출입구 유효 폭은 카 출입구 폭 이상으로 하되, 카 출입구 폭보다 50mm를 초과하지 않아야 한다.

13 카의 실제 속도와 속도지령장치의 지령속도를 비교하여 사이리스터의 점호각 바꿔 유도전동기의 속도를 제어하는 방식은?

① 사이리스터 레오나드 방식
② 교류귀환 전압제어방식
③ 가변전압 가변주파수 방식
④ 일단속도제어 방식

🔍 교류 엘리베이터의 제어방식

속도 제어방법	특징	용도
교류1단 속도 제어	3상유도전동기에 전원투입으로 기동과 정속운전, 전원차단 후 정지하는 가장 간단한 방식	30m/min 이하 저속용
교류2단 속도 제어	기동과 주행은 고속권선, 감속은 저속권선으로 하는 방식	30~60 m/min 화물용
교류귀환 제어	카의 실제속도와 지령속도를 비교하여 사이리스터의 점호각을 바꾸는 방식	45~105 m/min
VVVF (가변전압 가변 주파수제어)	전압과 주파수의 변화로 직류전동기와 동등한 제어성능을 갖는 방식	고속용

14 다음 중 승강기 제동기의 구조에 해당되지 않는 것은?

① 브레이크 슈
② 라이닝
③ 코일
④ 워터슈트

🔍 워터슈트는 궤도없이 2m 이상의 고저차의 궤도를 미끄러지는 유희시설이다.

15 전기식 엘리베이터에서 카 추락방지안전장치(비상정지장치)의 작동을 위한 과속조절기(조속기)는 정격속도의 몇 % 이상의 속도에서 작동되어야 하는가?

① 220   ② 200
③ 115   ④ 100

🔍 카 추락방지안전장치(비상정지장치)의 작동을 위한 과속조절기(조속기)는 정격속도의 115% 이상의 속도에서 작동되어야 한다.

16 다음 중 승강기 도어시스템과 관계없는 부품은?

① 브레이스 로드
② 연동로프
③ 캠
④ 행거

🔍 브레이스 로드는 카 바닥과 카 주에 경사지게 설치하여 카 바닥이 수평을 유지하도록 하는 부품이다.

17 유압 엘리베이터의 유압 파워유니트와 압력배관에 설치되며, 이것을 닫으면 실린더의 기름이 파워유니트로 역류되는 것을 방지하는 밸브는?

① 스톱 밸브   ② 럽쳐 밸브
③ 체크 밸브   ④ 릴리프 밸브

🔍 스톱밸브는 유압 파워유니트에서 유압잭에 이르는 압력배관의 도중에 설치한 수동밸브로서 이것을 닫으면 파워유니트측과 유압잭측을 분리 하는 것이 가능하다. 주로 보수·점검 또는 수리를 할 때에 사용한다.

18 와이어로프의 꼬는 방법 중 보통꼬임에 해당하는 것은?

① 스트랜드의 꼬는 방향과 로프의 꼬는 방향이 반대는 것
② 스트랜드의 꼬는 방향과 로프의 꼬는 방향이 같은 것
③ 스트랜드의 꼬는 방향과 로프의 꼬는 방향의 일정구간 같았다가 반대이었다가 하는 것
④ 스트랜드의 꼬는 방향과 로프의 꼬는 방향이 전체 길이의 반은 같고 반은 반대인 것

🔍 꼬임모양과 방향에 따른 구분

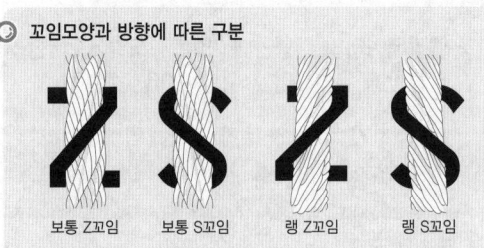

보통 Z꼬임   보통 S꼬임   랭 Z꼬임   랭 S꼬임

• 보통꼬임 : 스트랜드에 있어서 올의 꼬인 방향과 로프에 있어서 스트랜드가 꼬인 방향이 반대
• 랭꼬임 : 와이어로프의 꼬임이 스트랜드의 꼬임 방향과 일치

19 인체에 통전되는 전류가 더욱 증가되면 전류의 일부가 심장부분을 흐르게 된다. 이때 심장이 정상적인 맥동을 못하며 불규칙적으로 세동을 하게 되어 결국 혈액이 순환에 큰 장애를 일으키게 되는 형상(전류)를 무엇이라 하는가?

① 심실세동전류
② 고통한계전류
③ 가수전류
④ 불수전류

🔍 심실세동전류(치사전류)란 심장이 정상적인 박동을 하지 못하고 불규칙적인 세동으로 통전전류가 차단되어도 심장박동이 자연적으로 회복되지 못하여 방치 시 사망하게 되는 전류로 100mA 정도이다.

20 에스컬레이터의 이동용 손잡이에 대한 안전점검 사항이 아닌 것은?

① 균열 및 파손 등의 유무
② 손잡이의 안전마크 유무
③ 디딤판과의 속도차 유지 여부
④ 손잡이가 드나드는 구멍의 보호장치 유무

🔍 손잡이 안전마크 유무는 안전점검과 관련이 없다.

21 감전사고로 의식불명이 된 환자가 물을 요구할 때의 방법으로 적당한 것은?

① 냉수를 주도록 한다.
② 온수를 주도록 한다.
③ 설탕물을 주도록 한다.
④ 물을 천에 묻혀 입술에 적셔준다.

🔍 감전 발생시 조치사항
• 전원을 차단하거나 절연물질로 재해자와 전기위험과의 연결을 끊고 구조요청을 실시한다.
• 의식상태를 확인한 후 구조호흡 또는 심폐소생술을 실시한다.
• 환자가 소생할 시 물이나 음료는 절대 주면 안된다.

22 다음 중 안전사고 발생 요인이 가장 높은 것은?

① 불안전한 상태와 행동
② 개인의 개성
③ 환경과 유전
④ 개인의 감정

🔍 일반적으로 산업재해의 88%는 인적원인(불안전한 행동)으로, 10%는 물적원인(불안전항 상태)으로 인해 발생하고 나머지 2%는 불가항력적인 원인으로 발생한다.

23 설비재해의 물적 원인에 속하지 않는 것은?

① 교육적 결함(안전교육의 결함, 표준작업방법의 결여 등)
② 설비나 시설에 위험이 있는 것(방호 불충분 등)
③ 환경의 불량(정리정돈 불량, 조명 불량 등)
④ 작업복, 보호구의 불량

🔍 재해의 직접원인
• 인적 원인 : 위험장소접근, 복장 보호구의 잘못사용, 기계 기구의 잘못사용, 위험물 취급 부주의, 불안전한 자세동작, 안전장치의 기능제거, 운전중인 기계장치의 손실, 불안전한 속도조작, 불안전한 상태방치
• 물적 원인 : 물건 자체의 결함, 안전방호 장치의 결함, 복장 보호구의 결함, 기계의 배치 및 작업장소의 결함, 작업환경의 결함

24 제어반의 주요 기기에 해당하지 않는 것은?

① 변류기
② 비상용 전원장치
③ 배선용 차단기
④ 엔코더

🔍 엔코더는 모터에 부착되어 있는 장치로 모터의 속도를 측정하는 장치이다.

25 승강기 자체검점의 결과 결함의 있는 경우 조치가 옳은 것은?

① 즉시 보수하고, 보수가 끝날 때까지 운행을 중지
② 주의 표지 부착 후 운행
③ 점검결과를 기록하고 운행
④ 제한적으로 운행하고 보수

🔍 관리주체는 자체점검 결과 승강기에 결함이 있다는 사실을 알았을 경우에는 즉시 보수하여야 하며, 보수가 끝날 때까지 해당 승강기의 운행을 중지하여야 한다.

26 산업재해 중에서 다음에 해당하는 경우를 재해형태별로 분류하면 무엇인가?

> 전기 접촉이나 방전에 의해 사람이 충격을 받은 경우

① 감전
② 전도
③ 추락
④ 화재

🔍 재해발생의 형태
- 감전 : 전기 접촉이나 방전에 의해 사람이 충격을 받은 경우
- 전도 : 사람이 평면상으로 넘어졌을 때를 말함(과속, 미끄러짐 포함)
- 추락 : 사람이 건축물, 비계, 기계, 사다리, 계단, 경사면, 나무 등에서 떨어지는 것
- 화재 : 화재로 인한 경우를 말하며 관련물체는 발화물을 기재

27 추락을 방지하기 위한 2종 안전대의 사용법은?

① U자걸이 전용
② 1개걸이 전용
③ 1개걸이, U자걸이 겸용
④ 2개걸이 전용

🔍 안전대
- 종류 : 벨트식[B식], 안전그네식[H식]
- 등급
  - 1종 : U자 걸이 전용
  - 2종 : 1개걸이 전용
  - 3종 : 1개걸이, U자 걸이 전용
  - 4종 : 안전블록
  - 5종 : 추락방지대

28 전기(로프)식 엘리베이터의 안전장치와 거리가 먼 것은?

① 추락방지안전장치
② 과속조절기
③ 도어인터록
④ 스커드 가드

🔍 스커트 가드는 에스컬레이터 및 무빙워크의 안전장치이다.

29 공칭속도 0.5m/s 무부하 상태의 에스컬레이터 및 하강방향으로 움직이는 제동부하 상태의 에스컬레이터의 정지거리는?

① 0.1m부터 1.0m까지
② 0.2m부터 1.0m까지
③ 0.3m부터 1.3m까지
④ 0.4m부터 1.5m까지

🔍 에스컬레이터의 정지거리

공칭속도 V	정지거리
0.50 m/s	0.20m부터 1.00m까지
0.65 m/s	0.30m부터 1.30m까지
0.75 m/s	0.40m부터 1.50m까지

30 전기식(로프식) 엘리베이터용 과속조절기(조속기)의 점검사항이 아닌 것은?

① 진동소음상태
② 베어링 마모상태
③ 캣치 작동상태
④ 라이닝 마모상태

🔍 과속조절기의 점검사항(전기식)
- 각부 마모가 진행하여 진동 소음이 현저한 것
- 베어링에 눌러 붙음이 생길 염려가 있는 것
- 캣치가 작동하지 않는 것
- 작동치가 규정 범위를 넘는 것
- 스위치가 불량한 것
- 추락방지안전장치를 작동시키지 못하는 것

31 엘리베이터 카문의 문턱과 승강장문의 문턱 사이의 수평거리는 얼마 이하여야 하는가?

① 50mm
② 45mm
③ 40mm
④ 35mm

🔍 승강장문과 카문 사이의 수평 틈새
- 카문의 문턱과 승강장문의 문턱 사이의 수평거리는 35mm 이하이어야 한다.
- 승강장문과 카문 전체가 정상 작동하는 동안, 카문의 앞 부분과 승강장문 사이의 수평 거리는 0.12m 이하이어야 한다.
- 승강장문 전면에 건축물의 출입문이 추가되어 공간이 발생한 경우, 그 공간 사이에 사람이 갇히지 않도록 조치해야 한다.

32 엘리베이터에서 와이어로프를 사용하여 카의 상승과 하강을 전동기를 이용한 동력장치는?

① 권상기
② 과속조절기(조속기)
③ 완충기
④ 제어반

33 전기식(로프식) 엘리베이터에 있어서 기계실내의 조명, 환기상태 점검 시에 운전을 중지하고 긴급수리를 해야 하는 경우는?

① 천정, 창 등에 우수가 침입하여 기기에 악영향을 미칠 염려가 있는 경우
② 실내에 엘리베이터 관계된 것 이외의 물건이 있는 경우
③ 조도, 환기가 부족한 경우
④ 실온 0℃ 이하 또는 40℃ 이상인 경우

34 엘리베이터 전동기에 요구되는 특성으로 옳지 않는 것은?

① 충분한 제동력을 가져야 한다.
② 운전상태가 정숙하고 고진동이어야 한다.
③ 카의 정격속도를 만족하는 회전특성을 가져야 한다.
④ 높은 기동빈도에 의한 발열에 대비하여야 한다.

> 엘리베이터 전동기에 요구되는 특성
> • 충분한 제동력을 가져야 한다.
> • 운전상태가 정숙하고 진동이 없어야 한다.
> • 카의 정격속도를 만족하는 회전특성을 가져야 한다.
> • 높은 기동빈도에 의한 발열에 대비하여야 한다.

35 전자접촉기 등의 조작회로를 접지하였을 경우, 당해 전자접촉기 등이 폐로될 염려가 있는 것의 접속방법으로 옳은 것은?

① 코일과 접지측 전선 사이에 반드시 개폐기가 있을 것
② 코일의 일단을 접지측 전선에 접속할 것
③ 코일의 일단을 접지하지 않는 쪽의 전선에 접속할 것
④ 코일과 접지측 전선사이에 반드시 퓨즈를 설치할 것

> • 코일의 한쪽 끝은 접지측의 전선에 접속할 것
> • 코일과 접지측의 전선사이에 개폐가 없을 것
> • 과전류 또는 과부하시 동력을 차단시키는 과전류 방지장치를 설치할 것

36 스텝과 스커트 사이에 끼임의 위험을 최소화하기 위한 장치는?

① 콤
② 뉴얼
③ 스커트
④ 스커트 디플렉터

> • 스커트 디플렉터 : 스텝과 스커트 사이에 끼임의 위험을 최소화하기 위한 장치
> • 콤 : 홈에 맞물리는 각 승강장의 갈래진 부분
> • 콤 플레이트 : 콤이 부착되어 있는 각 승강장의 플랫폼
> • 손잡이(핸드레일) : 사람이 에스컬레이터 또는 무빙워크를 이용하는 동안 잡고 타기 위한 동력-기동의 움직이는 레일

37 전기식 엘리베이터의 카내 환기시설에 관한 내용 중 틀린 것은?

① 구멍이 없는 문이 설치된 카에는 카의 위·아랫부분에 환기구를 설치한다.
② 구멍이 없는 문이 설치된 카에는 반드시 카의 윗부분에만 환기구를 설치한다.
③ 카의 윗부분에 위치한 자연 환기구의 유효면적은 카의 허용면적의 1% 이상이어야 한다.
④ 카의 아랫부분에 위치한 자연 환기구의 유효면적은 카의 허용면적의 1% 이상이어야 한다.

> 카내 환기
> • 카에는 카의 아랫부분과 윗부분에 환기 구멍이 있어야 한다.
> • 카의 아랫부분과 윗부분에 있는 환기 구멍의 유효면적은 각각 카 유효면적의 1% 이상이어야 하고, 카문 주위의 틈새는 필요한 유효면적의 50%까지 환기 구멍의 면적 계산에 고려될 수 있다.
> • 환기 구멍은 직경 10mm의 곧은 강철 막대 봉이 카 내부에서 카 벽을 통해 통과될 수 없는 구조이어야 한다.

38 승강기의 트랙션비를 설명한 것 중 옳지 않은 것은?

① 카 측 로프가 매달고 있는 중량과 균형추측 로프가 매달고 있는 중량의 비율
② 트랙션비를 낮게 선택해도 로프의 수명과는 전혀 관계가 없다.
③ 카측과 균형추측에 매달리는 중량의 차를 적게 하면 권상기의 전동기 출력을 적게 할 수 있다.
④ 트랙션비는 1.0 이상의 값이 된다.

🔍 트랙션비는 로프의 수명과 소비전력에 영향을 준다.

39 장애인용 엘리베이터의 경우 호출버튼에 의해 카가 정지하면 몇 초 이상 문이 열린 채로 대기하여야 하는가?

① 8초 이상
② 10초 이상
③ 12초 이상
④ 15초 이상

🔍 장애인용 엘리베이터는 호출버튼 또는 등록버튼에 의하여 카가 정지하면 10초 이상 문이 열린 채로 대기하여야 한다.

40 과부하감지장치에 대한 설명으로 틀린 것은?

① 과부하감지장치가 작동하는 경우 경보음이 울려야 한다.
② 엘리베이터 주행 중에는 과부하감지장치의 작동이 무효화되어서는 안 된다.
③ 과부하감지장치 작동한 경우에는 출입문의 닫힘을 저지하여야 한다.
④ 과부하감지장치는 초과하중이 해소되기 전까지 작동하여야 한다.

🔍 엘리베이터의 주행 중에는 오동작을 방지하기 위하여 과부하감지장치의 작동이 무효화되어야 한다.

41 급유가 필요하지 않은 곳은?

① 호이스트 로프(hoist rope)
② 과속조절기(governor) 로프
③ 주행안내 레일(guide rail)
④ 웜 기어(worm gear)

🔍 과속조절기(조속기)는 엘리베이터가 미리 설정된 속도에 도달할 때 엘리베이터를 정지시키도록 하고, 필요한 경우에는 추락방지안전장치를 작동시키는 장치로 급유가 필요하지 않다.

42 T형 레일의 13K 레일 높이는 몇 mm 인가?

① 35
② 40
③ 56
④ 62

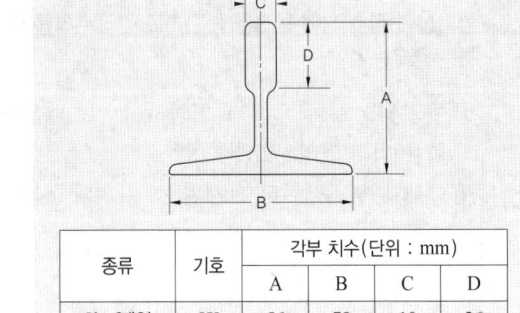

가이드 레일의 치수

종류	기호	각부 치수(단위 : mm)			
		A	B	C	D
8kgf레일	8K	56	78	10	26
13kgf레일	13K	62	89	16	32
18kgf레일	18K	89	114	16	38
24kgf레일	24K	89	127	16	50
30kgf레일	30K	108	140	19	50

43 유압식 엘리베이터에서 고장 수리 할 때 가장 먼저 차단해야 할 밸브는?

① 체크 밸브
② 스톱 밸브
③ 복합 밸브
④ 다운 밸브

🔍 스톱밸브는 유압파워유니트에서 유압잭에 이르는 압력배관의 도중에 설치한 수동밸브로서 이것을 닫으면 파워유니트측과 유압잭측을 분리하는 것이 가능하다. 주로 보수·점검 또는 수리를 할 때에 사용한다.

44 3상 유도전동기에 전류가 전혀 흐르지 않을 때의 고장원인으로 볼 수 있는 것은?

① 1차측 전선 또는 접속선 중 한 선이 단선되었다.
② 1차측 전선 또는 접속선 중 2선 또는 3선이 단선되었다.
③ 1차측 또는 2차측 전선이 접지되었다.
④ 전자접촉기의 접점이 한 개 마모되었다.

45 무빙워크 이용자의 주의표시를 위한 표시판 또는 표지 내에 표시되는 내용이 아닌 것은?

① 손잡이를 꼭 잡으세요.
② 카트는 탑재하지 마세요.
③ 걷거나 뛰지 마세요.
④ 안전선 안에 서 주세요.

🔍 에스컬레이터 또는 무빙워크 출입구 근처의 주의표시

46 유압식 엘리베이터에서 바닥맞춤보정장치는 몇 mm 이내에서 작동상태가 양호하여야 하는가?

① 25   ② 50
③ 75   ④ 90

🔍 유압식 승강기의 바닥 맞춤보정장치는 착상면을 기준으로 75[mm] 이내의 위치에서 보정할 수 있다.

47 직류 분권전동기에서 보극의 역할은?

① 회전수를 일정하게 한다.
② 기동토크를 증가시킨다.
③ 정류를 양호하게 한다.
④ 회전력을 증가시킨다.

🔍 양호한 정류 대책
• 평균리액턴스 전압은 작게 할 것 : 보극 설치(전압정류)
• 인덕턴스를 작게 할 것 : 단절권 채용
• 정류주기를 크게 할 것
• 브러시에 접속저항을 크게 할 것 : 탄소질 브러시 설치(저항정류)

48 일감의 평행도, 원통의 진원도, 회전체의 흔들림 정도 등을 측정할 때 사용하는 측정기기는?

① 버니어캘리퍼스
② 하이트게이지
③ 마이크로미터
④ 다이얼게이지

🔍 다이얼 게이지는 측정물의 길이를 직접 측정하는 것이 아니라 길이를 비교하기 위한 것으로, 평면의 요철(凹凸), 공작물 부착상태, 축 중심의 흔들림, 직각의 흔들림 등을 검사하는 데 사용한다.

49 그림과 같은 지침형(아나로그형) 계기로 측정하기에 가장 알맞은 것은?(단, R은 지침의 0점을 조절하기 위한 가변저항이다.)

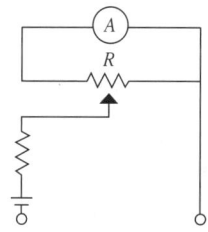

① 전압   ② 전류
③ 저항   ④ 전력

🔍 DC전원부는 있지만 전류가 흐를 수 없는 회로이므로 저항만 측정이 가능하다.

50 엘리베이터의 권상기 시브 직경이 500mm이고 주와이어로프 직경이 12mm이며, 1:1 로핑방식을 사용하고 있다면 권상기 시브의 회전속도가 1분당 약 56회일 경우 엘리베이터 운행속도는 약 몇 m/min가 되겠는가?

① 45   ② 60
③ 90   ④ 120

🔍 카속도
$\pi DN = 3.14 \times \dfrac{500}{1000} \times 56 ≒ 90 [m/min]$

51 전동기를 동력원으로 많이 사용하는데 그 이유가 될 수 없는 것은?

① 안전도가 비교적 높다.
② 제어조작이 비교적 쉽다.
③ 소손사고가 발생하지 않는다.
④ 부하에 알맞은 것을 쉽게 선택할 수 있다.

52 그림과 같은 활차장치의 옳은 설명은?(단, 그 활차의 직경은 같다.)

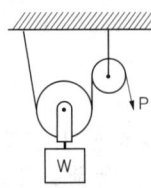

① 힘의 크기는 W=P이고, W의 속도는 P속도의 $\frac{1}{2}$이다.
② 힘의 크기는 W=P이고, W의 속도는 P속도의 $\frac{1}{4}$이다.
③ 힘의 크기는 W=2P이고, W의 속도는 P속도의 $\frac{1}{2}$이다.
④ 힘의 크기는 W=2P이고, W의 속도는 P속도의 $\frac{1}{4}$이다.

🔍 복합도르래로 고정도르래와 움직도르래가 설치되어 있으므로 1/2의 힘으로 들어 올릴 수 있으며(W=2P), 또한 속도는 움직도르래를 통해 분산이 된다($W = \frac{1}{2}P$)

53 유도전동기의 동기속도가 n_s, 회전수가 n이라면 슬립(s)은?

① $\frac{n_s - n}{n} \times 100$
② $\frac{n_s - n}{n_s} \times 100$
③ $\frac{n_s}{n_s - n} \times 100$
④ $\frac{n_s}{n_s + n} \times 100$

54 다음 강도 중 상대적으로 값이 가장 작은 것은?
① 파괴강도
② 극한강도
③ 항복응력
④ 허용응력

🔍 극한강도 〉 허용응력 ≥ 사용응력

55 권수 N의 코일에 I(A)의 전류가 흘러 권선 1회의 코일에서 자속 ϕ(Wb)가 생겼다면 자기인덕턴스(L)은 몇 H인가?

① $L = \frac{\phi I}{N}$
② $L = IN\phi$
③ $L = \frac{N\phi}{I}$
④ $L = \frac{IN}{\phi}$

🔍 $LI = N\phi$

56 저항이 50Ω인 도체에 100V의 전압을 가할 때 그 도체에 흐르는 전류는 몇 A인가?
① 2   ② 4
③ 8   ④ 10

🔍 $I = \frac{V}{R} = \frac{100}{50} = 2[A]$

57 시퀀스 회로에서 일종의 기억회로라고 할 수 있는 것은?
① AND회로
② OR회로
③ NOT회로
④ 자기유지회로

🔍 유접점 시퀀스회로에서 자기유지회로는 일종의 기억회로라고 한다.

58 정전용량이 같은 두 개의 콘덴서를 병렬로 접속하였을 때 합성용량은 직렬로 접속하였을 때의 몇 배인가?
① 2   ② 4
③ 1/2   ④ 1/4

🔍 $C_p = C + C = 2C$, $C_s = \frac{C \cdot C}{C + C} = \frac{1}{2}C$,
$C_p = 4C_s$

59 물체에 외력을 가해서 변형을 일으킬 때 탄성한계 내에서 변형의 크기는 외력에 대해 어떻게 나타나는가?

① 탄성한계 내에서 변형의 크기는 외력에 대하여 반비례한다.
② 탄성한계 내에서 변형의 크기는 외력에 대하여 비례한다.
③ 탄성한계 내에서 변형의 크기는 외력과 무관하다.
④ 탄성한계 내에서 변형의 크기는 일정하다.

🔍 훅의 법칙(Hooke's law) : 고체역학의 기본법칙으로 고체에 힘을 가하여 변형시키는 경우, 힘이 어떤 크기를 넘지 않는 한 변형의 양은 힘의 크기에 비례한다는 법칙을 말한다.

60 A, B는 입력, X를 출력이라 할 때 OR회로의 논리식은?

① $\overline{A} = X$
② $A \cdot B = X$
③ $A + B = X$
④ $\overline{A \cdot B} = X$

🔍 ①은 NOT, ②는 AND, ④는 NAND

정답 필기기출문제 – 2015년 1회

01 ③	02 ④	03 ④	04 ①	05 ①
06 ④	07 ④	08 ④	09 ④	10 ①
11 ①	12 ③	13 ②	14 ④	15 ③
16 ①	17 ①	18 ①	19 ①	20 ②
21 ④	22 ①	23 ①	24 ④	25 ①
26 ①	27 ②	28 ④	29 ②	30 ④
31 ④	32 ①	33 ②	34 ②	35 ②
36 ④	37 ②	38 ②	39 ②	40 ②
41 ②	42 ④	43 ②	44 ②	45 ②
46 ③	47 ③	48 ④	49 ③	50 ③
51 ③	52 ③	53 ②	54 ④	55 ③
56 ①	57 ④	58 ②	59 ②	60 ③

2015년 2회 필기 기출문제

01 VVVF 제어란?

① 전압을 변환시킨다.
② 주파수를 변환시킨다.
③ 전압과 주파수를 변환시킨다.
④ 전압과 주파수를 일정하게 유지시킨다.

> 가변전압 가변주파수(VVVF=인버터) : 전압크기 및 주파수를 변화시키는 방식으로 전압의 크기(PAM)방식과 주파수변화를 동시에 할 수 있는 속도제어 방식이다.

02 유압장치의 보수, 점검 또는 수리 등을 할 때에 사용되는 것은?

① 안전밸브
② 유량제어밸브
③ 스톱밸브
④ 필터

> 스톱밸브는 유압파워유니트에서 유압잭에 이르는 압력배관의 도중에 설치한 수동밸브로서 이것을 닫으면 파워유니트측과 유압잭측을 분리 하는 것이 가능하다. 주로 보수·점검 또는 수리를 할 때에 사용한다.

03 카의 문을 열고 닫는 도어머신에서 성능상 요구되는 조건이 아닌 것은?

① 작동이 원활하고 정숙하여야 한다.
② 카 상부에 설치하기 위하여 소형이며 가벼워야 한다.
③ 어떠한 경우라도 수동조작에 의하여 카 도어가 열려서는 안 된다.
④ 작동 횟수가 승강기 가동 횟수의 2배이므로 보수가 쉬워야 한다.

> 도어머신의 성능상 요구되는 조건
> • 카 상부에 설치하므로 소형 경량일 것
> • 작동이 원활하고 정숙할 것
> • 동작횟수가 엘리베이터 기동횟수의 2배이므로 보수가 용이할 것

04 단식자동방식(single automatic)에 관한 설명 중 맞는 것은?

① 같은 방향의 호출은 등록된 순서에 따라 응답하면서 운행한다.
② 승강장 버튼은 오름, 내림 공용이다.
③ 주로 승객용에 사용된다.
④ 1개 호출에 의한 운행중 다른 호출 방향이 같으면 응답한다.

> 단식자동식 : 승강장 버튼은 오름·내림 공용방식이며, 먼저 눌러진 호출에 응답하고, 운행 중 다른 호출에는 응지지 않는 방식

05 승강장 도어가 닫혀 있지 않으면, 엘리베이터 운전이 불가능하도록 하는 것은?

① 승강장 도어스위치
② 승강장 도어행거
③ 승강장 도어인터록
④ 도어슈

> 도어스위치는 승강장 문이 닫혀있지 않으면 운전이 불가능하게 하는 장치이다.

06 에스컬레이터에 관한 설명 중 틀린 것은?

① 1200형 에스컬레이터의 1시간당 수송인원은 9000명이다.
② 정격속도는 30m/min 이하로 되어 있다.
③ 승강 양정(길이)에 따른 분류상 고양정은 10m 이상이다.
④ 경사도는 수평으로 25° 이내이어야 한다.

> 에스컬레이터의 경사도 α는 30°를 초과하지 않아야 한다. 다만, 층고가 6m 이하이고 공칭속도가 0.5m/s 이하인 경우에는 경사도를 35°까지 증가시킬 수 있다.

07 소방구조용 엘리베이터에 대한 설명으로 틀린 것은?

① 피트 바닥 위로 1m 이내에 위치한 전기장치는 IP 67 이상의 등급으로 보호되어야 한다.
② 소방운전 시 모든 승강장의 출입구마다 정지할 수 있어야 한다.
③ 콘센트의 위치는 허용 가능한 피트 내부의 최대 누수 수준 위로 0.5m 미만이어야 한다.
④ 주 전원공급과 보조 전원공급의 전선은 방화구획이 되어야 하고 서로 구분되어야 하며, 다른 전원공급장치와도 구분되어야 한다.

🔍 콘센트 및 승강로에서 가장 낮은 조명 전구의 위치는 허용 가능한 피트 내부의 최대 누수 수준 위로 0.5m 이상이어야 한다.

08 다음 중 에스컬레이터의 종류를 수송 능력별로 구분한 형태로 옳은 것은?

① 1200형과 900형
② 1200형과 800형
③ 900형과 800형
④ 800형과 600형

🔍 난간폭에 의한 분류
• 800형 : 수송능력이 6000명/시간
• 1200형 : 수송능력이 9000명/시간

09 카벽 전체 또는 일부에 사용되는 유리로 적합한 것은?

① 아쿠아유리   ② 반사유리
③ 감광유리   ④ 접합유리

🔍 카 벽 전체 또는 일부에 사용되는 유리는 KS L 2004에 적합한 접합유리이어야 한다. 참고로 접합유리는 플라스틱 필름 등을 사용하여 2겹 이상으로 조립된 유리를 말한다.

10 유압식 엘리베이터의 특징으로 틀린 것은?

① 기계실을 승강로와 떨어져 설치할 수 있다.
② 플런저에 스토퍼가 설치되어 있기 때문에 오버헤드가 작다.
③ 적재량이 크고 승강행정이 짧은 경우에 유압식이 적당하다.
④ 소비전력이 비교적 작다.

🔍 유압식 엘리베이터에는 전기식 엘리베이터와 달리 균형추가 없기 때문에 소비전력이 큰 편이다.

11 카가 어떤 원인으로 최하층을 통과하여 피트에 도달했을 때 카의 충격을 완화시켜 주는 장치는?

① 완충기
② 추락방지안전장치(비상정지장치)
③ 과속조절기(조속기)
④ 리미트 스위치

🔍 완충기란 유체 또는 스프링 등을 사용하여 주행의 종점에서 충격의 흡수를 위해 사용되는 제동수단을 말한다.

12 승강기의 과속조절기(조속기)란?

① 카의 속도를 검출하는 장치이다.
② 추락방지안전장치를 뜻한다.
③ 균형추의 속도를 검출한다.
④ 플런저를 뜻한다.

🔍 과속조절기(조속기)는 엘리베이터가 미리 정해진 속도에 도달할 때 엘리베이터를 정지시키도록 하며 필요한 경우에는 추락방지안전장치를 작동시키는 장치이다.

13 전기식 엘리베이터에서 도르래의 구조와 특징에 대한 설명으로 틀린 것은?

① 직경은 주로프의 50배 이상으로 하여야 한다.
② 주로프가 벗겨질 우려가 있는 경우에는 로프이탈방지장치를 설치하여야 한다.
③ 도르래 홈의 형상에 따라 마찰계수의 크기는 U홈 〈 언더커트홈 〈 V홈의 순이다.
④ 마찰계수는 도르래 홈의 형상에 따라 다르다.

🔍 권상 도르래·풀리 또는 드럼의 피치직경과 로프(벨트)의 공칭직경 사이의 비율은 로프(벨트)의 가닥수와 관계없이 40 이상이어야 한다.

14 자동차용 엘리베이터의 경우 카의 유효면적은 $1m^2$ 당 몇 kg으로 계산한 값 이상이어야 하는가?

① 100   ② 150
③ 250   ④ 300

🔍 자동차용 엘리베이터의 경우 카의 유효면적은 1m² 당 150kg 으로 계산한 값 이상이어야 한다.

15 승강장의 문이 열린 상태에서 모든 제약이 해제되면 자동적으로 닫히게 하여 문의 개방상태에서 생기는 2차 재해를 방지하는 문의 안전장치는?

① 시그널 컨트롤 ② 도어 컨트롤
③ 도어 클로저 ④ 도어 인터록

🔍 승강장의 문이 열린 상태에서 자동적으로 닫히게 하는 장치를 도어 클로저라 한다.

16 주행안내(가이드) 레일의 역할에 대한 설명 중 틀린 것은?

① 카와 균형추를 승강로 평면 내에서 일정 궤도 상에 위치를 규제한다.
② 일반적으로 주행안내 레일은 H형이 가장 많이 사용된다.
③ 카의 자중이나 화물에 의한 카의 기울어짐을 방지한다.
④ 비상 멈춤이 작동할 때의 수직하중을 유지한다.

🔍 엘리베이터 등의 카, 균형추 또는 플런저 등을 안내하는 궤도로써 승강로 평면내의 위치를 규제하고 카의 자중이나 하중이 반드시 카의 중심에 없기 때문에 기울어짐을 막아내고, 더욱이 비상정지장치가 작동했을 때의 수직하중을 유지하기 위함이다. 일반적으로 주행안내 레일은 T형이 가장 많이 사용된다.

17 과부하감지장치의 용도는?

① 속도 제어용 ② 과하중 경보용
③ 속도 변환용 ④ 종점 확인용

🔍 카에 과부하가 발생할 경우에는 재–착상을 포함한 정상운행을 방지하는 장치가 설치되어야 하며, 과부하는 최소 75kg으로 계산하여 정격하중의 10%를 초과하기 전에 검출되어야 한다.

18 전동 덤웨이터와 구조적으로 가장 유사한 것은?

① 수평보행기 ② 엘리베이터
③ 에스컬레이터 ④ 간이 리프트

🔍 간이 리프트는 사람이 탑승하지 않고 소물물을 위·아래로 이송하는 장치로 덤웨이터와 가장 유사한 구조이다.

19 재해 조사의 요령으로 바람직한 방법이 아닌 것은?

① 재해 발생 직후에 행한다.
② 현장의 물리적 증거를 수집한다.
③ 재해 피해자로부터 상황을 듣는다.
④ 의견 충돌을 피하기 위하여 반드시 1인이 조사하도록 한다.

🔍 재해 조사는 객관성과 합리성을 담보하기 위해 2인 이상이 조사하여야 한다.

20 작업의 특수성으로 인해 발생하는 직업병으로서 작업 조건에 의하지 않은 것은?

① 먼지
② 유해 가스
③ 소음
④ 작업 자세

21 승강기 관리주체가 행하여야 할 사항으로 틀린 것은?

① 안전(운행)관리자를 선임하여야 한다.
② 승강기에 관한 전반적인 관리를 하여야 한다.
③ 안전(운행)관리자가 선임되면 관리주체는 별다른 관리를 할 필요가 없다.
④ 승강기의 유지보수에 대한 위임 용역 및 감독을 하여야 한다.

🔍 관리주체는 안전관리자를 선임한 경우에는 승강기를 안전하게 관리하도록 안전관리자를 지휘·감독하여야 한다.

22 사업장에서 승강기의 조립 또는 해체작업을 할 때 조치하여야 할 사항과 거리가 먼 것은?

① 작업을 지휘하는 자를 선임하여 지휘자의 책임 하에 작업을 실시할 것
② 작업 할 구역에는 관계근로자외의 자의 출입을 금지시킬 것
③ 기상상태의 불안정으로 인하여 날씨가 몹시 나쁠 때에는 그 작업을 중지시킬 것
④ 사용자의 편의를 위하여 야간작업을 하도록 할 것

- 승강기의 설치 · 조립 · 수리 · 점검 또는 해체 작업
  - 작업을 지휘하는 사람을 선임하여 그 사람의 지휘하에 작업을 실할 것
  - 작업을 할 구역에 관계 근로자가 아닌 사람의 출입을 금지하고 그 취지를 보기 쉬운 장소에 표시할 것
  - 비, 눈, 그 밖에 기상상태의 불안정으로 날씨가 몹시 나쁜 경우에는 그 작업을 중지시킬 것

23 승강기 설치 · 보수작업에서 발생되는 위험에 해당되지 않는 것은?

① 물리적 위험
② 접촉적 위험
③ 화학적 위험
④ 구조적 위험

🔍 화학적 위험은 일반적으로 화학물질의 취급 과정에서 발생할 수 있는 위험으로 승강기 설치 · 보수 작업 시 발생 위험과는 거리가 멀다.

24 안전사고의 발생요인으로 볼 수 없는 것은?

① 피로감
② 임금
③ 감정
④ 날씨

🔍 보기 중 피로감, 감정, 날씨 등은 안전사고의 간접원인이 될 수 있으나, 임금(급여)은 안전사고의 발생요인으로 보기 어렵다.

25 재해원인의 분류에서 불안전한 상태(물적원인)가 아닌 것은?

① 안전보호장치의 결함
② 작업환경의 결함
③ 생산공정의 결함
④ 불안전한 자세 결함

🔍 재해의 직접원인
- 불안전한 행동(인적원인) : 위험장소 접근, 안전장치의 기능 제거, 복장 · 보호구의 잘못 사용, 기계 · 기구 잘못 사용, 운전 중인 기계장치의 손질, 불안전한 속도 조작, 위험물 취급 부주의, 불안전한 상태 방치, 불안전한 자세 동작, 감독 및 연락 불충분
- 불안전한 상태(물적원인) : 물 자체 결함, 안전 방호장치 결함, 복장 · 보호구의 결함, 물의 배치 및 작업 장소 결함, 작업환경의 결함, 생산 공정의 결함, 경계표시 · 설비의 결함

26 전기감전에 의하여 넘어진 사람에 대한 중요 관찰사항과 거리가 먼 것은?

① 의식 상태
② 호흡 상태
③ 맥박 상태
④ 골절 상태

🔍 감전자 중요 관찰사항 : 의식, 호흡, 맥박, 출혈

27 안전사고의 통계를 보고 알 수 없는 것은?

① 사고의 경향
② 안전업무의 정도
③ 기업이윤
④ 안전사고 감소 목표 수준

28 인체의 전기저항에 대한 것으로 피부저항은 피부에 땀이 나 있는 경우는 건조시에 비해 피부저항이 어떻게 되는가?

① 2배 증가
② 4배 증가
③ 1/12~1/20 감소
④ 1/25~1/30 감소

🔍 인체의 내부저항은 약 500Ω~1000Ω으로 일정하지만, 피부저항은 건조한 경우가 가장 높고, 발한시에는 그 1/12, 물에 젖어 있으면 1/20으로 저하된다.

29 승강기의 문(Door)에 관한 설명 중 틀린 것은?

① 문 닫힘 도중에도 승강장의 버튼을 동작시키면 다시 열려야 한다.
② 문이 완전히 열린 후 최소 일정 시간 이상 유지되어야 한다.
③ 착상구역 이외의 위치에서는 카내의 문개방 버튼을 동작시켜도 절대로 개방되지 않아야 한다.
④ 문이 일정 시간 후 닫히지 않으면 그 상태를 계속 유지하여야 한다.

🔍 승강기의 문은 일정시간 후 자동으로 닫혀야 한다.

30 과속조절기(조속기)의 작동상태를 잘못 설명한 것은?

① 카가 하강 과속하는 경우에는 일정 속도를 초과하기 전에 과속조절기 스위치가 동작해야 한다.
② 과속조절기의 캣치는 일단 동작하고 난 후 자동으로 복귀되어서는 안 된다.
③ 과속조절기의 스위치는 작동 후 자동 복귀된다.
④ 과속조절기 로프가 장력을 잃게 되면 전동기의 주회로를 차단시키는 경우도 있다.

🔍 과속조절기(조속기)의 스위치는 작동 후 자동으로 복귀되지 않고 수동으로 복귀되어야 한다.

31 매다는 로프의 무게에 대한 보상수단으로 정격속도가 얼마를 초과한 경우 추가로 튀어오름방지장치가 있어야 하는가?

① 0.5m/s   ② 1.5m/s
③ 2.5m/s   ④ 3.5m/s

🔍 (육안/3개월에 1회) 정격속도가 3.5m/s를 초과한 경우에는 추가로 튀어오름방지장치가 있어야 하며, 튀어오름방지장치가 작동되면 전기안전장치에 의해 구동기의 정지가 시작되어야 한다.

32 소방구조용(비상용) 승강기는 화재발생시 화재 진압용으로 사용하기 위하여 고층빌딩에 많이 설치하고 있다. 소방구조용 승강기에 반드시 갖추지 않아도 되는 조건은?

① 비상용 소화기
② 예비전원
③ 전용 승강장 이외의 부분과 방화구획
④ 비상운전 표시등

🔍 소방구조용 엘리베이터는 화재발생시 화재진압용으로 사용하기 때문에 비상용 소화기를 반드시 갖출 필요는 없다.

33 실린더를 검사하는 것 중 해당되지 않는 것은?

① 패킹으로부터 누유된 기름을 제거하는 장치
② 공기 또는 가스의 배출구
③ 더스트 와이퍼의 상태
④ 압력배관의 고무호스는 여유가 있는지의 상태

🔍 보기 중 ④항은 배관(금속파이프, 가요성 호스) 점검 항목이다.

34 승강장 도어 문턱과 카 문턱과의 수평거리는 몇 mm 이하이어야 하는가?

① 125   ② 120
③ 50   ④ 35

🔍 승강장문과 카문 사이의 수평 틈새
• 카문의 문턱과 승강장문의 문턱 사이의 수평거리는 35mm 이하이어야 한다.
• 승강장문과 카문 전체가 정상 작동하는 동안, 카문의 앞 부분과 승강장문 사이의 수평 거리는 0.12m 이하이어야 한다.

35 정전 시 카 바닥 위 1m 지점의 카 중심부의 조도는 몇 lx 이상이어야 하는가?

① 100   ② 50
③ 10   ④ 5

🔍 카에는 자동으로 재충전되는 비상전원공급장치에 의해 5lx 이상의 조도로 1시간 동안 전원이 공급되는 비상등이 있어야 한다. 이 비상등은 다음과 같은 장소에 조명되어야 하고, 정상 조명전원이 차단되면 즉시 자동으로 점등되어야 한다.
• 카 내부 및 카 지붕에 있는 비상통화장치의 작동 버튼
• 카 바닥 위 1m 지점의 카 중심부
• 카 지붕 바닥 위 1m 지점의 카 지붕 중심부

36 전기식 엘리베이터의 카 틀에서 브레이스 로드의 분담 하중은 대략 어느 정도 되는가?

① $\dfrac{1}{8}$ ② $\dfrac{3}{8}$
③ $\dfrac{1}{3}$ ④ $\dfrac{1}{16}$

🔍 브레이스 로드는 카 바닥 하중의 8분의 3까지 카틀의 상부에서 하부까지 전달되도록 한다.

37 간접식 유압엘리베이터의 특징이 아닌 것은?

① 실린더를 설치하기 위한 보호관이 필요하지 않다.
② 실린더 점검이 용이하다.
③ 추락방지안전장치가 필요하다.
④ 로프의 늘어짐과 작동유의 압축성 때문에 부하에 의한 카 바닥의 빠짐이 비교적 적다.

🔍 **간접식 엘리베이터**
- 1:2, 1:4, 2:4 로핑방식이 있다.
- 로프의 이완현상과 유체의 압축성으로 인한 바닥 침하가 발생한다.
- 보호관이 없으므로 실린더의 점검이 쉽다.
- 추락방지안전장치가 반드시 필요하다.

38 유압잭의 부품이 아닌 것은?

① 사이렌서
② 플런저
③ 패킹
④ 더스트 와이퍼

🔍 사이렌서는 작동유의 압력맥동을 흡수하여 진동이나 소음을 감소시키는 역할을 하는 것으로 유압잭의 부품이 아니다.

39 에스컬레이터 승강장의 주의표지판에 대한 설명 중 옳은 것은?

① 주의표지판은 충격을 흡수하는 재질로 만들어야 한다.
② 주의표지판은 영문으로 읽기 쉽게 표기되어야 한다.
③ 주의표지판의 크기는 80mm × 80mm 이하의 그림으로 표시되어야 한다.
④ 주의표지판의 바탕은 흰색, 도안은 흑색, 사선은 적색이다.

🔍 **에스컬레이터 또는 무빙워크 출입구 근처의 주의표시**

구 분			기준규격(mm)	색 상
최소 크기			80 × 100	-
바탕			-	흰색
	원		40 × 40	-
		바탕	-	황색
		사선	-	적색
		도안	-	흑색
			10 × 10	녹색(안전) 황색(위험)
안전, 위험			10 × 10	흑색
주의 문구	대		19 Pt	흑색
	소		14 Pt	적색

40 에스컬레이터에서 난간의 끝부분으로 콤 교차선부터 손잡이 곡선 반환부까지의 난간구역을 무엇이라고 하는가?

① 뉴얼
② 스커트
③ 하부 내측데크
④ 스커트 디플렉터

🔍
- 뉴얼 : 난간의 끝부분으로 콤 교차선부터 손잡이 곡선 반환부까지의 난간 구역
- 스커트 : 디딤판과 연결되는 난간의 수직 부분
- 하부 내측데크 : 내부패널과 스커트가 맞닿지 않을 때 내부패널과 스커트를 연결하는 부재
- 스커트 디플렉터 : 스텝과 스커트 사이에 끼임의 위험을 최소화하기 위한 장치

41 다음 ( ) 안에 들어갈 내용으로 옳은 것은?

전자-기계 브레이크는 자체적으로 카가 정격속도로 정격하중의 ( )%를 싣고 하강방향으로 운행될 때 구동기를 정지시킬 수 있어야 한다.

① 165 ② 145
③ 135 ④ 125

🔍 전자-기계 브레이크는 자체적으로 카가 정격속도로 정격하중의 125%를 싣고 하강방향으로 운행될 때 구동기를 정지시킬 수 있어야 한다. 이 조건에서, 카의 감속도는 추락방지안전장치의 작동 또는 카가 완충기에 정지할 때 발생되는 감속도를 초과하지 않아야 한다.

42 정격속도 1m/s를 초과하는 엘리베이터에 사용되는 추락방지안전장치(비상정지장치)의 종류는?

① 점차작동형
② 즉시작동형
③ 디스크작동형
④ 플라이볼작동형

🔍 **정격속도에 따른 추락방지안전장치 사용조건**
- 정격속도가 1m/s를 초과하는 경우 : 점차 작동형
- 정격속도가 1m/s를 초과하지 않는 경우 : 완충효과가 있는 즉시 작동형
- 정격속도가 0.63m/s를 초과하지 않는 경우 : 즉시 작동형

43 보수 기술자의 올바른 자세로 볼 수 없는 것은?

① 신속, 정확 및 예의 바르게 보수 처리한다.
② 보수를 할 때는 안전기준보다는 경험을 우선 시한다.
③ 항상 배우는 자세로 기술향상에 적극 노력한다.
④ 안전에 유의하면서 작업하고 항상 건강에 유의한다.

🔍 보수를 실시할 경우 경험보다는 안전기준을 우선시해야 된다.

44 다음 중 엘리베이터 감시반에 필요하지 않은 장치는?

① 현재 엘리베이터의 하중 표시장치
② 현재 엘리베이터의 운행방향 표시장치
③ 현재 엘리베이터의 위치 표시장치
④ 엘리베이터의 이상 유무 확인 표시장치

45 에스컬레이터의 디딤판과 스커트 가드와의 틈새는 양쪽 모두 합쳐서 최대 얼마이어야 하는가?

① 5mm 이하
② 7mm 이하
③ 9mm 이하
④ 10mm 이하

🔍 에스컬레이터 또는 무빙워크의 스커트가 디딤판 측면에 위치한 경우 수평 틈새는 각 측면에서 4mm 이하이어야 하고, 정확히 반대되는 두 지점의 양 측면에서 측정된 틈새의 합은 7mm 이하이어야 한다.

46 과속조절기 로프 인장 풀리의 피치 직경과 과속조절기 로프의 공칭 지름의 비는 얼마 이상이어야 하는가?

① 20
② 30
③ 40
④ 50

🔍 과속조절기 로프의 최소 파단하중은 8 이상의 안전율을 확보해야 하며, 과속조절기 로프 인장 풀리의 피치 직경과 과속조절기 로프의 공칭 지름의 비는 30 이상이어야 한다.

47 평행판 콘덴서에 있어서 콘덴서의 정전용량은 판 사이의 거리와 어떤 관계인가?

① 반비례 ② 비례
③ 불변 ④ 2배

🔍 $C = \epsilon \dfrac{A}{l}$
(ϵ : 유전율, A : 단면적, l : 판 사이의 거리)

48 헬리컬 기어의 설명으로 적절하지 않은 것은?

① 진동과 소음이 크고 운전이 정숙하지 않다.
② 회전시에 축압이 생긴다.
③ 스퍼기어보다 가공이 힘들다.
④ 이의 물림이 좋고 연속적으로 접촉한다.

🔍 스퍼기어는 헬리컬기어보다 일반적으로 진동과 소음이 크다. 보기 중 ①항은 스퍼기어의 특징이다.

49 유도전동기에서 슬립이 1이란 전동기의 어느 상태인가?

① 유도 제동기의 역할을 한다.
② 유도 전동기의 전부하 운전 상태이다.
③ 유도 전동기의 정지 상태이다.
④ 유도 전동기가 동기속도로 회전한다.

🔍 $N = \dfrac{120f}{P}(1-s)$, s = 1, N = 0

50 반지름 r(m), 권수 N의 원형 코일에 I(A)의 전류가 흐를 때 원형 코일 중심점의 자기장의 세기(AT/m)는?

① $\dfrac{NI}{r}$ ② $\dfrac{NI}{2r}$
③ $\dfrac{NI}{2\pi r}$ ④ $\dfrac{NI}{4\pi r}$

🔍 자기장의 세기
• 원형코일 중심점의 자기장의 세기
$H = \dfrac{NI}{2r}$
• 환상솔레노이드 중심점의 자기장의 세기
$H = \dfrac{NI}{2\pi r}$

51 복활차에서 하중 W인 물체를 올리기 위해 필요한 힘 (P)은?(단, n은 동활차의 수이다.)

① $P = W + 2^n$ ② $P = W - 2^n$
③ $P = W \times 2^n$ ④ $P = W/2^n$

> 동활차가 1개이면 $\frac{1}{2}W$, 동활차가 2개이면 $\frac{1}{4}W$, 동활차가 3개이면 $\frac{1}{8}W$이므로 $P = \frac{1}{2^n}W$가 된다.

52 유도 전동기의 동기 속도는 무엇에 의하여 정하여지는가?

① 전원의 주파수와 전동기의 극수
② 전력과 저항
③ 전원의 주파수와 전압
④ 전동기의 극수와 전류

> $N_s = \frac{120f}{P}$ 이므로 주파수에 비례하고, 극수에는 반비례한다.

53 영(Young)률이 커지면 어떠한 특성을 보이는가?

① 안전하다.
② 위험하다.
③ 늘어나기 쉽다.
④ 늘어나기 어렵다.

> 영률은 물체에 주어진 압력을 알 때 그 물체의 변형정도를 예측하는 데에 쓰이고 반대로도 쓰인다.(변형력 = 영률 × 변형도) 따라서, 물체의 영률이 크다는 것은 늘어나기 어렵다는 것을 뜻한다.

54 유도전동기의 속도제어방법이 아닌 것은?

① 전원 전압을 변화시키는 방법
② 극수를 변화시키는 방법
③ 주파수를 변화시키는 방법
④ 계자저항을 변화시키는 방법

> 보기 중 ④항은 직류전동기의 속도제어방법이다.

55 다음 중 교류전동기는?

① 분권전동기
② 타여자전동기
③ 유도전동기
④ 차동복권전동기

> 직류전동기 : 타여자전동기, 직권전동기, 분권전동기, 복권전동기(가동복권, 차동복권)

56 와이어로프의 사용 하중이 5000kgf이고, 파괴하중이 25000kgf일 때 안전율은?

① 2.5   ② 5.0
③ 0.2   ④ 0.5

> 안전율 = $\frac{파괴하중}{사용하중} = \frac{25000}{5000} = 5.0$

57 자동제어계의 상태를 교란시키는 외적인 신호는?

① 제어량
② 외란
③ 목표량
④ 피드백신호

> 자동제어계의 상태를 교란시키는 외적인 신호를 외란이라 한다.

58 운동을 전달하는 장치로 옳은 것은?

① 절이 왕복하는 것을 레버라 한다.
② 절이 요동하는 것은 슬라이더라 한다.
③ 절이 회전하는 것을 크랭크라 한다.
④ 절이 진동하는 것을 캠이라 한다.

> 고정절의 주위에서 회전운동을 하는 것을 크랭크, 고정절 주위에서 왕복운동을 하는 것을 레버라고 한다.

59 50μF의 콘덴서의 200V, 60Hz의 교류 전압을 인가했을 때 흐르는 전류(A)는?

① 약 2.56   ② 약 3.77
③ 약 4.56   ④ 약 5.28

$I=\dfrac{V}{X_c}=\omega CV=2\pi fCV$

$2\pi \times 60 \times 50 \times 10^{-6} \times 200 ≒ 3.77[A]$

60 물체의 하중이 작용할 때, 그 재료 내부에 생기는 저항력을 내력이라 하고, 단위면적당 내력의 크기를 응력이라 하는데 이 응력을 나타내는 식은?

① $\dfrac{단면적}{하중}$ ② $\dfrac{하중}{단면적}$

③ 하중 × 단면적 ④ 하중 − 단면적

정답 필기기출문제 – 2015년 2회

01 ③	02 ③	03 ③	04 ②	05 ①
06 ④	07 ③	08 ②	09 ④	10 ④
11 ①	12 ①	13 ①	14 ②	15 ③
16 ②	17 ②	18 ④	19 ④	20 ④
21 ③	22 ④	23 ③	24 ②	25 ④
26 ④	27 ③	28 ③	29 ④	30 ③
31 ④	32 ①	33 ④	34 ②	35 ④
36 ②	37 ④	38 ①	39 ④	40 ①
41 ④	42 ①	43 ②	44 ①	45 ②
46 ②	47 ①	48 ①	49 ③	50 ②
51 ④	52 ①	53 ④	54 ④	55 ③
56 ②	57 ②	58 ③	59 ②	60 ②

2015년 3회 필기 기출문제

승강기기능사

01 가변 전압 가변 주파수(VVVF) 제어방식에 관한 설명 중 틀린 것은?

① 고속의 승강기까지 적용 가능하다.
② 저속의 승강기에만 적용하여야 한다.
③ 직류 전동기와 동등한 제어 특성을 낼 수 있다.
④ 유도 전동기의 전압과 주파수를 변환시킨다.

🔍 **교류 엘리베이터의 제어방식**

속도 제어방법	특징	용도
교류1단 속도 제어	3상유도전동기에 전원투입으로 기동과 정속운전, 전원차단 후 정지하는 가장 간단한 방식	30m/min 이하 저속용
교류2단 속도 제어	기동과 주행은 고속권선, 감속은 저속권선으로 하는 방식	30~60 m/min 화물용
교류귀환 제어	카의 실제속도와 지령속도를 비교하여 사이리스터의 점호각을 바꾸는 방식	45~105 m/min
VVVF (가변전압 가변 주파수제어)	전압과 주파수의 변화로 직류 전동기와 동등한 제어성능을 갖는 방식	고속용

02 엘리베이터 완충기에 대한 설명으로 적합하지 않은 것은?

① 정격속도 1m/s 이하의 엘리베이터에 스프링 완충기를 사용하였다.
② 정격속도 1m/s 초과 엘리베이터에 유입완충기를 사용하였다.
③ 유압완충기의 플런저 복귀시험은 완전히 압축한 상태에서 완전 복귀할 때까지의 시간은 120초 이하이다.
④ 유압완충기에서 최소적용중량은 카 자중 + 적재하중으로 한다.

🔍 **유압완충기의 적용 중량**

항목	최소적용중량	최대적용중량
카용	카 자중 + 75kg	카 자중 + 적재하중
균형추용	균형추의 중량	

03 엘리베이터 기계실에 관한 설명으로 틀린 것은?

① 기계실에는 200lx 이상의 조도로 작업공간의 바닥 면을 밝히는 영구적으로 설치된 전기조명이 있어야 한다.
② 기계실에는 작업구역마다 적절한 위치에 설치된 1개 이상의 콘센트가 있어야 한다.
③ 기계실은 당해 건축물의 다른 부분과 내화구조 또는 방화구조로 구획하고, 기계실의 내장은 준불연재료 이상으로 마감되어야 한다.
④ 주택용 엘리베이터가 아닌 엘리베이터 기계실 출입문은 폭 0.6m 이상 높이 0.6m 이상으로 하여야 한다.

🔍 **출입문, 비상문 및 점검문의 치수**
- 기계실, 승강로 및 피트 출입문 : 높이 1.8 m 이상, 폭 0.7 m 이상(다만, 주택용 엘리베이터의 경우 기계실 출입문은 폭 0.6 m 이상, 높이 0.6 m 이상으로 할 수 있다.)
- 풀리실 출입문 : 높이 1.4 m 이상, 폭 0.6 m 이상
- 비상문 : 높이 1.8 m 이상, 폭 0.5 m 이상
- 점검문 : 높이 0.5 m 이하, 폭 0.5 m 이하

04 기계실의 작업구역에서 유효 높이는 몇 m 이상으로 하여여 하는가?

① 1.8   ② 2.1
③ 2.5   ④ 3

🔍 기계실은 설비의 작업이 쉽고 안전하도록 충분한 크기여야 하며, 특히, 작업구역의 유효 높이는 2.1 m 이상이어야 한다.

05 보상로프(균형로프)의 역할로 적합한 것은?

① 카의 낙하를 방지한다.
② 균형추의 이탈을 방지한다.
③ 주로프와 이동케이블의 이동으로 변화된 하중을 보상한다.
④ 주로프가 열화되지 않도록 한다.

보상(균형)체인과 보상(균형)로프는 현수로프의 무게를 보상하는 수단으로 사용된다.

06 교류 2단속도 제어에 관한 설명으로 틀린 것은?

① 기동시 저속권선 사용
② 주행시 고속권선 사용
③ 감속시 저속권선 사용
④ 착상시 저속권선 사용

문제1번 해설 참조

07 승객용 엘리베이터의 적재하중 및 최대정원을 계산할 때 1인당 하중의 기준은 몇 kg인가?

① 63
② 65
③ 67
④ 75

적재하중 및 최대정원을 계산할 때 1인당 하중은 75kg을 기준으로 한다.

08 평면의 디딤판을 동력으로 오르내리게 한 것으로, 경사도 12° 이하로 설계된 것은?

① 에스컬레이터
② 무빙워크(수평보행기)
③ 경사형 리프트
④ 소형화물용 엘리베이터(덤웨이터)

에스컬레이터의 경사도는 30°를 초과하지 않아야 하며, 무빙워크(수평보행기)의 경사도는 12° 이하이어야 한다.

09 레일의 규격호칭은 소재 1m 길이 당 중량을 라운드 번호로 하여 레일에 붙여 쓰고 있다. 일반적으로 쓰이는 있는 T형 레일의 공칭이 아닌 것은?

① 8K 레일
② 13K레일
③ 16K레일
④ 24K레일

일반적으로 단면이 T자형인 엘리베이터용 레일이 이용되고 1m당 중량에 따라 8, 13, 18, 24, 30, 37, 50K 레일 등의 종류가 있다.

10 다음 중 엘리베이터 도어용 부품과 거리가 먼 것은?

① 행거롤러
② 업스러스트롤러
③ 도어레일
④ 가이드롤러

가이드 롤러는 카가 주행안내(가이드) 레일과 접촉하여 진행할 수 있도록 하는 장치이다.

11 유압식 승강기의 종류를 분류할 때 적합하지 않는 것은?

① 직접식
② 간접식
③ 팬더그래프식
④ 밸브식

유압식 승강기의 종류는 직접식, 간접식, 팬더그래프식이 있다.

12 주차구획을 평면상에 배치하여 운반기의 왕복이동에 의하여 주차를 행하는 방식은?

① 평면 왕복식
② 다층 순환식
③ 승강기식
④ 수평 순환식

주차장치의 종류
- 다층순환식주차장치 : 주차구획에 자동차를 들어가도록 한 후 그 주차구획을 여러 층으로 된 공간에 아래·위 또는 수평으로 순환 이동하여 자동차를 주차하도록 설계한 주차장치
- 수평순환식주차장치 : 주차구획에 자동차를 들어가도록 한 후 그 주차구획을 수평으로 순환 이동하여 자동차를 주차하도록 설계한 주 차장치
- 승강기식주차장치 : 여러 층으로 배치되어 있는 고정된 주차구획에 아래·위로 이동할 수 있는 운반기에 의하여 자동차를 자동으로 운반 이동하여 주차하도록 설계한 주차장치
- 수직순환식주차장치 : 주차에 사용되는 부분(주차구획)에 자동차를 들어가도록 한 후 그 주차구획을 수직으로 순환 이동하여 자동차를 주차하도록 설계한 주차장치
- 2단식주차장치 : 주차구획이 2층으로 배치되어 있고 출입구가 있는 층의 모든 주차구획을 주차장치 출입구로 사용할 수 있는 구조로서 그 주차구획을 아래·위 또는 수평으로 이동하여 자동차를 주차하도록 설계한 주차장치
- 다단식주차장치 : 주차구획이 3층 이상으로 배치되어 있고 출입구가 있는 층의 모든 주차 구획을 주차장치 출입구로 사용할 수 있는 구조로서 그 주차구획을 아래·위 또는 수평으로 이동하여 자동차를 주차하도록 설계한 주 차장치
- 승강기슬라이드식주차장치 : 여러 층으로 배치되어 있는 고정된 주차구획에 아래·위 및 옆으로 이동할 수 있는 운반기에 의하여 자동차를 자동으로 운반 이동하여 주차하도록 설계한 주차장치
- 평면왕복식주차장치 : 평면으로 배치되어 있는 고정된 주차구획에 운반기에 의하여 자동차를 운반 이동하여 주차하도록 설계한 주차 장치
- 특수형식주차장치 : 위의 8가지 형식 이외의 형식으로 설계한 주차장치

13 정지로 작동시키면 승강기의 버튼등록이 정지되고 자동으로 지정 층에 도착하여 운행이 정지되는 것은?

① 리미트 스위치
② 슬로다운 스위치
③ 파킹 스위치
④ 피트 정지 스위치

> 🔍 **파킹스위치**
> • 파킹스위치는 승강장·중앙관리실 또는 경비실 등에 설치되어 카 이외의 장소에서 엘리베이터 운행의 정지조작과 재개조작이 가능하여야 한다.
> • 파킹스위치를 정지로 작동시키면 버튼등록이 정지되고 자동으로 지정 층에 도착하여 운행이 정지되어야 한다.
> • 파킹스위치의 작동 및 설치상태는 양호하여야 한다.

14 승강기에 사용하는 주행안내(가이드) 레일 1본의 길이는 몇 m로 정하고 있는가?

① 1   ② 3
③ 5   ④ 7

> 🔍 주행안내 레일의 표준길이는 5m이다.

15 로프이탈 방지장치를 설치하는 목적으로 부적절한 것은?

① 급제동시 진동에 의해 주로프가 벗겨질 우려가 있는 경우
② 지진의 진동에 의해 주로프가 벗겨질 우려가 있는 경우
③ 기타의 진동에 의해 주로프가 벗겨질 우려가 있는 경우
④ 주로프의 파단으로 이탈할 경우

> 🔍 로프이탈 방지장치는 급제동시, 지진등 기타의 진동에 의해 주로프가 벗겨질 우려를 대비하여 설치한다.

16 에스컬레이터의 손잡이(핸드레일)의 속도는 어떻게 하고 있는가?

① 30m/min 이하로 하고 있다.
② 45m/min 이하로 하고 있다.
③ 발판(step)속도의 2/3 정도로 하고 있다.
④ 디딤판(step)속도와 같게 하고 있다.

> 🔍 **에스컬레이터 손잡이(핸드레일) 시스템**
> • 각 난간의 상부에는 정상운행 조건에서 디딤판의 속도와 −0%에서 +2%의 허용오차로 같은 방향과 속도로 움직이는 손잡이가 설치되어야 한다.
> • 손잡이는 정상운행 중 운행방향의 반대편에서 450N의 힘으로 당겨도 정지되지 않아야 한다.
> • 손잡이의 속도감시장치 또는 기능이 제공되어야 한다.

17 에스컬레이터의 역회전 방지장치가 아닌 것은?

① 구동체인 안전장치
② 기계 브레이크
③ 과속조절기(조속기)
④ 스커트 디플렉터

> 🔍 스커트 디플렉터(skirt deflector)는 스텝과 스커트 사이에 끼임의 위험을 최소화하기 위한 장치를 말한다.

18 유압 엘리베이터에서 압력 릴리프 밸브는 압력을 전 부하압력의 몇 %까지 제한하도록 맞추어 조절해야 하는가?

① 115   ② 125
③ 140   ④ 150

> 🔍 압력 릴리프 밸브는 압력을 전 부하 압력의 140%까지 제한하도록 맞추어 조절되어야 한다.

19 전류의 흐름을 안전하게 하기 위하여 전선의 굵기는 가장 적당한 것으로 선정하여 사용하여야 한다. 전선의 굵기를 결정하는 요인으로 다음 중 거리가 가장 먼 것은?

① 전압 강하   ② 허용 전류
③ 기계적 강도   ④ 외부온도

> 🔍 전선의 굵기 선정시 고려해야 할 중요 3가지 사항은 허용전류, 전압강하, 기계적강도이다.

20 감전의 위험이 있는 장소의 전기를 차단하여 수선, 점검 등의 작업을 할 때에는 작업 중 스위치에 어떤 장치를 하여야 하는가?

① 접지장치   ② 복개장치
③ 시건장치   ④ 통전장치

🔍 감전의 위험이 있는 장소의 전기를 차단하여 수선, 점검 등의 작업을 할 때에는 작업 중 스위치에 시건장치를 하여야 한다.

21 높은 열로 전선의 피복이 연소되는 것을 방지하기 위해 사용되는 재료는?

① 고무 ② 석면
③ 종이 ④ PVC

🔍 석면은 뛰어난 단열성, 내열성 및 절연성으로 전선의 피복이 연소되는 것을 방지하기 위해 사용된다.

22 재해원인의 분석방법 중 개별적 원인 분석은?

① 각각의 재해원인을 규명하면서 하나하나 분석하는 것이다.
② 사고의 유형, 기인물 등을 분류하여 큰 순서대로 도표화하는 것이다.
③ 특성과 요인관계를 도표로 하여 물고기 모양으로 세분화 하는 것이다.
④ 월별 재해 발생수를 그래프화 하여 관리선을 선정하여 관리하는 것이다.

🔍
• **개별적 원인 분석**
  - 재해마다 특유의 조사항목을 사용 가능
  - 재해빈도가 적은 중소기업이나 특수재해, 중대재해일 경우 사용 가능
• **통계적 원인 분석**
  - 통계이론을 적용해 실제 사회 또는 자연 현상을 경험적으로 조사·분석하는 것
  - 통계분석 : 자료의 수집 → 자료의 정리·요약 → 자료의 해석 → 모집단 특성에 대한 결론

23 승강기 관리주체의 의무사항이 아닌 것은?

① 승강기 설치검사를 받아야 한다.
② 자체점검을 한다.
③ 승강기의 안전에 관한 일상관리를 하여야 한다.
④ 승강기의 안전에 관한 보수를 하여야한다.

🔍 승강기의 설치검사는 승강기 제조·수입업자가 설치를 끝낸 승강기에 대하여 행정안전부장관에게 받는 검사로 승강기 관리주체의 의무사항이 아니다.

24 소방구조용 엘리베이터는 일반적으로 소방관 접근 지정층에서 소방관이 조작하여 엘리베이터 문이 닫힌 이후부터 최대 몇 초 이내에 가장 먼 층에 도착되어야 하는가?(단, 승강행정이 200m 이상 운행될 경우는 제외한다.)

① 10 ② 20
③ 30 ④ 60

🔍 소방구조용(비상용) 엘리베이터는 소방관 접근 지정층에서 소방관이 조작하여 엘리베이터 문이 닫힌 이후부터 60초 이내에 가장 먼 층에 도착되어야 한다.(승강행정 200m 이상 운행될 경우에는 가장 먼 층까지의 도달 시간을 3m 운행 거리마다 1초씩 증가될 수 있다.)

25 방호장치에 대하여 근로자가 준수할 사항이 아닌 것은?

① 방호장치에 이상이 있을 때 근로자가 즉시 수리한다.
② 방호장치를 해체하고자 할 경우에는 사업주의 허가를 받아 해체한다.
③ 방호장치의 해체 사유가 소멸된 때에는 지체 없이 원상으로 회복시킨다.
④ 방호장치의 기능이 상실된 것을 발견하면 지체 없이 사업주에게 신고한다.

🔍 방호장치에 이상이 있을 경우 전문가의 수리를 받아야 하며, 수리가 완료되어 정상가동 되기 전에는 해당 기계, 기구 또는 설비의 사용을 중단하여야 한다.

26 승강기 안전점검에서 신설·변경 또는 고장수리 등 작업을 한 후에 실시하는 것은?

① 사전점검 ② 특별점검
③ 수시점검 ④ 정기점검

🔍 **안전점검의 종류**
• **수시점검(일상점검)** : 승강기의 품질유지를 통한 안전한 운행으로 이용자의 편리를 도모하고 내구성을 높이기 위해 실시한다.
• **특별점검** : 천재지변 등으로 인한 이상상태가 발생하였을 때 기능상 이상 유무를 점검하는 것을 말하며 신설·변경 또는 고장수리 등의 작업 후에 실시하는 점검이다.
• **정기점검(계획점검)** : 일정한 기간을 정하여 점검하는 것으로 주간점검, 월간점검 및 연간점검 등이 있으며 법적기준 또는 사내 안전 규정에 따라 해당 책임자가 실시하는 점검이다.
• **임시점검** : 정기점검 실시후 다음 점검기일 이전에 임시로 실시하는 점검을 말하며 기계·기구 또는 실사에 이상 발견 시에 이루어지는 점검을 말한다.

27 합리적인 사고의 발견방법으로 타당하지 않은 것은?

① 육감진단
② 예측진단
③ 장비진단
④ 육안진단

🔍 육감진단은 합리적인 사고의 발견방법으로 볼 수 없다.

28 작업표준의 목적이 아닌 것은?

① 작업의 효율화
② 위험요인의 제거
③ 손실요인의 제거
④ 재해책임의 추궁

🔍 작업표준은 작업조건, 작업방법, 관리방법, 사용재료, 사용설비 기타 주의사항 등에 관한 기준을 규정한 것이므로 재해의 책임 소재에 대한 규정은 포함하지 않는다.

29 승강기의 주로프 로핑(ROPING) 방법에서 로프의 장력은 부하측(카 및 균형추) 중력의 1/2로 되며, 부하측의 속도가 로프 속도의 1/2이 되는 로핑 방법은 어느 것인가?

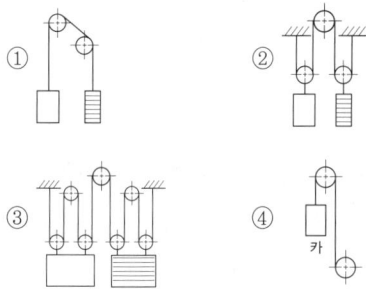

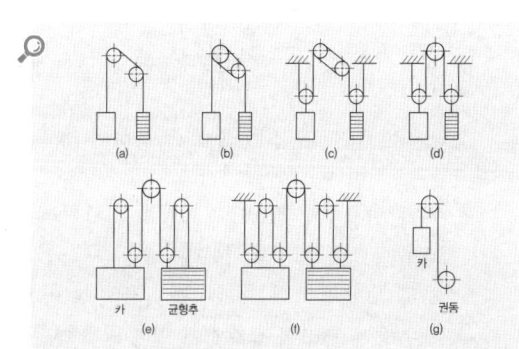

그림	로핑	로프 걸기방식	용도
a	1:1	싱글 랩	주로 중저속
b	1:1	더블 랩	주로 고속에서 초고속
c	2:1	더블 랩	
d	2:1	싱글 랩	주로 화물용
e	3:1	싱글 랩	주로 대형 화물용
f	4:1	싱글 랩	주로 대형 화물용
g	1:1	권동식	주로 중저층 주택용

30 전기식 엘리베이터에서 권상 도르래의 직경은 로프(벨트) 직경의 몇 배 이상으로 하여야 하는가?(단, 주택용 엘리베이터는 제외한다.)

① 25
② 30
③ 35
④ 40

🔍 권상 도르래·풀리 또는 드럼의 피치직경과 로프(벨트)의 공칭 직경 사이의 비율은 로프(벨트)의 가닥수와 관계없이 40 이상이어야 한다. 다만, 주택용 엘리베이터의 경우 30 이상이어야 한다.

31 기계식 주차장치에 있어서 자동차 중량의 전륜 및 후륜에 대한 배분 비는?

① 6:4
② 5:5
③ 7:3
④ 4:6

🔍 자동차 중량의 전륜 및 후륜에 대한 배분은 6 : 4로 하고 계산하는 단면에는 큰 쪽의 중량이 집중하중으로 작용하는 것으로 가정하여 계산하여야 한다.

32 승강장문 및 카문의 출입구 유효 높이는 몇 m 이상이어야 하는가?(단, 주택용 엘리베이터가 아닌 경우이다.)

① 1.8
② 1.9
③ 2.0
④ 2.1

🔍 승강장문 및 카문의 출입구 유효 높이는 2m 이상이어야 한다. 다만, 주택용 엘리베이터의 경우에는 1.8m 이상으로 할 수 있으며, 자동차용 엘리베이터의 경우에는 제외한다.

33 카 추락방지안전장치가 작동될 때, 부하가 없거나 부하가 균일하게 분포된 카의 바닥은 정상적인 위치에서 최대 몇 %를 초과하여 기울어지지 않아야 하는가?

① 2
② 3
③ 4
④ 5

> 카 추락방지안전장치가 작동될 때, 무부하 상태의 카 바닥 또는 정격하중이 균일하게 분포된 부하 상태의 카 바닥은 정상적인 위치에서 5%를 초과하여 기울어지지 않아야 한다.

34 유압식 승강기의 특징으로 틀린 것은?

① 기계실의 배치가 자유롭다.
② 실린더를 사용하기 때문에 행정거리와 속도에 한계가 있다.
③ 과부하방지가 불가능하다.
④ 균형추를 사용하지 않기 때문에 모터의 출력과 소비전력이 크다.

> 전기식 엘리베이터의 과부하방지장치와 유사한 것으로 유압식 승강기에는 압력 릴리프밸브가 있다.

35 다음 중 과속조절기(조속기)의 형태가 아닌 것은?

① 롤 세이프티 형   ② 디스크 형
③ 플라이 볼 형   ④ 카 형

> 과속조절기(조속기)의 종류로는 마찰정지형(롤 세이프티형), 디스크형, 플라이 볼형이 있다.

36 승강기의 파이널 리미트 스위치의 요건 중 틀린 것은?

① 반드시 기계적으로 조작되는 것이어야 한다.
② 작동 캠(CAM)은 금속으로 만든 것이어야 한다.
③ 이 스위치가 작동하게 되면 권상 전동기 및 브레이크 전원이 차단되어야 한다.
④ 이 스위치는 카가 승강로의 완충기에 충돌된 후에 작동되어야 한다.

> 파이널 리미트 스위치
> • 우발적인 작동의 위험 없이 가능한 최상층 및 최하층에 근접하여 작동하도록 설치되어야 한다.
> • 카(또는 균형추)가 완충기에 충돌하기 전에 작동되어야 한다.
> • 작동은 완충기가 압축되어 있는 동안 유지되어야 한다.

37 에스컬레이터의 배치에 있어 승하강 모두 연속적으로 승계가 되며 상승과 하강이 서로 상면의 반대측에 나누어져 있어 승강구에서의 혼잡이 적은 배치 방법은?

① 교차형   ② 복렬형
③ 병렬형   ④ 단열중복형

> 교차형은 일반적으로 대형백화점에서 주로 사용되는 배치 방법으로 승하강 모두 연속적으로 갈아탈 수 있어 승강구가 혼잡하지 않지만, 승강구 찾기가 혼란스러운 단점도 있다.

38 엘리베이터의 트랙션 머신에서 시브풀리의 홈마모 상태를 표시하는 길이 H는 몇 mm 이하로 하는가?

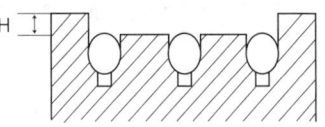

① 0.5   ② 2
③ 3.5   ④ 5

> 권상기 도르래 홈의 언더컷의 잔여량은 1mm 이상, 권상기 도르래에 감긴 주로프 가닥끼리의 높이차 또는 언더컷 잔여량의 차이는 2mm 이내여야 한다.

39 다음 매다는 장치(현수)에 대한 기준 중 괄호 안에 알맞은 수치는?

> 매다는 장치의 구분 중 로프의 경우 공칭직경이 8mm 이상이어야 한다. 다만, 구동기가 승강로에 위치하고, 정격속도가 (   )m/s 이하인 경우로서 행정안전부장관이 안정성을 확인한 경우에 한정하여 직경 6mm의 로프가 허용된다.

① 0.75   ② 1.0
③ 1.5   ④ 1.75

> 구동기가 승강로에 위치하고, 정격속도가 1.75m/s 이하인 경우로서 행정안전부장관이 안전성을 확인한 경우에 한정하여 공칭직경 6mm의 로프가 허용된다.

40 유압승강기에 사용되는 안전밸브의 설명으로 옳은 것은?

① 승강기의 속도를 자동으로 조절하는 역할을 한다.
② 압력배관이 파열되었을 때 작동하여 카의 낙하를 방지한다.
③ 카가 최상층으로 상승할 때 더 이상 상승하지 못하게 하는 안정장치이다.
④ 작동유의 압력이 정격압력이상이 되었을 때 작동하여 압력이 상승하지 않도록 한다.

🔍 ①은 유량제어밸브, ②는 카운터밸런스 밸브, ③는 파이널 리미트 스위치

41 다음 중 에스컬레이터의 일반구조에 대한 설명으로 틀린 것은?

① 일반적으로 경사도는 30도 이하로 하여야 한다.
② 주행안내 레일의 속도가 디딤판과 동일한 속도를 유지하도록 한다.
③ 디딤판의 정격속도는 0.5m/s를 초과하여야 한다.
④ 물건이 에스컬레이터의 각 부분에 끼이거나 부딪치는 일이 없도록 안전한 구조이어야 한다.

🔍 경사도가 30° 이하인 에스컬레이터는 0.75m/s 이하, 경사도가 30°를 초과하고 35° 이하인 에스컬레이터는 0.5m/s 이하이어야 한다.

42 승객용 엘리베이터에서 자동으로 동력에 의해 문을 닫는 방식에서의 문닫힘 안전장치의 기준에 부적합한 것은?

① 문닫힘 동작 시 사람 또는 물건이 끼일 때 문이 반전하여 열려야 한다.
② 문닫힘 안전장치 연결전선이 끊어지면 반전하여 닫혀야 한다.
③ 문닫힘 안전장치의 종류에는 세이프티슈, 광전장치, 초음파 장치 등이 있다.
④ 문닫힘 안전장치는 카 문이나 승강장 문에 설치되어야 한다.

🔍 • 문닫힘 동작시 사람 또는 물건이 끼이거나 끼이려고 할 때 반전하여 열려야 한다.
• 문닫힘 안전장치 연결전선이 끊어지면 문이 닫히지 않아야 한다.
• 세이프티슈 방식의 문닫힘 안전장치에서 슈는 끼임이나 간섭 없이 원활하게 작동하여야 한다.

43 승강기에 설치할 방호장치가 아닌 것은?

① 주행안내(가이드) 레일
② 출입문 인터 록
③ 과속조절기(조속기)
④ 파이널 리미트 스위치

🔍 주행안내 레일은 엘리베이터 등의 카, 균형추 또는 플런저 등을 안내하는 궤도이다.

44 레일을 싸고 있는 모양의 클램프와 레일 사이에 강체와 가까이 롤러를 물려서 정지시키는 추락방지안전장치(비상정지장치)의 종류는?

① 즉시 작동형
② 플랙시블 가이드 클램프형
③ 플랙시블 웨지 클램프형
④ 점차 작동형

🔍 즉시 작동형 추락방지안전장치는 레일을 싸고 있는 모양의 클램프와 레일 사이에 강체와 가까이 롤러를 물려서 즉각적으로 충분한 제동 작용을 한다.

45 엘리베이터 기계실 내의 기계류 자체점검 내용 중 점검주기가 가장 긴 것은?

① 용도 이외의 설비 비치 여부
② 출입문의 설치 및 잠금상태
③ 조명 점등상태 및 조도
④ 바닥 개구부 낙하방지수단의 설치상태

🔍 ①, ②, ③항의 점검주기는 모두 3개월에 1회, ④항은 6개월에 1회이다.

46 T형 주행안내(가이드) 레일의 규격은 마무리 가공 전 소재의 ( )m당 중량을 반올림한 정수에 'K 레일'을 붙여서 호칭한다. 빈칸에 맞는 것은?

① 1
② 2
③ 3
④ 4

🔍 일반적으로 단면이 T자형인 엘리베이터용 레일이 이용되고 1m당 중량을 반올림한 정수로 이에 따라 8, 13, 18, 24, 30, 37, 50K 레일 등의 종류가 있다.

47 유도전동기의 속도를 변화시키는 방법이 아닌 것은?

① 슬립 s를 변화시킨다.
② 극수 P를 변화시킨다.
③ 주파수 f를 변화시킨다.
④ 용량을 변화시킨다.

🔍 $N = \dfrac{120f}{P}(1-s)$

48 "회로망에서 임의의 접속점에 흘러 들어오고 흘러 나가는 전류의 대수합은 0 이다." 라는 법칙은?

① 키르히호프의 법칙
② 가우스의 법칙
③ 줄의 법칙
④ 쿨롱의 법칙

🔍 **키리히호프의 법칙**
- 1법칙(전류법칙) : 한 점에서 들어온 전류의 합과 나간 전류의 합은 같다.
- 2법칙(전압법칙) : 폐회로의 전압강하분의 합은 기전력의 합과 같다.

49 유도전동기에서 슬립이 1이란 전동기의 어느 상태인가?

① 유도 제동기의 역할을 한다.
② 유도 전동기가 전부하 운전 상태이다.
③ 유도 전동기가 정지 상태이다.
④ 유도 전동기가 동기속도로 회전한다.

🔍 $N = \dfrac{120f}{P}(1-s)$ 에서 s = 1일 경우
N = 0 이므로 정지상태이다.

50 어떤 백열등에 100V의 전압을 가하면 0.2A의 전류가 흐른다. 이 전등의 소비전력은 몇 W인가?(단, 부하의 역률은 1이다.)

① 10
② 20
③ 30
④ 40

🔍 $P = VI\cos\theta = 100 \times 0.2 \times 1 = 20[W]$

51 웜기어의 특징에 관한 설명으로 틀린 것은?

① 가격이 비싸다.
② 부하용량이 작다.
③ 소음이 적다.
④ 큰 감속비를 얻는다.

🔍 웜과 톱니 수가 많은 웜 기어(웜 휠)로 구성되어 있고, 입력축과 출력축은 직교하고, 1:10~1:20의 큰 감속비가 얻을 수 있으므로 부하용량이 크다. 하지만, 경제적인 측면에서는 가격이 비싸다.

52 대형 직류전동기의 토크를 측정하는데 가장 적당한 방법은?

① 와전류 전동기
② 프로니 브레이크법
③ 전기동력계
④ 반환부하법

53 다음 설명 중 링크의 특징이 아닌 것은?

① 경쾌한 운동과 동력의 마찰 손실이 크다.
② 제작이 용이하다.
③ 전동이 매우 확실하다.
④ 복잡한 운동을 간단한 장치로 할 수 있다.

🔍 **링크기구의 특징**
- 동력의 마찰 손실이 작다.
- 제작이 용이하다.
- 전동이 매우 확실하다.
- 복잡한 운동을 간단한 장치로 변환할 수 있다.

54 다음 중 OR회로의 설명으로 옳은 것은?

① 입력신호가 모두 "0"이면 출력신호에 "1"이 됨
② 입력신호가 모두 "0"이면 출력신호에 "0"이 됨
③ 입력신호가 "1"과 "0"이면 출력신호에 "0"이 됨
④ 입력신호가 "0"과 "1"이면 출력신호에 "0"이 됨

🔍

A	B	OR	AND	NOR	NAND	EX-OR
0	0	0	0	1	1	0
0	1	1	0	0	1	1
1	0	1	0	0	1	1
1	1	1	1	0	0	0

55 변형률이 가장 큰 것은?

① 비례한도
② 인장 최대하중
③ 탄성한도
④ 항복점

> 변형률 : 비례한도 < 상항복점(탄성한도) < 하항복점 < 극한강도

56 재료에 하중이 작용하면 재료를 구성하는 원자 사이에서 위치의 변화가 일어나고, 그 내부에 응력이 생기며, 외적으로는 변형이 나타난다. 이 변형량과 원치수와의 비를 변형률이라 하는데, 변형률의 종류가 아닌 것은?

① 세로 변형률
② 가로 변형률
③ 전단 변형률
④ 중량 변형률

> 변형률(Strain) : 재료에 생긴 변형량과 원래의 치수와의 비
> • 세로 변형률 : 재료의 길이 방향으로 변형이 일어나는 경우
> • 가로 변형률 : 재료의 지름(가로 방향)에 변형이 일어나는 경우
> • 전단 변형률(미끄럼 변형률)

57 진공 중에서 m(Wb)의 자극으로부터 나오는 총 자력선의 수는 어떻게 표현하는가?

① $\dfrac{m}{4\pi\mu_o}$ ② $\dfrac{m}{\mu_o}$

③ $\mu_o m$ ④ $\mu_o m^2$

> 자기력선수는 $\dfrac{m}{\mu}$ 이며, 진공인 경우 $\dfrac{m}{\mu_o}$ 이다.

58 주전원이 380V인 엘리베이터에서 110V 전원을 사용하고자 강압 트랜스를 사용하던 중 트랜스가 소손되었다. 원인 규명을 위해 회로시험기를 사용하여 전압을 확인하고자 할 경우 회로시험기의 전압 측정범위선택 스위치의 최초선택위치로 옳은 것은?

① 회로시험기의 110V 미만
② 회로시험기의 110V 이상 220V 미만
③ 회로시험기의 220V 이상 380V 미만
④ 회로시험기의 가장 큰 범위

> 측정 레인지를 AC V의 가장 높은 위치로 전환하고, 측정하고자 하는 곳을 확인한 다음 병렬로 접속하여 측정한다.

59 2진수 001101과 100101를 더하면 합은 얼마인가?

① 101010 ② 110010
③ 011010 ④ 110100

> **2진수 덧셈**
> 10진수 덧셈 시 10이 넘어가면 1을 앞의 숫자에 넘겨주는 것과 같이, 2진수는 2가 되면 앞에 1을 넘겨줍니다.
>
>   0 0 1 1 0 1
> +) 1 0 0 1 0 1
>   1 1 0 0 1 0

60 다음 중 전압계에 대한 설명으로 옳은 것은?

① 부하와 병렬로 연결한다.
② 부하와 직렬로 연결한다.
③ 전압계는 극성이 없다.
④ 교류 전압계에는 극성이 있다.

> **전압계와 전류계**
> • 전압계 : 부하에 병렬로 접속하여 측정하는 계기
> • 전류계 : 부하와 직렬로 접속하여 측정하는 계기

정답 필기기출문제 - 2015년 3회

01 ②	02 ④	03 ④	04 ②	05 ③
06 ①	07 ④	08 ②	09 ③	10 ④
11 ④	12 ①	13 ②	14 ③	15 ④
16 ④	17 ④	18 ③	19 ④	20 ③
21 ②	22 ①	23 ①	24 ②	25 ①
26 ②	27 ①	28 ②	29 ②	30 ④
31 ①	32 ③	33 ④	34 ③	35 ④
36 ④	37 ①	38 ②	39 ④	40 ④
41 ③	42 ②	43 ②	44 ①	45 ④
46 ①	47 ④	48 ①	49 ③	50 ②
51 ②	52 ③	53 ①	54 ②	55 ②
56 ④	57 ②	58 ④	59 ②	60 ①

2015년 4회 필기 기출문제

승강기기능사

01 직류 가변전압식 엘리베이터에서는 권상전동기에 직류 전원을 공급한다. 필요한 발전기용량은 약 몇 kW인가?(단, 권상전동기의 효율은 80%, 1시간 정격은 연속정격의 56%, 엘리베이터용 전동기의 출력은 20kW이다.)

① 11
② 14
③ 17
④ 20

🔍 발전기의 용량 = 전동기의 출력 × 정격비율
$= \dfrac{20}{0.8} \times 0.56 = 14[\text{kW}]$

02 와이어로프 가공방법 중 효과가 가장 우수한 것은?

①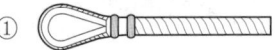
②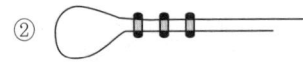
③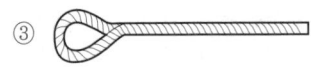
④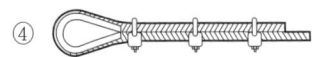

🔍 와이어로프 이음 효율
소켓 가공 > 로크(팀블) 가공 ① > 아이 스플라이스 가공 ③ > 클립 가공 ④

03 균형추의 중량을 결정하는 계산식은?(단, 여기서 L은 정격하중, F는 오버밸런스율이다.)

① 균형추의 중량 = 카 자체하중 + (L · F)
② 균형추의 중량 = 카 자체하중 × (L · F)
③ 균형추의 중량 = 카 자체하중 + (L + F)
④ 균형추의 중량 = 카 자체하중 + (L − F)

🔍 균형추의 총중량 = 카 자체중량 + (정격하중 × 오버밸런스율)이다.

04 실린더에 이물질이 흡입되는 것을 방지하기 위하여 펌프의 흡입축에 부착하는 것은?

① 필터
② 사이렌서
③ 스트레이너
④ 더스트와이퍼

🔍 • 사이렌서 : 자동차의 머플러와 같이 작동유의 압력 맥동을 흡수하여 진동, 소음을 감소시키는 역할
• 스트레이너 : 유체 속에 포함된 고형물을 제거하여 이물질 등이 유입되는 것을 방지하는 장치

05 전기식 엘리베이터 기계실의 구조에서 구동기의 회전부품 위로 몇 m 이상의 유효 수직거리가 있어야 하는가?

① 0.2
② 0.3
③ 0.4
④ 0.5

🔍 기계실의 구조
• 기계실은 설비의 작업이 쉽고 안전하도록 다음과 같이 충분한 크기이어야 한다. 특히, 작업구역의 유효 높이는 2.1m 이상이어야 한다.
• 작업구역간 이동통로의 유효 높이(바닥에서 천장의 가장 낮은 충돌점 사이)는 1.8m 이상이어야 한다.
• 작업구역 간 이동통로의 유효 폭은 0.5m 이상이어야 한다. 다만, 움직이는 부품이나 고온의 표면이 없는 경우에는 0.4m까지 감소될 수 있다.
• 보호되지 않은 회전부품 위로 0.3m 이상의 유효 수직거리가 있어야 한다.
• 기계실 바닥에 0.5m를 초과하는 단차가 있는 경우, 고정된 사다리 또는 보호난간이 있는 계단이나 발판이 있어야 한다.

06 승강기가 최하층을 통과했을 때 주전원을 차단시켜 승강기를 정지시키는 것은?

① 완충기
② 과속조절기(조속기)
③ 추락방지안전장치(비상정지장치)
④ 파이널 리미트 스위치

> 리미트 스위치(종점스위치)가 어떤 원인에 의해서 작동하지 않아 카가 최상층 또는 최하층을 현저하게 지나치는 경우에 안전 확보를 위하여 모든 전기회로를 끊고 엘리베이터를 정지시키는 장치를 파이널 리미트 스위치라 한다.

07 전기식 엘리베이터의 속도에 의한 분류방식 중 고속 엘리베이터의 기준은?

① 2m/s 이상 ② 2m/s 초과
③ 3m/s 이상 ④ 4m/s 초과

> 고속 엘리베이터는 정격속도가 4~6m/s, 초고속 엘리베이터는 정격속도 6m/s 이상인 엘리베이터를 말하며, 현행 승강기 안전관리법 시행령에서도 정격속도가 4m/s를 초과하는 엘리베이터를 고속 엘리베이터로 규정하고 있다.

08 엘리베이터의 정격속도 계산 시 무관한 항목은?

① 감속비
② 편향도르래
③ 전동기 회전수
④ 권상도르래 직경

> $N_m = \dfrac{DV}{\pi} \times k$
>
> - N_m : 전동기 회전수
> - V : 정격속도
> - D : 시브의 직경
> - k : $k = 1$(1:1로핑), $k = 2$(2:1로핑)

09 간접식 유압엘리베이터의 특징으로 틀린 것은?

① 실린더의 점검이 용이하다.
② 추락방지안전장치(비상정지장치)가 필요하지 않다.
③ 실린더를 설치하기 위한 보호관이 필요하지 않다.
④ 승강로는 실린더를 수용할 부분만큼 더 커지게 된다.

> **간접식 엘리베이터**
> - 1:2, 1:4, 2:4 로핑방식이 있다.
> - 로프의 이완현상과 유체의 압축성으로 인한 바닥 침하가 발생한다.
> - 보호관이 없으므로 실린더의 점검이 쉽다.
> - 추락방지안전장치가 반드시 필요하다.

10 여러 층으로 배치되어 있는 고정된 주차구획에 아래·위로 이동할 수 있는 운반기에 의하여 자동차를 자동으로 운반 이동하여 주차하도록 설계한 주차장치는?

① 2단식
② 승강기식
③ 수직순환식
④ 승강기슬라이드식

> **주차장치의 종류**
> - 다층순환식주차장치 : 주차구획에 자동차를 들어가도록 한 후 그 주차구획을 여러 층으로 된 공간에 아래·위 또는 수평으로 순환 이동하여 자동차를 주차하도록 설계한 주차장치
> - 수평순환식주차장치 : 주차구획에 자동차를 들어가도록 한 후 그 주차구획을 수평으로 순환 이동하여 자동차를 주차하도록 설계한 주 차장치
> - 승강기식주차장치 : 여러 층으로 배치되어 있는 고정된 주차구획에 아래·위로 이동할 수 있는 운반기에 의하여 자동차를 자동으로 운반 이동하여 주차하도록 설계한 주차장치
> - 수직순환식주차장치 : 주차에 사용되는 부분(주차구획)에 자동차를 들어가도록 한 후 그 주차구획을 수직으로 순환 이동하여 자동차를 주차하도록 설계한 주차장치
> - 2단식주차장치 : 주차구획이 2층으로 배치되어 있고 출입구가 있는 층의 모든 주차구획을 주차장치 출입구로 사용할 수 있는 구조로서 그 주차구획을 아래·위 또는 수평으로 이동하여 자동차를 주차하도록 설계한 주차장치
> - 다단식주차장치 : 주차구획이 3층 이상으로 배치되어 있고 출입구가 있는 층의 모든 주차 구획을 주차장치 출입구로 사용할 수 있는 구조로서 그 주차구획을 아래·위 또는 수평으로 이동하여 자동차를 주차하도록 설계한 주 차장치
> - 승강기슬라이드식주차장치 : 여러 층으로 배치되어 있는 고정된 주차구획에 아래·위 및 옆으로 이동할 수 있는 운반기에 의하여 자동차를 자동으로 운반 이동하여 주차하도록 설계한 주차장치
> - 평면왕복식주차장치 : 평면으로 배치되어 있는 고정된 주차구획에 운반기에 의하여 자동차를 운반 이동하여 주차하도록 설계한 주차 장치
> - 특수형식주차장치 : 위의 8가지 형식 이외의 형식으로 설계한 주차장치

11 다음 중 도어 시스템의 종류가 아닌 것은?

① 2짝문 상하열기방식
② 2짝문 가로열기(2S)방식
③ 2짝문 중앙열기(CO)방식
④ 가로열기와 상하열기 겸용방식

> **도어시스템의 종류**
>
> | 구분 | 기호 | 종류 |
> |---|---|---|
> | 가로열기식 | S | 1S, 2S, 3S |
> | 중앙열기식 | CO | 2CO, 4CO |
> | 상하열기식 | UP | 외짝문식, 2짝문식 |

12 에스컬레이터의 구동체인 규정치 이상으로 늘어났을 때 일어나는 현상은?

① 안전레버가 작동하여 브레이크가 작동하지 않는다.
② 안전레버가 작동하여 하강은 되나 상승은 되지 않는다.
③ 안전레버가 작동하여 안전회로 차단으로 구동되지 않는다.
④ 안전레버가 작동하여 무부하시는 구동되나 부하시는 구동되지 않는다.

🔍 에스컬레이터의 구동체인이 규정치 이상으로 늘어났을 때는 안전레버가 작동하여 안전회로 차단으로 구동되지 않는다.

13 사이리스터의 점호각을 바꿈으로써 회전수를 제어하는 것은?

① 궤환제어 ② 일단속도제어
③ 주파수변환제어 ④ 이단속도제어

14 카 추락방지안전장치(비상정지장치)의 작동을 위한 과속조절기(조속기)는 정격속도의 몇 % 이상의 속도에서 작동해야 하는가?

① 105 ② 110
③ 115 ④ 120

🔍 추락방지안전장치의 작동을 위한 과속조절기는 정격속도의 115% 이상의 속도에서 작동되어야 한다.

15 교류엘리베이터의 제어방식이 아닌 것은?

① 교류일단 속도제어방식
② 교류귀환 전압제어방식
③ 워드레오나드방식
④ VVVF 제어방식

🔍 **교류 엘리베이터의 제어방식**

속도 제어방법	특징	용도
교류1단 속도 제어	3상유도전동기에 전원투입으로 기동과 정속운전, 전원차단 후 정지하는 가장 간단한 방식	30m/min 이하 저속용
교류2단 속도 제어	기동과 주행은 고속권선, 감속은 저속권선으로 하는 방식	30~60 m/min 화물용
교류귀환 제어	카의 실제속도와 지령속도를 비교하여 사이리스터의 점호각을 바꾸는 방식	45~105 m/min
VVVF (가변전압 가변 주파수제어)	전압과 주파수의 변화로 직류 전동기와 동등한 제어성능을 갖는 방식	고속용

16 카 내의 적재하중이 초과되었음을 알려 주는 과부하 감지장치는 정격적재하중의 몇 %를 초과하기 전에 작동해야 하는가?

① 120% ② 110%
③ 100% ④ 90%

🔍 **부하 제어**
- 카에 과부하가 발생할 경우에는 재–착상을 포함한 정상 기동을 방지하는 장치가 설치되어야 한다.
- 유압식 엘리베이터의 경우, 장치는 재–착상을 방지하여서는 안 된다.
- 과부하는 정격하중의 10%(최소 75kg)를 초과하기 전에 검출되어야 한다.

17 엘리베이터용 도어머신에 요구되는 성능이 아닌 것은?

① 가격이 저렴할 것
② 보수가 용이할 것
③ 작동이 원활하고 정숙할 것
④ 기동횟수가 많으므로 대형일 것

🔍 **도어머신의 성능상 요구되는 조건**
- 카 상부에 설치하므로 소형 경량일 것
- 작동이 원활하고 정숙할 것
- 동작횟수가 엘리베이터 기동횟수의 2배이므로 보수가 용이할 것

18 과속조절기(조속기)의 설명에 관한 사항으로 틀린 것은?

① 과속조절기 로프의 최소 파단하중은 5 이상의 안전율을 확보해야 한다.
② 과속조절기는 과속조절기 용도로 설계된 와이어 로프에 의해 구동되어야 한다.
③ 과속조절기 로프는 인장 풀리에 의해 인장되어야 한다.

④ 과속조절기 로프 인장 풀리의 피치 직경과 과속조절기 로프의 공칭 지름의 비는 30 이상이어야 한다.

🔍 과속조절기 로프의 최소 파단하중은 8 이상의 안전율을 확보해야 한다. 마찰정지형 과속조절기의 경우, 마찰계수 μmax가 0.2와 같은 것으로 고려하여 과속조절기에 발생될 수 있는 인장력을 계산한다.

19 재해원인 중 생리적 원인은?

① 작업자의 피로
② 작업자의 무지
③ 안전장치의 고장
④ 안전장치 사용의 미숙

🔍 보기 중 ②항은 교육적 원인, ③항은 물적원인, ④항은 인적원인에 해당된다.

20 전기기기의 외함 등이 절연이 나빠져서 전류가 누설되어도 감전사고의 위험이 적도록 하기 위하여 어떤 조치를 하여야 하는가?

① 접지를 한다.
② 도금을 한다.
③ 퓨즈를 설치한다.
④ 영상변류기를 설치한다.

🔍 접지란 전기기기와 대지(大地)를 도선으로 연결하여 기기의 전위를 0으로 유지하는 것으로 감전 등의 전기사고 예방을 목적으로 한다.

21 산업 재해의 통상적인 분류 중 통계적 분류에 대한 설명으로 틀린 것은?

① 사망 : 업무로 인해서 목숨을 잃게 되는 경우
② 경상해 : 부상으로 1일 이상 7일 이하의 노동 상실을 가져온 상해 정도
③ 중경상 : 부상으로 인하여 30일 이상의 노동 상실을 가져온 상해 정도
④ 무상해 사고 : 응급처치 이하의 상처로 작업에 종사하면서 치료를 받는 상해 정도

🔍 중경상은 부상으로 인하여 8일 이상의 노동 상실을 가져온 상해 정도를 말한다.

22 기계운전 시 기본안전수칙이 아닌 것은?

① 작업범위 이외의 기계는 허가 없이 사용한다.
② 방호장치는 유효 적절히 사용하며, 허가 없이 무단으로 떼어놓지 않는다.
③ 기계가 고장이 났을 때에는 정지, 고장표시를 반드시 기계에 부착한다.
④ 공동 작업을 할 경우 시동할 때에는 남에게 위험이 없도록 확실한 신호를 보내고 스위치를 넣는다.

🔍 작업범위 이외의 기계를 사용할 때는 반드시 관리책임자의 허가를 얻어 사용해야 한다.

23 카 내에 갇힌 사람이 외부와 연락할 수 있는 장치는?

① 챠임벨   ② 인터폰
③ 리미트스위치 ④ 위치표시램프

🔍 **승강기의 신호장치**
• 비상호출버튼 및 인터폰 : 정전시나 고장으로 승객이 갇혔을 때 외부와의 연락을 위한 장치
• 홀랜턴 : 카의 올라감과 내려옴을 나타내는 방향 표시등
• 위치표시기 : 카의 위치(층)를 표시하는 장치

24 작업장에서 작업복을 착용하는 가장 큰 이유는?

① 방한   ② 복장 통일
③ 작업능률 향상 ④ 작업 중 위험 감소

🔍 작업장에서 최우선순위는 안전이다.

25 감전 상태에 있는 사람을 구출할 때의 행위로 틀린 것은?

① 즉시 잡아 당긴다.
② 전원 스위치를 내린다.
③ 절연물을 이용하여 떼어 낸다.
④ 변전실에 연락하여 전원을 끈다.

🔍 **감전 발생시 조치사항**
• 전원을 차단하거나 절연물질로 재해자와 전기위험과의 연결을 끊고 구조요청을 실시한다.
• 의식상태를 확인한 후 구조호흡 또는 심폐소생술을 실시한다.
• 환자가 소생할 시 물이나 음료는 절대 주면 안 된다.

26 재해 누발자의 유형이 아닌 것은?

① 미숙성 누발자 ② 상황성 누발자
③ 습관성 누발자 ④ 자발성 누발자

🔍 재해 누발자의 유형은 소질성 재해누발자, 미숙성 재해누발자, 상황성 재해누발자, 습관성 재해누발자가 있다.

27 안전보호기구의 점검, 관리 및 사용방법으로 틀린 것은?

① 청결하고 습기가 없는 장소에 보관한다.
② 한번 사용한 것은 재사용을 하지 않도록 한다.
③ 보호구는 항상 세척하고 완전히 건조시켜 보관한다.
④ 적어도 한달에 1회 이상 책임있는 감독자가 점검한다.

28 승강기 보수 작업 시 승강기의 카와 건물의 벽사이에 작업자가 끼인 재해의 발생 형태에 의한 분류는?

① 협착 ② 전도
③ 방심 ④ 접촉

🔍 재해발생의 형태
• 협착 : 기계의 움직이는 부분 사이 또는 움직이는 부분과 고정 부분 사이에 신체 또는 신체 일부분이 끼이거나 물리거나 말려들어가 발생되는 재해
• 전도 : 사람이 평면 또는 경사면, 층계 등에서 구르거나 넘어짐 또는 미끄러짐으로 인해 발생되는 재해

29 베어링(bearing)에 가압력을 주어 축에 삽입할 때 가장 올바른 방법은?

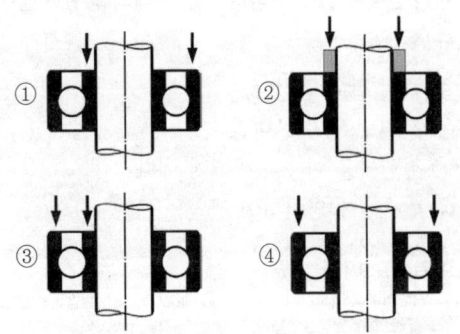

🔍 베어링 삽입시 내륜에 균등한 가압력을 주어 삽입한다.

30 소방구조용 엘리베이터의 운행속도는 몇 m/s 이상으로 하여야 하는가?

① 0.5
② 0.75
③ 1
④ 1.5

🔍 소방구조용 엘리베이터는 소방관 접근 지정층에서 소방관이 조작하여 엘리베이터 문이 닫힌 이후부터 60초 이내에 가장 먼 층에 도착되어야 한다. 다만, 운행속도는 1m/s 이상이어야 한다.

31 버니어캘리퍼스를 사용하여 와이어 로프의 직경 측정 방법으로 옳은 것은?

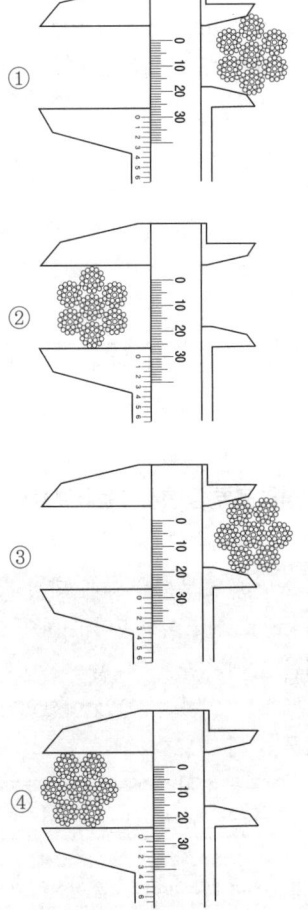

32 유압식 엘리베이터의 제어방식에서 펌프의 회전수를 소정의 상승속도에 상당하는 회전수로 제어하는 방식은?

① 가변전압가변주파수 제어
② 미터인회로 제어
③ 블리드오프회로 제어
④ 유량밸브 제어

33 도르래의 로프홈에 언더컷(Under Cut)를 하는 목적은?

① 로프의 중심 균형
② 윤활 용이
③ 마찰계수 향상
④ 도르래의 경량화

🔍 도르래의 홈 종류로는 U홈, V홈, 언더커트홈이 있으며, 언더커트홈을 주로 사용하는 목적은 마찰계수를 향상시키기 위해서이다.

34 가이드 레일의 규격(호칭)에 해당되지 않는 것은?

① 8K ② 13K
③ 15K ④ 18K

🔍 일반적으로 단면이 T자형인 엘리베이터용 레일이 이용되고 1m당 중량에 따라 8, 13, 18, 24, 30, 37, 50K 레일 등의 종류가 있다.

35 에스컬레이터의 디딤판(스텝) 폭이 1m이고 공칭속도가 0.5m/s인 경우 수송능력(명/h)은?

① 5000 ② 5500
③ 6000 ④ 6500

🔍
스텝/팔레트 폭(m)	공칭 속도 v (m/s)		
	0.5	0.65	0.75
0.6	3,600 명/h	4,400 명/h	4,900 명/h
0.8	4,800 명/h	5,900 명/h	6,600 명/h
1	6,000 명/h	7,300 명/h	8,200 명/h

비고 1. 쇼핑용 손수레와 화물용 카트의 사용은 대략 수용력의 80%가 감소한다.
비고 2. 1m를 초과하는 팔레트 폭을 가진 무빙워크에서 이용자가 손잡이(핸드레일)를 잡아야 하기 때문에 수용능력은 증가하지 않는다.

36 엘리베이터 기계실 작업업구역간 이동통로의 유효 높이는 몇 m 이상이어야 하는가?

① 1.3 ② 1.5
③ 1.8 ④ 2.1

🔍 기계실 작업구역의 유효 높이는 2.1m 이상이어야 하며, 작업구역간 이동통로의 유효 높이(바닥에서 천장의 가장 낮은 충돌점 사이)는 1.8m 이상이어야 한다.

37 도어 시스템(열리는 방향)에서 S 로 표현되는 것은?

① 중앙열기 문
② 가로열기 문
③ 외짝 문 상하열기
④ 2짝 문 상하열기

🔍 문제 11번 해설 참조

38 과속조절기 로프의 공칭 지름(mm)은 얼마 이상이어야 하는가?

① 6 ② 8
③ 10 ④ 12

🔍 과속조절기 로프의 공칭 직경은 6mm 이상이어야 하며, 과속조절기 로프 풀리의 피치 직경과 과속조절기 로프의 공칭 직경 사이의 비는 30 이상이어야 한다.

39 엘리베이터 자체점검 중 승강로 외부의 기계류 공간 점검항목에서 환기 상태에 대한 점검주기(회/월)은?

① 1/1 ② 1/2
③ 1/3 ④ 1/6

🔍
승강로 외부의 기계류 공간		
점검내용	점검 방법	점검주기 (회/월)
엘리베이터와 관계없는 타 설비의 비치 여부	육안	1/6
출입문의 잠금 및 설치상태	육안	1/3
환기 상태	육안	1/6
조명의 점등상태 및 조도	시험	1/3
콘센트의 설치상태	육안	1/3

40 감속기의 기어 치수가 제대로 맞지 않을 때 일어나는 현상이 아닌 것은?

① 기어의 강도에 악 영향을 준다.
② 진동 발생의 주요 원인이 된다.
③ 카가 전도할 우려가 있다.
④ 로프의 마모가 현저히 크다.

🔍 감속기의 기어 치수와 로프의 마모는 관련이 없다.

41 주택용 엘리베이터의 경우 기계실 출입문의 폭과 높이를 예외적으로 적용할 수 있다. 기준으로 옳은 것은?

① 폭 0.6m 이상, 높이 0.6m 이상
② 폭 0.5m 이상, 높이 0.5m 이상
③ 폭 0.6m 이상, 높이 1.4m 이상
④ 폭 0.7m 이상, 높이 1.8m 이상

🔍 출입문, 비상문 및 점검문의 치수
- 기계실, 승강로 및 피트 출입문 : 높이 1.8m 이상, 폭 0.7m 이상, 다만, 주택용 엘리베이터의 경우 기계실 출입문은 폭 0.6m 이상, 높이 0.6m 이상으로 할 수 있다.
- 풀리실 출입문 : 높이 1.4m 이상, 폭 0.6m 이상
- 비상문 : 높이 1.8m 이상, 폭 0.5m 이상
- 점검문 : 높이 0.5m 이하, 폭 0.5m 이하

42 운행 중인 에스컬레이터가 어떤 요인에 의해 갑자기 정지하였다. 점검해야 할 에스컬레이터 안전장치로 틀린 것은?

① 승객검출장치
② 인레트 스위치
③ 스커드 가드 안전 스위치
④ 스텝체인 안전장치

🔍
- 인레트 스위치 : 에스컬레이터나 수평보행기의 이동 손잡이 상하 곡률구간에서 난간 하부로 들어가는 부분에 승객의 손가락 등이 빨려 들어가는 일이 없도록 설치된 보호장치
- 스텝체인 안전장치 : 스텝체인이 끊어지거나 과도하게 늘어나면 스텝과 스텝사이에 틈이 발생하고 심한 경우에는 스텝 여러 개 분의 공간이 발생하여 위험하기 때문에 이를 감지하여 전원을 차단하고 제동기를 작동시키는 안전장치

43 승강기 완성검사 시 에스컬레이터의 공칭속도가 0.5m/s인 경우 제동기의 정지거리는 몇 m 이어야 하는가?

① 0.20m부터 1.00m까지
② 0.30m부터 1.30m까지
③ 0.40m부터 1.50m까지
④ 0.55m부터 1.70m까지

🔍 에스컬레이터의 정지거리

공칭속도 V	정지거리
0.50 m/s	0.20m부터 1.00m까지
0.65 m/s	0.30m부터 1.30m까지
0.75 m/s	0.40m부터 1.50m까지

44 승강기 안전기준에 따르면 전기식엘리베이터에서 기계실의 조도는 작업공간의 바닥 면에서 몇 lx 이상인가?

① 50
② 100
③ 150
④ 200

🔍 기계실·기계류 공간 및 풀리실에는 다음의 구분에 따른 조도 이상을 밝히는 영구적으로 설치된 전기조명이 있어야 하며, 전원공급은 구동기에 공급되는 전원과는 독립적이어야 한다.
- 작업공간의 바닥 면 : 200lx
- 작업공간 간 이동 공간의 바닥 면 : 50lx

45 디스크형 과속조절기(조속기)의 점검방법으로 틀린 것은?

① 로프잡이의 움직임은 원활하며 지점부에 발청이 없으며 급유상태가 양호한지 확인한다.
② 레버의 올바른 위치에 설정되어 있는지 확인한다.
③ 플라이 볼을 손으로 열어서 각 연결 레버의 움직임에 이상이 없는지 확인한다.
④ 시브홈 마모를 확인한다.

🔍 보기 ③항은 플라이 볼형 과속조절기의 점검방법에 해당된다.

46 전기식(로프식 승용승강기에 대한 사항 중 틀린 것은?

① 카 내에는 외부와 연락되는 통화장치가 있어야 한다.

② 카 내에는 용도, 적재하중(최대 정원) 및 비상시 조치 내용의 표찰이 있어야 한다.
③ 주택용 엘리베이터가 아닌 경우 카 내부의 유효 높이는 1.8m 이상이어야 한다.
④ 카바닥은 수평이 유지되어야 한다.

🔍 카 내부의 유효 높이는 2m 이상이어야 한다. 다만, 주택용 엘리베이터의 경우에는 1.8m 이상으로 할 수 있으며, 자동차용 엘리베이터의 경우에는 제외한다.

47 6극, 50Hz의 3상 유도전동기의 동기속도(rpm)는?

① 500　　② 1000
③ 1200　　④ 1800

🔍 $N = \dfrac{120f}{P} = \dfrac{120 \times 50}{6} = 1000 \text{[rpm]}$

48 그림에서 지름 400mm의 바퀴가 원주방향으로 25kg의 힘을 받아 200rpm으로 회전하고 있다면, 이때 전달되는 동력은 몇 kg·m/sec인가?

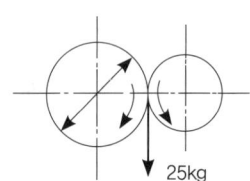
25kg

① 10.47　　② 78.5
③ 104.7　　④ 785

🔍 $P = W \cdot V = 25 \times \pi \times 0.4 \times \dfrac{200}{60} ≒ 104.7$

49 유도전동기의 속도제어법이 아닌 것은?

① 2차 여자제어법
② 1차 계자제어법
③ 2차 저항제어법
④ 1차 주파수제어법

🔍 유도전동기의 속도제어법
• 농형전동기 : 극수변환법, 주파수제어법, 전압제어법
• 권선형 전동기 : 2차 저항제어법(슬립제어), 2차 여자제어법(슬립제어)

50 요소와 측정하는 측정기구의 연결로 틀린 것은?

① 길이 : 버니어캘리퍼스
② 전압 : 볼트미터
③ 전류 : 암미터
④ 접지저항 : 메거

🔍 • 접지저항 측정 : 접지저항계(어스테스터)
• 절연저항 측정 : 메거

51 구름베어링의 특징에 관한 설명으로 틀린 것은?

① 고속회전이 가능하다
② 마찰저항이 작다.
③ 설치가 까다롭다.
④ 충격에 강하다.

🔍 보기 중 ④항은 미끄럼 베어링의 특징이다.

52 Q(C)의 전하에서 나오는 전기력선의 총수는?

① Q　　② ϵQ
③ $\dfrac{\epsilon}{Q}$　　④ $\dfrac{Q}{\epsilon}$

🔍 $N = \dfrac{Q}{\epsilon}$[개]

53 아래의 회로도와 같은 논리기호는?

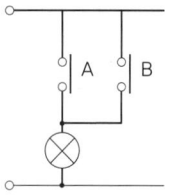

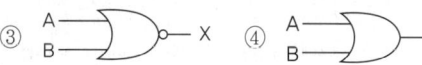

> A, B 접점이 병렬이므로 OR회로이다. 참고로 보기 중 ①항은 AND회로, ②항은 NAND회로, ③항은 NOR회로이다.

54 전선의 길이를 고르게 2배로 늘리면 단면적은 1/2로 된다. 이때의 저항은 처음의 몇 배가 되는가?

① 4배   ② 3배
③ 2배   ④ 1.5배

> $R = \rho \dfrac{l}{A}$, $R' = \rho \dfrac{2l}{\frac{1}{2}A} = 4\rho \dfrac{l}{A} = 4R$

55 다음 중 다이오드의 순방향 바이어스 상태를 의미하는 것은?

① P형 쪽에 (−), N형 쪽에 (+) 전압을 연결한 상태
② P형 쪽에 (+), N형 쪽에 (−) 전압을 연결한 상태
③ P형 쪽에 (−), N형 쪽에 (−) 전압을 연결한 상태
④ P형 쪽에 (+), N형 쪽에 (+) 전압을 연결한 상태

> **p−n 접합의 바이어스 방식**
>
> | 바이어스 | 인가 방식 |
> | --- | --- |
> | 순방향 바이어스 | p형 영역에 양(+) 전압, n형 영역에 음(−) 전압을 걸어 줌. |
> | 역방향 바이어스 | p형 영역에 음(−) 전압, n형 영역에 양(+) 전압을 걸어 줌. |

56 교류 회로에서 전압과 전류의 위상이 동상인 회로는?

① 저항만의 조합회로
② 저항과 콘덴서의 조합회로
③ 저항과 코일의 조합회로
④ 콘덴서와 콘덴서만의 조합회로

> • R 만의 회로에서 전압과 전류의 위상은 동상이다.
> • L만의 회로에서 전류는 전압보다 위상이 90° 앞선다.
> • C만의 회로에서 전류는 전압보다 위상이 90° 앞선다.

57 그림과 같이 자기장 안에서 도선에 전류가 흐를 때, 도선에 작용하는 힘의 방향은?(단, 전선 가운데 점 표시는 전류의 방향을 나타낸다.)

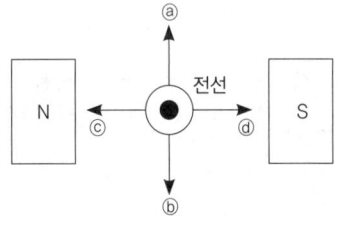

① ⓐ방향
② ⓑ방향
③ ⓒ방향
④ ⓓ방향

> **플레밍의 왼손법칙**
> • 엄지 손가락 : 힘의 방향
> • 집게 손가락 : 자장의 방향
> • 가운데 손가락 : 전류의 방향

58 다음 중 역률이 가장 좋은 단상 유도전동기로서 널리 사용되는 것은?

① 분상기동형
② 반발기동형
③ 콘덴서기동형
④ 셰이딩코일형

> 역률 개선 = 콘덴서 기동형 및 영구 콘덴서형

59 응력(stress)의 단위는?

① kcal/h
② %
③ kg/cm²
④ kg · cm

> 응력(σ) = $\dfrac{하중(W)}{단면적(A)}$

60 동력을 수시로 이어주거나 끊어주는 데 사용할 수 있는 기계요소는?

① 클러치
② 리벳
③ 키이
④ 체인

- 리벳 : 일단 조립하면 분해할 필요가 없는 경우에 사용
- 키 : 축에 풀리, 기어, 플라이 휠, 커플링 등의 회전체를 고정시켜서 축과 회전체를 일체로 하여 회전운동을 전달시키는 기계요소

정답 필기기출문제 – 2015년 4회

01 ②	02 ①	03 ①	04 ③	05 ②
06 ④	07 ④	08 ②	09 ②	10 ②
11 ④	12 ③	13 ①	14 ③	15 ③
16 ②	17 ④	18 ①	19 ①	20 ①
21 ③	22 ①	23 ②	24 ④	25 ①
26 ④	27 ②	28 ①	29 ②	30 ③
31 ②	32 ①	33 ①	34 ③	35 ③
36 ③	37 ②	38 ①	39 ④	40 ④
41 ①	42 ①	43 ①	44 ④	45 ③
46 ③	47 ②	48 ①	49 ②	50 ④
51 ④	52 ④	53 ④	54 ①	55 ②
56 ①	57 ①	58 ③	59 ③	60 ①

2016년 1회 필기 기출문제

승강기기능사

01 엘리베이터의 유압식 구동방식에 의한 분류로 틀린 것은?

① 직접식
② 간접식
③ 스크루식
④ 팬더그래프식

- 직접식 : 플런저의 직상부에 카를 설치한 방식
- 간접식 : 플런저의 상부에 도르래를 설치하고 와이어로프나 체인 등을 통해 플런저의 움직임을 간접적으로 카에 전달하는 방식
- 팬더그래프식 : 플런저에 의해 팬더그래프를 개폐하여 카를 승강시키는 방식(공장, 창고)

02 권상 도르래·풀리 또는 드럼의 피치직경과 로프(벨트)의 공칭 직경 사이의 비율은 로프(벨트)의 가닥수와 관계없이 얼마 이상이어야 하는가?(단, 주택용은 제외한다.)

① 10
② 20
③ 30
④ 40

- 권상 도르래·풀리 또는 드럼의 피치직경과 로프(벨트)의 공칭 직경 사이의 비율은 로프(벨트)의 가닥수와 관계없이 40 이상이어야 한다. 다만, 주택용 엘리베이터의 경우 30 이상이어야 한다.

03 주행안내(가이드) 레일의 사용목적으로 틀린 것은?

① 집중하중 작용 시 수평하중을 유지
② 추락방지안전장치 작동 시 수직하중을 유지
③ 카와 균형추의 승강로 평면내의 위치 규제
④ 카의 자중이나 화물에 의한 카의 기울어짐 방지

- 주행안내 레일은 카, 균형추 또는 평형추의 주행을 안내하기 위해 고정되게 설치된 승강기부품이다.

04 아파트 등에서 주로 야간에 카 내의 범죄활동 방지를 위해 설치하는 것은?

① 파킹 스위치
② 슬로다운 스위치
③ 록다운 비상정지 장치
④ 각층 강제 정지운전 스위치

- 엘리베이터를 이용한 범죄를 방지할 목적으로 승객용 엘리베이터에 각층 강제 정지운전 장치를 설치한다.

05 레일의 규격을 나타낸 그림이다. 빈칸 ⓐ, ⓑ에 맞는 것은 몇 kg인가?

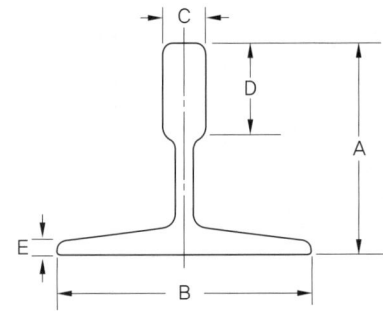

공칭 [mm]	8kg	ⓐ	18kg	ⓑ	30kg
A	56	62	89	89	108
B	78	89	114	127	140
C	10	16	16	16	19
D	26	32	38	50	51
E	6	7	8	12	13

① ⓐ 10, ⓑ 26
② ⓐ 12, ⓑ 22
③ ⓐ 13, ⓑ 24
④ ⓐ 15, ⓑ 27

- 승강기에 사용되는 T형 가이드 레일은 1m당 중량에 따라 8, 13, 18, 24, 30, 37, 50K 레일 등의 종류가 있다.

06 다음 중 주유를 해서는 안 되는 부품은?

① 균형추
② 가이드슈
③ 주행안내(가이드) 레일
④ 브레이크 라이닝

🔍 브레이크 라이닝은 엘리베이터를 정지시킬 때 드럼에 밀착되어 마찰을 일으키는 부품이다.

07 중앙 개폐방식의 승강장 도어를 나타내는 기호는?

① 2S
② CO
③ UP
④ SO

🔍

기호	설명
S	가로열기식 (측면개폐)
CO	중앙열기식 (중앙개폐)
UP	상하열기식 (상승개폐)

08 압력맥동이 적고 소음이 적어서 유압식 엘리베이터에 주로 사용되는 펌프는?

① 기어 펌프
② 베인 펌프
③ 스크루 펌프
④ 릴리프 펌프

🔍 유압식 엘리베이터에서 사용하는 펌프는 진동과 소음이 작아야 하며 압력 맥동이 적은 스크루 펌프가 주로 사용된다.

09 에스컬레이터의 역회전 방지장치로 틀린 것은?

① 과속조절기(조속기)
② 스커트 가드
③ 기계 브레이크
④ 구동체인 안전장치

🔍 스커트 가드는 에스컬레이터 및 무빙워크에 이물질이나 옷 등이 끼이는 것을 방지해주는 안전장치이다.

10 엘리베이터 도어 사이에 끼이는 물체를 검출하기 위한 안전장치로 틀린 것은?

① 광전 장치
② 도어 클로저
③ 세이프티 슈
④ 초음파 장치

🔍 도어 시스템의 안전장치에는 세이프티 슈, 세이프티 레이(광전장치), 초음파 장치가 있다. 참고로 도어 클로저는 승강장의 문이 열린 상태에서 자동적으로 닫히게 하는 장치이다.

11 기계실을 승강로의 아래쪽에 설치하는 방식은?

① 정상부형 방식
② 횡인 구동 방식
③ 베이스먼트 방식
④ 사이드머신 방식

🔍
- 정상부형 : 건물 꼭대기에 설치하는 방식
- 사이드머신 : 승강로 중간에 인접해서 설치하는 방식
- 베이스먼트 : 엘리베이터 최하 정지층의 승강로와 인접시켜 설치하는 방식

12 기계식 주차설비를 할 때 승강기식인 경우 시브 또는 드럼의 직경은 와이어로프 직경의 몇 배 이상으로 하는가?

① 10
② 15
③ 20
④ 30

🔍

구분	세부 구분	시브 또는 드럼의 직경
시브 또는 드럼과 접하는 부분	4분의 1 이하	와이어로프 직경의 12배 이상
	4분의 1 초과	와이어로프 직경의 20배 이상
승강기식 주차장치·승강기슬라이드식 주차장치 또는 평면 왕복식 주차장치	수평 이동용	와이어로프 직경의 20배 이상
	수평 이동용 이외	와이어로프 직경의 30배 이상

13 가장 먼저 누른 호출버튼에 응답하고 운전이 완료될 때까지 다른 호출에 응답하지 않는 운전방식은?

① 승합 전자동식
② 단식 자동방식
③ 카 스위치방식
④ 하강 승합 전자동식

🔍
- 단식 자동방식 : 승강장 버튼은 오름·내림 공용방식이며, 먼저 눌러진 호출에 응답하고, 운행 중 다른 호출에는 응하지 않는 방식(자동차용, 화물용)
- 하강 승합 전자동식 : 2층 이상의 승강장에는 내림방향의 버튼밖에 없으며 중간층에서 상승 방향으로 갈 때는 1층에 내려와서 올라가야만 하는 방식(사생활침해, 방범용, 홍콩 및 유럽 등)

- 승합 전자동식 : 승강장의 버튼은 상·하 2개가 있고 기억시키면서 동작하며 카 진행방향일 경우에는 응답하여 오르내리는 방식(1대 승용 엘리베이터)

14 트랙션권상기의 특징으로 틀린 것은?

① 소요동력이 작다.
② 행정거리의 제한이 없다.
③ 주로프 및 도르래의 마모가 일어나지 않는다.
④ 권과(지나치게 감기는 현상)를 일으키지 않는다.

트랙션 권상기의 특징
- 기어식(웜기어, 헬리컬기어)과 무기어식이 있다.
- 행정거리의 제한이 없다.
- 소요동력이 적다.
- 권과를 일으키지 않는다.

15 정지 레오나드 방식 엘리베이터의 내용으로 틀린 것은?

① 워드 레오나드 방식에 비하여 손실이 적다.
② 워드 레오나드 방식에 비하여 유지보수가 어렵다.
③ 사이리스터를 사용하여 교류를 직류로 변환한다.
④ 모터의 속도는 사이리스터의 점호각을 바꾸어 제한한다.

정지 레오나드 방식은 워드 레오나드 방식의 전동기 운전용의 직류 발전기 대신 사이리스터 등에 의해서 가변 직류 전압을 공급하도록 한 것으로 다음과 같은 특징이 있다.
- 보통 레오나드 방식과 같이 3대의 회전기를 결합하여 사용할 필요가 없다.
- 응답 속도가 매우 빠르다.
- 유지보수가 용이하다.

16 작동유의 압력 맥동을 흡수하여 진동, 소음을 감소시키는 것은?

① 펌프
② 필터
③ 사이렌서
④ 역류제지 밸브

사이렌서는 자동차의 머플러와 같이 작동유의 압력 맥동을 흡수하여 진동, 소음을 감소시키는 역할을 한다.

17 에스컬레이터 각 난간의 꼭대기에는 정상운행 조건하에서 스텝, 팔레트 또는 벨트의 실제속도와 관련하여 동일방향으로 몇 %의 공차가 있는 속도로 움직이는 손잡이(핸드레일)가 설치되어야 하는가?

① 0~2
② 4~5
③ 7~9
④ 10~12

에스켈레이터 손잡이(핸드레일) 시스템
- 각 난간의 상부에는 정상운행 조건하에서 디딤판의 속도와 −0%에서 +2%의 허용오차로 같은 방향과 속도로 움직이는 손잡이가 설치되어야 한다.
- 손잡이는 정상운행 중 운행방향의 반대편에서 450N의 힘으로 당겨도 정지되지 않아야 한다.
- 손잡이의 속도감시장치 또는 기능이 제공되어야 한다.

18 3상 유도전동기의 회전 방향을 바꾸는 방법으로 옳은 것은?

① 3상 전원의 주파수를 바꾼다.
② 3상 전원 중 1상을 단선시킨다.
③ 3상 전원 중 2상을 단락시킨다.
④ 3상 전원 중 임의의 2상의 접속을 바꾼다.

3상 유도전동기의 회전방향은 회전자기장의 방향을 바꾸면 되는데 3상 중 임의의 2상의 접속을 바꿔주면 된다.

19 화재 시 조치사항에 대한 설명 중 틀린 것은?

① 비상용 엘리베이터는 소화활동 등 목적에 맞게 동작시킨다.
② 빌딩 내에서 화재가 발생할 경우 반드시 엘리베이터를 이용해 비상탈출을 시켜야한다.
③ 승강로에서의 화재 시 전선이나 레일의 윤활유가 탈 때 발생되는 매연에 질식되지 않도록 주의한다.
④ 기계실에서의 화재 시 카내의 승객과 연락을 취하면서 주전원 스위치를 차단한다.

빌딩 화재 시 엘리베이터는 연기와 유독가스의 통로가 되기 때문에 피난용 엘리베이터로 설계된 것이 아니라면 계단을 통해 탈출해야 한다.

20 안전점검 체크리스트 작성 시의 유의사항으로 가장 타당한 것은?

① 일정한 양식으로 작성할 필요가 없다.
② 사업장에 공통적인 내용으로 작성한다.
③ 중점도가 낮은 것부터 순서대로 작성한다.
④ 점검표의 내용은 이해하기 쉽도록 표현하고 구체적이어야 한다.

> 안전점검 체크리스트 작성할 때 내용은 이해하기 쉽도록 표현하고 구체적이어야 한다.

21 재해의 직접 원인 중 작업환경의 결함에 해당되는 것은?

① 위험장소 접근
② 작업순서의 잘못
③ 과다한 소음 발산
④ 기술적, 육체적 무리

22 추락방지를 위한 물적 측면의 안전대책과 관련이 없는 것은?

① 발판, 작업대 등은 파괴 및 동요되지 않도록 견고하고 안정된 구조이어야 한다.
② 안전교육훈련을 통해 작업자에게 추락의 위험을 인식시킴과 동시에 자율적 규제를 촉구한다.
③ 작업대와 통로는 미끄러지거나 발에 걸려 넘어지지 않게 평평하고 미끄럼 방지성이 뛰어난 것으로 한다.
④ 작업대와 통로 주변에는 난간이나 보호대를 설치해야 한다.

> 보기 ②항은 교육적 측면에서의 안전대책에 해당된다.

23 산업재해의 발생원인 중 불안전한 행동이 많은 사고의 원인이 되고 있다. 이에 해당 되지 않는 것은?

① 위험장소 접근
② 작업 장소 불량
③ 안전장치 기능 제거
④ 복장 보호구 잘못 사용

> 재해원인의 분류
> • 직접원인
>   - 불안전한 행동(인적원인) : 위험장소 접근, 안전장치의 기능 제거, 복장·보호구의 잘못 사용, 기계·기구 잘못 사용, 운전중인 기계장치의 손질, 불안전한 속도 조작, 위험물 취급 부주의, 불안전한 상태 방치, 불안전한 자세 동작, 감독 및 연락 불충분
>   - 불안전한 상태(물적원인) : 물 자체 결함, 안전 방호장치 결함, 복장·보호구의 결함, 물의 배치 및 작업 장소 결함, 작업환경의 결함, 생산 공정의 결함, 경계표시·설비의 결함
> • 간접원인
>   - 기술적 원인 : 건물·기계장치 설계 불량, 구조·재료의 부적합, 생산 공정의 부적당, 점검·정비·보존 불량
>   - 교육적 원인 : 안전의식의 부족, 안전수칙의 오해, 경험 훈련의 미숙, 작업방법의 교육 불충분, 유해위험 작업의 교육 불충분
>   - 관리적 원인(작업관리상 원인) : 안전관리 조직 결함, 안전수칙 미제정, 작업준비 불충분, 인원배치 부적당, 작업지시 부적당

24 높은 곳에서 전기 작업을 위한 사다리작업을 할 때 안전을 위하여 절대 사용해서는 안 되는 사다리는?

① 니스(도료)를 칠한 사다리
② 셸락(shellac)을 칠한 사다리
③ 도전성이 있는 금속제 사다리
④ 미끄럼 방지장치가 있는 사다리

> 전기 작업 시 도전성 있는 금속제 사다리를 사용하는 경우 감전 등에 의한 재해 발생의 가능성이 크다.

25 전기 화재의 원인으로 직접적인 관계가 되지 않는 것은?

① 저항
② 누전
③ 단락
④ 과전류

> 전기화재의 원인으로는 단락, 과전류, 누전 등이 있다.

26 안전점검의 목적에 해당되지 않는 것은?

① 합리적인 생산관리
② 생산 위주의 시설 가동
③ 결함이나 불안전 조건의 제거
④ 기계·설비의 본래 성능 유지

> 안전점검의 목적 : 생산활동에 있어 정상적인 상태를 유지하기 위하여 사고나 재해 발생요인을 발견하여 이것을 제거 또는 개선 및 시정함으로써 안전성을 유지, 보전하고 건강하고 쾌적한 환경을 형성하기 위한 것이다.

27 전기식 엘리베이터의 점검항목으로 볼 수 없는 것은?

① 브레이크
② 스커트 가드
③ 주행안내(가이드) 레일
④ 추락방지안전장치(비상정지장치)

🔍 스커트 가드는 에스컬레이터의 점검항목에 속한다.

28 다음에서 일상점검의 중요성이 아닌 것은?

① 승강기 품질유지
② 승강기의 수명연장
③ 보수자의 편리도모
④ 승강기의 안전한 운행

🔍 일상점검은 이용자의 안전과 편리를 도모하기 위한 것이다.

29 전동 소형화물용 엘리베이터(덤웨이터)의 안전장치에 대한 설명 중 옳은 것은?

① 도어 인터록 장치는 설치하지 않아도 된다.
② 승강로의 모든 출입구 문이 닫혀야만 카를 승강시킬 수 있다.
③ 출입구 문에 사람의 탑승금지 등의 주의사항은 부착하지 않아도 된다.
④ 로프는 일반 승강기와 같이 와이어로프소켓을 이용한 체결을 하여야만 한다.

🔍 소형화물용 엘리베이터란 사람이 탑승하지 않으면서 적재용량이 300kg 이하인 것으로서 소형화물(서적, 음식물 등) 운반에 적합하게 제작된 엘리베이터를 말하며, 승강로의 모든 출입구 문이 닫혀야만 카를 승강시킬 수 있다.

30 장애인용 엘리베이터에 대한 설명으로 틀린 것은?

① 승강기의 전면에는 1.4m×1.4m 이상의 활동공간이 확보되어야 한다.
② 승강장바닥과 승강기바닥의 틈은 0.03m 이상이어야 한다.
③ 모든 스위치의 높이는 바닥면으로부터 0.8m 이상 1.2m 이하의 위치에 설치되어야 한다.
④ 카 내부 바닥의 어느 부분에서든 150lx 이상의 조도가 확보되어야 한다.

🔍 장애인용 엘리베이터의 승강장바닥과 승강기바닥의 틈은 0.03m 이하이어야 한다.

31 유압식 엘리베이터의 피트 내에서 점검을 실시할 때 주의해야 할 사항으로 틀린 것은?

① 피트 내 비상정지스위치를 작동 후 들어갈 것
② 피트 내 조명을 점등한 후 들어갈 것
③ 피트에 들어갈 때는 승강로 문을 닫을 것
④ 피트에 들어갈 때 기름에 미끄러지지 않도록 주의할 것

🔍 피트에 들어갈 때는 승강로 문을 열어 놓고 실시해야 한다.

32 엘리베이터 감시반의 기능에 해당하지 않는 것은?

① 제어기능   ② 구출기능
③ 통신기능   ④ 경보기능

🔍 감시반의 기능 : 제어기능, 경보기능, 통신기능

33 승강로에 관한 설명 중 틀린 것은?

① 승강로는 안전한 벽 또는 울타리에 의하여 외부 공간과 격리되어야 한다.
② 승강로는 화재 시 승강로를 거쳐서 다른 층으로 연소 될 수 있어야 한다.
③ 엘리베이터에 필요한 배관 설비외의 설비는 승강로 내에 설치하여서는 안 된다.
④ 승강로 피트 하부를 사무실이나 통로로 사용할 경우 균형추에 추락방지안전장치(비상정지장치)를 설치한다.

🔍 승강로의 벽 또는 울 및 출입문은 불연 재료 또는 내화 구조로 만들어야 한다.

34 엘리베이터 카문의 문턱과 승강장문의 문턱 사이의 수평거리는 얼마 이하여야 하는가?

① 35mm   ② 40mm
③ 45mm   ④ 50mm

> 승강장문과 카문 사이의 수평 틈새
> - 카문의 문턱과 승강장문의 문턱 사이의 수평거리는 35mm 이하이어야 한다.
> - 승강장문과 카문 전체가 정상 작동하는 동안, 카문의 앞 부분과 승강장문 사이의 수평 거리는 0.12m 이하이어야 한다.
> - 승강장문 전면에 건축물의 출입문이 추가되어 공간이 발생한 경우, 그 공간 사이에 사람이 갇히지 않도록 조치해야 한다.

35 웜 기어 오일(worm gear oil)에 관한 설명으로 틀린 것은?

① 매월 교체하여야 한다.
② 반드시 지정된 것만 사용한다.
③ 규정된 수준을 유지하여야 한다.
④ 웜기어가 분말이나 먼지로 혼탁해지면 교체한다.

> 오일은 규정된 수준 이하일 경우에 교체한다.

36 에스컬레이터(무빙워크 포함)의 자체점검 내용 중 점검주기가 6개월에 1회가 아닌 것은?

① 에스컬레이터와 방화셔터의 연동 작동상태
② 승강장 공간 진입방지대 설치상태
③ 출구 자유공간의 확보 여부
④ 손잡이의 속도 적합성

> 무부하 상태의 디딤판 및 손잡이의 속도 및 전류 정지거리의 적합성 점검주기는 1개월에 1회이다.

37 기계실에 대한 설명으로 틀린 것은?

① 출입구 자물쇠의 잠금장치는 없어도 된다.
② 관리 및 검사에 지장이 없도록 조명 및 환기는 적절해야 한다.
③ 주로프, 과속조절기 로프 등은 기계실 바닥의 관통부분과 접촉이 없어야 한다.
④ 권상기 및 제어반은 기둥 및 벽에서 보수관리에 지장이 없어야 한다.

> 기계실 출입문은 열쇠로 조작되는 잠금장치가 있어야 하며, 기계실 내부에서 열쇠를 사용하지 않고 열릴 수 있어야 한다.

38 파워유니트를 보수·점검 또는 수리할 때 사용하면 불필요한 작동유의 유출을 방지할 수 있는 밸브는?

① 사이런스   ② 체크밸브
③ 스톱밸브   ④ 릴리프밸브

> 스톱밸브는 유압파워유니트에서 유압잭에 이르는 압력배관의 도중에 설치한 수동밸브로서 이것을 닫으면 파워유니트측과 유압잭 측을 분리하는 것이 가능하다. 주로 보수·점검 또는 수리를 할 때 사용한다.

39 에스컬레이터의 경사도가 30° 이하일 경우에 공칭속도는?

① 0.75 m/s 이하
② 0.80 m/s 이하
③ 0.85 m/s 이하
④ 0.90 m/s 이하

> 에스컬레이터의 공칭속도
> - 경사도 30° 이하인 에스컬레이터는 0.75m/s 이하
> - 경사도 30°를 초과하고 35° 이하인 에스컬레이터는 0.5m/s 이하

40 엘리베이터 자체점검 중 카 점검항목의 점검내용이 아닌 것은?

① 비상통화장치의 작동상태
② 카 내부의 표기상태
③ 보호난간의 고정상태
③ 에이프런 고정 및 설치상태

> 카 점검항목

점검내용	점검 방법	점검 주기 (회/월)
유리가 사용된 카 벽의 손잡이 고정 설치상태	육안	1/3
카 내부의 표기상태	육안	1/3
비상통화장치의 작동상태	시험	1/1
조명의 점등상태 및 조도	측정	1/3
비상등 조도 및 작동상태	측정	1/1
과부하감지장치 설치 및 작동상태	시험	1/1
에이프런 고정 및 설치상태	육안	1/3
카 내 버튼의 설치 및 작동상태	시험	1/1
카 내 층 표시장치 등 작동상태	육안	1/1

41 고속 엘리베이터에 많이 사용되는 과속조절기(조속기)는?

① 점차 작동형
② 롤 세이프티형
③ 디스크형
④ 플라이볼형

> 플라이볼형은 구조가 복잡하지만 검출 정밀도가 높아 고속엘리베이터에 많이 사용된다.

42 에스컬레이터(무빙워크 포함)의 비상정지스위치에 관한 설명으로 틀린 것은?

① 색상은 적색으로 하여야 한다.
② 상하 승강장의 잘 보이는 곳에 설치한다.
③ 버튼 또는 버튼 부근에는 "정지" 표시를 하여야 한다.
④ 장난 등에 의한 오조작 방지를 위하여 잠금장치를 설치하여야 한다.

> 비상정지 스위치는 장난 등에 의한 오조작 방지를 위하여 덮개를 설치하여야 하며, 비상시 쉽게 열릴 수 있는 구조이여야 한다.

43 와이어로프의 구성요소가 아닌 것은?

① 소선
② 심강
③ 킹크
④ 스트랜드

> 와이어로프는 강선(소선)을 여러 개 합해 꼬아 작은 줄(스트랜드)을 만들고, 이 줄을 꼬아 로프를 만드는데 그 중심에 심(대마를 꼬아 윤활유를 침투시킨 것)을 넣는다.

44 에스컬레이터의 비상정지장치 사이의 거리 기준으로 옳은 것은?

① 30m 이하
② 30m 이상
③ 40m 이하
④ 40m 이상

> 비상정지장치 사이의 거리
> • 에스컬레이터 : 30m 이하
> • 무빙워크 : 40m 이하

45 전기식 엘리베이터의 주행안내(가이드) 레일 설치에서 패킹(보강재)이 설치된 경우는?

① 주행안내 레일이 짧게 설치되어 보강할 경우
② 주행안내 레일 양 폭의 너비를 조정 작업할 경우
③ 레일브래킷의 간격이 필요 이상 한계를 초과하여 레일의 뒷면에 강재를 붙여서 보강하는 경우
④ 레일브래킷의 간격이 필요 이상 한계를 초과하여 레일의 앞면에 강재를 붙여서 보강하는 경우

> 레일브래킷의 간격이 필요 이상 한계를 초과하여 레일의 뒷면에 강재를 붙여서 보강하는 경우에 패킹이 설치된다.

46 유압식 엘리베이터에 있어서 정상적인 작동을 위하여 유지하여야 할 오일의 온도 범위는?

① 5℃~60℃
② 20℃~70℃
③ 30℃~80℃
④ 40℃~90℃

> 유압식 엘리베이터 유온은 5℃ 이상 60℃ 이하로 유지되도록 작동유 냉각장치를 설치한다.

47 직류전동기의 회전수를 일정하게 유지하기 위하여 전압을 변화시킬 때 전압은 어디에 해당되는가?

① 조작량
② 제어량
③ 목표값
④ 제어대상

> • 직류전동기 : 제어대상
> • 회전수 : 제어량
> • 회전수 일정 : 목표값

48 직류발전기의 구조로서 3대 요소에 속하지 않는 것은?

① 계자
② 보극
③ 전기자
④ 정류자

> 직류기의 3대 요소는 계자, 전기자, 정류자이다.

49 체크밸브(non-return valve)에 관한 설명 중 옳은 것은?

① 하강 시 유량을 제어하는 밸브이다.
② 오일의 압력을 일정하게 유지하는 밸브이다.
③ 오일의 방향이 한쪽방향으로만 흐르도록 하는 밸브이다.
④ 오일의 방향이 양방향으로 흐르는 것을 제어하는 밸브이다.

> 체크밸브(역저지밸브) : 액체의 역류를 방지하기 위해 한쪽방향으로만 흐르게 하는 밸브

50 높이 50mm의 둥근 봉이 압축하중을 받아 0.004의 변형률이 생겼다고 하면, 이 봉의 높이는 몇 mm 인가?

① 49.80 ② 49.90
③ 49.98 ④ 48.99

> • 변형률 = 변형된 길이 / 원래의 길이
> • 변형된 길이 = 원래의 길이 × 변형률
>   = 50 × 0.004 = 0.2
> ∴ 50 − 0.2 = 49.80mm(압축하중이므로)

51 기어의 언더컷에 관한설명으로 틀린 것은?

① 이의 간섭현상이다.
② 접촉면적이 넓어진다.
③ 원활한 회전이 어렵다.
④ 압력각을 크게 하여 방지한다.

> 접촉면적이 좁아진다.

β : 언더컷 홈, γ : 홈 각도

52 기계 부품 측정 시 각도를 측정할 수 있는 기기는?

① 사인바 ② 옵티컬프렛
③ 다이얼게이지 ④ 마이크로미터

> • 사인바 : 직각삼각형의 삼각함수인 사인을 이용하여 임의의 각도를 설정하거나 측정
> • 다이얼게이지 : 길이, 변위 측정
> • 마이크로미터 : 정밀치수 측정

53 그림과 같은 논리기호의 논리식은?

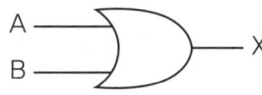

① $X = \overline{A} + \overline{B}$ ② $X = \overline{A} \cdot \overline{B}$
③ $X = A \cdot B$ ④ $X = A + B$

> | OR | AND | NAND | EX-OR |

54 평행판 콘덴서에 있어서 판의 면적을 동일하게 하고 정전용량은 반으로 줄이려면 판 사이의 거리는 어떻게 하여야 하는가?

① 1/4로 줄인다.
② 반으로 줄인다.
③ 2배로 늘린다.
④ 4배로 늘린다.

> $C = \varepsilon \dfrac{A}{l}$ (ε : 유전율, A : 단면적, l : 판 사이의 거리)
> $C \propto \dfrac{1}{l}$

55 유도 전동기에서 동기속도 N_s와 극수 P와의 관계로 옳은 것은?

① $N_s \propto P$ ② $N_s \propto \dfrac{1}{P}$
③ $N_s \propto P^2$ ④ $N_s \propto \dfrac{1}{P^2}$

> $N_s = \dfrac{120f}{P}$

56 그림과 같은 회로의 역률은 약 얼마인가?

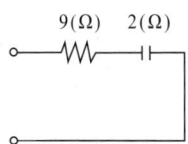

① 0.74
② 0.80
③ 0.86
④ 0.98

🔍 $\cos\theta = \dfrac{R}{\sqrt{R^2+X^2}} = \dfrac{9}{\sqrt{9^2+2^2}} \fallingdotseq 0.98$

57 전기기기에서 E종 절연의 최고 허용온도는 몇 ℃인가?

① 90
② 105
③ 120
④ 130

🔍 각종절연의 허용 온도

절연의 종류	허용 최고 온도(℃)
Y	90
A	105
E	120
B	130
F	155
H	180
C	180 초과

58 안전율의 정의로 옳은 것은?

① $\dfrac{허용응력}{극한강도}$ ② $\dfrac{극한강도}{허용응력}$

③ $\dfrac{허용응력}{탄성한도}$ ④ $\dfrac{탄성한도}{허용응력}$

🔍 안전율 = $\dfrac{극한강도(파괴하중)}{허용응력}$

59 전동기의 회전방향과 관계가 가장 깊은 법칙은?

① 플레밍의 오른손법칙
② 플레밍의 왼손법칙
③ 패러데이의 법칙
④ 렌츠의 법칙

🔍 전동기는 플레밍의 왼손법칙, 발전기는 플레밍의 오른손법칙을 적용한다.

60 측정계기의 오차의 원인으로서 장시간의 통전 등에 의한 스프링의 탄성피로에 의하여 생기는 오차를 보정하는 방법으로 가장 알맞은 것은?

① 정전기 제거
② 자기 가열
③ 저항 접속
④ 영점 조정

🔍 영점조정은 장시간의 통전 등에 의한 스프링의 탄성피로에 의하여 생기는 오차를 보정하는 방법이다.

정답 필기기출문제 - 2016년 1회

01 ③	02 ④	03 ①	04 ④	05 ③
06 ④	07 ②	08 ③	09 ②	10 ②
11 ③	12 ④	13 ②	14 ③	15 ②
16 ③	17 ①	18 ④	19 ②	20 ④
21 ③	22 ②	23 ②	24 ③	25 ①
26 ②	27 ②	28 ③	29 ②	30 ②
31 ③	32 ③	33 ②	34 ①	35 ①
36 ④	37 ①	38 ③	39 ①	40 ③
41 ④	42 ②	43 ②	44 ①	45 ②
46 ①	47 ①	48 ②	49 ②	50 ①
51 ②	52 ②	53 ④	54 ②	55 ②
56 ④	57 ③	58 ②	59 ②	60 ④

2016년 2회 필기 기출문제

승강기기능사

01 교류 2단속도 제어에서 가장 많이 사용되는 속도비는?

① 2:1　　② 4:1
③ 6:1　　④ 8:1

> 교류 2단속도 제어는 주로 4:1을 사용한다.

02 승객이나 운전자의 마음을 편하게 해주는 장치는?

① 통신장치
② 관제운전장치
③ 구출운전장치
④ B.G.M(Back ground music)장치

03 엘리베이터를 3~8대 병설하여 운행관리하며 1개의 승강장 부름에 대하여 1대의 카가 응답하고 교통수단의 변동에 대하여 변경되는 조작방식은?

① 군관리방식
② 단식 자동방식
③ 군승합 전자동식
④ 방향성 승합 전자동식

> **복식엘리베이터 조작방식**
> • 군승합자동식 : 2~3대의 엘리베이터를 연계한 후 호출에 대해 먼저 응답한 카만 움직이고 나머지는 응답하지 않아 효율적으로 이용이 가능하다.
> • 군관리 방식 : 3~8대의 엘리베이터를 병설로 하여 합리적으로 운행·관리하는 방식이다.

04 카가 최상층 및 최하층을 지나쳐 주행하는 것을 방지하는 것은?

① 균형추
② 정지 스위치
③ 인터록 장치
④ 리미트 스위치

> • 리미트 스위치 : 카가 최상층 및 최하층에 근 접했을 때에 자동적으로 엘리베이터를 정지시켜 과주행을 방지한다.
> • 파이널 리미트 스위치 : 리미트 스위치가 어떤 원인에 의해서 작동하지 않아 카가 최상층 또는 최하층을 현저하게 지나치는 경우에 안전확보를 위하여 모든 전기회로를 끊고 엘리베이터를 정지시키는 장치이다.

05 에스컬레이터와 무빙워크의 일반적인 경사도는 각각 몇 도 이하인가?

① 20°, 5°
② 30°, 8°
③ 30°, 12°
④ 45°, 20°

> **경사도**
> • 에스컬레이터 : 30°를 초과하지 않아야 하며, 다만, 층고가 6m 이하이고, 공칭속도가 0.5m/s 이하인 경우 35°까지 증가 가능
> • 무빙워크 : 12° 이하

06 도어 인터록에 관한 설명으로 옳은 것은?

① 도어 닫힘 시 도어 록이 걸린 후, 도어스위치가 들어가야 한다.
② 카가 정지하지 않는 층은 도어 록이 없어도 된다.
③ 도어 록은 비상시 열기 쉽도록 일반공구로 사용 가능해야 한다.
④ 도어 개방 시 도어 록이 열리고, 도어 스위치가 끊어지는 구조이어야 한다.

> **도어 인터록**
> • 용도 : 엘리베이터의 안전장치 중에 가장 중요한 것 중 하나로 카가 정지하지 않는 층의 도어는 전용열쇠를 사용하지 않으면 열리지 않도록 하는 도어록과 도어가 닫혀 있지 않으면 운전이 불가능하도록 하는 도어 스위치로 구성된다.
> • 구조 : 도어록 장치가 확실히 걸린 후 도어 스위치가 들어가고, 또한 도어 스위치가 끊어진 후에 도어록이 열리는 구조

07 주차구획이 3층 이상으로 배치되어 있고 출입구가 있는 층의 모든 주차구획을 주차장치 출입구로 사용할 수 있는 구조로서 그 주차구획을 아래·위 또는 수평으로 이동하여 자동차를 주차하도록 설계한 주차장치는?

① 수평순환식
② 다층순환식
③ 다단식주차장치
④ 승강기 슬라이드식

🔍 **주차장치의 종류**
- 다층순환식주차장치 : 주차구획에 자동차를 들어가도록 한 후 그 주차구획을 여러 층으로 된 공간에 아래·위 또는 수평으로 순환 이동하여 자동차를 주차하도록 설계한 주차장치
- 수평순환식주차장치 : 주차구획에 자동차를 들어가도록 한 후 그 주차구획을 수평으로 순환 이동하여 자동차를 주차하도록 설계한 주차장치
- 승강식주차장치 : 여러 층으로 배치되어 있는 고정된 주차구획에 아래·위로 이동할 수 있는 운반기에 의하여 자동차를 자동으로 운반 이동하여 주차하도록 설계한 주차장치
- 수직순환식주차장치 : 주차에 사용되는 부분(주차구획)에 자동차를 들어가도록 한 후 그 주차구획을 수직으로 순환 이동하여 자동차를 주차하도록 설계한 주차장치
- 2단식주차장치 : 주차구획이 2층으로 배치되어 있고 출입구가 있는 층의 모든 주차구획을 주차장치 출입구로 사용할 수 있는 구조로서 그 주차구획을 아래·위 또는 수평으로 이동하여 자동차를 주차하도록 설계한 주차장치
- 다단식주차장치 : 주차구획이 3층 이상으로 배치되어 있고 출입구가 있는 층의 모든 주차 구획을 주차장치 출입구로 사용할 수 있는 구조로서 그 주차구획을 아래·위 또는 수평으로 이동하여 자동차를 주차하도록 설계한 주 차장치
- 승강기슬라이드식주차장치 : 여러 층으로 배치되어 있는 고정된 주차구획에 아래·위 및 옆으로 이동할 수 있는 운반기에 의하여 자동차를 자동으로 운반 이동하여 주차하도록 설계한 주차장치
- 평면왕복식주차장치 : 평면으로 배치되어 있는 고정된 주차구획에 운반기에 의하여 자동차를 운반 이동하여 주차하도록 설계한 주차 장치
- 특수형식주차장치 : 위의 8가지 형식 이외의 형식으로 설계한 주차장치

08 가요성 호스 및 실린더와 체크밸브 또는 하강밸브 사이의 가요성 호스 연결장치는 전 부하 압력의 몇 배의 압력을 손상없이 견뎌야 하는가?

① 2 ② 3
③ 4 ④ 5

🔍 **유압식 엘리베이터의 가요성 호스**
- 실린더와 체크밸브 또는 하강밸브 사이의 가요성 호스는 전 부하 압력 및 파열 압력과 관련하여 안전율이 8 이상이어야 한다.
- 가요성 호스 및 실린더와 체크밸브 또는 하강밸브 사이의 가요성 호스 연결장치는 전 부하 압력의 5배의 압력을 손상 없이 견뎌야 한다.

09 엘리베이터의 속도가 규정치 이상이 되었을 때 작동하여 동력을 차단하고 비상정지를 작동시키는 기계장치는?

① 구동기
② 과속조절기(조속기)
③ 완충기
④ 도어스위치

🔍 과속조절기는 엘리베이터가 미리 정해진 속도에 도달할 때 엘리베이터를 정지시키도록 하며 필요한 경우에는 추락방지 안전장치를 작동시키는 안전장치를 말한다.

10 소방구조용(비상용) 엘리베이터의 정전시 예비전원의 기능에 대한 설명으로 옳은 것은?

① 30초 이내에 엘리베이터 운행에 필요한 전력 용량을 자동적으로 발생하여 1시간 이상 작동하여야 한다.
② 40초 이내에 엘리베이터 운행에 필요한 전력 용량을 자동적으로 발생하여 1시간 이상 작동하여야 한다.
③ 60초 이내에 엘리베이터 운행에 필요한 전력 용량을 자동적으로 발생하여 2시간 이상 작동하여야 한다.
④ 90초 이내에 엘리베이터 운행에 필요한 전력 용량을 자동적으로 발생하여 2시간 이상 작동하여야 한다.

🔍 **소방구조용 엘리베이터** : 정전시에는 보조 전원공급장치에 의하여 엘리베이터를 다음과 같이 운행시킬 수 있어야 한다.
- 60초 이내에 엘리베이터 운행에 필요한 전력용량을 자동으로 발생시키도록 하되 수동으로 전원을 작동시킬 수 있어야 한다.
- 2시간 이상 운행시킬 수 있어야 한다.

11 승객(공동주택)용 엘리베이터에 주로 사용되는 도르래 홈의 종류는?

① U홈   ② V홈
③ 실홈   ④ 언더컷홈

🔍 도르래의 홈 종류로는 U홈, V홈, 언더컷홈이 있으며, 언더컷홈을 주로 사용하는 목적은 마찰계수를 향상시키기 위해서이다.

12 일반적으로 사용되고 있는 승강기의 레일 중 13K, 18K, 24K 레일 폭의 규격에 대한 사항으로 옳은 것은?

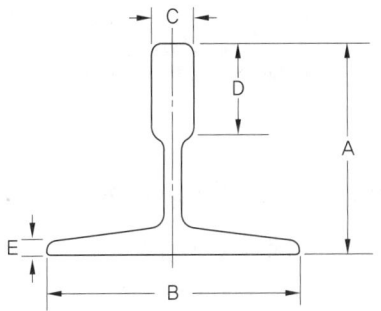

① 3종류 모두 같다.
② 3종류 모두 다르다.
③ 13K와 18K는 같고 24K는 다르다
④ 18K와 24K는 같고 13K는 다르다.

🔍 가이드 레일의 치수

종류	기호	각부 치수(단위 : mm)			
		A	B	C	D
8kgf레일	8K	56	78	10	26
13kgf레일	13K	62	89	16	32
18kgf레일	18K	89	114	16	38
24kgf레일	24K	89	127	16	50
30kgf레일	30K	108	140	19	50

13 기계실에서 이동을 위한 공간의 유효 높이는 바닥에서 천장의 가장 낮은 충돌점 사이까지 측정하여 몇 m 이상이어야 하는가?

① 1.2　　② 1.8
③ 2.0　　④ 2.5

🔍 기계실 작업구역간 이동통로
- 작업구역간 이동통로의 유효 높이(바닥에서 천장의 가장 낮은 충돌점 사이)는 1.8m 이상이어야 한다.
- 작업구역 간 이동통로의 유효 폭은 0.5m 이상이어야 한다. 다만, 움직이는 부품이나 고온의 표면이 없는 경우에는 0.4m 까지 감소될 수 있다.

14 카 문턱과 승강장문 문턱 사이의 수평거리는 몇 mm 이하이어야 하는가?

① 12　　② 15
③ 35　　④ 125

🔍
- 카문의 문턱과 승강장문의 문턱 사이의 수평 거리는 35mm 이하이어야 한다.
- 승강장문과 카문 전체가 정상 작동하는 동안, 카문의 앞 부분과 승강장문 사이의 수평 거리는 0.12m 이하이어야 한다.

15 펌프의 출력에 대한 설명으로 옳은 것은?

① 압력과 토출량에 비례한다.
② 압력과 토출량에 반비례한다.
③ 압력에 비례하고, 토출량에 반비례한다.
④ 압력에 반비례하고, 토출량에 비례한다.

🔍 $P = 9.8QH$ 에서 출력은 토출량에 비례하며, 압력 또한 비례한다.

16 스텝 폭 0.8m, 공칭속도 0.75m/s 인 에스컬레이터로 수송할 수 있는 최대 인원의 수는 시간 당 몇 명인가?

① 3600
② 4800
③ 6000
④ 6600

🔍
스텝/팔레트 폭(m)	공칭 속도 v (m/s)		
	0.5	0.65	0.75
0.6	3,600 명/h	4,400 명/h	4,900 명/h
0.8	4,800 명/h	5,900 명/h	6,600 명/h
1	6,000 명/h	7,300 명/h	8,200 명/h

비고 1. 쇼핑용 손수레와 화물용 카트의 사용은 대략 수용력의 80%가 감소한다.
비고 2. 1m를 초과하는 팔레트 폭을 가진 무빙워크에서 이용자가 손잡이(핸드레일)를 잡아야 하기 때문에 수용능력은 증가하지 않는다.

17 엘리베이터용 트랙션식 권상기의 특징이 아닌 것은?

① 소요동력이 작다.
② 균형추가 필요 없다.
③ 행정거리에 제한이 없다.
④ 권과를 일으키지 않는다.

🔍 트랙션식 권상기는 한 쪽에는 카, 다른 한 쪽에는 균형추를 메달아 권상로프를 권상기의 도르래에 걸쳐 권상로프와 도르래 사이의 마찰력에 의해 구동하는 방식이다.

18 과속조절기(조속기) 로프의 공칭 직경은 몇 mm 이상이어야 하는가?

① 6　　② 8
③ 10　　④ 12

> 과속조절기 로프의 공칭 직경은 6mm 이상이어야 하며, 과속조절기 로프 풀리의 피치 직경과 과속조절기 로프의 공칭 직경 사이의 비는 30 이상이어야 한다.

19 승강기시설 안전관리법의 목적은 무엇인가?

① 승강기 이용자의 보호
② 승강기 이용자의 편리
③ 승강기 관리주체의 수익
④ 승강기 관리주체의 편리

> 승강기시설 안전관리법은 승강기의 설치 및 보수 등에 관한 사항을 정하여 승강기를 효율적으로 관리함으로써 승강기시설의 안전성을 확보하고 승강기 이용자를 보호함을 목적으로 한다.

20 전기재해의 직접적인 원인과 관련이 없는 것은?

① 회로 단락　　② 충전부 노출
③ 접속부 과열　　④ 접지판 매설

> 접지판 매설은 전기 재해 예방대책으로 인체 감전 예방을 목적으로 실시하고 있다.

21 "엘리베이터 사고 속보"란 사고 발생 후 몇 시간 이내인가?

① 7시간　　② 9시간
③ 18시간　　④ 24시간

> • 사고 속보 : 24시간 이내
> • 사고 상보 : 7일 이내

22 정전 시 카내 예비조명장치에 관한 설명으로 틀린 것은?

① 조도는 5lx 이상이어야 한다.
② 조도는 카 바닥 위 1m 지점의 카 중심부의 조도이다.
③ 정전 후 60초 이내에 점등되어야 한다.
④ 1시간 동안 전원이 공급되어야 한다.

> 카에는 자동으로 재충전되는 비상전원공급장치에 의해 5lx 이상의 조도로 1시간 동안 전원이 공급되는 비상등이 있어야 한다. 이 비상등은 다음과 같은 장소에 조명되어야 하고, 정상 조명전원이 차단되면 즉시 자동으로 점등되어야 한다.
> • 카 내부 및 카 지붕에 있는 비상통화장치의 작동 버튼
> • 카 바닥 위 1m 지점의 카 중심부
> • 카 지붕 바닥 위 1m 지점의 카 지붕 중심부

23 재해조사의 목적과 가장 거리가 먼 것은?

① 재해에 알맞은 시정책 강구
② 근로자의 복리후생을 위하여
③ 동종재해 및 유사재해 재발방지
④ 재해 구성요소를 조사, 분석, 검토하고 그 자료를 활용하기 위하여

> 동일한 재해를 반복하지 않도록 원인이 되었던 불안전상태와 행동을 발견하고 이것을 다시 분석 검토해서 적정한 예방대책을 강구하기 위해 실시한다.

24 재해의 발생 과정에 영향을 미치는 것에 해당되지 않는 것은?

① 개인의 성격적 결함
② 사회적 환경과 신체적 요소
③ 불안전한 행동과 불안전한 상태
④ 개인의 성별·직업 및 교육의 정도

25 파괴검사 방법이 아닌 것은?

① 인장 검사　　② 굽힘 검사
③ 육안 검사　　④ 경도 검사

> 파괴검사란 시험편에 그것이 파괴되기까지 하중, 열, 전류, 전압 등을 가한다든지, 화학 분석 등을 해서 그 특성을 구하는 검사를 말하는 것으로 육안검사는 해당되지 않는다.

26 안전 작업모를 착용하는 주요 목적이 아닌 것은?

① 화상방지
② 감전의 방지
③ 종업원의 표시
④ 비산물로 인한 부상 방지

> 안전모란 작업자가 작업할 때, 비래하는 물건, 낙하하는 물건에 의한 위험성을 방지하기 위한 것 또는 하역작업에서 추락했을 때, 머리부위에 상해를 받는 것을 방지하고, 또 머리부위에 감전될 우려가 있는 전기공사 작업에서 산업재해를 방지하기 위해 머리를 보호하는 보호구이다.

27 감전에 의한 위험대책 중 부적합한 것은?

① 일반인 이외에는 전기기계 및 기구에 접촉 금지
② 전선의 절연피복을 보호하기 위한 방호 조치가 있어야 함
③ 이동전선의 상호 연결은 반드시 접속기구를 사용할 것
④ 배선의 연결부분 및 나선부분은 전기절연용 접착테이프로 테이핑 하여야 함

> 유자격자가 아닌 일반인의 전기기계 및 기구 접촉을 금지하여야 한다.

28 감전과 전기화상을 입을 위험이 있는 작업에서 구비해야 하는 것은?

① 보호구　　② 구명구
③ 운동화　　④ 구급용구

> 작업 시 발생할 수 있는 재해로부터 작업자를 보호할 수 있는 기구를 보호구라고 한다.

29 유압장치의 보수 점검 및 수리 등을 할 때 사용되는 장치로서 이것을 닫으면 실린더의 기름이 파워유니트로 역류하는 것을 방지하는 장치는?

① 제지밸브　　② 스톱밸브
③ 안전밸브　　④ 럽처밸브

> 스톱밸브는 유압파워유니트에서 유압잭에 이르는 압력배관의 도중에 설치한 수동밸브로서 이것을 닫으면 파워유니트측과 유압잭측을 분리하는 것이 가능하다. 주로 보수·점검 또는 수리를 할 때에 사용한다.

30 엘리베이터의 기계실 위치에 따른 분류에 해당하지 않는 것은?

① 권동형 엘리베이터
② 하부형 엘리베이터
③ 상부형 엘리베이터
④ 측부형 엘리베이터

> 엘리베이터의 기계실 위치에 따라 상부형, 하부형, 측부형으로 분류한다.

31 보상(균형)체인과 보상(균형)로프의 점검사항이 아닌 것은?

① 이상소음이 있는지를 점검
② 이완상태가 있는지를 점검
③ 연결부위의 이상 마모가 있는지를 점검
④ 양쪽 끝단은 카의 양측에 균등하게 연결되어 있는지를 점검

> 보상체인과 보상로프는 설치상태로 이상마모, 이완, 이상소음 등을 점검한다.

32 유압식 엘리베이터의 카 문턱에는 승강장 유효 출입구 전폭에 걸쳐 에이프런이 설치되어야 한다. 수직면의 아랫부분은 수평면에 대해 몇 도 이상으로 아랫방향을 향하여 구부러져야 하는가?

① 15°　　② 30°
③ 45°　　④ 60°

> 에이프런(apron)
> • 카 또는 승강장 출입구 문턱부터 아래로 평탄하게 내려진 수직 부분의 앞 보호판을 말한다.
> • 에이프런의 폭은 마주하는 승강장 유효 출입구의 전체 폭 이상이어야 한다. 에이프런의 수직면은 아랫방향으로 연장되어야 하고, 하단의 모서리 부분은 수평면에 대해 승강로 방향으로 60° 이상 구부러져야 하며, 구부러진 곳의 수평면에 대한 투영 길이는 20mm 이상이어야 한다.
> • 에이프런의 수직 부분 높이는 0.75 m 이상이어야 한다. 다만, 주택용 엘리베이터의 경우에는 0.54 m 이상이어야 한다.

33 전기식 엘리베이터의 매다는 장치와 매다는 장치 끝부분 사이의 연결은 매다는 장치의 최소 파단하중의 얼마를 견딜 수 있어야 하는가?

① 80% 이상　　② 90% 이상
③ 110% 이상　　④ 125% 이상

> • 매다는 장치와 매다는 장치 끝부분 사이의 연결은 매다는 장치의 최소 파단하중의 80% 이상을 견딜 수 있어야 한다.
> • 매다는 장치 끝부분은 자체 조임 쐐기 형 소켓, 압착링 매듭법, 주물 단말처리에 의해 카, 균형추/평형추 또는 구멍에 꿰어 맨 매다는 장치 마감 부분의 지지대에 고정되어야 한다.

34 자동차용 엘리베이터에서 운전자가 항상 전진방향으로부터 차량을 입·출고할 수 있도록 해주는 방향 전환 장치는?

① 턴 테이블
② 카 리프트
③ 차량 감지기
④ 출차 주의등

🔍 턴 테이블은 자동차용 엘리베이터에서 차를 회전시켜 방향을 전환하게 하는 원판 모양의 장치를 말한다.

35 정전으로 인하여 카가 층 중간에 정지될 경우 카를 안전하게 하강시키기 위하여 점검자가 주로 사용하는 밸브는?

① 체크 밸브
② 스톱 밸브
③ 릴리프 밸브
④ 하강용 유량제어 밸브

🔍 정전으로 인하여 카가 정지되어 있을 때 펌프를 구동하지 않고 하강용 유량제어 밸브를 제어하여 하강시킨다.

36 도어에 사람의 끼임을 방지하는 장치가 아닌 것은?

① 광전 장치
② 세이프티 슈
③ 초음파 장치
④ 도어 인터로크

🔍 도어 인터로크는 카가 정지하고 있지 않는 층에서는 전용열쇠를 사용하지 않으면 열리지 않도록 하는 장치이다.

37 피트 정지 스위치의 설명으로 틀린 것은?

① 이 스위치가 작동하면 문이 반전하여 열리도록 하는 기능을 한다.
② 점검자나 검사자의 안전을 확보하기 위해서는 작업 중 카의 움직임을 방지하여야 한다.
③ 수동으로 조작되고 스위치가 열리면 전동기 및 브레이크에 전원 공급이 차단되어야 한다.
④ 보수 점검 및 검사를 위해 피트 내부로 들어가기 전에 반드시 이 스위치를 "정지" 위치로 두어야 한다.

🔍 세이프티 슈(Safety Shoe)는 엘리베이터 카문의 선단에 설치되는 안전장치로 문이 닫힐 때 사람 또는 물체가 여기에 닿으면 반전하여 열린다.

38 엘리베이터 안전장치 중 리미트 스위치의 형식이 아닌 것은?

① 기계적 조작식
② 광학적 조작식
③ 자기적 조작식
④ 화학적 조작식

🔍 리미트 스위치
• 승강로의 상부와 하부에 설치되어 카가 최상층과 최하층을 지나쳐 운행될 경우 카 상부와 카 하부에 카가 부딪치지 않도록 안전하게 정지시키는 역할을 한다.
• 기계적 조작식, 광학적 조작식, 자기적 조작식 등을 사용할 수 있다.

39 에스컬레이터의 스커트 가드판과 스텝 사이에 인체의 일부나 옷, 신발 등이 끼었을 때 동작하여 에스컬레이터를 정지시키는 안전장치는?

① 스텝체인 안전장치
② 구동체인 안전장치
③ 손잡이(핸드레일) 안전장치
④ 스커트 가드 안전장치

🔍 스커트 가드 안전장치는 에스컬레이터의 스커트 가드판과 스텝 사이에 인체의 일부나 옷, 신발 등이 끼었을 때 동작하여 에스컬레이터를 정지시키는 안전장치로 에스컬레이터 또는 무빙워크의 스커트가 디딤판 측면에 위치한 경우 수평 틈새는 각 측면에서 4mm 이하이어야 하고, 정확히 반대되는 두 지점의 양 측면에서 측정된 틈새의 합은 7mm 이하이어야 한다.

40 승강기안전관리법령에 따른 승강기 안전검사에 대한 설명으로 틀린 것은?

① 정기검사는 설치검사 후 정기적으로 하는 검사로 기본 검사주기는 1년 이하이다.
② 승강기의 제어반 또는 구동기를 교체한 경우 수시검사를 받아야 한다.
③ 승강기의 결함으로 중대한 사고 또는 중대한 고장이 발생한 경우 정밀안전검사를 받아야 한다.
④ 관리주체가 요청하는 경우 수시검사를 받을 수 있다.

🔍 **승강기 안전검사**
- 정기검사 : 설치검사 후 정기적으로 하는 검사로 기본 검사 주기는 2년 이하
- 수시검사 : 다음의 어느 하나에 해당하는 경우에 하는 검사
  - 승강기의 종류, 제어방식, 정격속도, 정격용량 또는 왕복 운행거리를 변경한 경우(변경된 승강기에 대한 검사의 기준이 완화되는 경우 등 행정안전부령으로 정하는 경우는 제외)
  - 승강기의 제어반(制御盤) 또는 구동기(驅動機)를 교체한 경우
  - 승강기에 사고가 발생하여 수리한 경우(단, 승강기의 결함으로 중대한 사고 또는 중대한 고장이 발생한 경우는 제외)
  - 관리주체가 요청하는 경우
- 정밀안전검사 : 다음의 어느 하나에 해당하는 경우에 하는 검사
  - 정기검사 또는 수시검사 결과 결함의 원인이 불명확하여 사고 예방과 안전성 확보를 위하여 행정안전부장관이 정밀 안전검사가 필요하다고 인정하는 경우
  - 승강기의 결함으로 중대한 사고 또는 중대한 고장이 발생한 경우
  - 설치검사를 받은 날부터 15년이 지난 경우
  - 그 밖에 승강기 성능의 저하로 승강기 이용자의 안전을 위협할 우려가 있어 행정안전부 장관이 정밀안전검사가 필요하다고 인정하는 경우

41 로프의 미끄러짐 현상을 줄이는 방법으로 틀린 것은?

① 권부각을 크게 한다.
② 카 자중을 가볍게 한다.
③ 가속도와 감속도를 완만하게 한다.
④ 보상체인이나 보상로프를 설치한다.

🔍 로프의 미끄러짐 현상은 카의 가속도와 감속도가 클수록 미끄러지기 쉬우며, 로프가 감기는 각도인 권부각이 작을수록 미끄러지기 쉽다.

42 고장 및 정전 시 카 내의 승객을 구출하기 위해 카 천장에 설치된 비상구출문에 대한 설명으로 틀린 것은?

① 카 천장에 설치된 비상구출문은 카 내부방향으로 열리지 않아야 한다.
② 카 내부에서는 열쇠를 사용하지 않으면 열 수 없는 구조이어야 한다.
③ 비상구출구의 크기는 0.3m × 0.3m 이상이어야 한다.
④ 카 천장에 설치된 비상구출문은 열쇠 등을 사용하지 않고 카 외부에서 간단한 조작으로 열 수 있어야 한다.

🔍 **비상구출문**
- 카 천장에 비상구출문이 설치된 경우, 유효 개구부의 크기는 0.4m × 0.5m 이상이어야 한다. 다만, 카 벽에 설치된 경우 제외될 수 있다.
- 하나의 승강로에 2대 이상의 엘리베이터가 있는 경우, 카 벽에 비상구출문을 설치할 수 있다. 다만, 카 간의 수평거리는 1m를 초과할 수 없다.
- 카 벽에 설치된 비상구출문의 크기는 폭 0.4m 이상, 높이 1.8m 이상이어야 한다.
- 비상구출문에는 손으로 조작할 수 있는 잠금장치가 있어야 한다.
- 카 천장의 비상구출문은 카 외부에서 열쇠 없이 열려야 하고, 카 내부에서는 비상잠금해제 삼각열쇠로 열려야 한다.

43 기계실에는 바닥면에서 몇 lx 이상을 비출 수 있는 영구적으로 설치된 전기 조명이 있어야 하는가?

① 2
② 50
③ 100
④ 200

🔍 **기계실 조명 및 콘센트**
- 기계실·기계류 공간 및 풀리실에는 작업공간의 바닥 면에서 200lx 이상을 밝히는 영구적으로 설치된 전기조명이 있어야 하며, 전원공급은 구동기에 공급되는 전원과는 독립적이어야 한다.
- 출입문의 가까운 곳에 적절한 높이로 설치되어 승강기 안전관리 기술자 등 관련 자격을 갖춘 사람만이 접근할 수 있는 조명스위치가 있어야 한다.
- 작업구역마다 적절한 위치에 설치된 1개 이상의 콘센트가 있어야 한다.

44 승강장에서 스텝 뒤쪽 끝부분을 황색 등으로 표시하여 설치되는 것은?

① 스텝체인
② 테크보드
③ 데마케이션
④ 스커트 가드

🔍 ①은 스텝을 주행시키는 역할, ②는 에스컬레이터 이동손잡이와 외측판 사이의 판재, ④는 에스컬레이터 내측판의 물체가 끼임 방지 역할을 한다.

45 유압펌프에 관한 설명 중 틀린 것은?

① 압력맥동이 커야 한다.
② 진동과 소음이 작아야 한다.
③ 일반적으로 스크루 펌프가 사양된다.
④ 펌프의 토출량이 크면 속도도 커진다.

> 유압엘리베이터에서 사용하는 펌프는 진동과 소음이 작아야 하며 압력 맥동이 적은 스크루 펌프가 주로 사용된다.

46 콤에 대한 설명으로 옳은 것은?

① 홈에 맞물리는 각 승강장의 갈래진 부분
② 전기안전장치로 구성된 전기적인 안전시스템의 부분
③ 에스컬레이터 또는 무빙워크를 둘러싸고 있는 외부 측 부분
④ 스텝, 팔레트 또는 벨트와 연결되는 난간의 수직 부분

> ② 안전회로, ③ 외부패널, ④ 스커트

47 직류 전동기에서 전기자 반작용의 원인이 되는 것은?

① 계자 전류
② 전기자 전류
③ 와류손 전류
④ 히스테리시스손의 전류

> 전기자 전류에 의해 주자속이 감소하는 것을 전기자 반작용이라 한다.

48 다음 중 측정계기의 눈금이 균일하고, 구동토크가 커서 감도가 좋으며 외부의 영향을 적게 받아 가장 많이 쓰이는 아날로그 계기 눈금의 구동방식은?

① 충전된 물체 사이에 작용하는 힘
② 두 전류에 의한 자기장 사이의 힘
③ 자기장내에 있는 철편에 작용하는 힘
④ 영구자석과 전류에 의한 자기장 사이의 힘

> 가동 코일에 흐르는 전류와 고정된 영구자석의 자계 사이에서 움직이는 힘으로 동작하는 원리로 가동코일형이 가장 많이 쓰인다.

49 한 쌍의 기어를 맞물렸을 때 치면 사이에 생기는 틈새를 무엇이라 하는가?

① 백래시   ② 이사이
③ 이뿌리면   ④ 지름피치

50 100V를 인가하여 전기량 30C을 이동시키는데 5초 걸렸다. 이때의 전력(kW)은?

① 0.3   ② 0.6
③ 1.5   ④ 3

> $I = \dfrac{Q}{t} = \dfrac{30}{5} = 6[A]$
> $P = V \times I = 100 \times 6 = 600[W] = 0.6[kW]$

51 웜(Worm)기어의 특징이 아닌 것은?

① 효율이 좋다.
② 부하용량이 크다.
③ 소음과 진동이 적다.
④ 큰 감속비를 얻을 수 있다.

> 웜과 톱니 수가 많은 웜 기어(웜 휠)로 구성되어 있고, 입력축과 출력축은 직교하며, 1:10~1:20의 큰 감속비가 얻을 수 있으므로 부하용량이 크다. 하지만, 접촉에 의해 동력을 전달하기 때문에 치면의 마찰손실로 인한 동력손실이 커져 동력 전달 효율이 낮다.

52 논리회로에 사용되는 인버터(inverter)란?

① OR회로   ② NOT회로
③ AND회로   ④ X-OR회로

> ─▷○─ NOT논리(논리식 : $X = \overline{Y}$)

53 전압계의 측정범위를 7배로 하려 할 때 배율기의 저항은 전압계 내부저항의 몇 배로 하여야 하는가?

① 7   ② 6
③ 5   ④ 4

$m = \dfrac{R_m}{R_V} + 1$

(R_m : 배율기의 저항, R_V = 전압계의 내부저항)

$\dfrac{R_m}{R_V} = m - 1 = 7 - 1 = 6$

54 3상 유도전동기를 역회전 동작시키고자 할 때의 대책으로 옳은 것은?

① 퓨즈를 조사한다.
② 전동기를 교체한다.
③ 3선을 모두 바꾸어 결선한다.
④ 3선의 결선 중 임의의 2선을 바꾸어 결선한다.

3상유도전동기의 역회전 방법은 3상 중 임의의 2상의 접속을 바꾸어 결선하면 된다.

55 직류발전기의 기본 구성요소에 속하지 않는 것은?

① 계자   ② 보극
③ 전기자   ④ 정류자

직류기의 3대 요소는 계자, 전기자, 정류자이다. 보극은 양호한 정류를 하기 위해 설치하는 부속기기이다.

56 RLC직렬회로에서 최대전류가 흐르게 되는 조건은?

① $\omega L^2 - \dfrac{1}{\omega C} = 0$ ② $\omega L^2 + \dfrac{1}{\omega C} = 0$

③ $\omega L - \dfrac{1}{\omega C} = 0$ ④ $\omega L + \dfrac{1}{\omega C} = 0$

직렬공진시 합성임피던스가 최소로 되므로 최대전류가 흐를 수 있게 된다.
따라서, 조건은 $\omega L - \dfrac{1}{\omega C} = 0$이다.

57 변형량과 원래 치수와의 비를 변형률이라 하는데 다음 중 변형률의 종류가 아닌 것은?

① 가로 변형률   ② 세로 변형률
③ 전단 변형률   ④ 전체 변형률

변형률은 가로 변형률, 세로 변형률, 전단 변형률이 있다.

58 논리식 A(A+B)+B를 간단히 하면?

① 1   ② A
③ A+B   ④ A·B

흡수의 법칙(A(A+B) = A)을 적용하면 A(A+B) + B = A + B이다.

59 물체에 하중을 작용시키면 물체 내부에 저항력이 생긴다. 이 때 생긴 단위면적에 대한 내부 저항력을 무엇이라 하는가?

① 보   ② 하중
③ 응력   ④ 안전율

재료에 압축, 인장, 굽힘, 비틀림 등의 하중(외력)을 가했을 때, 그 크기에 대응하여 재료 내에 생기는 저항력을 응력이라 한다.

60 공작물을 제작할 때 공차 범위라고 하는 것은?

① 영점과 최대허용치수와의 차이
② 영점과 최소허용치수와의 차이
③ 오차가 전혀 없는 정확한 치수
④ 최대허용치수와 최소허용치수와의 차이

공차범위란 최대허용치수와 최소허용치수와의 차이를 말한다.

정답 필기기출문제 – 2016년 2회

01 ②	02 ④	03 ①	04 ④	05 ③
06 ①	07 ③	08 ④	09 ②	10 ③
11 ④	12 ①	13 ②	14 ③	15 ①
16 ④	17 ②	18 ①	19 ①	20 ④
21 ④	22 ③	23 ②	24 ④	25 ③
26 ③	27 ①	28 ②	29 ②	30 ②
31 ②	32 ④	33 ②	34 ①	35 ④
36 ③	37 ①	38 ②	39 ④	40 ①
41 ②	42 ③	43 ②	44 ③	45 ②
46 ①	47 ②	48 ②	49 ①	50 ②
51 ①	52 ②	53 ②	54 ④	55 ②
56 ③	57 ④	58 ③	59 ③	60 ④

2016년 3회 필기 기출문제

승강기기능사

01 유압식 엘리베이터에서 T형 주행안내(가이드) 레일이 사용되지 않는 엘리베이터의 구성품은?

① 카
② 도어
③ 유압실린더
④ 균형추(밸런싱웨이트)

> 주행안내 레일은 카 또는 평형추의 주행 안내를 위해 설치된 고정부품을 말한다.

02 전기식 엘리베이터에서 기계실 출입문의 크기는?(단, 주택용은 제외)

① 폭 0.7m 이상, 높이 1.8m 이상
② 폭 0.7m 이상, 높이 1.9m 이상
③ 폭 0.6m 이상, 높이 1.8m 이상
④ 폭 0.6m 이상, 높이 1.9m 이상

> 기계실의 구조
> • 기계실은 설비의 작업이 쉽고 안전하도록 충분한 크기이어야 하며, 작업구역의 유효 높이는 2.1m 이상이어야 한다.
> • 기계실, 승강로 및 피트 출입문은 높이 1.8m 이상, 폭 0.7m 이상이어야 한다.(다만, 주택용 엘리베이터의 경우 기계실 출입문은 폭 0.6m 이상, 높이 0.6m 이상으로 할 수 있다.)
> • 작업구역간 이동통로의 유효 높이(바닥에서 천장의 가장 낮은 충돌점 사이)는 1.8m 이상이어야 한다.
> • 작업구역 간 이동통로의 유효 폭은 0.5m 이상이어야 한다. 다만, 움직이는 부품이나 고온의 표면이 없는 경우에는 0.4m까지 감소될 수 있다.
> • 보호되지 않은 회전부품 위로 0.3 m 이상의 유효 수직거리가 있어야 한다.
> • 기계실 바닥에 0.5m를 초과하는 단차가 있는 경우, 고정된 사다리 또는 보호난간이 있는 계단이나 발판이 있어야 한다.

03 엘리베이터의 도어머신에 요구되는 성능과 거리가 먼 것은?

① 보수가 용이할 것
② 가격이 저렴할 것
③ 직류 모터만 사용할 것
④ 작동이 원활하고 정숙할 것

> 도어머신의 성능상 요구되는 조건
> • 카 상부에 설치하므로 소형 경량일 것
> • 작동이 원활하고 정숙할 것
> • 동작횟수가 엘리베이터 기동횟수의 2배이므로 보수가 용이할 것

04 건물에 에스컬레이터를 배열할 때 고려할 사항으로 틀린 것은?

① 엘리베이터 가까운 곳에 설치한다.
② 바닥 점유 면적을 되도록 작게 한다.
③ 승객의 보행거리를 줄일 수 있도록 배열한다.
④ 건물의 지지보 등을 고려하여 하중을 균등하게 분산시킨다.

> 에스컬레이터는 동선 중심에 배치한다.

05 교류 이단속도(AC-2)제어 승강기에서 카 바닥과 각 층의 바닥면이 일치되도록 정지시켜 주는 역할을 하는 장치는?

① 시브
② 로프
③ 브레이크
④ 전원 차단기

> 교류 이단속도제어 승강기 : 기동과 주행은 고속권선, 감속은 저속권선으로 하는 방식으로 카 바닥과 각 층의 바닥면이 일치되도록 정지시켜 주는 역할을 하는 장치는 브레이크이다.

06 에스컬레이터의 안전장치에 해당되지 않는 것은?

① 스프링(spring) 완충기
② 인레트 스위치(inlet switch)
③ 스커트 가드(skirt guard) 안전 스위치
④ 스텝 체인 안전 스위치(step chain safety switch)

> 스프링 완충기는 엘리베이터의 안전장치이다.

07 유압식 승강기의 밸브 작동 압력을 전 부하 압력의 140%까지 맞추어 조절해야 하는 밸브는?

① 체크밸브
② 스톱밸브
③ 릴리프밸브
④ 업(up)밸브

🔍 압력 릴리프 밸브는 압력을 전 부하 압력의 140%까지 제한하도록 맞추어 조절되어야 한다. 높은 내부손실(압력 손실, 마찰)로 인해 압력 릴리프 밸브를 조절할 필요가 있을 경우에는 전 부하 압력의 170%를 초과하지 않는 범위 내에서 더 큰 값으로 설정될 수 있다. 이러한 경우, 유압설비(잭 포함) 계산에서 가상의 전 부하 압력은 다음 식이 사용되어야 한다.

$$\frac{\text{선택된 설정 압력}}{1.4}$$

08 문 닫힘 안전장치의 종류로 틀린 것은?

① 도어 레일
② 광전 장치
③ 세이프티 슈
④ 초음파 장치

🔍 문닫힘 안전장치는 세이프티 슈, 세이프티 레이, 초음파 도어센서 등이 있다. 따라서 문닫힘 안전장치 연결전선이 끊어지면 문이 반전하여 열리도록 해야 한다.

09 군관리 방식에 대한 설명으로 틀린 것은?

① 특정 층의 혼잡 등을 자동적으로 판단한다.
② 카를 불필요한 동작없이 합리적으로 운행 관리한다.
③ 교통수요의 변화에 따라 카의 운전 내용을 변화시킨다.
④ 승강장 버튼의 부름에 대하여 항상 가장 가까운 카가 응답한다.

🔍 군관리 방식은 3~8대의 엘리베이터를 병설로 하여 합리적으로 운행·관리하는 방식이며, 보기 중 ④항은 군승합자동식에 대한 설명이다.

10 기계실 바닥에 몇 m를 초과하는 단차가 있을 경우에는 보호난간이 있는 계단 또는 발판이 있어야 하는가?

① 0.3
② 0.4
③ 0.5
④ 0.6

🔍 기계실 바닥에 0.5m를 초과하는 단차가 있는 경우, 고정된 사다리 또는 보호난간이 있는 계단이나 발판이 있어야 한다.

11 다음 중 과속조절기(조속기)의 종류에 해당되지 않는 것은?

① 웨지형 과속조절기
② 디스크형 과속조절기
③ 플라이 볼형 과속조절기
④ 롤 세이프티형 과속조절기

🔍 과속조절기(조속기)의 종류로는 마찰정지형(롤 세이프티형), 디스크형, 플라이 볼형이 있다.

12 엘리베이터용 전동기의 구비조건이 아닌 것은?

① 전력소비가 클 것
② 충분한 기동력을 갖출 것
③ 운전상태가 정숙하고 저진동일 것
④ 고기동 빈도에 의한 발열에 충분히 견딜 것

🔍 전력소비가 적어야 한다.

13 승강기의 안전에 관한 장치가 아닌 것은?

① 과속조절기(governor)
② 세이프티 블록(safety block)
③ 용수철완충기(spring buffer)
④ 누름버튼스위치(push button switch)

🔍 보기 중 ④항은 제어용 장치에 해당된다.

14 주행안내(가이드) 레일의 규격과 거리가 먼 것은?

① 레일의 표준길이는 5m로 한다.
② 레일의 표준길이는 단면으로 결정한다.
③ 일반적으로 공칭 8, 13, 18, 24 및 30K 레일을 쓴다.
④ 호칭은 소재의 1m당의 중량을 라운드번호로 K레일을 붙인다.

🔍 단면이 T자형인 엘리베이터용 레일이 이용되고 1m당 중량에 따라 8, 13, 18, 24, 30, 37, 50K 레일 등의 종류가 있다. 레일의 표준길이는 5m이다.

15 승강기의 카 내에 설치되어 있는 것의 조합으로 옳은 것은?

① 조작반, 이동 케이블, 급유기, 과속조절기
② 비상조명, 카 조작반, 인터폰, 카 위치표시기
③ 카 위치표시기, 수전반, 호출버튼, 비상정지 장치
④ 수전반, 승강장 위치표시기, 비상스위치, 리미트 스위치

> 카 실내의 점검 항목 중 시설품에는 카도어 스위치, 문닫힘 안전장치, 카 조작반 및 표시기, 버튼, 스위치류, 비상통화장치, 정지스위치, 조명, 예비조명 등이 있다.

16 엘리베이터 카에 부착되어 있는 안전장치가 아닌 것은?

① 과속조절기 스위치
② 카 도어 스위치
③ 비상정지 스위치
④ 세이프티 슈 스위치

> 과속조절기 스위치는 과속조절기에 붙어있으며, 과속조절기는 주로 기계실에 위치하고 있다.

17 다음 장치 중에서 작동되어도 카의 운행에 관계없는 것은?

① 통화장치
② 과속조절기 캐치
③ 승강장 도어의 열림
④ 과부하 감지 스위치

> 통화장치는 외부와의 통신을 위한 장치로 카의 운행과는 관련이 없다.

18 소방구조용(비상용) 승강기에 대한 설명 중 틀린 것은?

① 예비전원을 설치하여야 한다.
② 외부와 연락할 수 있는 전화를 설치하여야 한다.
③ 정전시에는 예비전원으로 작동할 수 있어야 한다.
④ 승강기의 운행속도는 1.5m/s 이상으로 해야 한다.

> 소방구조용 엘리베이터
> • 소방구조용 엘리베이터의 크기는 630kg의 정격하중을 갖는 폭 1,100mm, 깊이 1,400mm 이상이어야 하며, 출입구 유효 폭은 800mm 이상이어야 한다.
> • 소방구조용 엘리베이터의 주 전원공급과 보조 전원공급의 전선은 방화구획이 되어야 하고 서로 구분되어야 하며, 다른 전원공급장치와도 구분되어야 한다.
> • 소방구조용 엘리베이터는 소방운전 시 건축물에 요구되는 2시간 이상 동안 다음 조건에 따라 정확하게 운전되도록 설계되어야 한다.
> • 소방구조용 엘리베이터는 소방운전 시 모든 승강장의 출입구 마다 정지할 수 있어야 한다.
> • 소방구조용 엘리베이터는 모든 승강장문 전면에 방화 구획된 로비를 포함한 승강로 내에 설치되어야 한다.
> • 소방구조용 엘리베이터는 소방관 접근 지정층에서 소방관이 조작하여 엘리베이터 문이 닫힌 이후부터 60초 이내에 가장 먼 층에 도착되어야 한다. 다만, 운행속도는 1m/s 이상이어야 한다.

19 사고 예방 대책 기본 원리 5단계 중 3E를 적용하는 단계는?

① 1단계
② 2단계
③ 3단계
④ 5단계

> 사고 예방 대책 기본 원리 5단계
> • 1단계 : 조직
> • 2단계 : 사실의 발견
> • 3단계 : 분석평가
> • 4단계 : 시정방법의 선정
> • 5단계 : 시정책의 적용(3E 적용)

20 승강기 안전관리자의 직무 범위에 속하지 않는 것은?

① 보수계약에 관한 사항
② 비상열쇠 관리에 관한 사항
③ 구급체계의 구성 및 관리에 관한 사항
④ 운행관리규정의 작성 및 유지에 관한 사항

> 승강기 안전관리자의 직무범위
> • 승강기 운행 및 관리에 관한 규정 작성
> • 승강기 사고 또는 고장 발생에 대비한 비상연락망의 작성 및 관리
> • 유지관리업자로 하여금 자체점검을 대행하게 한 경우 유지관리업자에 대한 관리·감독
> • 중대한 사고 또는 중대한 고장의 통보
> • 승강기 내에 갇힌 이용자의 신속한 구출을 위한 승강기 조작 (해당 승강기관리교육을 받은 경우만 해당)
> • 피난용 엘리베이터의 운행(해당 승강기관리교육을 받은 경우만 해당)

- 그 밖에 승강기 관리에 필요한 사항으로서 행정안전부장관이 정하여 고시하는 업무
  - 승강기의 일상점검 실시
  - 승강기 비상열쇠의 관리
  - 승강기의 고장수리 및 승강기부품의 교체 내용 등을 고장수리일지에 기록 및 관리

21 저압 부하설비의 운전조작 수칙에 어긋나는 사항은?

① 퓨즈는 비상시라도 규격품을 사용하도록 한다.
② 정해진 책임자 이외에는 허가 없이 조작하지 않는다.
③ 개폐기는 땀이나 물에 젖은 손으로 조작하지 않도록 한다.
④ 개폐기의 조작은 왼손으로 하고 오른손은 만약의 사태에 대비한다.

🔍 개폐기의 조작은 오른손으로 하고 왼손은 만약의 사태에 대비한다.

22 재해 발생 시의 조치내용으로 볼 수 없는 것은?

① 안전교육 계획의 수립
② 재해원인 조사와 분석
③ 재해방지대책의 수립과 실시
④ 피해자를 구출하고 2차 재해방지

🔍 보기 중 ①항은 재해 예방을 위한 조치사항에 해당된다.

23 관리주체가 승강기의 유지관리 시 유지관리자로 하여금 유지관리 중임을 표시하도록 하는 안전조치로 틀린 것은?

① 사용금지 표시
② 위험요소 및 주의사항
③ 작업자 성명 및 연락처
④ 유지관리 개소 및 소요시간

🔍 승강기의 보수 또는 점검시에는 보수 또는 점검자로 하여금 보수 · 점검중임을 표시하도록 하는 등 다음의 안전조치를 취한 후 작업하도록 하여야 한다.
- "보수 · 점검중"이라는 사용금지 표시
- 보수 · 점검 개소 및 소요시간
- 보수 · 점검자명 및 보수 · 점검자 연락처(전화번호등)

24 전기에서는 위험성이 가장 큰 사고의 하나가 감전이다. 감전사고를 방지하기 위한 방법이 아닌 것은?

① 충전부 전체를 절연물로 차폐한다.
② 충전부를 덮은 금속체를 접지한다.
③ 가연물질과 전원부의 이격거리를 일정하게 유지한다.
④ 자동차단기를 설치하여 선로를 차단할 수 있게 한다.

🔍 전원부는 가연물질과 차폐되어야 한다.

25 재해의 직접 원인에 해당되는 것은?

① 물적 원인
② 교육적 원인
③ 기술적 원인
④ 작업관리상 원인

🔍 직접원인에는 인적 원인(불안전한 행동)과 물적 원인(불안전한 상태)이 있다.

26 안전점검 시의 유의사항으로 틀린 것은?

① 여러 가지의 점검방법을 병용하여 점검한다.
② 과거의 재해발생 부분은 고려할 필요없이 점검한다.
③ 불량 부분이 발견되면 다른 동종의 설비도 점검한다.
④ 발견된 불량 부분은 원인을 조사하고 필요한 대책을 강구한다.

🔍 안전점검시 유의사항
- 형식과 내용을 변화시키며 여러가지 점검방법과 병용한다.
- 점검자의 능력에 따라 거기에 대응한 점검을 실시한다.
- 과거의 재해발생 부분은 그 원인이 완전히 배제되어 있는지 확인한다.
- 불량 부분이 발견되면 다른 동종 설비에 대해서도 점검한다.
- 발견된 불량 부분은 원인을 조사하고 필요한 대책을 강구한다.
- 사소한 사고라도 중대사고로 이어지는 일이 있기 때문에 지나쳐버리지 않도록 유의한다.
- 안전점검은 안전수준의 향상을 위해 실시하여야 하나, 결점을 지적하거나 관찰하는 태도로 진행해서는 안 된다.

27 안전점검 중에서 5S 활동 생활화로 틀린 것은?

① 정리 ② 정돈
③ 청소 ④ 불결

- 3정 : 정품, 정량, 정위치
- 5S : 정리, 정돈, 청소, 청결, 습관화

28 재해의 간접 원인 중 관리적 원인에 속하지 않는 것은?

① 인원 배치 부적당
② 생산 방법 부적당
③ 작업 지시 부적당
④ 안전관리 조직 결함

재해의 간접 원인
- 기술적 원인 : 건물·기계장치 설계 불량, 구조·재료의 부적합, 생산 공정의 부적당, 점검·정비보존 불량
- 교육적 원인 : 안전의식의 부족, 안전수칙의 오해, 경험훈련의 미숙, 작업방법의 교육 불충분, 유해위험 작업의 교육 불충분
- 관리적 원인 : 안전관리 조직 결함, 안전수칙 미제정, 작업 준비 불충분, 인원 배치 부적당, 작업지시 부적당

29 데마케이션(스텝 트레드에 있는 홈 등)은 승강장에서 스텝 뒤쪽 끝부분을 일반적으로 어떤 색상으로 표시하여 설치되어야 하는가?

① 황색 ② 적색
③ 청색 ④ 녹색

스텝 또는 팔레트 사이의 틈새
- 트레드 표면에서 측정된 이용 가능한 모든 위치의 연속되는 2개의 스텝 또는 팔레트 사이의 틈새는 6mm 이하이어야 한다.
- 데마케이션(스텝 트레드에 있는 홈 등)은 승강장에 스텝 뒤쪽 끝부분을 황색 등으로 표시하여 설치되어야 한다.
- 팔레트의 맞물리는 전면 끝 부분과 후면 끝부분이 있는 무빙워크의 천이구간에서는 이 틈새가 8mm까지 증가되는 것은 허용된다.

30 전기식 엘리베이터의 과부하방지장치에 대한 설명으로 틀린 것은?

① 과부하방지장치의 작동치는 정격 적재하중의 100%를 초과하지 않아야 한다.
② 과부하방지장치의 작동상태는 초과하중이 해소되기까지 계속 유지되어야 한다.
③ 적재하중 초과 시 경보가 울리고 출입문의 닫힘이 자동적으로 제지되어야 한다.
④ 엘리베이터 주행 중에는 오동작을 방지하기 위해 과부하방지장치 작동은 유효화되어 있어야 한다.

엘리베이터의 주행 중에는 오동작을 방지하기 위하여 과부하 감지장치의 작동이 무효화되어 있어야 한다.

31 균형추를 구성하고 있는 구조재 및 연결재의 안전율은 균형추가 승강로의 꼭대기에 있고, 엘리베이터가 정지한 상태에서 얼마 이상으로 하는 것이 바람직한가?

① 3 ② 5
③ 7 ④ 9

균형추는 엘리베이터 카의 자중에 적재용량의 약 35~55%를 더한 중량을 보상시키기 위하여 엘리베이터 카와 연결된 권상로프의 반대편에 연결된 중량물이다. 구조는 보통 "ㄷ"자 형강 또는 절곡구조로 된 강재를 외부틀로 하고 그 안쪽에 중량을 조절할 수 있도록 여러 개의 추를 넣는다. 균형추를 구성하는 구조재와 연결재의 안전율은 균형추가 승강로의 꼭대기에 위치해 있고 엘리베이터가 정지하여 있는 상태에서 5 이상으로 하며, 프레임은 완충기에 안전율을 가질 수 있도록 설계하는 것이 바람직하다.

32 에스컬레이터의 스텝체인의 늘어남을 확인하는 방법으로 가장 적합한 것은?

① 구동체인을 점검한다.
② 롤러의 물림상태를 확인한다.
③ 라이저의 마모상태를 확인한다.
④ 스텝과 스텝간의 간격을 측정한다.

스텝체인이 끊어지거나 과도하게 늘어나면 스텝과 스텝 사이에 틈이 발생하고 심한 경우에는 스텝 여러 개 분의 공간이 발생하여 위험을 초래한다. 이를 감지하여 전원을 차단하고 제동기를 작동시키는 안전장치가 바로 스텝체인 안전장치이다.

33 추락방지안전장치(비상정지장치)의 작동으로 카가 정지할 때까지 레일이 죄는 힘이 처음에는 약하게 그리고 하강함에 따라 강해지다가 얼마 후 일정한 값으로 도달하는 방식은?

① 슬랙로프 세이프티 방식
② 즉시 정지방식
③ 플렉시블 가이드 방식
④ 플렉시블 웨지 클램프 방식

🔍 **추락방지안전장치 그래프**

점차작동형(순차정지식)		즉시작동형
F.G.C형	F.W.C형	(순간정지식)

- F.G.C(Flexible Guide Clamp)형 추락방지안전장치는 동작개시 후 일정거리까지는 정지력이 거리에 비례한다.
- F.W.C(Flexible Wedge Clamp)형 추락방지안전장치는 동작시점에는 레일을 죄는 힘이 약하지만 하강함에 따라 강해지다가 얼마 후 일정치에 도달한다.

34 제어반에서 점검할 수 없는 것은?

① 결선단자의 조임 상태
② 스위치접점 및 작동 상태
③ 과속조절기 스위치의 작동 상태
④ 전동기 제어회로의 절연 상태

🔍 과속조절기 스위치의 작동상태는 기계실, 구동기 및 풀리 공간에서 하는 점검사항이다.

35 엘리베이터의 점검 위치에 있는 점검운전 스위치가 동시에 만족해야 하는 작동조건에 대한 설명으로 틀린 것은?

① 카 속도는 0.75m/s 이하이어야 한다.
② 정상 운전 제어를 무효화 한다.
③ 전기적 비상운전을 무효화 한다.
④ 착상 및 재-착상이 불가능해야 한다.

🔍 카 속도는 0.63m/s 이하이어야 한다.

36 유압 엘리베이터의 유량제한기는 유압 시스템에서 다량의 누유가 발생한 경우 정격하중을 실은 카의 하강 속도가 얼마를 초과하지 않도록 방지해야 하는가?

① 정격속도+0.15m/s
② 정격속도+0.3m/s
③ 정격속도+0.5m/s
④ 정격속도+0.75m/s

🔍 **유량제한기**
- 유압 시스템에서 다량의 누유가 발생한 경우, 유량제한기는 정격하중을 실은 카의 하강 속도가 정격속도+0.3m/s를 초과하지 않도록 방지해야 한다.
- 유량제한기의 점검을 위해 카 지붕 또는 피트에서 접근이 가능해야 한다.

37 승강기 정밀안전 검사 시 전기식 엘리베이터에서 권상기 도르래 홈의 언더컷의 잔여량은 몇 mm 미만일 때 도르래를 교체하여야 하는가?

① 1
② 2
③ 3
④ 4

🔍 권상기 도르래 홈의 언더컷의 잔여량은 1mm 이상이어야 하고, 권상기 도르래에 잠긴 주로프 가닥끼리의 높이차는 2mm 이내이어야 한다.

38 이동식 손잡이(핸드레일)는 운행 중에 전 구간에서 디딤판과 핸드레일의 동일 방향 속도 공차는 몇 %인가?

① 0~2
② 3~4
③ 5~6
④ 7~8

🔍 **에스켈레이터 손잡이(핸드레일) 시스템**
- 각 난간의 상부에는 정상운행 조건하에서 디딤판의 속도와 –0%에서 +2%의 허용오차로 같은 방향과 속도로 움직이는 손잡이가 설치되어야 한다.
- 손잡이는 정상운행 중 운행방향의 반대편에서 450N의 힘으로 당겨도 정지되지 않아야 한다.
- 손잡이의 속도감시장치 또는 기능이 제공되어야 한다.

39 유압식 엘리베이터에서 실린더의 점검사항으로 틀린 것은?

① 스위치의 기능 상실여부
② 실린더 패킹에 누유여부
③ 실린더의 패킹의 녹 발생여부
④ 구성부품, 재료의 부착에 늘어짐 여부

🔍 **실린더의 점검사항**
- 실린더 패킹에 녹, 누유
- 구성부재의 부착에 늘어짐

40 무부하 상승에 대한 무빙워크의 정지거리 기준은 공칭속도 0.65m/s에서 얼마인가?

① 0.20m부터 1.00m까지
② 0.30m부터 1.30m까지
③ 0.40m부터 1.50m까지
④ 0.55m부터 1.70m까지

> 무빙워크의 정지거리
>
> | 공칭속도(v) | 정지거리 |
> |---|---|
> | 0.50m/s | 0.20m부터 1.00m까지 |
> | 0.65m/s | 0.30m부터 1.30m까지 |
> | 0.75m/s | 0.40m부터 1.50m까지 |
> | 0.90m/s | 0.55m부터 1.70m까지 |

41 소방구조용(비상용) 엘리베이터에 대한 요건이 아닌 것은?

① 소방구조용 엘리베이터는 모든 승강장문 전면에 방화 구획된 로비를 포함한 승강로 내에 설치되어야 한다.
② 소방구조용 엘리베이터는 소방운전 시 모든 승강장의 출입구마다 정지할 수 있어야 한다.
③ 소방구조용 엘리베이터의 보조 전원공급장치는 방화구획 밖에 설치되어야 한다.
④ 소방구조용 엘리베이터의 운행속도는 1m/s 이상이어야 한다.

> • 소방구조용 엘리베이터의 보조 전원공급장치는 방화구획 된 장소에 설치되어야 한다.
> • 소방구조용 엘리베이터는 소방관 접근 지정층에서 소방관이 조작하여 엘리베이터 문이 닫힌 이후부터 60초 이내에 가장 먼 층에 도착되어야 한다.
> • 2개의 카 출입문이 있는 경우, 소방운전 시 어떠한 경우라도 2개의 출입문이 동시에 열리지 않아야 한다.

42 주행안내(가이드) 레일 또는 브라켓의 보수점검사항이 아닌 것은?

① 주행안내 레일의 녹 제거
② 주행안내 레일의 요철 제거
③ 주행안내 레일과 브라켓의 체결볼트 점검
④ 주행안내 레일 고정용 브라켓 간의 간격 조정

> 주행안내 레일, 브라켓의 점검항목
> • 레일과 브라켓에 심하게 녹, 부식 등이 보이는 것
> • 부착에 늘어짐이 있는 것

43 엘리베이터에서 현수로프의 점검사항이 아닌 것은?

① 로프의 직경
② 로프의 마모 상태
③ 로프의 꼬임 방향
④ 로프의 변형 부식 유무

> 현수로프의 점검사항
> • 로프의 마모 및 파손
> • 로프의 변형, 신장, 녹 발생
> • 당김부 재료의 마모, 녹 발생, 부식

44 유압식엘리베이터의 점검 시 플런저 부위에서 특히 유의하여 점검하여야 할 사항은?

① 플런저의 토출량
② 플런저의 상강행정 오차
③ 제어밸브에서의 누유상태
④ 플런저 표면조도 및 작동유 누설 여부

> 유의사항
> • 작동유 누유상태
> • 구성부재의 부착에 늘어짐 상태

45 에스컬레이터(경사형 무빙워크 포함)를 구동하는 과속역행방지장치는 공칭속도의 몇 배의 값을 초과하기 전에 작동되어야 하는가?

① 1.2
② 1.4
③ 1.6
④ 2.0

> 과속역행방지장치는 다음 사항 중 어느 조건에서도 작동되어야 한다.
> • 속도가 공칭속도의 1.4배의 값을 초과하기 전
> • 디딤판 또는 벨트가 현재 운행 방향에서 운행방향이 바뀌는 순간

46 전동기의 점검항목이 아닌 것은?

① 발열이 현저한 것
② 이상음이 있는 것
③ 라이닝의 마모가 현저한 것
④ 연속으로 운전하는데 지장이 생길 염려가 있는 것

> 전동기의 점검항목
> • 발열이 현저한 것
> • 이상음이 있는 것
> • 운전의 계속에 지장이 생길 염려가 있는 것
> • 구동시간 제한장치의 기능 상실이 예상되는 것

47 18-8 스테인리스강의 특징에 대한 설명 중 틀린 것은?

① 내식성이 뛰어난다.
② 녹이 잘 슬지 않는다.
③ 자성체의 성질을 갖는다
④ 크롬 18%와 니켈 8%를 함유한다.

> 18-8(크롬 18%, 니켈 8%) 스테인리스강은 비자성체 성질을 갖는다.

48 기계요소 설계 시 일반 체결용에 주로 사용되는 나사는?

① 삼각나사
② 사각나사
③ 톱니나사
④ 사다리꼴나사

> 기계요소 설계 시 삼각나사는 일반 체결용으로 주로 사용된다.

49 직류기 권선법에서 전기자 내부 병렬회로수 a와 극수 p의 관계는?(단, 권선법은 중권이다)

① a = 2
② a = $\frac{1}{2}$p
③ a = p
④ a = 2p

> • 중권(병렬권) : a = p
> • 파권(직렬권) : a = 2

50 다음 논리회로의 출력값 E는?

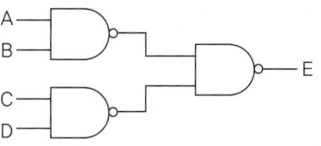

① $\overline{A \cdot B} + \overline{C \cdot D}$
② $A \cdot B + C \cdot D$
③ $A \cdot B \cdot C \cdot D$
④ $(A + B) \cdot (C + D)$

> $\overline{\overline{A \cdot B} \cdot \overline{C \cdot D}} = \overline{\overline{A \cdot B}} + \overline{\overline{C \cdot D}} = (A \cdot B) + (C \cdot D)$

51 직류전동기에서 자속이 감소되면 회전수는 어떻게 되는가?

① 정지
② 감소
③ 불변
④ 상승

> $N \propto \dfrac{1}{\phi}$

52 회전하는 축을 지지하고 원활한 회전을 유지하도록 하며, 축에 작용하는 하중 및 축의 자중에 의한 마찰저항은 가능한 적게 하도록 하는 기계요소는?

① 클러치
② 베어링
③ 커플링
④ 스프링

> 베어링은 회전하는 축과의 마찰을 줄이기 위한 기계요소로 구름베어링과 볼베어링으로 나뉜다.

53 계측기와 관련된 문제, 환경적 영향 또는 관측오차 등으로 인해 발생하는 오차는?

① 절대오차
② 계통오차
③ 과실오차
④ 우연오차

- 절대오차 : 오차를 포함하고 있는 양과 같은 단위량으로 표현된 오차의 크기
- 과실오차 : 측정값의 오독·오기 등 부주의로 생기는 오차
- 우연오차 : 계통적 오차 등을 보정하여도 여전히 남는 원인을 찾아내기 어려운 오차

54 유도기전력의 크기는 코일의 권수와 코일을 관통하는 자속의 시간적인 변화율과의 곱에 비례한다는 법칙은 무엇인가?

① 패러데이의 전자유도 법칙
② 앙페르의 주회 적분의 법칙
③ 전자력에 관한 플레밍의 법칙
④ 유도 기전력에 관한 렌츠의 법칙

- 렌츠의 법칙 : 전자유도현상에 의한 유도기전력의 방향을 정하는 법칙
- 패러데이의 법칙 : 자속 변화에 의한 유도기전력의 크기를 결정하는 법칙

55 직류 전동기의 속도 제어 방법이 아닌 것은?

① 저항 제어법
② 계자 제어법
③ 주파수 제어법
④ 전기자 접압 제어법

직류전동기 회전속도 $N = \dfrac{V - I_a R_a}{\phi}$, 주파수제어법은 교류전동기 속도제어방법이다.

56 그림은 마이크로미터로 어떤 치수를 측정한 것이다. 치수는 약 몇 mm인가?

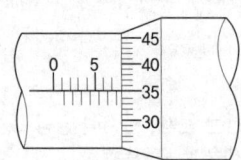

① 5.35 ② 5.85
③ 7.35 ④ 7.85

슬리브 값이 7.5mm, 딤블의 값이 0.35mm이므로 7.5mm + 0.35mm = 7.85mm

57 다음 중 응력을 가장 크게 받는 것은?(단, 다음 그림은 기중의 단면 모양이며, 가해지는 하중 및 힘의 방향은 같다.)

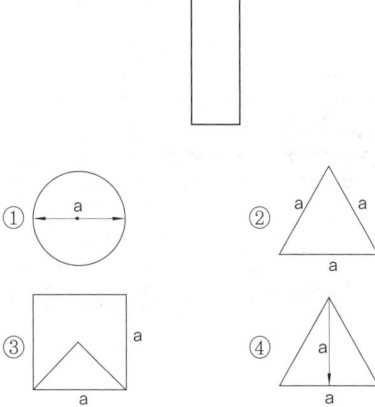

힘이 위쪽 방향에서 가해지므로 ②번의 모형과 같이 꼭짓점에서 압축하중을 받는다.

58 다음 그림과 같은 제어계의 전체 전달함수는?(단, H(s)=1이다.)

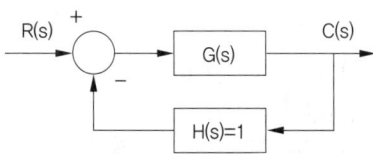

① $\dfrac{1}{G(s)}$

② $\dfrac{1}{1 + G(s)}$

③ $\dfrac{G(s)}{1 + G(s)}$

④ $\dfrac{G(s)}{1 - G(s)}$

$T(s) = \dfrac{경로}{1 - 폐로} = \dfrac{G(s)}{1-[-G(s) \cdot H(s)]} = \dfrac{G(s)}{1+G(s)}$

59 인덕턴스가 5mH인 코일에 50Hz의 교류를 사용할 때 유도 리액턴스는 약 몇 Ω인가?

① 1.57
② 2.50
③ 2.53
④ 3.14

$X_L = \omega L = 2\pi f L = 2\pi \times 50 \times 5 \times 10^{-3} ≒ 1.57[\Omega]$

60 저항 100Ω의 전열기에 5A의 전류를 흘렸을 때 전력은 몇 W인가?

① 20
② 100
③ 500
④ 2500

$P = VI = I^2 R = 5^2 \times 100 = 2500[W]$

정답 필기기출문제 – 2016년 3회

01 ②	02 ①	03 ③	04 ①	05 ③
06 ①	07 ③	08 ①	09 ④	10 ③
11 ①	12 ①	13 ④	14 ②	15 ②
16 ①	17 ①	18 ④	19 ④	20 ①
21 ④	22 ①	23 ②	24 ③	25 ①
26 ②	27 ④	28 ②	29 ①	30 ④
31 ①	32 ④	33 ④	34 ③	35 ①
36 ②	37 ①	38 ①	39 ①	40 ②
41 ③	42 ④	43 ③	44 ④	45 ②
46 ①	47 ③	48 ①	49 ③	50 ②
51 ④	52 ②	53 ②	54 ①	55 ③
56 ④	57 ②	58 ③	59 ①	60 ④

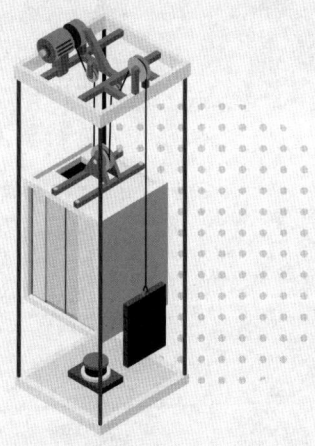

승 강 기 기 능 사
Craftsman Elevator

1회 CBT 대비 적중모의고사

승강기기능사

01 승강기의 완충장치 성능에 대한 설명으로 틀린 것은?

① 완충기는 심한 녹 또는 부식 등이 없어야 하고, 유압완충기의 경우에는 유량이 적절하여야 한다.
② 완충기의 설치상태는 풀림이나 손상, 균열 등 없이 견고하고, 그 기능은 양호하게 유지되어야 한다.
③ 카 또는 균형추가 완충기를 완전히 누르고 정지했을 때 카 또는 균형추의 부품은 다른 부분과 간섭이 발생하지 않아야 한다.
④ 카가 최하층에 수평으로 정지되어 있는 경우에 카와 완충기의 거리에 완충기의 충격정도를 더한 수치는 균형추의 꼭대기틈새보다 커야 한다.

> 카가 최하층에 수평으로 정지되어 있는 경우에 카와 완충기의 거리에 완충기의 충격정도를 더한 수치는 균형추의 꼭대기틈새보다 작아야 한다.

02 카의 문을 열고 닫는 도어머신에서 성능상 요구되는 조건이 아닌 것은?

① 작동이 원활하고 정숙하여야 한다.
② 카 상부에 설치하기 위하여 소형이며 가벼워야 한다.
③ 어떠한 경우라도 수동조작에 의하여 카 도어가 열려서는 안된다.
④ 작동 횟수가 승강기 기동 횟수의 2배이므로 보수가 쉬워야 한다.

> 도어머신의 성능상 요구되는 조건
> • 카 상부에 설치하므로 소형 경량일 것
> • 작동이 원활하고 정숙할 것
> • 작동 횟수가 기동 횟수의 2배이므로 보수가 용이할 것

03 모든 출입문이 닫혔을 때 카 지붕에서 수직 위로 1m 떨어진 곳을 밝히는 승강로의 조도는 얼마 이상이어야 하는가?

① 20lx   ② 50lx
③ 100lx   ④ 200lx

> 승강로에는 모든 출입문이 닫혔을 때 승강로 전 구간에 걸쳐 영구적으로 설치된 다음의 구분에 따른 조도 이상을 밝히는 전기조명이 있어야 한다.
> • 카 지붕에서 수직 위로 1m 떨어진 곳 : 50lx
> • 피트 바닥에서 수직 위로 1m 떨어진 곳 : 50lx
> • 위의 두 곳을 제외한 장소(카 또는 부품에 의한 그림자 제외) : 20lx

04 교류 엘리베이터의 전동기 특성으로 적당하지 않은 것은?

① 높은 빈도로 단속 사용하는데 적합한 것이어야 한다.
② 기동토크가 커야 한다.
③ 기동전류가 적어야 한다.
④ 회전부분의 관성모멘트가 커야 한다.

> 교류 엘리베이터 전동기(3상유도전동기)의 특성은 기동토크가 크고, 기동전류가 적으며, 불규칙한 동작(단속)에도 적합하며, 관성모멘트는 작아야 한다.

05 보상(균형)로프의 주된 사용 목적은?

① 카의 소음진동을 보상하기 위해서
② 카의 위치변화에 따른 주로프 무게에 의한 권상비를 보상하기 위해서
③ 카의 밸런스를 맞추기 위해서
④ 카의 적재하중 변화를 보상하기 위해서

종류	목적	용도
보상 체인	카의 위치변화에 따른 로프의 무게 보상	저·중속 엘리베이터
보상 로프	카의 위치변화에 따른 주로프의 무게에 의한 권상비를 보상하며, 로프가 엉키는 것을 방지하기 위해 인장시브를 설치	고속 엘리베이터

06 다음 중 소방구조용(비상용) 엘리베이터에 대한 설명으로 옳지 않은 것은?

① 평상시는 승객용 또는 승객·화물용으로 사용할 수 있다.
② 카는 비상운전시 반드시 모든 승강장의 출입구마다 정지할 수 있어야 한다.
③ 별도의 비상전원장치가 필요하다.
④ 도어가 열려 있으면 카를 승강시킬 수 없다.

🔍 엘리베이터는 도어가 열려 있는 상태에서 카를 승강시키면 안 되지만, 소방구조용 엘리베이터는 비상 상황 등이 발생하는 등의 특별한 경우 도어를 열고 승강시킬 수 있다.

07 추락방지안전장치 등의 작동을 위한 과속조절기는 엘리베이터 정격속도의 몇 % 이상의 속도에 작동되어야 하는가?

① 130% ② 125%
③ 120% ④ 115%

🔍 추락방지안전장치 등의 작동을 위한 과속조절기는 정격속도의 115% 이상의 속도 그리고 다음과 같은 속도 이하에서 작동되어야 한다.
• 롤러로 잡는 타입을 제외한 즉시 작동형 추락방지안전장치 : 0.8m/s
• 롤러로 잡는 타입의 추락방지안전장치 : 1m/s
• 정격속도가 1m/s 이하의 엘리베이터에 사용되는 점차 작동형 추락방지안전장치 : 1.5m/s
• 정격속도가 1m/s를 초과하는 엘리베이터에 사용되는 점차 작동형 추락방지안전장치 : $1.25v + \dfrac{0.25}{v}$ m/s

08 다음 중 과부하감지장치의 작동성능에 대한 설명으로 옳지 않은 것은?

① 적재하중의 설정치 초과하면 경보를 울리고 출입문의 닫힘을 자동적으로 제지하여 엘리베이터가 기동하지 않아야 한다.
② 과부하감지장치의 작동치는 정격 적재하중의 130%를 초과하지 않아야 한다.
③ 과부하감지장치의 작동 상태는 초과하중이 해소되기까지 계속 유지되어야 한다.
④ 과부하감지장치는 재착상 운전하는 경우에도 유효하여야 한다.

🔍 부하 제어
• 카에 과부하가 발생할 경우에는 재-착상을 포함한 정상 기동을 방지하는 장치가 설치되어야 한다.
• 유압식 엘리베이터의 경우, 장치는 재-착상을 방지하여서는 안 된다.
• 과부하는 정격하중의 10%(최소 75kg)를 초과하기 전에 검출되어야 한다.

09 기본형 블리드 오프(Bleed off)의 유압회로이다. 그림 중 유량제어밸브에 해당되는 것은?

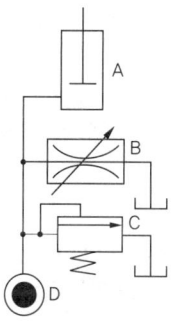

① A ② B
③ C ④ D

🔍 A : 단동실린더, B : 유량제어밸브, C : 압력 릴리프밸브, D : 유압원

10 다음 중 엘리베이터 도어용 부품과 거리가 먼 것은?

① 행거 롤러
② 업스러스트 롤러
③ 도어 레일
④ 가이드 롤러

🔍 가이드 롤러는 카가 주행안내(가이드) 레일과 접촉하여 진행할 수 있도록 하는 장치이다.

11 다음 중 승강기시설 안전관리법령에서 규정하고 있는 소형화물용 엘리베이터의 적재용량으로 맞는 것은?

① 50kg 이하 ② 100kg 이하
③ 200kg 이하 ④ 300kg 이하

🔍 소형화물용 엘리베이터(덤웨이터) : 사람이 탑승하지 않으면서 적재용량이 300kg 이하인 것으로서 소형화물(서적, 음식물 등) 운반에 적합하게 제작된 엘리베이터(바닥면적이 0.5m² 이하이고, 높이가 0.6m 이하인 것은 제외한다.)

12 엘리베이터 도어의 개폐만이 운전자의 조작에 의해 이루어지고, 기타 카의 기동은 카내 버튼이나 승강장 버튼에 의해 이루어지는 조작방식은?

① 카 스위치 방식
② 신호방식
③ 단식자동식
④ 승합전자동식

🔍 • 카 스위치 방식 : 기동 및 정지가 운전원의 조작에 의해 이루어진다.
• 단식자동식 : 가장 먼저 등록된 부름에만 응답하고 그 운전이 완료될 때까지는 다른 부름에는 응답하지 않는 방식으로 화물용에 주로 사용된다.
• 승합전자동식 : 단식자동식과 방식은 같지만 누른 순서에 관계없이 각 호출에 응하여 자동적으로 정지한다.

13 전동기 주회로의 전압이 500[V]를 초과할 때 절연저항은 몇 [MΩ] 이상이어야 하는가?

① 0.5
② 1.0
③ 1.5
④ 2.0

🔍 저압전로의 절연성능

전로의 사용전압(V)	시험전압/직류(V)	절연저항(MΩ)
SELV 및 PELV	250	0.5 이상
FELV, 500V 이하	500	1.0 이상
500V 초과	1,000	1.0 이상

[주] 특별저압(extra low voltage : 2차 전압이 AC 5V, DC 120V 이하)으로 SELV(비접지회로 구성) 및 PELV(접지회로 구성)은 1차와 2차가 전기적으로 절연된 회로, FELV는 1차와 2차가 전기적으로 절연되지 않은 회로

14 다음 중 로프의 꼬임 방법과 거리가 가장 먼 것은?

① 보통꼬임과 랭꼬임이 있다.
② 보통꼬임은 스트랜드의 꼬임 방향과 로프의 꼬임 방향이 같다.
③ 보통꼬임은 소선과 도르래의 접촉면이 작으면, 마모의 영향은 다소 많다.
④ 보통꼬임은 잘 풀리지 않아 일반적으로 사용된다.

🔍 꼬임모양과 방향에 따른 구분

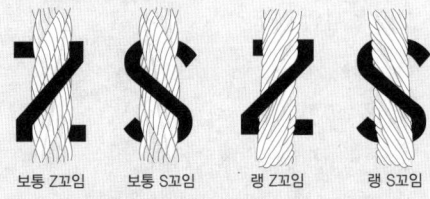

보통 Z꼬임   보통 S꼬임   랭 Z꼬임   랭 S꼬임

• 보통꼬임 : 스트랜드에 있어서 올의 꼬인 방향과 로프에 있어서 스트랜드가 꼬인 방향이 반대
• 랭꼬임 : 와이어로프의 꼬임이 스트랜드의 꼬임 방향과 일치

15 다음 중 교류 엘리베이터의 속도제어 방식에 속하지 않는 것은?

① 가변전압 가변주파수제어
② 교류 귀환 전압제어
③ 교류 1단 속도제어
④ 워드 레오나드방식

🔍 교류제어방식에는 VVVF방식, 교류1단 및 2단 속도제어방식, 교류 귀환제어방식이 있으며, 직류제어방식에는 워드레오나드 방식과 정지 레오나드 방식이 있다.

16 엘리베이터가 가동 중일 때 회전하지 않는 것은?

① 주 시브(Main sheave)
② 과속조절기 텐션 시브(Governor tension sheave)
③ 브레이크 라이닝(Brake lining)
④ 브레이크 드럼(Brake drum)

🔍 브레이크 라이닝은 엘리베이터를 정지시킬 때 드럼에 밀착되어 마찰을 일으키는 부품이다.

17 에스켈레이터의 이동식 손잡이와 디딤판의 속도차이는 얼마 이하이어야 하는가?

① 0~2%   ② 0~5%
③ 2~4%   ④ 2~5%

🔍 에스켈레이터 손잡이(핸드레일) 시스템
• 각 난간의 상부에는 정상운행 조건하에서 디딤판의 속도와 −0%에서 +2%의 허용오차로 같은 방향과 속도로 움직이는 손잡이가 설치되어야 한다.
• 손잡이는 정상운행 중 운행방향의 반대편에서 450N의 힘으로 당겨도 정지되지 않아야 한다.
• 손잡이의 속도감시장치 또는 기능이 제공되어야 한다.

18 승강장 문이 카 문과의 연동에 의해 열리는 방식에서 자동적으로 승강장의 문이 닫히는 쪽으로 힘을 작동시키는 안전장치는?

① 트랙 브래킷 ② 도어 행거
③ 도어 로크 ④ 도어 클로저

🔍 승강장의 문이 열린 상태에서 자동적으로 닫히게 하는 장치를 도어 클로저라 한다.

19 다음 설명 중 틀린 것은?

① 엘리베이터는 수직 교통수단이다.
② 에스컬레이터란 오티스회사의 등록상표이었다.
③ 엘리베이터의 발달과정은 기원전 236년 아르키메데스의 드럼식 권상기계가 최초라 할 수 있다.
④ 팬더그래프식은 유압식 엘리베이터로 볼 수 없다.

🔍 구동방식에 따라 분류하면 전기식(로프식) 엘리베이터는 트랙션식과 권동식으로 나뉘고, 유압식 엘리베이터는 직접식, 간접식, 팬더그래프식으로 나뉜다.

20 원동기, 회전축 등에는 위험방지장치를 설치하도록 규정하고 있다. 설치방법에 대한 설명으로 옳지 않은 것은?

① 위험 부위에는 덮개, 울, 슬리브, 건널다리 등을 설치
② 키 및 핀 등의 기계요소는 묻힘형으로 설치
③ 벨트의 이음부분에는 돌출된 고정구로 설치
④ 건널다리에는 안전난간 및 미끄러지지 아니하는 구조의 발판 설치

🔍 벨트의 이음 부분에는 접착제나 가죽끈을 사용하여 돌출되지 않도록 설치한다.

21 안전한 작업을 위하여 고려하여야 할 사항이 아닌 것은?

① 조작장치는 관계 작업자가 조작하기 쉬울 것
② 구동기구를 가진 기계는 사이클의 마지막과 처음에 시간적 지연을 가질 것
③ 급정지 장치가 작동했을 때 리셋되지 않는 한 동작되지 않을 것
④ 조작을 가능한 한 복잡하게 하여 관계자 아니면 동작시키지 못하게 할 것

🔍 조작을 가능한 한 간단하게 하여 동작할 수 있도록 한다.

22 다음 중 안전관리의 근본 목적으로 가장 적합한 것은?

① 근로자의 생명 및 신체의 보호
② 생산의 경제적 운용
③ 생산과정의 시스템화
④ 생산량 증대

🔍 안전관리의 근본적인 목적은 근로자 및 사용자의 생명과 신체 보호, 안전사고를 미연에 방지하는데 그 목적이 있다.

23 다음 중 에스컬레이터의 디딤판의 승강을 자동으로 정지시키는 장치가 작동하지 않는 경우는?

① 디딤판체인이 절단되었을 때
② 승강장 근처에 설치한 방화셔터가 닫히기 시작할 때
③ 3각부 안전보호판에 이물질이 접촉되었을 때
④ 디딤판과 콤이 맞물리는 지점에 물체가 끼었을 때

🔍 난간부와 교차하는 건축물 천장부 또는 측면부 등과의 사이에 생기는 3각부에 사람의 머리 등 신체의 일부가 끼이는 것을 방지하기 위해 설치한다.

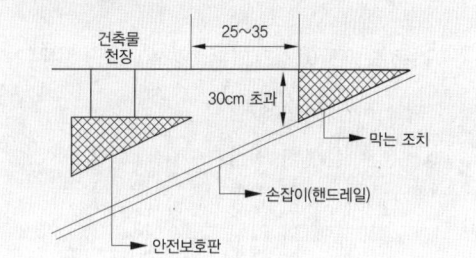

24 승강기의 카가 승강로의 상부에 있는 경우 천장에 충돌하는 것을 방지하기 위한 장치는?

① 균형추
② 파이널 리미트 스위치
③ 과속조절기
④ 회로개폐기

> 파이널 리미트 스위치는 종단 스위치라고 하며 카가 천장에 충돌하는 것을 방지하기 위한 장치이다.

25 전기식 엘리베이터에 필요하지 않은 안전장치는?

① 손잡이(핸드레일) 안전장치
② 완충기
③ 과속조절기
④ 파이널리미트 스위치

> 손잡이(핸드레일) 안전장치는 에스컬레이터의 안전장치이다.

26 전선로의 정전 작업시는 접지를 한다. 이 접지의 목적이 잘못 설명된 것은?

① 인접 선로의 유도 전압에 의한 유도 쇼크의 방지를 위하여 접지하는 것이다.
② 현장에 검전기가 없으므로 정전의 확인용으로 접지하는 것이다.
③ 정전을 확인 하였으나 역송전으로 인한 감전 방지를 위하여 접지한다.
④ 정전되었다 하여도 통전으로 인한 감전방지를 위하여 접지한다.

> 접지의 목적은 인체의 보호, 과전압이나 이상전압으로 부터 기기보호이다. 따라서, 정전의 확인용으로 접지하면 안된다.

27 다음 중 재해예방의 기본 4원칙이 아닌 것은?

① 원인 계기의 원칙
② 대책 선정의 원칙
③ 예방 가능의 원칙
④ 개별 분석의 원칙

> 재해예방의 기본 4원칙 : 손실 우연의 원칙, 원인 계기의 원칙, 예방 가능의 원칙, 대책 선정의 원칙

28 다음 중 엘리베이터의 방호장치에 해당되지 않는 것은?

① 주행안내 레일
② 과부하방지장치
③ 과속조절기
④ 출입문 인터록

> 주행안내 레일은 엘리베이터 등의 카, 균형추 또는 플런저 등을 안내하는 궤도이다.

29 다음 중 에스컬레이터 구동 전동기의 용량을 계산할 때 고려할 사항으로 거리가 먼 것은?

① 안전장치
② 속도
③ 경사각도
④ 기계효율

> $P = \dfrac{LVS}{6120\eta} \sin\theta [kW]$
> (L : 정격하중[kg], V : 정격속도[m/s], S : 1-A(A : 오버밸런스율), η : 종합효율, θ : 경사각도)

30 주로프(Main Rope)가 Ø16일 때 권상 도르래의 직경은?(단, 주택용 엘리베이터의 경우는 제외한다.)

① Ø400
② Ø480
③ Ø520
④ Ø640

> 권상 도르래 · 풀리 또는 드럼의 피치직경과 로프(벨트)의 공칭 직경 사이의 비율은 로프(벨트)의 가닥수와 관계없이 40 이상이어야 한다. 다만, 주택용 엘리베이터의 경우 30 이상이어야 한다.
> ∴ 16 × 40 = 640

31 연속되는 상·하 승강장문의 문턱간 거리가 몇 m를 초과한 경우 중간에 비상문 또는 서로 인접한 카에 비상구출문이 각각 있어야 하는가?

① 8
② 10
③ 11
④ 15

> 연속되는 상·하 승강장문의 문턱간 거리가 11m를 초과한 경우에는 다음 중 어느 하나의 조건에 적합해야 한다.
> • 중간에 비상문이 있어야 한다.
> • 서로 인접한 카에 비상구출문이 각각 있어야 한다.

32 엘리베이터의 카 안전장치(car safety device)의 점검 사항으로 적당하지 않은 것은?

① 링크(link)가 자유롭게 움직이는가
② 각 부의 볼트, 너트에 이완이 없는가
③ 가이드레일(guide rail)과 클램프(clamp)사이의 간격이 적당한가
④ 캠(cam)의 동작이 적절한가

🔍 캠(cam)은 동력전달장치에 해당한다.

33. 무빙워크의 경사도는 몇 도 이하이어야 하는가?

① 30° ② 20°
③ 15° ④ 12°

🔍 **경사도**
- 에스컬레이터 : 30°를 초과하지 않아야 하며, 다만, 층고가 6m 이하이고, 공칭속도가 0.5m/s 이하인 경우 35°까지 증가 가능
- 무빙워크 : 12° 이하

34. 다음 중 에스컬레이터의 일반구조에 대한 설명으로 옳지 않은 것은?

① 일반적으로 경사도는 30° 이하로 하여야 한다.
② 손잡이(핸드레일)의 속도가 디딤바닥과 동일한 속도를 유지하도록 한다.
③ 경사도가 30° 이하인 에스컬레이터의 공칭 속도는 0.75m/s 이상이어야 한다.
④ 물건이 에스컬레이터의 각 부분에 끼이거나 부딪치는 일이 없도록 안전한 구조이어야 한다.

🔍 에스컬레이터의 경사도는 30°를 초과하지 않아야 한다. 다만, 높이가 6m 이하이고 공칭속도가 0.5m/s 이하인 경우에는 경사도를 35°까지 증가시킬 수 있다. 또한 공칭속도는 경사도 30° 이하인 경우 0.75m/s 이하, 30°를 초과하고 35° 이하인 경우 0.5m/s 이하여야 한다.

35. 소방구조용(비상용) 엘리베이터는 정전시 몇 초 이내에 엘리베이터 운행에 필요한 전력용량이 자동적으로 발생되어야 하는가?

① 60 ② 90
③ 120 ④ 150

🔍 정전시에는 보조 전원공급장치에 의하여 60초 이내에 엘리베이터 운행에 필요한 전력용량을 자동으로 발생시키도록 하되 수동으로 전원을 작동시킬 수 있어야 하며, 2시간 이상 운행시킬 수 있어야 한다.

36. 다음 중 에스컬레이터 디딤판 체인 및 구동 체인의 안전율로 알맞은 것은?

① 5 이상
② 7 이상
③ 8 이상
④ 10 이상

🔍
구분	안전율
트러스 및 빔	5 이상
디딤판 체인 및 구동 체인	10 이상
모든 구동 부품	5 이상

37. 승객용 엘리베이터에서 주 전동기를 보호하는 과부하 방지 장치와 같은 역할을 하는 것은 유압식 엘리베이터의 밸브 중에서 어느 것인가?

① 체크 밸브
② 릴리프 밸브
③ 다운 밸브
④ 스톱 밸브

🔍
- 체크밸브(역저지밸브) : 액체의 역류를 방지하기 위해 한쪽 방향으로만 흐르게 하는 밸브
- 압력 릴리프 밸브 : 유압시스템 전체 혹은 시스템의 일부 압력을 제어하거나 조절하는 밸브로, 펌프와 체크밸브 사이에 배치하고 전부하 압력의 140% 이하로 압력을 제한하도록 조정되는 밸브로써 압력이 과도하게 높아지는 것을 방지하는 밸브
- 스톱밸브 : 유압파워 유닛과 유압잭의 압력배관 도중에 설치되고 보수 점검 또는 수리를 할 때에 유압잭에서 불필요하게 작동유가 흘러나오는 것을 방지하는 장치

38. 슬랙로프 세이프티에 대한 설명으로 옳은 것은?

① 점차 작동형 추락방지안전장치(비상정지장치) 일종이다.
② 대용량 엘리베이터에 주로 사용된다.
③ 저속 엘리베이터에 주로 사용된다.
④ 과속조절기(조속기) 동작과 연계되어 작동한다.

🔍 슬랙로프 세이프티는 소형 저속 엘리베이터에서 주로 로프에 걸리는 장력이 없어져 휘어짐이 생겼을 때 즉시 운전회로를 열어서 추락방지안전장치를 작동시킨다.

39 엘리베이터 로프의 점검사항으로 적절하지 않은 것은?

① 녹의 유무
② 마모의 정도
③ 절연저항
④ 모래, 먼지 등의 부착

🔍 절연저항은 전기기기 및 회로의 절연상태를 측정하는 것으로 로프의 점검사항과는 관계가 없다.

40 엘리베이터의 도어 슈의 점검을 위해 실시하여야 할 점검사항이 아닌 것은?

① 도의 슈의 마모상태 점검
② 가이드 롤러의 고무 탄력상태 점검
③ 슈 고정볼트의 조임상태 점검
④ 도어 개폐시 실과의 간접상태 점검

🔍 도어슈는 엘리베이터의 도어를 문밑에서 고정하는 장치로써 충격으로 인한 사고가 빈번히 발생하고 노후화 및 부식 등을 예방하는 사전점검을 통해 꾸준히 관리해야 한다. 따라서, 가이드 롤러와는 관계가 없다.

41 엘리베이터가 정격속도를 현저히 초과할 때 모터에 가해지는 전원을 차단하여 카를 정지시키는 장치는?

① 권상기 브레이크
② 주행안내 레일(guide Rail)
③ 권상기 드라이버
④ 과속조절기(Governor)

🔍 과속조절기 : 기계적 과속 제어기구로 엘리베이터에서는 구동 로프의 움직임을 멈추고 지지하는 데에 쓰이는 와이어-로프 구동방식의 원심장치

42 공칭속도가 0.65m/s인 경우 무부하 상승, 무부하 하강 및 부하 상태 하강에 대한 에스컬레이터 정지거리 범위는?

① 0.20m부터 1.00m까지
② 0.30m부터 1.30m까지
③ 0.40m부터 1.50m까지
④ 0.50m부터 1.70m까지

🔍 에스컬레이터의 정지거리

공칭속도 V	정지거리
0.50 m/s	0.20m부터 1.00m까지
0.65 m/s	0.30m부터 1.30m까지
0.75 m/s	0.40m부터 1.50m까지

43 유압식 엘리베이터의 유압파워유니트(power Unit)의 구성요소가 아닌 것은?

① 펌프
② 유압실린더
③ 유량제어 밸브
④ 체크 밸브

🔍 유압 엘리베이터에서 유압파워유니트는 펌프, 유량제어밸브, 체크밸브, 안전밸브 및 주전동기를 주된 구성요소로 하는 유니트를 말한다.

44 과속조절기 도르래의 회전을 베벨기어에 의해 수직축의 회전으로 변환하고, 이 축의 상부에서부터 링크 기구에 의해 매달린 구형(球形)의 진자에 작용하는 원심력으로 추락방지안전장치를 작동시키는 과속조절기?

① 마찰정지형
② 디스크형
③ 플라이 볼형
④ 양방향형

🔍 과속조절기의 종류
- 마찰정지(Traction type)형 : 엘리베이터가 과속된 경우, 과속스위치가 이를 검출하여 동력 전원 회로를 차단하고, 전자 브레이크를 작동시켜서 과속조절기 도르래의 회전을 정지시켜 과속조절기 도르래 홈과 로프 사이의 마찰력으로 비상 정지시키는 과속조절기
- 디스크형 : 엘리베이터가 설정된 속도에 달하면 원심력에 의해 진자(振子)가 움직이고 가속 스위치를 작동시켜 정지시키는 과속조절기
- 플라이 볼(Fly Ball)형 : 과속조절기 도르래의 회전을 베벨기어에 의해 수직축의 회전으로 변환하고, 이 축의 상부에서부터 링크 기구에 의해 매달린 구형(球形)의 진자에 작용하는 원심력으로 추락방지안전장치를 작동시키는 과속조절기
- 양방향 과속조절기 : 과속조절기의 캣치가 양방향(상·하) 추락방지안전장치를 작동시킬 수 있는 구조를 갖는 과속조절기

45 엘리베이터의 제어방식 중 사이리스터의 점호각을 바꾸어 유도전동기의 속도를 제어하는 방식은?

① VVVF 제어
② 교류 2단 제어
③ 교류 귀환 전압제어
④ 워드 레오나드 제어

교류 엘리베이터의 제어방식

속도 제어방법	특징	용도
교류1단 속도 제어	3상유도전동기에 전원투입으로 기동과 정속운전, 전원차단 후 정지하는 가장 간단한 방식	30m/min 이하 저속용
교류2단 속도 제어	기동과 주행은 고속권선, 감속은 저속권선으로 하는 방식	30~60 m/min 화물용
교류귀환 제어	카의 실제속도와 지령속도를 비교하여 사이리스터의 점호각을 바꾸는 방식	45~105 m/min
VVVF (가변전압 가변 주파수제어)	전압과 주파수의 변화로 직류 전동기와 동등한 제어성능을 갖는 방식	고속용

46 다음 중 엘리베이터에 사용되는 T형가이드 레일에 해당되는 것은?

① 8K   ② 10K
③ 15K ④ 25K

🔍 일반적으로 단면이 T자형인 엘리베이터용 레일이 이용되고 1m 당 중량에 따라 8, 13, 18, 24, 30, 37, 50K 레일 등의 종류가 있다.

47 엘리베이터 비상구출문에 대한 설명으로 옳지 않은 것은?

① 비상구출 운전 시, 카 내 승객의 구출은 항상 카 밖에서 이루어져야 한다.
② 승객의 구출 및 구조를 위한 비상구출문이 카 천장에 있는 경우, 비상구출구의 크기는 0.4m × 0.5m 이상이어야 한다.
③ 2대 이상의 엘리베이터가 동일 승강로에 설치되어 인접한 카에서 구출할 수 있도록 카 벽에 비상구출문이 설치될 수 있다. 다만, 서로 다른 카 사이의 수평거리는 0.75m 이상이어야 한다.
④ 비상구출문은 손으로 조작 가능한 잠금장치가 있어야 한다.

🔍 **비상구출문**
- 카 천장에 비상구출문이 설치된 경우, 유효 개구부의 크기는 0.4m × 0.5m 이상이어야 한다. 다만, 카 벽에 설치된 경우 제외될 수 있다.
- 하나의 승강로에 2대 이상의 엘리베이터가 있는 경우, 카 벽에 비상구출문을 설치할 수 있다. 다만, 카 간의 수평거리는 1m를 초과할 수 없다.
- 카 벽에 설치된 비상구출문의 크기는 폭 0.4m 이상, 높이 1.8m 이상이어야 한다.
- 비상구출문에는 손으로 조작할 수 있는 잠금장치가 있어야 한다.
- 카 천장의 비상구출문은 카 내부 방향으로 열리지 않아야 한다.
- 카 천장의 비상구출문이 완전히 열렸을 때, 그 열린 부분은 카 천장의 가장자리를 넘어 돌출되지 않아야 한다.
- 카 벽의 비상구출문은 카 외부에서 열쇠 없이 열려야 하고, 카 내부에서는 비상잠금해제 삼각열쇠로 열려야 한다.
- 카 벽의 비상구출문은 카 외부방향으로 열리지 않아야 한다.

48 어떤 교류 전동기의 회전속도가 1200rpm이라고 할 때 전원주파수를 10% 증가시키면 회전속도는 몇 [rpm]이 되는가?

① 1080   ② 1200
③ 1320   ④ 1440

🔍 $N = (1-s)\dfrac{120f}{P}$, 회전속도는 주파수에 비례하므로
$1200 \times 1.1 = 1320[rpm]$

49 승강기의 카 프레임의 단면적 30cm²에 걸리는 무게가 2400kgf이고 사용재료의 인장강도가 4000kgf/cm²일 때 안전율은 얼마인가?

① 16   ② 50
③ 80   ④ 133

🔍 · 허용응력 = $\dfrac{하중}{단면적} = \dfrac{2400}{30} = 80$,
· 안전율 = $\dfrac{인장강도}{허용응력} = \dfrac{4000}{80} = 50$

50 다음 중 그림과 같은 회로와 원리가 같은 논리기호는?

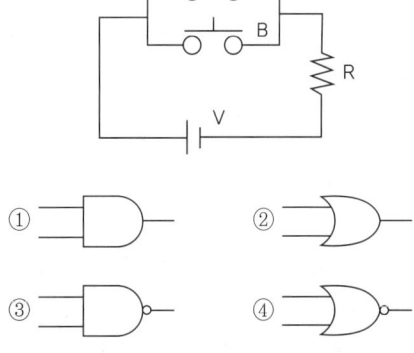

> A, B스위치가 병렬구조이므로 OR회로이다.
> ① AND, ③ NAND, ④ NOR

51 체인의 종류는 크게 전동용 체인과 하중용 체인으로 구분할 수 있다. 다음 중 전동용 체인의 종류에 속하지 않는 것은?

① 사일런트체인
② 코일체인
③ 롤러체인
④ 블록체인

> **체인의 종류**
> • 전동용 체인 : 블록체인, 롤러체인, 사일런트체인
> • 하중용 체인 : 링크체인, 코일체인

52 다음 그림과 같은 제어계의 전체 전달함수는?(단, H(s) = 1이다)

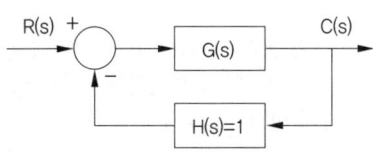

① $\dfrac{1}{G(s)}$ ② $\dfrac{1}{1+G(s)}$

③ $\dfrac{G(s)}{1+G(s)}$ ④ $\dfrac{G(s)}{1-G(s)}$

> $T(s) = \dfrac{경로}{1-폐로} = \dfrac{G(s)}{1-[-G(s) \cdot H(s)]} = \dfrac{G(s)}{1+G(s)}$

53 다음 중 PNP형 트랜지스터의 기호로 알맞은 것은?

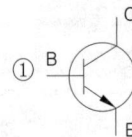

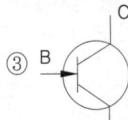

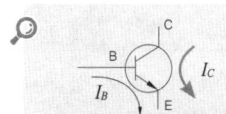
(a) npn형 트랜지스터   (b) pnp형 트랜지스터

54 다음 중 기계적 접합방법이 아닌 것은?

① 볼트(bolt) 접합
② 리벳(rivet) 접합
③ 고주파 용접 접합
④ 키(key) 접합

> 기계적 접합방법은 볼트 접합, 리벳접합, 핀(키)접합이 있다.

55 다음 중 4절 링크 기구를 구성하고 있는 요소로 알맞은 것은?

① 고정 링크, 크랭크, 레버, 슬라이더
② 가변 링크, 크랭크, 기어, 클러치
③ 고정 링크, 크랭크, 고정레버, 클러치
④ 가변 링크, 크랭크, 기어, 슬라이더

> 고정절의 주위에서 회전운동을 하는 것을 크랭크, 고정절 주위에서 왕복운동을 하는 것을 레버라고 한다.

56 어떤 물체의 영(Young)률이 작다고 하는 것은 무엇을 뜻하는가?

① 안전하다는 것이다.
② 불안전하다는 것이다.
③ 늘어나기 쉽다는 것이다.
④ 늘어나기 어렵다는 것이다.

> 영률은 물체에 주어진 압력을 알 때 그 물체의 변형정도를 예측하는 데에 쓰이고 반대로도 쓰인다.(변형력 = 영률 × 변형도) 따라서, 물체의 영률이 작다는 것은 늘어나기 쉽다는 것을 뜻한다.

57 모듈 2, 잇수가 각각 38, 72인 두 개의 표준 평기어가 맞물려 있을 때 축간거리는 몇 [mm] 인가?

① 110   ② 150
③ 165   ④ 250

🔍 $C = \dfrac{(Z_A + Z_B)m}{2} = \dfrac{(38+72)2}{2}$
  $= 110 \text{[mm]}$

58 교류 전류를 측정할 때 전류계의 연결 방법이 맞는 것은?

① 부하와 직렬로 연결한다.
② 부하와 직·병렬로 연결한다.
③ 부하와 병렬로 연결한다.
④ 회로에 따라 달라진다.

🔍 · 전압계 : 부하에 병렬로 접속하여 측정하는 계기
 · 전류계 : 부하와 직렬로 접속하여 측정하는 계기

59 다음 중 극성을 갖고 있는 콘덴서는?

① 마이카 콘덴서
② 세라믹 콘덴서
③ 마일러 콘덴서
④ 전해 콘덴서

🔍 극성을 갖는 콘덴서는 직류용인 전해 콘덴서이다.

60 엘리베이터의 소요전력이 가장 큰 때는?

① 기동할 때
② 감속할 때
③ 주행속도로 무부하 상승할 때
④ 주행속도로 무부하 하강할 때

🔍 기동전류가 정격전류의 5~6배로 증가하며, 소요전력은 전류에 비례하므로 기동시 소요전력이 가장 크다.

정답 CBT 대비 적중모의고사 - 1회

01 ④	02 ③	03 ②	04 ④	05 ②
06 ④	07 ④	08 ②	09 ②	10 ④
11 ④	12 ②	13 ②	14 ②	15 ④
16 ③	17 ①	18 ④	19 ③	20 ③
21 ④	22 ①	23 ③	24 ②	25 ①
26 ②	27 ④	28 ①	29 ①	30 ④
31 ③	32 ④	33 ④	34 ③	35 ①
36 ④	37 ②	38 ③	39 ③	40 ②
41 ④	42 ②	43 ③	44 ③	45 ③
46 ①	47 ③	48 ③	49 ③	50 ②
51 ②	52 ③	53 ②	54 ③	55 ①
56 ③	57 ①	58 ①	59 ④	60 ①

2회 CBT 대비 적중모의고사

승강기기능사

01 교류 엘리베이터의 속도제어방식이 아닌 것은?

① 교류 1단 속도제어방식
② 교류 2단 속도제어방식
③ 교류 3단 속도제어방식
④ 교류 귀환 전압제어방식

🔍 **교류 엘리베이터의 제어방식**

속도 제어방법	특징	용도
교류1단 속도 제어	3상유도전동기에 전원투입으로 기동과 정속운전, 전원차단 후 정지하는 가장 간단한 방식	30m/min 이하 저속용
교류2단 속도 제어	기동과 주행은 고속권선, 감속은 저속권선으로 하는 방식	30~60 m/min 화물용
교류귀환 제어	카의 실제속도와 지령속도를 비교하여 사이리스터의 점호각을 바꾸는 방식	45~105 m/min
VVVF (가변전압 가변 주파수제어)	전압과 주파수의 변화로 직류전동기와 동등한 제어성능을 갖는 방식	고속용

02 카가 최상층 및 최하층을 지나쳐 주행하는 것을 방지하는 것은?

① 리미트 스위치
② 균형추
③ 인터록 장치
④ 정지 스위치

🔍 리미트 스위치는 승강기가 최상층 이상 및 최하층 이하로 운행되지 않도록 엘리베이터의 초과운행을 제한한다.

03 유압회로에 이용되는 펌프의 종류가 아닌 것은?

① 기어펌프
② 베인펌프
③ 스크루펌프
④ 레벨링펌프

🔍 유압펌프의 종류 : 기어펌프, 베인펌프, 피스톤펌프, 스크루펌프 등이 있다.

04 고속용 승강기에 가장 적합한 과속조절기(조속기)는?

① 롤 세이프티형(GR형)
② 디스크형(GD형)
③ 플라이볼형(GF형)
④ 플랙시블형(FGC형)

🔍

종류	동작	용도
디스크형	과속조절기의 시브의 속도가 빠를 때 고속스위치가 작동해 전원 차단	저·중속 엘리베이터
플라이볼형	시브의 회전을 종축으로 변환시켜 원심력으로 플라이볼이 작동해 전원스위치와 추락방지안전장치를 작동	고속 엘리베이터

05 전기식 엘리베이터의 기계실 구조에 대한 설명으로 옳지 않은 것은?

① 기계실은 당해 건축물의 다른 부분과 내화구조 또는 방화구조로 구획하고 기계실의 내장은 준불연재료 이상으로 마감되어야 한다.
② 기계실 크기는 설비, 특히 전기설비의 작업이 쉽고 안전하도록 충분하여야 한다.
③ 출입문은 폭 0.7 m 이상, 높이 1.8 m 이상의 금속제 문이어야 하며 기계실 외부로 완전히 열리는 구조이어야 한다.
④ 기계실에는 바닥 면에서 100lx 이상을 비출 수 있는 영구적으로 설치된 전기 조명이 있어야 한다.

🔍 기계실·기계류 공간 및 풀리실에는 작업공간의 바닥 면에서 200lx 이상을 밝히는 영구적으로 설치된 전기조명이 있어야 하며, 전원공급은 구동기에 공급되는 전원과는 독립적이어야 한다.

06 에스컬레이터의 경사도가 30°를 초과하고 35° 이하인 에스컬레이터의 공칭속도는 얼마 m/s 이하여야 하는가?

① 0.3m/s ② 0.5m/s
③ 0.75m/s ④ 1m/s

🔍 경사도가 30° 이하인 에스컬레이터는 0.75m/s 이하, 경사도가 30°를 초과하고 35° 이하인 에스컬레이터는 0.5m/s 이하이어야 한다.

07 엘리베이터의 카가 갖추어야 할 요소로 옳지 않은 것은?

① 카 주위벽은 방화구조로 되어 있어야 한다.
② 외부와의 연락 및 구출장치가 있어야 한다.
③ 환풍장치는 부착하지 않는다.
④ 비상등이 설치되어 있어야 한다.

🔍 이용자에게 편의제공을 위해 환풍장치를 설치해야 한다.

08 15kW 전동기의 전부하 회전수가 2420rpm인 경우 전부하 토크는?

① 6[kgf · m] ② 60[kgf · m]
③ 150[kgf · m] ④ 250[kgf · m]

🔍 $\tau = 0.975 \dfrac{P}{N} = 0.975 \times \dfrac{15000}{2420} \fallingdotseq 6$

09 다음 중 승강기의 안전장치가 아닌 것은?

① 과속조절기(조속기)
② 주전동기용 과전류계전기
③ 최상층 종점 스위치
④ 운전반 자동 · 수동 장치

🔍 운전반 자동 및 수동장치는 승강기의 조작장치이다.

10 도어 머신(door machine) 장치가 갖추어야 할 요구 조건이 아닌 것은?

① 소형경량이고 가격이 저렴하여야 한다.
② 대형이고 무거워야 한다.
③ 동작이 원활하고 소음이 적어야 한다.
④ 고빈도의 작동에 대한 내구성이 강해야 한다.

🔍 도어머신 (Door machine) 장치에 요구되는 성능
• 작동이 원활하고 소음이 발생하지 않을 것
• 카상부에 설치하기 위하여 소형 경량일 것
• 동작횟수가 엘리베이터 기동횟수의 2배가 되므로 보수가 용이할 것
• 가격이 저렴할 것

11 엘리베이터 승강장문의 유효 출입구 폭은 카 출입구의 폭 이상으로 하되, 양쪽 측면 모두 카 출입구 측면의 폭보다 몇 mm를 초과하지 않아야 하는가?

① 20mm ② 30mm
③ 40mm ④ 50mm

🔍 승강장문의 출입구 유효 폭은 카 출입구 폭 이상으로 하되, 카 출입구 폭보다 50mm를 초과하지 않아야 한다.

12 완충기의 종류를 결정하는데 반드시 필요한 조건은?

① 승강기의 용량
② 승강기의 속도
③ 승강기의 용도
④ 카의 크기

🔍 완충기는 카나 균형추가 어떤 원인으로 최하층을 통과하여 피트에 도달했을 때 카나 균형추에 충격을 완화시켜 주는 장치로써 속도와 관련이 깊다.
• 스프링 완충기의 속도별 최소행정(STROKE)거리
 − 30m/min 이하 : 38mm
 − 30m/min 초과 45m/min 이하 : 63mm
 − 45m/min 초과 60m/min 이하 : 100mm

13 엘리베이터에 사용되는 "T"형 가이드레일(Guide Rail)의 단위표시는?

① 레일의 높이로 표시한다.
② 레일 한본의 무게[kg]로 표시한다.
③ 레일 1미터[m]당 무게[kg]로 표시한다.
④ 레일 5미터[m]당 무게[kg]로 표시한다.

🔍 일반적으로 단면이 T자형인 엘리베이터용 레일이 이용되고 1m당 중량에 따라 8, 13, 18, 24, 30, 37, 50K 레일 등의 종류가 있다.

14 공칭속도가 0.65m/s인 무부하 상태의 에스컬레이터 및 하강 방향으로 움직이는 제동부하 상태의 에스컬레이터에 대한 정지거리는?

① 0.2m부터 1.0m까지
② 0.3m부터 1.3m까지
③ 0.4m부터 1.5m까지
④ 0.5m부터 1.8m까지

🔍 에스컬레이터의 정지거리

공칭속도 V	정지거리
0.50 m/s	0.20m부터 1.00m까지
0.65 m/s	0.30m부터 1.30m까지
0.75 m/s	0.40m부터 1.50m까지

15 에스컬레이터의 안전장치에 해당하지 않는 것은?

① 스텝 체인 안전 스위치(step chain safety switch)
② 스프링(spring) 완충기
③ 인레트 스위치(inlet switch)
④ 스커트 가드(skirt guard) 안전장치

🔍 스프링 완충기는 선형 특성을 갖는 에너지 축적형 완충기로 스프링을 사용하여 주행의 종점에서 충격의 흡수를 위해 사용되는 제동수단이다. 참고로 스프링 완충기는 정격속도 1.0m/s(60m/min) 이하인 엘리베이터에 사용된다.

16 엘리베이터 기계실에 설비되어서는 안 되는 것은?

① 승강기 제어반
② 환기설비
③ 옥탑 물탱크
④ 과속조절기

🔍 기계실에는 소요설비 이외의 것이 없도록 유지 되어 있어야 한다. 물탱크의 경우 기계실에 충분한 방수조치를 취한 후 기계실 위에 설치할 수 있다.

17 엘리베이터 승강장문에 대한 설명으로 옳지 않은 것은?

① 승강장문 잠금장치의 잠금부품은 문이 열리는 방향으로 200N의 힘을 가할 때 잠금 효력이 감소되지 않은 방법으로 물려야 한다.
② 승강장문의 유효 출입구 높이는 2m 이상이어야 한다. 다만, 자동차용 엘리베이터는 제외한다.
③ 엘리베이터의 카로 출입할 수 있는 승강로 개구부에는 구멍이 없는 승강장문이 설치되어야 한다.
④ 건축법령에서 방화등급이 요구되는 경우에는 관련 규정에 적합한 승강장문이 설치되어야 한다.

🔍 승강장문 잠금장치
• 전기안전장치는 잠금 부품이 7mm 이상 물려지기 전에는 카가 출발되지 않도록 해야 한다.
• 잠금 부품은 문이 열리는 방향으로 300N의 힘을 가할 때 잠금 효력이 감소되지 않는 방법으로 물려야 한다.

18 무빙워크(수평보행기)의 경사도는 몇 도 이하이어야 하는가?

① 8°   ② 10°
③ 12°   ④ 15°

🔍 에스컬레이터 및 무빙워크 경사도
• 에스컬레이터의 경사도는 30°를 초과하지 않아야 한다. 다만, 높이가 6m 이하이고 공칭속도가 0.5m/s 이하인 경우에는 경사도를 35°까지 증가시킬 수 있다.
• 무빙워크의 경사도는 12° 이하이어야 한다.

19 산업재해 발생원인 중 직접원인에 해당되는 것은?

① 불안전한 행동   ② 사회적 환경
③ 유전적 요소   ④ 인간의 결함

🔍 재해의 직접원인
• 불안전한 행동 : 위험장소 접근, 안전장치의 기능 제거, 복장·보호구의 잘못 사용, 기계·기구 잘못 사용, 운전 중인 기계장치의 손질, 불안전한 속도 조작, 위험물 취급 부주의, 불안전한 상태 방치, 불안전한 자세 동작, 감독 및 연락 불충분
• 불안전한 상태 : 물 자체 결함, 안전 방호장치 결함, 보호구의 결함, 물의 배치 및 작업장소 결함, 작업환경의 결함, 생산공정의 결함, 경계표시·설비의 결함

20 엘리베이터의 방호(안전)장치가 아닌 것은?

① 전동기   ② 과속조절기
③ 완충기   ④ 경보벨

방호장치는 과속조절기, 추락방지안전장치, 리미트 스위치, 완충기, 승강장문의 록크 및 스위치, 외부연락장치, 정전시 조명장치, 파킹 스위치 등이 있다. 전동기는 권상기가 구동할 수 있도록 동력을 전달하는 전기기기이다.

21 보호구의 구비조건으로 틀린 것은?

① 유해 · 위험 요소에 대한 방호성능이 경미해야 한다.
② 작업에 방해가 안 되어야 한다.
③ 구조와 끝마무리가 양호해야 한다.
④ 착용이 간편해야 한다.

🔍 **보호구의 구비조건**
- 착용이 간편할 것
- 작업에 방해가 되지 않도록 할 것
- 유해 · 위험요소에 대한 방호성능이 충분할 것
- 재료의 품질이 양호할 것
- 구조와 끝마무리가 양호할 것
- 외양과 외관이 양호할 것

22 양중기의 와이어 로프로 사용할 수 있는 것은?

① 이음매가 있는 것
② 와이어 로프의 한가닥에서 소선의 수가 10~20%정도 절단된 것
③ 지름의 감소가 공칭 지름의 5%인 것
④ 꼬인 것

🔍 **양중기의 와이어 로프로 사용할 수 없는 것(산업안전보건기준에 관한 규칙 제63조)**
- 이음매가 있는 것
- 와이어로프의 한 꼬임[(스트랜드(strand)를 말한다. 이하 같다)]에서 끊어진 소선(素線)[필러(pillar)선은 제외한다)]의 수가 10% 이상(비자르프의 경우에는 끊어진 소선의 수가 와이어로프 호칭지름의 6배 길이 이내에서 4개 이상이거나 호칭지름 30배 길이 이내에서 8개 이상)인 것
- 지름의 감소가 공칭지름의 7%를 초과하는 것
- 꼬인 것
- 심하게 변형되거나 부식된 것
- 열과 전기충격에 의해 손상된 것

23 작업장으로 통하는 통로의 안전 조건으로 잘못된 것은?

① 통로의 주요한 부분에는 통로 표시를 한다.
② 가설통로의 경사가 20도 초과 시에는 미끄러지지 않는 구조로 한다.
③ 옥내에 통로를 설치시 미끄러지는 등의 위험이 없도록 한다.
④ 통로 면으로부터 높이 2m 이내에는 장애물이 없도록 한다.

🔍 **통로 및 가설통로의 구조**
- 통로의 주요 부분에는 통로표시를 하고, 근로자가 안전하게 통행할 수 있도록 하여야 한다.
- 통로면으로부터 높이 2미터 이내에는 장애물이 없도록 하여야 한다.
- 견고한 구조로 한다.
- 경사는 30° 이하로 할 것. 다만, 계단을 설치하거나 높이 2미터 미만의 가설통로로서 튼튼한 손잡이를 설치한 경우에는 그러하지 아니하다.
- 경사가 15°를 초과하는 경우에는 미끄러지지 아니하는 구조로 할 것
- 추락할 위험이 있는 장소에는 안전난간을 설치할 것. 다만, 작업상 부득이한 경우에는 필요한 부분만 임시로 해체할 수 있다.

24 엘리베이터의 안전장치에 관한 설명으로 틀린 것은?

① 작업 형편상 경우에 따라 일시 제거해도 좋다.
② 카의 출입문이 열려있는 경우 움직이지 않는다.
③ 불량할 때는 즉시 보수한 다음 작업한다.
④ 반드시 작업 전에 점검한다.

🔍 안전장치는 어떠한 경우에도 제거해서는 안 된다.

25 승강기 안전기준에서 소방구조용(비상용) 엘리베이터의 기본요건으로 틀린 것은?

① 소방구조용 엘리베이터는 화재 발생 시 소방관의 직접적인 조작 아래에서 사용된다.
② 소방구조용 엘리베이터의 출입구 유효 폭은 1000mm 이상이어야 한다.
③ 소방구조용 엘리베이터는 소방운전 시 모든 승강장의 출입구마다 정지할 수 있어야 한다.
④ 소방구조용 엘리베이터는 소방관이 조작하여 엘리베이터 문이 닫힌 이후부터 60초 이내에 가장 먼 층에 도착되어야 된다.

🔍 소방구조용 엘리베이터의 크기는 630kg의 정격하중을 갖는 폭 1,100mm, 깊이 1,400mm 이상이어야 하며, 출입구 유효 폭은 800mm 이상이어야 한다.

26 안전점검의 주목적으로 옳은 것은?

① 안전작업표준의 적절성을 점검하는데 있다.
② 시설장비의 설계를 점검하는데 있다.
③ 법 기준에 대한 적합 여부를 점검하는데 있다.
④ 위험을 사전에 발견하여 시정하는데 있다.

> 안전점검의 주목적은 설비 상태나 작업자의 행위에서 생기는 결함 즉 위험요인을 발견하여 시정하기 위한 것이다.

27 위해·위험방지를 위하여 방호조치가 필요한 기계기구에 대한 방호조치의 짝으로 알맞은 것은?

① 리프트 – 과속조절기
② 에스컬레이터 – 파킹장치
③ 크레인 – 역화방지기
④ 승강기 – 과부하방지장치

> 기계기구의 방호장치
> • 프레스 또는 전단기 : 방호장치
> • 아세틸렌용접장치 또는 가스집합 용접장치 : 안전기
> • 교류아크 용접기 : 자동전격방지기
> • 크레인·승강기·곤도라·리프트 : 과부하 방지장치 및 고용노동부장관이 고시하는 방호장치
> • 압력용기 : 압력방출장치
> • 보일러 : 압력방출장치 및 압력제한스위치
> • 로울러기 : 급정지장치

28 작업내용에 따라 지급해야 할 보호구로 옳지 않은 것은?

① 보안면 : 물체가 날아 흩어질 위험이 있는 작업
② 안전장갑 : 감전의 위험이 있는 작업
③ 방열복 : 고열에 의한 화상 등의 위험이 있는 작업
④ 안전화 : 물체의 낙하, 물체의 끼임 등이 있는 작업

> 보안면은 일반적으로 용접시 불꽃 또는 물체가 날아 흩어질 위험이 있는 작업에서 사용된다.

29 엘리베이터 제동기(Brake)의 전자-기계 브레이크에 대한 설명으로 틀린 것은?

① 밴드 브레이크가 같이 사용되어야 한다.
② 브레이크 라이닝은 불연성이어야 한다.
③ 브레이크슈 또는 패드 압력은 압축 스프링 또는 추에 의해 발휘되어야 한다.
④ 자체적으로 카가 정격속도로 정격하중의 125%를 싣고 하강방향으로 운행될 때 구동기를 정지시킬 수 있어야 한다.

> 밴드 브레이크는 사용되지 않아야 하며, 브레이크슈 또는 패드 압력은 압축 스프링 또는 무게추에 의해 발휘되어야 한다.

30 승강기 운영규정상 자체점검의 판정기준이 아닌 것은?

① 부적합
② 양호
③ 주의관찰
④ 긴급수리

> 자체점검 판정기준
> • 양호 : 자체점검기준에 적합한 경우
> • 주의관찰 : 자체점검기준에 부적합하나, 내용이 승강기의 안전운행에 직접관련이 없는 경미한 사항으로 주의 관찰이 필요한 경우
> • 긴급수리 : 자체점검기준에 부적합하여 긴급 수리 또는 승강기 부품의 교체가 필요한 경우

31 사용 중인 와이어로프의 육안 점검사항과 거리가 먼 것은?

① 로프의 마모상태
② 변형부식 유무
③ 로프 끝의 풀림여부
④ 로프의 꼬임방향

> 와이어로프 육안 점검사항
> • 로프의 마모 및 이완 상태
> • 로프의 변형 및 부식 유무
> • 로프 끝의 풀림 여부
> • 로프의 체결 상태

32 엘리베이터에서 에이프런(apron)의 수직 부분 높은 몇 m 이상이어야 하는가?(단, 주택용 엘리베이터가 아닌 경우이다.)

① 0.35
② 0.55
③ 0.75
④ 0.85

> 에이프런은 카 또는 승강장 출입구 문턱부터 아래로 평탄하게 내려간 수직 부분의 앞 보호판으로 수직 부분 높이는 0.75m 이상이어야 한다. 다만, 주택용 엘리베이터의 경우에는 0.54m 이상이어야 한다.

33 에스컬레이터 스텝의 구성요소가 아닌 것은?

① 콤
② 클리트
③ 라이저
④ 디딤판

🔍 콤 : 디딤판의 홈에 꼭 들어맞는 이빨이 있는 부분으로 물체가 에스컬레이터의 내부 장치 안으로 들어가는 것을 방지

34 다음은 승강기의 표시방법이다. 옳지 않은 것은?

"P15-CO120-15S"

① 승객용이다.
② 15인승이다.
③ 중앙개폐식 도어방식으로 120cm이다.
④ 정지층수는 15이다.

🔍 승강기의 표시방법
- P : 승객용
- 15 : 인승
- CO : 중앙개폐(Center Open)
- 120 : 정격속도 120m/min
- 15S : 정지층수

35 무빙워크(수평보행기)의 안전장치에 해당되지 않는 것은?

① 스텝체인 안전스위치
② 스커트 가드 안전스위치
③ 비상정지스위치
④ 핸드레일 인입구 안전스위치

🔍 스커트 가드 안전스위치는 에스컬레이터 안전장치이다.

36 유압 엘리베이터의 전동기 구동기간은?

① 상승시에만 구동된다.
② 하강시에만 구동된다.
③ 상승시와 하강시 모두 구동된다.
④ 부하의 조건에 따라 상승시 또는 하강시에 구동된다.

🔍 유압파워유니트에서 발생한 압력유를 유압잭의 실린더로 보내어 플런저를 밀어올려서 카를 상승시키고, 실린더내의 기름을 탱크로 되돌려서 카를 하강시키는 엘리베이터로 유압파워유니트 구동 전동기는 상승시에만 구동된다.

37 전자접촉기 등의 조작회로를 접지하였을 경우, 당해 전자접촉기 등이 폐로될 염려가 있는 것의 접속방법으로 옳은 것은?

① 코일의 일단을 접지하지 않는 쪽의 전선에 접속할 것
② 코일의 일단을 접지측 전선에 접속할 것
③ 코일과 접지측 전선 사이에 반드시 개폐기가 있을 것
④ 코일과 접지측 전선 사이에 반드시 퓨즈를 설치할 것

🔍 전자접촉기 등의 조작회로를 접지하였을 경우, 당해 전자접촉기 등이 폐로될 염려가 있는 것의 전로의 접속은 코일의 일단을 접지측 전선에 접속해야 하며, 코일과 접지측 전선과는 개폐기 및 퓨즈를 시설해서는 안된다.

38 교류귀환 전압제어에 대한 설명으로 알맞은 것은?

① 사이리스터 점호각을 바꾸어 유도전동기의 속도를 제어
② 모터의 전기회로에 저항을 넣어 속도를 제어
③ 이단속도모터를 사용하여 기동을 고속권선으로, 착상을 저속권선으로 제어
④ 교류를 직류로 바꾸어 직류모터의 회전수를 제어

🔍 교류 엘리베이터의 제어방식

속도 제어방법	특징	용도
교류1단 속도 제어	3상유도전동기에 전원투입으로 기동과 정속운전, 전원차단 후 정지하는 가장 간단한 방식	30m/min 이하 저속용
교류2단 속도 제어	기동과 주행은 고속권선, 감속은 저속권선으로 하는 방식	30~60 m/min 화물용
교류귀환 제어	카의 실제속도와 지령속도를 비교하여 사이리스터의 점호각을 바꾸는 방식	45~105 m/min
VVVF (가변전압 가변주파수제어)	전압과 주파수의 변화로 직류전동기와 동등한 제어성능을 갖는 방식	고속용

39 과속조절기 로프의 안전율은 얼마이어야 하는가?

① 3 이상　　② 4 이상
③ 8 이상　　④ 10 이상

🔍 **과속조절기 로프**
- 과속조절기는 과속조절기 용도로 설계된 와이어 로프에 의해 구동되어야 한다.
- 과속조절기 로프의 최소 파단하중은 8 이상의 안전율을 확보해야 한다.
- 과속조절기 로프 인장 풀리의 피치 직경과 과속조절기 로프의 공칭 지름의 비는 30 이상이어야 한다.
- 과속조절기 로프는 인장 풀리에 의해 인장되어야 한다.
- 과속조절기 로프 및 관련 부속부품은 추락방지안전장치가 작동하는 동안 제동거리가 정상적일 때보다 더 길더라도 손상되지 않아야 한다.

40 유압 엘리베이터에 관한 설명 중 옳지 않은 것은?

① 기계실의 배치가 자유롭다.
② 건물 꼭대기 부분에 하중이 걸리지 않는다.
③ 실린더를 사용하므로 행정거리와 속도에 한계가 있다.
④ 승강로 상부틈새가 커야만 한다.

🔍 유압 엘리베이터는 승강로 상부틈새가 작아도 되며, 균형추를 사용하지 않아 전동기의 소요 동력이 크다.

41 다음 중 엘리베이터 정격속도와 상관없이 어떤 경우에도 사용될 수 있는 완충기는?

① 스프링식 완충기
② 유압식 완충기
③ 우레탄식 완충기
④ 에너지 축적형 완충기

🔍 **완충기**
- 선형(스프링식) 또는 비선형(우레탄식) 특성을 갖는 에너지 축적형 완충기 : 정격속도 1m/s 이하인 경우 사용
- 완충된 복귀 움직임을 갖는 에너지 축적형 완충기 : 정격속도 1.6m/s 이하인 경우 사용
- 에너지 분산형(유압식) 완충기 : 정격속도와 상관없이 어떤 경우에도 사용 가능

42 엘리베이터 과부하감지장치의 용도가 아닌 것은?

① 탑승인원 또는 적재하중 감지용
② 정격하중의 105~110%의 범위로 설정
③ 과부하 경보 및 도어 닫힘 저지용
④ 이상적인 속도 제어용

🔍 정격 적재하중을 초과하여 적재(승차)시 경보가 울리고 도어가 열리며 해소시까지 문이 열려 대기한다.

43 에스컬레이터 또는 무빙워크의 스커트가 스텝 및 팔레트 또는 벨트 측면에 위치한 곳에서 수평 틈새는 각 측면에서 몇 mm 이하이어야 하는가?

① 2　　② 3
③ 4　　④ 7

🔍 에스컬레이터 또는 무빙워크의 스커트가 디딤판 측면에 위치한 경우 수평 틈새는 각 측면에서 4mm 이하이어야 하고, 정확히 반대되는 두 지점의 양 측면에서 측정된 틈새의 합은 7mm 이하이어야 한다.

44 카 또는 균형추가 승강로 바닥에 충돌하였을 때 카 내의 사람이 안전하도록 충격을 완화 시키는 장치는?

① 과속조절기
② 추락방지안전장치
③ 완충기
④ 리미트 스위치

🔍 완충기는 카나 균형추가 어떤 원인으로 최하층을 통과하여 피트에 도달했을 때 카나 균형추에 충격을 완화시켜 주는 장치로 선형 특성을 갖는 에너지 축적형 완충기인 스프링 완충기는 정격속도 1m/s 이하인 경우에만 사용하며, 에너지 분산형인 유압식 완충기는 정격속도와 상관없이 어떤 경우에도 사용될 수 있다.

45 정격속도가 1m/s를 초과하는 엘리베이터에 사용되는 추락방지안전장치의 종류는?

① 점차 작동형　　② 즉시 작동형
③ 디스크 작동형　　④ 플라이블 작동형

🔍
- 카의 추락방지안전장치는 엘리베이터의 정격속도가 1m/s를 초과하는 경우 점차 작동형이어야 한다. 다만, 다음과 같은 경우에는 그러하지 아니한다.
  - 정격속도가 1m/s를 초과하지 않는 경우 : 완충효과가 있는 즉시 작동형
  - 정격속도가 0.63m/s를 초과하지 않는 경우 : 즉시 작동형
- 카에 여러 개의 추락방지안전장치가 설치된 경우에는 모두 점차 작동형이어야 한다.
- 균형추 또는 평형추의 추락방지안전장치는 정격속도가 1m/s를 초과하는 경우 점차 작동형이어야 한다. 다만, 정격속도가 1m/s 이하인 경우에는 즉시 작동형으로 할 수 있다.

46 소방구조용 엘리베이터는 비상운전 시 비상운전등이 점등되어야 한다. 다음 중 비상운전에 해당되지 않는 것은?

① 비상호출스위치 조작에 의한 운전
② 1차 소방스위치 및 소방스위치 조작에 의한 운전
③ 비상호출버튼 조작에 의한 운전
④ 수동버튼 조작에 의한 운전

🔍 카 내부에서 행하는 검사로 소방구조용 승강기에 있어서는 중앙관리실과 연락하는 통화장치 및 비상용으로 사용되는 장치(비상운전등, 1차 소방스위치, 2차 소방스위치)의 작동상태가 양호할 것

47 포아송 비에 해당하는 식은?

① $\dfrac{\text{가로변형률}}{\text{세로변형률}}$
② $\dfrac{\text{세로변형률}}{\text{가로변형률}}$
③ $\dfrac{\text{가로변형률}}{\text{부피변형률}}$
④ $\dfrac{\text{세로변형률}}{\text{부피변형률}}$

🔍 포아송비란 재료의 비례한계 내에서 균일하게 분포된 축 응력으로 인하여 생긴 직각방향의 변형률과 축방향 변형률의 비의 절대치이다.

48 엘리베이터의 부하제어에 대한 설명으로 옳지 않은 것은?

① 카에 과부하가 발생할 경우에는 재-착상을 포함한 정상운행을 방지하는 장치가 설치되어야 한다.
② 과부하는 최소 65kg으로 계산하여 정격하중의 10%를 초과하면 검출되어야 한다.
③ 과부하 시 가청이나 시각적인 신호에 의해 카내 이용자에게 알려야 한다.
④ 과부하 시 자동 동력 작동식 문은 완전히 개방되어야 한다.

🔍 • 과부하는 최소 75kg으로 계산하여 정격하중의 10 %를 초과하기 전에 검출되어야 한다.
• 자동 동력 작동식 문은 완전히 개방되어야 하며, 수동 작동식 문은 잠금해제상태를 유지하여야 한다.
• 예비운전은 무효화되어야 한다.

49 엘리베이터의 안전회로는 어떻게 구성하는 것이 좋은가?

① 병렬회로
② 직렬회로
③ 직병렬회로
④ 인터록회로

🔍 입력조건이 모두 만족해야만 작동되는 회로는 직렬회로인 AND회로이다.

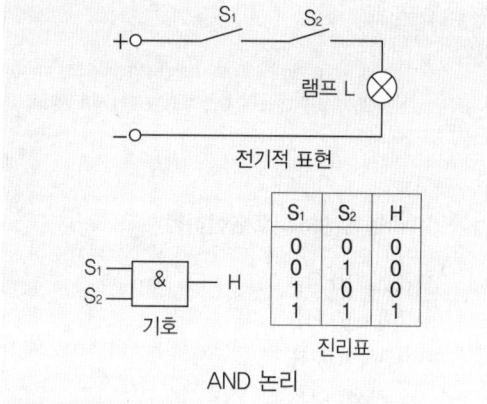

50 엘리베이터의 매다는 장치(현수)의 안전율에 대한 설명으로 옳은 것은?

① 3가닥 이상의 6mm 이상 8mm 미만의 로프에 의해 구동되는 권상 구동 엘리베이터의 경우 매다는 장치의 안전율은 16 이상이어야 한다.
② 로프가 있는 드럼 구동 및 유압식 엘리베이터의 경우 매다는 장치의 안전율은 10 이상이어야 한다.
③ 3가닥 이상의 로프(벨트)에 의해 구동되는 권상 구동 엘리베이터의 경우 매다는 장치의 안전율은 10 이상이어야 한다.
④ 체인에 의해 구동되는 엘리베이터의 경우 매다는 장치의 안전율은 8 이상이어야 한다.

🔍 매다는 장치(현수)의 안전율은 다음 구분에 따른 수치 이상이어야 한다.
• 3가닥 이상의 로프(벨트)에 의해 구동되는 권상 구동 엘리베이터의 경우 : 12
• 3가닥 이상의 6mm 이상 8mm 미만의 로프에 의해 구동되는 권상 구동 엘리베이터의 경우 : 16
• 2가닥 이상의 로프(벨트)에 의해 구동되는 권상 구동 엘리베이터의 경우 : 16
• 로프가 있는 드럼 구동 및 유압식 엘리베이터의 경우 : 12
• 체인에 의해 구동되는 엘리베이터의 경우 : 10

51 장애인용 엘리베이터는 호출버튼 또는 등록버튼에 의하여 카가 정지하면 몇 초 이상 문이 열린 채로 대기하여야 하는가?

① 3초
② 5초
③ 10초
④ 20초

🔍 장애인용 엘리베이터는 호출버튼 또는 등록버튼에 의하여 카가 정지하면 10초 이상 문이 열린 채로 대기하여야 한다.

52 1kWh를 줄[Joule]로 환산하면?

① 3.6×10^3[J]
② 3.6×10^4[J]
③ 3.6×10^5[J]
④ 3.6×10^6[J]

🔍 $1[kWh] = 10^3 \times 3600[W \cdot s] = 3.6 \times 10^6[J]$

53 다음 중 전하량의 단위는?

① [C]
② [A]
③ [V]
④ [Ω]

🔍 [A]는 전류, [V]는 전압, [Ω]는 저항의 단위이다.

54 교류에서 저압이란?

① 600[V] 이하
② 750[V] 이하
③ 1000[V] 이하
④ 1500[V] 이하

구분	교류	직류
저압	1000V 이하	1500V 이하
고압	1000V 초과 7000V 이하	1500V 초과 7000V 이하
특고압	7000V 초과	

55 두 전하 사이에서 작용하는 힘(쿨롱의 법칙)을 설명한 것은?

① 두 전하의 곱에 반비례하고 거리에 비례한다.
② 두 전하의 곱에 반비례하고 거리에 제곱에 비례한다.
③ 두 전하의 곱에 비례하고 거리에 반비례한다.
④ 두 전하의 곱에 비례하고 거리의 제곱에 반비례한다.

🔍 두 전하(전기량)의 곱에 비례하고 두 전하의 거리의 제곱에 반비례한다.

56 시퀀스 회로에서 일종의 기억회로라고 할 수 있는 것은?

① AND 회로
② OR 회로
③ 자기유지회로
④ NOT 회로

🔍 기억회로는 자기유지회로이다.

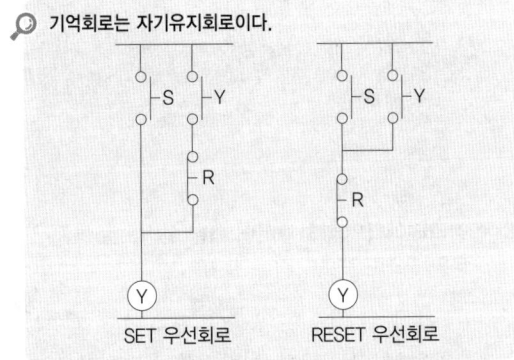

SET 우선회로   RESET 우선회로

57 4극인 유도 전동기의 동기속도가 1800rpm일 때 전원 주파수는?

① 50[Hz]
② 60[Hz]
③ 70[Hz]
④ 80[Hz]

🔍 $N = \dfrac{120f}{P}$, $f = \dfrac{NP}{120} = \dfrac{4 \times 1800}{120} = 60[Hz]$

58 피측정물의 치수와 표준치수와의 차를 측정하는 것은?

① 버니어 켈리퍼스
② 마이크로미터
③ 하이트 게이지
④ 다이얼 게이지

> 다이얼 게이지는 측정물의 길이를 직접 측정하는 것이 아니라 길이를 비교하기 위한 것으로, 평면의 요철(凹凸), 공작물 부착 상태, 축 중심의 흔들림, 직각의 흔들림 등을 검사하는 데 사용한다.

59 그림은 단상 교류전압을 전파정류한 파형이다. 이에 대한 설명 중 틀린 것은?

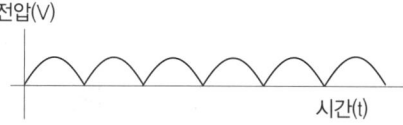

① 다이오드 4개로 이와 같은 출력을 얻을 수 있다.
② 평활회로를 사용하지 않더라도 이 전압 그대로 계전기를 동작시킬 수 있다
③ 이 전압파형은 DC전압이므로 회로구성시 +, −극성을 고려하여야 한다.
④ 콘덴서를 사용하여 다시 교류전원으로 환원시킬 수 있다.

> 전파정류회로(브릿지 정류회로)는 콘덴서 사용시 용량에 따라 맥동이 거의 없는 직류를 얻을 수 있다.

60 되먹임 제어에서 꼭 필요한 장치는?

① 입력과 출력을 비교하는 장치
② 응답속도를 느리게 하는 장치
③ 응답속도를 빠르게 하는 장치
④ 안정도를 좋게 하는 장치

> 폐루프 제어계(피드백 제어계)는 출력신호와 입력신호를 비교하여 정확한 제어를 하는 것이다.

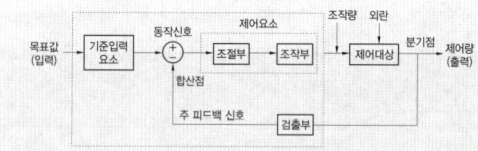

정답 CBT 대비 적중모의고사 – 2회

01 ③	02 ①	03 ④	04 ③	05 ④
06 ②	07 ③	08 ①	09 ④	10 ②
11 ④	12 ②	13 ③	14 ②	15 ②
16 ④	17 ①	18 ③	19 ①	20 ①
21 ①	22 ③	23 ②	24 ①	25 ②
26 ④	27 ④	28 ①	29 ①	30 ④
31 ④	32 ③	33 ①	34 ③	35 ②
36 ①	37 ②	38 ①	39 ③	40 ④
41 ②	42 ④	43 ③	44 ③	45 ①
46 ④	47 ①	48 ③	49 ②	50 ①
51 ③	52 ④	53 ①	54 ③	55 ④
56 ③	57 ②	58 ④	59 ④	60 ①

3회 CBT 대비 적중모의고사

승강기기능사

01 엘리베이터 기계실에 관한 설명으로 틀린 것은?

① 출입문은 폭 0.7m 이상, 높이 1.8m 이상의 금속제 문이어야 하며 기계실 외부로 완전히 열리는 구조이어야 한다.
② 작업구역에서 유효 높이는 1m 이상이어야 한다.
③ 기계실에는 작업구역마다 적절한 위치에 설치된 1개 이상의 콘센트가 있어야 한다.
④ 당해 건축물의 다른 부분과 내화구조 또는 방화구조로 구획하고 기계실의 내장은 준불연재료 이상으로 마감되어야 한다.

> 기계실 크기는 설비, 특히 전기설비의 작업이 쉽고 안전하도록 충분하여야 하며, 작업구역에서 유효 높이는 2.1m 이상이어야 한다.

02 3상 교류의 단속도 전동기에 전원을 공급하는 것으로 기동과 정속운전을 하고, 정지는 전원을 차단한 후 제동기에 의해 기계적으로 브레이크를 거는 제어방식은?

① 교류 일단 속도 제어방식
② 교류 이단 속도 제어방식
③ 교류 궤환 제어방식
④ 워드 레오나드 제어방식

> 교류 엘리베이터의 제어방식

속도 제어방법	특징	용도
교류1단 속도 제어	3상유도전동기에 전원투입으로 기동과 정속운전, 전원차단 후 정지하는 가장 간단한 방식	30m/min 이하 저속용
교류2단 속도 제어	기동과 주행은 고속권선, 감속은 저속권선으로 하는 방식	30~60 m/min 화물용
교류궤환 제어	카의 실제속도와 지령속도를 비교하여 사이리스터의 점호각을 바꾸는 방식	45~105 m/min
VVVF (가변전압 가변주파수제어)	전압과 주파수의 변화로 직류 전동기와 동등한 제어성능을 갖는 방식	고속용

03 엘리베이터 기계실 조명에 관한 설명으로 부적합한 것은?

① 조명 스위치는 출입구 가까이 설치한다.
② 조명전원은 엘리베이터 전원과 연결 사용한다.
③ 조도는 작업공간의 바닥면에서 200lx 이상이어야 한다.
④ 1개 이상의 콘센트가 있어야 한다.

> 카, 승강로, 구동기 공간, 풀리 공간 및 비상운전 및 작동시험을 위한 패널에 공급되는 전기조명은 구동기에 공급되는 전원과는 독립적이어야 한다.

04 에스컬레이터와 층 바닥이 교차하는 곳에 손이나 머리가 끼거나 충돌하는 것을 방지하기 위한 안전장치는?

① 셔터운동 안전장치
② 스커트가드 안전장치
③ 스텝체인 안전장치
④ 안전보호판

> 난간부와 교차하는 건축물 천장부 또는 측면부 등과의 사이에 생기는 3각부에 사람의 머리 등 신체의 일부가 끼이는 것을 방지하기 위해 설치한다.

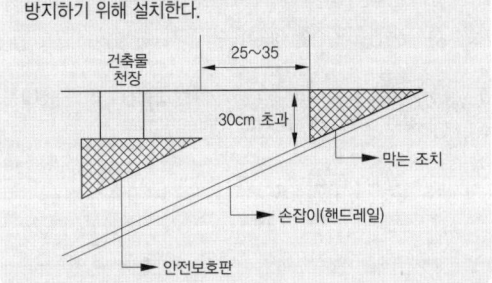

05 엘리베이터에 사용되고 있는 스프링 완충기는 주로 어떤 기종에 사용되고 있는가?

① 정격속도가 1.0m/s 이하의 기종
② 정격속도가 1.0m/s 초과하는 기종
③ 정격속도가 1.6m/s 이하의 기종
④ 정격속도가 1.6m/s 초과하는 기종

🔍 에너지 축적형인 비선형 특성의 우레탄식 완충기와 선형 특성의 스프링 완충기는 정격속도가 1.0m/s를 초과하지 않는 엘리베이터에 사용된다. 참고로 엘리베이터의 정격속도에 상관없이 사용할 수 있는 완충기는 에너지 분산형인 유압 완충기이다.

06 일반적으로 피트에 설치되지 않는 것은?

① 균형추   ② 과속조절기
③ 완충기   ④ 인장 도르래

🔍 균형추는 엘리베이터 카의 자중에 적재용량의 약 35~55%를 더한 중량을 보상시키기 위하여 엘리베이터 카와 연결된 권상 로프의 반대편에 연결된 중량물이다.

07 승객의 승계가 용이하며, 상부층계에 고객을 유도하기 쉬운 에스컬레이터의 배치는?

① 단열 승계형
② 복합 승계형
③ 교차 승계형
④ 단열 겹침형

🔍 • 단열 승계형 : 중소 규모의 쇼핑 빌딩 등에 쓰이며, 오르는 방향의 에스컬레이터를 차례로 이어타며 올라가는 방식
• 단열 겹침형 : 단열형을 겹친 형식

08 균형추의 중량을 결정하는 계산식은?(단, 여기서 L은 정격하중 F는 오버밸런스율이다.)

① 균형추 중량 = 카 자체하중 × L · F
② 균형추 중량 = 카 자체하중 + L · F
③ 균형추 중량 = 카 자체하중 + (L − F)
④ 균형추 중량 = 카 자체하중 + L + F

🔍 균형추의 중량 = 카 자체하중 + L·F

09 카가 운행 중일 때 엘리베이터 카문의 개방은 얼마 이상의 힘을 요구하는가?

① 30N   ② 50N
③ 70N   ④ 100N

🔍 • 카가 운행 중 일때, 카문의 개방은 50N 이상의 힘이 요구되어야 한다.
• 카가 잠금해제구간 밖에 있을 때, 카문은 1,000N의 힘으로 50mm 이상 열리지 않아야 하며, 자동 동력 작동 상태에서도 문은 열리지 않아야 한다.

10 엘리베이터에서 BGM 장치란?

① 비상시 연락하는 장치
② 외부와 통화하는 장치
③ 정전시 카 내를 밝혀주는 장치
④ 승객의 마음을 음악으로 편하게 해주기 위한 장치

🔍 BGM(Back Ground Music)은 승객의 마음을 음악을 통해 편하게 해주기 위한 장치이다.

11 2단으로 배열된 운반기 중 임의의 상단의 자동차를 출고 시키고자 하는 경우 하단의 운반기를 수평 이동시켜 상단의 운반기가 하강이 가능하도록 한 입체 주차설비는?

① 평면 왕복식 주차장치
② 승강기식 주차장치
③ 2단식 주차장치
④ 수직 순환식 주차장치

🔍 입체 주차설비 종류
• 수직 순환 주차방식
차를 싣는 받침대가 체인처럼 연결돼 있고, 뱅글뱅글 돌아가면서 차를 주차시 수직면내 수직으로 배열된 주차장치
• 수평 순환 주차방식
차를 싣는 받침대가 체인처럼 연결돼 있고, 뱅글뱅글 돌아가면서 차를 주차시 수평면내 수평으로 배열된 주차장치
• 2단식 주차방식
2단으로 배열된 운반기 중 임의의 상단의 자동차를 출고 시키고자 하는 경우 하단의 운반기를 수평 이동시켜 상단의 운반기가 하강이 가능하도록 한 입체 주차설비
• 다층 순환 주차방식
토지공간 이용율을 최대하여 여러 층(2단~5단)에 주차구획을 형성하여 양쪽 끝단에 LIFT를 승·하강시키고 각단에 횡행동작으로 수평이동하여 주차시키도록 형성한 주차설비

12 승객용 엘리베이터에서 카(car)와 카 틀(car frame)의 구조로 옳은 것은?

① 카 상부 틀에 카가 고정되어 있다.
② 카 세로 틀에 카가 고정되어 있다.
③ 카 틀과 카는 분리시켜 고무쿠션으로 지지토록 되어 있다.
④ 카 틀 전체에 카가 고정시켜 있다.

> 카틀은 체대조립부(상부, 하부, 옆)와 기타구성품(브레이스로드, 가이드슈, 바상정지장치, 이동케이블 등)으로 구성되어 있으며 또한 카와 분리시켜 고무쿠션으로 지지토록 한다.

13 도어 인터록에 대한 설명으로 틀린 것은?

① 모든 승강장문에는 전용열쇠를 사용하지 않으면 열리지 않도록 하여야 한다.
② 도어가 닫혀있지 않으면 운전이 불가능하여야 한다.
③ 닫힘 동작시 도어 스위치가 들어간 다음 도어록이 확실히 걸리는 구조이어야 한다.
④ 도어록을 열기 위한 열쇠는 특수한 전용키어야 한다.

> 닫힘 동작시는 도어록이 먼저 걸린 상태에서 도어 스위치가 들어가고, 열림 동작시는 도어 스위치가 끊어진 후 도어록이 열리는 구조여야 한다.

14 추락방지안전장치 등의 작동을 위한 과속조절기는 정격속도의 몇 % 이상의 속도에서 작동되어야 하는가?

① 100 ② 110
③ 115 ④ 130

> 추락방지안전장치 등의 작동을 위한 과속조절기는 정격속도의 115% 이상의 속도 그리고 다음과 같은 속도 이하에서 작동되어야 한다.
> • 롤러로 잡는 타입을 제외한 즉시 작동형 추락방지안전장치 : 0.8m/s
> • 롤러로 잡는 타입의 추락방지안전장치 : 1m/s
> • 정격속도가 1m/s 이하의 엘리베이터에 사용되는 점차 작동형 추락방지안전장치 : 1.5m/s
> • 정격속도가 1m/s를 초과하는 엘리베이터에 사용되는 점차 작동형 추락방지안전장치 : $1.25v + \dfrac{0.25}{v}$ m/s

15 4~5대의 승강기가 병설되어 있을 때 적합한 운전방식은?

① 군관리방식
② 군승합 전자동방식
③ 양방향 승합 전자동식
④ 단식자동식

> 복식엘리베이터 조작방식
> • 군승합자동식 : 2~3대의 엘리베이터를 연계한 후 호출에 대해 먼저 응답한 카만 움직이고 나머지는 응답하지 않아 효율적으로 이용이 가능하다.
> • 군관리 방식 : 3~8대의 엘리베이터를 병설로 하여 합리적으로 운행·관리하는 방식이다.

16 전동기의 역률을 개선하기 위하여 사용되는 것은?

① 저항기
② 전력용 콘덴서
③ 직렬리액터
④ 트립코일

> • 저항기 : 전류의 흐름을 방해하는 기능
> • 직렬리액터 : 전력용 콘덴서에서 발생되는 제5고조파를 제거하는 기능
> • 트립코일 : 차단기를 개로할 경우에 트립 기구를 동작시키기 위한 코일

17 기어가 붙은 권상기에서 0.5m/s 미만의 승강기에 일반적으로 사용되는 로프 거는 방법은?

① 1:1 로핑   ② 2:1 로핑
③ 3:1 로핑   ④ 4:1 로핑

> 전동기의 회전을 감속시키기 위하여 기어를 부착한 것으로 로프장력은 부하측 중력의 1/2로 더며, 부하측의 속도가 로프 속도의 1/2가 된다. 이 경우 2:1 로핑을 일반적으로 사용한다.

18 유압식 엘리베이터의 종류에 속하지 않는 것은?

① 직접식
② 간접식
③ 팬더그래프식
④ 권동식

> 권동식은 전기식 엘리베이터이다.

19 사업장에 승강기의 조립 또는 해체작업을 할 때 조치하여야 할 사항과거리가 먼 것은?

① 작업을 지휘하는 자를 선임하여 지휘자의 책임 하에 작업을 실시할 것
② 작업할 구역에는 관계근로자외의 자의 출입을 금지시킬 것
③ 기상상태의 불안정으로 인하여 날씨가 몹시 나쁠 때에는 그 작업을 중지시킬 것
④ 사용자의 편의를 위하여 야간작업을 하도록 할 것

🔍 산업안전보건기준에 관한 규칙 162조
- 작업을 지휘하는 사람을 선임하여 그 사람의 지휘하에 작업을 실시할 것
- 작업을 할 구역에 관계 근로자가 아닌 사람의 출입을 금지하고 그 취지를 보기 쉬운 장소에 표시할 것
- 비, 눈, 그 밖에 기상상태의 불안정으로 날씨가 몹시 나쁜 경우에는 그 작업을 중지시킬 것

20 카 내에 갇힌 사람이 외부와 연락할 수 있는 장치는?

① 차임벨
② 인터폰
③ 위치표시램프
④ 리미트 스위치

21 산업현장에서 안전관리자의 직무가 아닌 것은?

① 안전보건 관리규정에서 정한 직무
② 산업재해 발생의 원인 조사 및 대책
③ 안전교육계획의 수립 및 실시
④ 근로환경보건에 관한 연구 및 조사

🔍 안전관리자의 업무
- 산업안전보건위원회 또는 안전 및 보건에 관한 노사협의체에서 심의·의결한 업무와 해당 사업장의 안전보건관리규정 및 취업규칙에서 정한 업무
- 위험성평가에 관한 보좌 및 지도·조언
- 안전인증대상기계등과 자율안전확인대상기계등 구입 시 적격품의 선정에 관한 보좌 및 지도·조언
- 해당 사업장 안전교육계획의 수립 및 안전교육 실시에 관한 보좌 및 지도·조언
- 사업장 순회점검, 지도 및 조치 건의
- 산업재해 발생의 원인 조사·분석 및 재발 방지를 위한 기술적 보좌 및 지도·조언
- 산업재해에 관한 통계의 유지·관리·분석을 위한 보좌 및 지도·조언
- 법 또는 법에 따른 명령으로 정한 안전에 관한 사항의 이행에 관한 보좌 및 지도·조언
- 업무 수행 내용의 기록·유지
- 그 밖에 안전에 관한 사항으로서 고용노동부장관이 정하는 사항

22 기계에 대한 통제방법으로 볼 수 없는 것은?

① 반응에 대한 통제
② 개폐에 대한 통제
③ 조작에 대한 통제
④ 양의 조절에 대한 통제

🔍
- 반응에 대한 통제 : 전기부품(계기, 센서 등)으로 기계 통제
- 개폐에 대한 통제 : 스위치 투입 및 차단으로 기계 통제
- 양의 조절에 대한 통제 : 원료, 동력 및 기타의 양으로 기계 통제

23 피트 내 누수 및 청결상태의 점검방법은?

① 기능점검
② 육안점검
③ 특별점검
④ 성능점검

🔍 피트 내 누수 및 청결상태는 육안 점검방법으로 점검주기는 3개월에 1회이다.

24 사고원인에 대한 사항으로 틀린 것은?

① 교육적인 원인 : 안전지식 부족
② 인적원인 : 불안전한 행동
③ 간접적인 원인 : 고의에 의한 사고
④ 직접적인 원인 : 환경 및 설비의 불량

🔍 재해원인의 분류
- 직접원인
  - 불안전한 행동(인적원인) : 위험장소 접근, 안전장치의 기능 제거, 복장·보호구의 잘못 사용, 기계·기구 잘못 사용, 운전중인 기계장치의 손질, 불안전한 속도 조작, 위험물 취급 부주의, 불안전한 상태 방치, 불안전한 자세 동작, 감독 및 연락 불충분
  - 불안전한 상태(물적원인) : 물 자체 결함, 안전 방호장치 결함, 복장·보호구의 결함, 물의 배치 및 작업 장소 결함, 작업환경의 결함, 생산 공정의 결함, 경계표시·실비의 결함

- 간접원인
  - 기술적 원인 : 건물·기계장치 설계 불량, 구조·재료의 부적합, 생산 공정의 부적당, 점검·정비·보존 불량
  - 교육적 원인 : 안전의식의 부족, 안전수칙의 오해, 경험훈련의 미숙, 작업방법의 교육 불충분, 유해위험 작업의 교육 불충분
  - 관리적 원인(작업관리상 원인) : 안전관리 조직 결함, 안전수칙 미제정, 작업준비 불충분, 인원배치 부적당, 작업지시 부적당

25 다음 중 동력전달장치가 아닌 것은?

① 기어 ② 변압기
③ 체인 ④ 컨베이어

🔍 변압기는 전력변환장치이다.

26 엘리베이터 자체점검 항목 중 카의 점검내용에서 점검주기가 월 1회가 아닌 것은?

① 과부하감지장치 설치 및 작동상태
② 카 내 버튼의 설치 및 작동상태
③ 비상통화장치의 작동상태
④ 에이프런 고정 및 설치상태

🔍 카의 점검내용

점검내용	점검방법	점검 주기 (회/월)
과부하감지장치 설치 및 작동상태	시험	1/1
카 내 버튼의 설치 및 작동상태	시험	1/1
비상통화장치의 작동상태	시험	1/1
에이프런 고정 및 설치상태	육안	1/3

27 엘리베이터를 보수하던 중 보수자가 승강기 카와 건물 벽 사이에 끼었다. 이 재해의 발생 형태는?

① 협착 ② 전도
③ 마찰 ④ 질식

🔍 재해발생의 형태
- 추락 : 고소 등에서 작업에 종사하고 있었던 근로자가 지상 등에 낙하하여 발생되는 재해
- 낙하 : 물건이 높은 곳에서 움직여 사람이 맞아 발생되는 재해
- 전도 : 사람이 평면 또는 경사면, 층계 등에서 구르거나 넘어짐 또는 미끄러짐으로 인해 발생되는 재해
- 충돌 : 사람이 정지되어 있는 물체에 부딪혀서 발생되는 재해
- 협착 : 기계의 움직이는 부분 사이 또는 움직이는 부분과 고정 부분 사이에 신체 또는 신체일부분이 끼이거나 물리거나 말려들어가 발생되는 재해

28 이동식 전기기기에 의한 감전사고를 예방하기 위하여 가장 필요한 조치는?

① 외부에 절연용 도료를 칠한다.
② 장시간 사용을 금한다.
③ 숙련공이 취급한다.
④ 접지를 한다.

🔍 접지는 감전 등의 전기사고 예방 목적으로 전기기기와 대지를 도선으로 연결하여 기기의 전위를 0으로 유지하는 것이며, 어스(earth)라고도 한다.

29 추락방지안전장치에 관한 설명으로 틀린 것은?

① 한번 작동하면 복귀가 곤란하다.
② 종류는 즉시 작동형과 점차 작동형이 있다.
③ 작동시험은 저속운전으로도 가능하다.
④ 카의 추락방지안전장치는 점차 작동형이 사용되어야 한다.

🔍 추락방지안전장치는 자동으로 동작하고 복귀시는 수동으로 복귀시켜 재사용한다.

30 승강로의 구조에 관한 설명으로 틀린 것은?

① 승강로 내에는 각 층을 나타내는 표기가 있어야 한다.
② 승강로 내에 설치되는 돌출물은 안전상 지장이 없어야 한다.
③ 엘리베이터의 균형추 또는 평형추는 카와 동일한 승강로에 있어야 한다.
④ 승강로에는 1대의 엘리베이터 카만 있어야 한다.

🔍 승강로에는 1대 이상의 엘리베이터 카가 있을 수 있으며, 누수가 없고 청결상태가 유지되는 구조이어야 한다.

31 유량 제어밸브를 주 회로에서 분기된 바이패스회로에 삽입한 것을 블리드 오프(bleed off)회로라 한다. 이 회로에 관한 설명 중 옳은 것은?

① 비교적 정확한 속도 제어가 가능하다.
② 부하에 필요한 압력 이상의 압력이 발생한다.
③ 효율이 비교적 높다.
④ 미터인(Meter in) 회로라고도 한다.

🔍 속도제어회로
- 미터인회로
 유량제어밸브를 사용하여 실린더로 들어가는 유체의 양을 조절하여 속도를 제어하는 회로
- 미터아웃회로
 유량제어밸브를 사용하여 실린더에서 배기되는 유체의 양을 조절하여 속도를 제어하는 회로

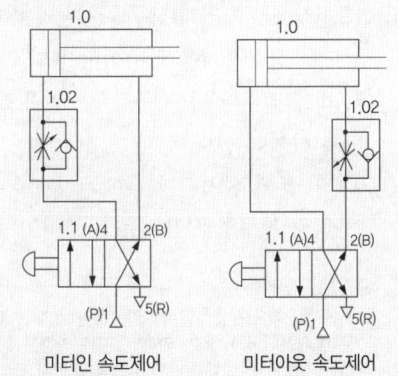

미터인 속도제어   미터아웃 속도제어

- 블리드오프회로
 유량제어밸브를 실린더와 병렬로 설치하여 실린더의 입구측에 불필요한 압유를 배출시켜 작동효율을 증진시킨 회로로써 효율이 비교적 높다.

32 엘리베이터가 고장이 났을 경우 기계실에서 점검해야 사항이 아닌 것은?

① 전원공급상태 여부
② 카가 서 있는 위치 체크
③ 과속조절기 스위치 및 과속조절기 작동 유무
④ 카의 하중 및 로프의 하중 체크

🔍 하중 체크는 엘리베이터 자체 검사시 실시한다.

33 엘리베이터의 트랙션 머신의 점검과 관계없는 것은?

① 머신 오일량의 상태를 확인한다.
② 머신 오일의 점도상태를 확인한다.
③ 시브풀리홈의 마모상태를 확인한다.
④ 커플링축의 색깔의 변화 여부를 확인한다.

🔍 트랙션 머신은 전동기축의 동력을 로프에서 카로 전달하는 권상기를 말한다.

34 장애인용 엘리베이터에 대한 설명으로 틀린 것은?

① 승강기의 전면에는 1.4m × 1.4m 이상의 활동 공간이 확보되어야 한다.
② 승강장 바닥과 승강기 바닥의 틈은 0.03m를 초과하여야 한다.
③ 승강기 내부의 유효바닥면적은 폭 1.6m 이상, 깊이 1.35m 이상이어야 한다.
④ 신축한 건물이 아닌 경우 출입문의 통과 유효 폭은 0.8m 이상으로 하여야 한다.

🔍 장애인 엘리베이터
- 승강장 바닥과 승강기 바닥의 틈은 0.03m 이하이어야 한다.
- 호출버튼·조작반·통화장치 등 승강기의 안팎에 설치되는 모든 스위치의 높이는 바닥면으로부터 0.8m 이상 1.2m 이하의 위치에 설치되어야 한다. 다만, 스위치는 수가 많아 1.2m 이내에 설치되는 것이 곤란한 경우에는 1.4m 이하까지 완화될 수 있다.

35 카 추락방지안전장치가 작동될 때, 정격하중이 균일하게 분포된 부하 상태의 카 바닥은 정상적인 위치에서 몇 %를 초과하여 기울어지지 않아야 하는가?

① 10%   ② 7%
③ 5%   ④ 3%

🔍 카 추락방지안전장치가 작동될 때, 무부하 상태의 카 바닥 또는 정격하중이 균일하게 분포된 부하 상태의 카 바닥은 정상적인 위치에서 5%를 초과하여 기울어지지 않아야 한다.

36 에스컬레이터의 하중시험을 하고자 할 때 옳은 방법은?

① 적재하중 50%의 하중을 싣고 운행
② 적재하중 100%의 하중을 싣고 운행
③ 적재하중 110%의 하중을 싣고 운행
④ 적재하중을 싣지 않고 운행

> 에스컬레이터의 하중시험은 적재하중을 싣지 않은 무부하 상태에서 검사하여야 한다.

37 에스컬레이터 안전장치 스위치의 종류에 해당하지 않는 것은?

① 비상정지 스위치
② 게이트 스위치
③ 구동 체인 절단검출 스위치
④ 스커트 가드 스위치

> **에스컬레이터 안전장치**
> • 구동체인 절단 안전장치
> • 스커트가드 안전장치
> • 비상정지 스위치
> • 핸드레일 인입구 안전장치
> • 역상제동장치

38 보상(균형)체인에 대한 설명으로 틀린 것은?

① 균형추에 직접 연결되어 있다.
② 타이로드에 부착되어 있다
③ 하부체대에 부착된 브래킷에 연결되어 있다.
④ 보상시브와 함께 사용되고 있다

> 보상체인은 카의 위치변화에 따른 로프의 무게 보상하기 설치하며, 하부체대에 부착된 브래킷에 연결되어 있다.

39 유압식 승강기의 유압 파워 유니트에 구성요소에 속하지 않는 것은?

① 펌프
② 유량제어밸브
③ 체크밸브
④ 실린더

> 유압파워유니트는 펌프, 유량제어밸브, 체크밸브, 안전밸브 및 주전동기를 주된 구성요소로 하는 유니트로 엘리베이터의 카 마다 설치되어 있어야 한다.

40 에스컬레이터의 디딤판과 스커트 가드와의 틈새는 양쪽 모두 합쳐서 최대 얼마이어야 하는가?

① 5mm 이하
② 7mm 이하
③ 9mm 이하
④ 10mm 이하

> 에스컬레이터 또는 무빙워크의 스커트가 디딤판 측면에 위치한 경우 수평 틈새는 각 측면에서 4mm 이하이어야 하고, 정확히 반대되는 두 지점의 양 측면에서 측정된 틈새의 합은 7mm 이하이어야 한다.

41 엘리베이터의 카 구조에 대한 설명으로 틀린 것은?

① 카 내부는 구조상 경미한 부분을 제외하고는 불연재료로 만들거나 씌워야 한다.
② 카 천장에 설치된 비상구출구는 카 내에서 열 수 없도록 잠금장치를 갖추어야 한다.
③ 카 벽에 설치된 비상출구는 카 안쪽으로만 열리도록 하여야 한다.
④ 2개의 문이 설치된 경우에는 2개의 문이 동시에 열려 통로로 사용되는 구조이어야 한다.

> **승강장문 및 카문**
> • 카에 정상적으로 출입할 수 있는 승강로 개구부에는 승강장문이 제공되어야 하고, 카에 출입은 카문을 통해야 한다. 다만, 2개 이상의 카문이 있는 경우, 어떠한 경우라도 2개의 문이 동시에 열리지 않아야 한다.
> • 승강장문 및 카문의 출입구 유효 높이는 2m 이상이어야 한다. 다만, 주택용 엘리베이터의 경우에는 1.8m 이상으로 할 수 있으며, 자동차용 엘리베이터의 경우에는 제외한다.

42 전동 소형화물용 엘리베이터(덤웨이터)의 안전장치에 대한 설명 중 옳은 것은?

① 출입구 문에 사람의 탑승금지 등의 주의사항은 부착하지 않아도 된다.
② 도어 인터록 장치는 설치하여 않아도 된다.
③ 로프는 일반 승강기와 같이 와이어로프 소켓을 이용한 체결을 하여야만 한다.
④ 승강로의 모든 출입구 문이 닫혀야만 카를 승강시킬 수 있다.

> 소형화물용 엘리베이터란 사람이 탑승하지 않으면서 적재용량이 300kg 이하인 것으로서 소형화물(서적, 음식물 등) 운반에 적합하게 제작된 엘리베이터를 말하며, 승강로의 모든 출입구 문이 닫혀야만 카를 승강시킬 수 있다.

43 카에는 자동으로 재충전되는 비상전원공급장치에 의해 몇 lx 이상의 조도로 1시간 동안 전원이 공급되는 비상등이 있어야 하는가?

① 20lx ② 10lx
③ 5lx   ④ 2lx

🔍 카에는 자동으로 재충전되는 비상전원공급장치에 의해 5lx 이상의 조도로 1시간 동안 전원이 공급되는 비상등이 있어야 한다. 이 비상등은 정상 조명전원이 차단되면 즉시 자동으로 점등되어야 한다.

44 레일에 녹 발생을 방지하고 카 이동시 마찰저항을 최소화하기 위하여 설치하는 기름통의 위치는?

① 레일 상부
② 카 상부 프레임 중간
③ 중간 스토퍼
④ 카의 상하좌우

🔍 레일면상에 골고루 기름통을 설치하여 녹발생을 방지하고 마찰저항을 최소화시킬수 있다.

45 피트 아래를 사무실이나 통로 등 사람이 출입하는 장소로 이용하는 경우에 균형추 측에 설치하는 장치는?

① 완충기
② 추락방지안전장치(비상정지장치)
③ 과속스위치
④ 2중 슬라브

🔍 승강로 하부에 접근할 수 있는 공간 즉, 피트 바닥 직하부에 사람이 상주하는 공간 또는 상시 출입하는 통로나 공간이 있는 경우 피트의 기초는 5,000N/m² 이상의 부하가 걸리는 것으로 설계되어야 하고, 균형추 또는 평형추에 추락방지안전장치가 설치되어야 한다.

46 승강기의 안전검사 중 정기검사의 경우 기본적으로 검사 주기는 몇 년 이내여야 하는가?

① 1년 ② 2년
③ 3년 ④ 4년

🔍 정기검사는 설치검사 후 정기적으로 하는 검사로 검사주기는 2년 이하로 한다.

47 직류기에서 전기자 반작용의 영향이 아닌 것은?

① 주자속이 감소한다.
② 전기적 중성축이 이동한다.
③ 브러시와 정류자편에 불꽃이 발생한다.
④ 기계적인 효율이 좋다.

🔍 전기자 반작용 방지대책
• 브러시 위치를 전기적 중성점으로 이동시킨다.
• 보극을 설치한다.
• 보상 권선을 설치한다.

48 물질 내에서 원자핵의 구속력을 벗어나 자유로이 이동할 수 있는 것은?

① 원자
② 중성자
③ 양자
④ 자유전자

🔍 원자의 구성
• 원자핵 : 양성자와 중성자가 강한 핵력으로 결합(핵=양성자+중성자)
• 전자 : 음전기를 지닌 입자
• 최외각 전자 : 원자핵 주위를 돌고 있는 전자 중 가장 바깥쪽 궤도의 전자
• 자유전자 : 원자핵의 구속으로부터 이탈하여 자유로이 움직일 수 있는 전자(최외각 전자)

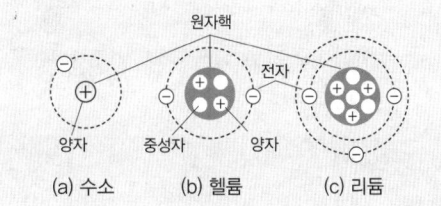
(a) 수소   (b) 헬륨   (c) 리튬

49 배선용 차단기의 영문 문자기호는?

① S
② DS
③ THR
④ MCCB

🔍 S : 개폐기, DS : 단로기, THR : 열동형 계전기

50 코일에 전류가 흘러 그 말단에 역기전력을 일으킬 때의 전류의 방향과 유도 기전력의 방향에 관계되는 법칙은?

① 렌쯔의 법칙
② 플레밍의 왼손법칙
③ 키르히호프의 법칙
④ 페러데이의 법칙

> 렌쯔의 법칙은 자속변화에 의한 유도기전력의 방향 결정하는데 유도 기전력은 코일을 지나는 자속이 증가될 때에는 자속을 감소시키는 방향으로, 또 감소될 때에는 자속을 증가시키는 방향으로 발생한다.

51 접지저항계를 이용한 접지저항 측정 방법으로 틀린 것은?

① 전환 스위치를 이용하여 내장 전지의 양부(+, −)를 확인한다.
② 전환 스위치를 이용하여 E, P간의 전압을 측정한다.
③ 전환 스위치를 저항값에 두고 검류계의 밸런스를 잡는다.
④ 전환 스위치를 이용하여 절연저항과 접지저항을 비교한다.

> **접지저항 측정순서**
> • 보조접지봉 박기 : 접지저항을 측정하고자 하는 접지극(E)로부터 거의 일직선 10m 간격으로 P, C전극을 충분하게 지면에 박아 넣는다.
> • 리드선의 접속 : 접지저항계의 측정단자와 접지극 보조전극을 리드선에 확실하게 접속한다.
> • 전지 확인 : 스위치로 전지를 점검하여 지침이 전지점검의 테두리 안에 있는지 확인한다
> • 측정조작
> − 교체 스위치를 V로 하고 지전압을 측정하여 10V 미만인지를 확인한다.
> − 교체 스위치를 Ω으로 한 후 검류계의 균형을 취하면서 눈금판을 조절하여 검류계의 지시가 0을 나타낼 때의 눈금판 지시값을 직독한다.
> − 다기능계측기의 전환 스위치를 접지저항레인지로 하고 접지저항의 크기에 따라 적정한 레인지를 맞추어서 PUSH S/W를 누르면 접지저항을 직독할 수 있다.

52 계측기의 오차 중 측정기 자체 결함과 측정 장치나 사용자에 대한 환경의 영향 등에 의한 오차는?

① 절대오차
② 과실오차
③ 계통오차
④ 우연오차

> • 절대오차 : 오차를 포함하고 있는 양과 같은 단위량으로 표현된 오차
> • 과실오차 : 측정 값의 오독 · 오기 등 부주의로 생기는 오차
> • 계통오차 : 측정기구나 측정방법이 애초에 잘못되어서 생기는 오차
> • 우연오차 : 계통적 오차 등을 보정해도 남아 그 원인을 찾아 볼 수 없는 오차

53 자동제어의 종류 중 피드백 제어에서 가장 중요한 장치는?

① 구동장치
② 응답속도를 빠르게 하는 장치
③ 안정도를 좋게 하는 장치
④ 입력과 출력을 비교하는 장치

> 폐루프 제어계(피드백 제어계)는 출력신호와 입력신호를 비교하여 정확한 제어를 하는 것이다.

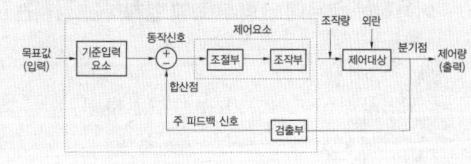

54 불 대수식 Y = ABC + AC를 간소화시키면?

① ABC
② AC
③ BC
④ AB

> Y = ABC + AC = AC(B + 1) = AC

55 10Ω의 저항에 5A의 전류가 흐른다면 전압은?

① 0.02[V]
② 0.5[V]
③ 5[V]
④ 50[V]

> V = IR = 5 × 10 = 50[V]

56 어떤 물체의 영률(Young's modulus)이 작다는 것은?

① 안전하다는 것이다.
② 불안전하다는 것이다.
③ 늘어나기 쉽다는 것이다.
④ 늘어나기 어렵다는 것이다.

🔍 영률은 물체에 주어진 압력을 알 때 그 물체의 변형정도를 예측하는 데에 쓰이고 반대로도 쓰인다.(변형력 = 영률 × 변형도) 따라서, 물체의 영률이 작다는 것은 늘어나기 쉽다는 것을 뜻한다.

57 120Ω의 저항 4개를 접속하여 얻을 수 있는 가장 작은 저항 값은?

① 10[Ω]   ② 20[Ω]
③ 30[Ω]   ④ 40[Ω]

🔍 저항접속법에서 가장 작은 저항값을 구하려면 병렬로 연결하면 된다. 따라서 동일한 저항 4개를 병렬접속하면
$R_P = \dfrac{R}{4} \times \dfrac{120}{4} = 30[\Omega]$

58 어떤 물질의 대전 상태를 설명한 것으로 옳은 것은?

① 중성임을 뜻한다
② 물질이 안정된 상태이다.
③ 어떤 물질이 전자의 과부족으로 전기를 띠는 상태이다.
④ 원자핵이 파괴된 것이다.

🔍 • 대전 : 마찰 등에 의해서 전기를 띠게 되는 현상
• 대전체 : 전기를 띠고 있는 물체
• 전하 : 대전에 의해서 물체가 띠고 있는 전기.
• 전기량 : 전하로 존재할수 있는 최소의 양, $1.602 \times 10^{-19}[C]$

59 1HP(마력)을 W(와트)로 환산하면?

① 746[W]
② 756[W]
③ 765[W]
④ 860[W]

🔍 1HP은 746[W]이다.

60 베어링 수명을 옳게 설명한 것은?

① 베어링의 내륜, 외륜에 최초의 손상이 일어날 때까지의 마모각
② 베어링의 내륜, 외륜 또는 회전체에 최초의 손상이 일어날 때까지의 회전수나 시간
③ 베어링의 회전체에 최초의 손상이 일어날 때까지의 마모각
④ 베어링의 내륜, 외륜에 3회 이상의 손상이 일어날 때까지의 회전수나 시간

🔍 일반적으로 베어링의 수명은 내륜, 외륜 또는 회전체에 최초의 손상(플레이킹)이 발생할 때까지의 총 회전수로 정의된다.

정답 CBT 대비 적중모의고사 – 3회

01 ②	02 ①	03 ②	04 ④	05 ①
06 ①	07 ①	08 ②	09 ②	10 ④
11 ③	12 ③	13 ③	14 ③	15 ①
16 ④	17 ②	18 ④	19 ④	20 ②
21 ②	22 ③	23 ④	24 ③	25 ②
26 ④	27 ①	28 ②	29 ①	30 ④
31 ②	32 ④	33 ④	34 ②	35 ③
36 ④	37 ②	38 ②	39 ④	40 ②
41 ④	42 ④	43 ②	44 ④	45 ②
46 ②	47 ④	48 ④	49 ④	50 ①
51 ④	52 ③	53 ④	54 ②	55 ④
56 ③	57 ③	58 ③	59 ①	60 ②

4회 CBT 대비 적중모의고사

승강기기능사

01 균형추쪽에도 추락방지안전장치(비상정지장치)를 설치해야 하는 경우는?

① 정격속도가 360m/min 이상인 승객용 엘리베이터
② 정격속도가 400m/min 이상인 승객용 엘리베이터
③ 피트 바닥하부를 거실 등으로 사용할 경우
④ 주행안내 레일의 길이가 짧은 경우

> 승강로 하부에 접근할 수 있는 공간 즉, 피트 바닥 직하부에 사람이 상주하는 공간 또는 상시 출입하는 통로나 공간이 있는 경우, 피트의 기초는 5,000N/m² 이상의 부하가 걸리는 것으로 설계되어야 하고, 균형추 또는 평형추에 추락방지안전장치가 설치되어야 한다.

02 홀 랜턴(hall lantern)을 바르게 설명한 것은?

① 단독 카일 때 많이 사용하며 방향을 표시한다.
② 2대 이상일 때 많이 사용하며 위치를 표시한다.
③ 군관리 방식에서 도착예보와 방향을 표시한다.
④ 카의 출발을 예보한다.

> 홀랜턴은 승강장에 설치하여 카의 도착예보나 운행방향을 표시하는 신호등이다.

03 다음 중 엘리베이터의 기계실의 구조로 적합하지 않은 것은?

① 기계실 내부에 공간이 있어서 옥상 물탱크의 양수설비를 하였다.
② 당해 건축물의 다른 부분과 내화구조로 구획하였다.
③ 유효공간으로 접근하는 통로의 폭을 0.5m 이상으로 하였다.
④ 천장에는 기기를 양정하기 위한 고리를 설치하였다.

> **기계실**
> • 기계실은 엘리베이터 이외의 목적으로 사용되지 않아야 한다.
> • 크기는 설비, 특히 전기설비의 작업이 쉽고 안전하도록 충분하여야 한다.
> • 작업구역에서 유효 높이는 2.1m 이상이어야 한다.
> • 200lx 이상의 조도로 작업공간의 바닥 면을 밝히는 영구적으로 설치된 전기조명이 있어야 한다.
> • 작업구역마다 적절한 위치에 설치된 1개 이상의 콘센트가 있어야 한다.

04 과속조절기(조속기)는 무엇을 이용하여 스위치의 개폐 작용을 하는가?

① 응력   ② 원심력
③ 마찰력   ④ 항력

> 과속조절기 : 기계적 과속 제어기구로 엘리베이터에서는 구동 로프의 움직임을 멈추고 지지하는 데에 쓰이는 와이어-로프 구동방식의 원심장치

05 도어 안전장치에 관한 설명 중 옳지 않은 것은?

① 도어 클로저는 승강장 문의 개방에서 생기는 재해를 막기위한 장치이다.
② 도어 스위치는 승강장 문이 닫혀있지 않으면 운전이 불가능하게 하는 장치이다.
③ 세이프티 슈는 카 도어의 끝단에 설치하여 이물체가 접촉되면 도어를 반전시키는 장치이다.
④ 도어 인터록은 주행 중 카 도어가 열리지 않게 하는 장치이다.

> 도어 인터록은 카가 정지하고 있지 않은 층에서는 전용열쇠를 사용하지 않으면 열리지 않도록 하는 장치이다.

06 엘리베이터의 속도에 따른 분류 중 고속에 속하는 것은?

① 0.75~1m/s   ② 1~4m/s
③ 4~6m/s   ④ 6~8m/s

속도별 분류

분류	속도	
저속	0.75m/s 이하	45m/min 이하
중속	1~4m/s	60~240m/min
고속	4~6m/s	240~360m/min
초고속	6m/s 이상	360m/min 이상

07 소방구조용 엘리베이터의 정전시 예비전원의 기능에 대한 설명으로 옳은 것은?

① 30초 이내에 엘리베이터 운행에 필요한 전력 용량을 자동적으로 발생하여 1시간 이상 작동하여야 한다.
② 40초 이내에 엘리베이터 운행에 필요한 전력 용량을 자동적으로 발생하여 1시간 이상 작동하여야 한다.
③ 60초 이내에 엘리베이터 운행에 필요한 전력 용량을 자동적으로 발생하여 2시간 이상 작동하여야 한다.
④ 90초 이내에 엘리베이터 운행에 필요한 전력 용량을 자동적으로 발생하여 2시간 이상 작동하여야 한다.

정전시에는 보조 전원공급장치에 의하여 60초 이내에 엘리베이터 운행에 필요한 전력용량을 자동으로 발생시키도록 하되 수동으로 전원을 작동시킬 수 있어야 하며, 2시간 이상 운행시킬 수 있어야 한다.

08 그림은 주시브(main sheave)에 대한 홈의 형상이다. 다음 설명 중 옳은 것은?

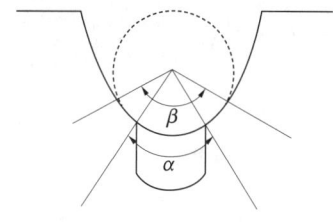

① α값이 클수록 마찰계수와 홈압력이 작아진다.
② α값이 클수록 마찰계수는 작아지나 홈압력이 커진다.
③ α값이 클수록 마찰계수는 커지나 홈압력이 작아진다.
④ α값이 클수록 마찰계수와 홈압력이 커진다.

마찰계수의 크기는 U홈 < 언더커트 홈 < V홈 순으로 α값이 작으면 마찰계수가 작아져 트랙션 능력이 작아진다.

09 카 틀(Car Frame)의 구성요소가 아닌 것은?

① 상부체대
② 하부체대
③ 도어체대
④ 브레이스 로드

카틀은 체대조립부(상부, 하부, 옆)와 기타구성품(브레이스로드, 가이드슈, 바상정지장치, 이동케이블 등)으로 구성된다.

10 주행안내 레일은 제조와 설치시 승강로 내의 반입이 편리하도록 약 몇 [m]로 하고 있는가?

① 3m   ② 4m
③ 5m   ④ 6m

주행안내 레일은 길이 5m를 표준으로 하는 T형 레일이다.

11 다음 중 자동차용 엘리베이터나 대형 화물용 엘리베이터에 주로 사용하는 도어 개폐방식은?

① CO   ② SO
③ UD   ④ UP

도어시스템의 종류

구분	기호	용도
가로열기식	S	화물용 및 침대용 엘리베이터
중앙열기식	CO	승용 엘리베이터
상하열기식	UP	자동차용, 대형 화물 전용엘리베이터

12 다음 중 ( )안에 내용으로 알맞은 것은?

"카가 유압완충기에 충돌했을 때 플런져가 하강하고 이에 따라 실린더내의 기름이 좁은 ( )을(를) 통과하면서 생기는 유체저항에 의해 완충작용을 하게 된다."

① 오리피스 틈새   ② 실린더
③ 오일게이지   ④ 플런져

자동차의 충격 흡수장치와 같은 원리로 오리피스에서 기름의 유출량을 점진적으로 감소시켜서 충격을 흡수하는 구조이다.

13 다음 중 간접식 유압엘리베이터의 특징으로 옳지 않은 것은?

① 실린더를 설치하기 위한 보호관이 필요하지 않다.
② 실린더 길이가 직접식에 비하여 짧다.
③ 추락방지안전장치가 필요하지 않다.
④ 실린더의 점검이 직접식에 비하여 쉽다.

간접식 엘리베이터
- 1:2, 1:4, 2:4 로핑방식이 있다.
- 로프의 이완현상과 유체의 압축성으로 인한 바닥 침하가 발생한다.
- 보호관이 없으므로 실린더의 점검이 쉽다.
- 추락방지안전장치(비상정지장치)가 반드시 필요하다.

14 에스컬레이터의 경사도는 기본적으로 몇 도 이하로 하여야 하는가?

① 12°
② 15°
③ 30°
④ 45°

에스컬레이터의 경사도는 30°를 초과하지 않아야 한다. 다만, 층고가 6m 이하이고, 공칭속도가 0.5m/s 이하인 경우에는 경사도를 35°까지 증가시킬 수 있다.

15 다음 중 추락방지안전장치 F.W.C(Flexible Wedge Clamp)형의 그래프는?(단, 가로축 : 거리, 세로축 : 정지력이다.)

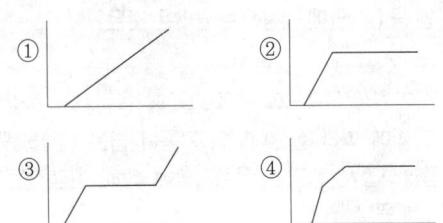

F.W.C형 추락방지안전장치는 레일을 죄는 힘이 동작 초기에는 약하나 점점 강해진 후 일정하다.

16 VVVF(Variable Voltage Variable Frequency)제어의 설명으로 옳지 않은 것은?

① 전동기는 직류 전동기가 사용된다.
② 전압과 주파수를 동시에 제어할 수 있다.
③ 컨버터(converter)와 인버터(inverter)로 구성되어 있다.
④ PAM 제어방식과 PWM 제어방식이 있다.

교류제어방식 중 VVVF방식, 교류1단 및 2단 속도제어방식, 교류 귀환제어방식이 있으며, 직류제어방식은 워드레오나드 방식과 정지 레오나드 방식이 있다.

17 다음 ( )에 들어갈 내용으로 알맞은 것은?

기계실은 당해 건축물의 다른 부분과 내화구조 또는 방화구조로 구획하고, 기계실의 내장은 ( ) 이상으로 마감되어야 한다.

① 준불연재료
② 난연재료
③ 불연재료
④ 내화재료

기계실은 당해 건축물의 다른 부분과 내화구조 또는 방화구조로 구획하고, 기계실의 내장은 준불연재료 이상으로 마감되어야 한다. 다만, 기계실 벽면이 외기에 직접 접하는 등 건축물 구조상 내화구조 또는 방화구조로 구획할 필요가 없는 경우에는 불연재료를 사용하여 구획할 수 있다.

18 에스컬레이터의 역회전 방지장치가 아닌 것은?

① 구동체인 안전장치
② 기계브레이크
③ 과속조절기
④ 스커트 디플렉터

스커트 디플렉터(skirt deflector)는 에스컬레이터에서 스텝과 스커트 사이에 끼임의 위험을 최소화하기 위한 장치를 말한다.

19 안전사고 방지의 기본원리 중 3E를 적용하는 단계는?

① 1단계   ② 2단계
③ 3단계   ④ 5단계

> **사고예방대책의 기본원리 5단계**
> • 1단계 : 조직(안전관리조직)
> • 2단계 : 사실의 발견(현상파악)
> • 3단계 : 분석, 평가(원인규명)
> • 4단계 : 시정책의 선정
> • 5단계 : 시정책의 적용(3E 적용)

20 방호장치 중 과도한 한계를 벗어나 계속적으로 작동하지 않도록 제한하는 장치는?

① 크레인
② 리미트스위치
③ 윈치
④ 호이스트

> 리미트스위치는 과도한 한계를 벗어나 계속적으로 작동하지 않도록 제한하는 장치이다.

21 승강기 운전자가 준수하여야 할 사항으로 옳지 않은 것은?

① 술에 취한 채 또는 흡연하면서 운전하지 말아야 한다.
② 정원 또는 적재하중을 초과하여 태우지 말아야 한다.
③ 질병, 피로 등을 느꼈을 때는 즉시 약을 복용하고 근무한다.
④ 운전 중 사고가 발생한 때에는 즉시 운전을 중지하고 관리 주체에 보고한다.

> 질병, 피로 등을 느꼈을 때는 관리자 또는 운행주체에게 그 사유를 보고하고 운전에 관여해서는 안된다.

22 스패너를 힘주어 돌릴 때 지켜야 할 안전사항이 아닌 것은?

① 스패너 자루에 파이프를 끼워 연장하면 힘이 훨씬 덜 들게 된다.
② 주위를 살펴보고 조심성 있게 조인다.
③ 스패너를 밀지 않고 당기는 식으로 사용한다.
④ 스패너를 조금씩 여러 번 돌려 사용한다.

> 스패너를 파이프에 끼워 힘주어 돌릴 경우 위험요인이 발생할 수 있다.

23 안전·보건표지의 색채·색도기준에서 색채와 용도가 서로 맞지 않는 것은?

① 빨간색 – 금지
② 노란색 – 대피
③ 녹색 – 안내
④ 파란색 – 지시

> **안전·보건표지의 색채 및 용도**

색채	용도	사용례
빨간색	금지	정지신호, 소화설비 및 그 장소, 유해행위의 금지
	경고	화학물질 취급장소에서의 유해·위험 경고
노란색	경고	화학물질 취급장소에서의 유해·위험 경고 이외의 위험 경고, 주의표지 또는 기계방호물
파란색	지시	특정 행위의 지시 및 사실의 고지
녹색	안내	비상구 및 피난소 사람 또는 차량의 통행표시
흰색	–	파란색 또는 녹색에 대한 보조색
검은색	–	문자 및 빨간색 또는 노란색에 대한 보조색

24 다음 중 재해의 발생 원인 중 가장 높은 빈도를 차지하는 것은?

① 열량의 과잉 억제
② 설비의 Layout 착오
③ Over Load
④ 작업자 작업행동 부주의

> 작업자의 부주의는 재해의 직접원인에 속하는 것으로 재해 발생 원인의 가장 높은 빈도를 차지하고 있다.

25 권상 도르래·풀리 또는 드럼의 피치직경과 로프의 공칭직경 사이의 비율은 로프의 가닥수와 관계없이 최소 몇 이상이어야 하는가?(단, 주택용 엘리베이터는 제외한다.)

① 10
② 20
③ 30
④ 40

> 권상 도르래·풀리 또는 드럼의 피치직경과 로프(벨트)의 공칭직경 사이의 비율은 로프(벨트)의 가닥수와 관계없이 40 이상이어야 한다. 다만, 주택용 엘리베이터의 경우 30 이상이어야 한다.

26 어떤 기간을 두고 행하는 안전점검의 종류는?

① 임시점검
② 정기점검
③ 특별점검
④ 일상점검

> • 일상점검 : 승강기의 품질유지를 통한 안전한 운행으로 이용자의 편리를 도모하고 내구성을 높이기 위해 실시한다.
> • 특별점검 : 천재지변 등으로 인한 이상상태가 발생하였을 때에 기능상 이상 유무를 점검하는 것을 말한다.
> • 정기점검 : 일정한 기간을 정하여 점검하는 것으로 주간점검, 월간점검 및 연간점검 등이 있다.

27 사다리를 사용하는 작업에서 안전수칙에 어긋나는 행위는?

① 위험 및 사용금지의 표찰이 붙어서 결함이 있는 사다리를 사용 할 때는 주의하면서 사용한다.
② 사다리 밑 끝이 불안전하거나 3m 이상의 높은 곳이면 다른 사람으로 하여금 붙들게 하고 작업한다.
③ 사다리를 문앞에 설치할 때는 문을 완전히 열어 놓거나 잠궈야 한다.
④ 사다리 설치시에는 사다리의 밑바닥이 사다리의 길이와 관련지어 어느 정도 벽에서 떨어지게 한다.

> 결함이 있는 사다리는 사고 확률이 있으므로 사용해서는 안된다.

28 정전기 제거의 방법으로 옳지 않은 것은?

① 설비 주변의 공기를 가습한다.
② 설비의 금속 부분을 접지한다.
③ 설비에 정전기 발생 방지 도장을 한다.
④ 설비의 주변에 자외선을 쪼인다.

> 정전기 방지대책
> • 정전기방지를 위해 접지한다.
> • 유체의 경우 대전 방지제 사용한다.
> • 상대습도를 높인다.
> • 정치시간을 가능한 짧게 한다.
> • 대전 물체에 대한 차폐를 실시한다.

29 공칭속도가 0.65m/s인 경우 무부하 상승, 무부하 하강 및 부하 상태 하강에 대한 에스컬레이터 정지거리는?

① 0.20m부터 1.00m까지
② 0.30m부터 1.30m까지
③ 0.40m부터 1.50m까지
④ 0.50m부터 1.70m까지

> 에스컬레이터의 정지거리
>
> | 공칭속도 V | 정지거리 |
> |---|---|
> | 0.50 m/s | 0.20m부터 1.00m까지 |
> | 0.65 m/s | 0.30m부터 1.30m까지 |
> | 0.75 m/s | 0.40m부터 1.50m까지 |

30 다음 엘리베이터 조명에 대한 설명 중 괄호 안에 들어갈 수치는?

> 카에는 자동으로 재충되는 비상전원공급장치에 의해 ( ) lx 이상의 조도로 1시간 동안 전원이 공급되는 비상등이 있어야 한다.

① 0.5
② 1
③ 3
④ 5

> 카에는 자동으로 재충전되는 비상전원공급장치에 의해 5lx 이상의 조도로 1시간 동안 전원이 공급되는 비상등이 있어야 하며, 이 비상등은 다음과 같은 장소에 조명되어야 하고, 정상 조명전원이 차단되면 즉시 자동으로 점등되어야 한다.
> • 카 내부 및 카 지붕에 있는 비상통화장치의 작동 버튼
> • 카 바닥 위 1m 지점의 카 중심부
> • 카 지붕 바닥 위 1m 지점의 카 지붕 중심부

31 다음 중 교류 1단 속도제어를 설명한 것으로 옳은 것은?

① 기동은 고속권선으로 행하고 감속은 저속권선으로 행하는 것이다.
② 모터의 계자코일에 저항을 넣어 이것을 증감하는 것이다.
③ 기동과 주행은 고속권선으로, 감속과 착상은 저속권선으로 행하는 것이다.
④ 3상 교류의 단속도 모터에 전원을 투입하므로서 기동과 정속운전을 하고 착상하는 것이다.

교류승강기의 제어시스템

속도 제어방법	특징	용도
교류1단 속도 제어	3상유도전동기에 전원투입으로 기동과 정속운전, 전원차단 후 정지하는 가장 간단한 방식	30m/min 이하 저속용
교류2단 속도 제어	기동과 주행은 고속권선, 감속은 저속권선으로 하는 방식	30~60 m/min 화물용
교류귀환 제어	카의 실제속도와 지령속도를 비교하여 사이리스터의 점호각을 바꾸는 방식	45~105 m/min
VVVF(가변전압 가변주파수 제어)	전압과 주파수의 변화로 직류전동기와 동등한 제어성능을 갖는 방식	고속용

32 리미트스위치의 접점 ―◯ ◯― 의 명칭은?

① 전기적 a접점
② 전기적 b접점
③ 기계적 a접점
④ 기계적 b접점

| 전기적 a접점 | ―◯ ◯― | 기계적 a접점 | |
| 전기적 b접점 | ―◯ ◯― | 기계적 b접점 | |

33 추락방지안전장치의 성능시험에 관한 설명 중 옳지 않은 것은?

① 적용 최대 중량에 상당하는 무게를 적용한다.
② 주행안내 레일의 윤활상태를 실제의 사용상태와 같도록 한다.
③ 비상정지의 시험 후 완충기의 파손 유무를 확인한다.
④ 비상정지의 시험 후 수평도와 정지거리를 측정한다.

🔍 추락방지안전장치의 성능시험과 완충기의 파손 유무와는 관계가 없다.

34 과속조절기가 작동될 때, 과속조절기에 의해 발생되는 과속조절기 로프의 인장력은 다음 보기의 두 값 중 큰 값 이상이어야 한다. 괄호 안에 들어갈 내용으로 옳은 것은?

- 추락방지안전장치가 작동하는 데 필요한 힘의 (㉠)배
- (㉡) N

① ㉠ 3 ㉡ 300
② ㉠ 3 ㉡ 150
③ ㉠ 2 ㉡ 300
④ ㉠ 2 ㉡ 150

🔍 과속조절기가 작동될 때, 과속조절기에 의해 발생되는 과속조절기 로프의 인장력은 다음 두 값 중 큰 값 이상이어야 한다.
• 추락방지안전장치가 작동하는 데 필요한 힘의 2배
• 300 N

35 워엄 기어 오일(worm gear oil)에 관한 설명으로 옳지 않은 것은?

① 워엄기어가 분말이나 먼지로 혼탁해지면 교체한다.
② 반드시 지정된 것만 사용한다.
③ 규정된 수준을 유지하여야 한다.
④ 매월 교체하여야 한다.

🔍 오일은 규정 수준 이하일 경우 교체하도록 한다.

36 승강기 회로의 사용전압이 440[V]인 전동기 주회로의 절연저항은 몇 [MΩ] 이상이어야 하는가?

① 0.5MΩ
② 1.0MΩ
③ 2.0MΩ
④ 3.0MΩ

🔍 저압전로의 절연성능

전로의 사용전압(V)	시험전압/직류(V)	절연저항(MΩ)
SELV 및 PELV	250	0.5 이상
FELV, 500V 이하	500	1.0 이상
500V 초과	1,000	1.0 이상

[주] 특별저압(extra low voltage : 2차 전압이 AC 5V, DC 120V 이하)으로 SELV(비접지회로 구성) 및 PELV(접지회로 구성)은 1차와 2차가 전기적으로 절연된 회로, FELV는 1차와 2차가 전기적으로 절연되지 않은 회로

37 공칭 폭이 0.6m 초과 0.8m 이하인 경우 에스컬레이터 브레이크의 스텝 당 제동부하는 몇 kg 인가?

① 60
② 90
③ 120
④ 150

> 에스컬레이터의 제동부하 결정
>
> | 공칭 폭 | 스텝 당 제동부하 |
> |---|---|
> | 0.6m 이하 | 60kg |
> | 0.6m 초과 0.8m 이하 | 90kg |
> | 0.8m 초과 1.1m 이하 | 120kg |
>
> ※ 제동부하(brake load) : 에스컬레이터/무빙워크를 정지시키기 위해 설계된 브레이크 시스템의 디딤판에 가해지는 하중

38 승강기에 많이 사용하는 주행안내 레일의 허용응력은 원칙적으로 몇 [kgf/cm²] 인가?

① 1000kgf/cm²
② 1450kgf/cm²
③ 2100kgf/cm²
④ 2400kgf/cm²

> 승강기에서 많이 쓰이는 주행안내 레일의 허용응력은 원칙적으로 2400kgf/cm²이다.

39 정전으로 인하여 카가 정지될 때 점검자에 의해 주로 사용되는 밸브는?

① 하강용 유량제어 밸브
② 스톱 밸브
③ 릴리프 밸브
④ 체크 밸브

> 하강용 전자 밸브에 의해 열림 정도가 제어되는 밸브로서 실린더에서 탱크로 되돌아오는 유량을 제어한다. 또한 이 하강용 유량제어 밸브에는 수동하강 밸브가 부착되어 있어 만일 정전이나 다른 원인으로 카가 층 중간에 정지하였을 경우 이 밸브를 열어 안전하게 카를 하강시켜 승객을 구출할 수 있다.

40 엘리베이터에서 브레이크 시스템이 작동하여야 할 경우가 아닌 것은?

① 주동력 전원공급이 차단되는 경우
② 카 출발 후 과부하감지장치가 작동했을 경우
③ 제어회로에 전원공급이 차단되는 경우
④ 과속조절기(조속기)의 과속검출 스위치가 작동했을 경우

> 엘리베이터에 브레이크 시스템의 작동 조건
> • 주동력 전원공급이 차단된 경우
> • 제어회로에 전원공급이 차단된 경우
> • 과속조절기(조속기)의 과속검출 스위치가 작동했을 경우

41 에스컬레이터의 제어장치에 관한 설명 중 옳지 않은 것은?

① 방화셔터가 핸드레일 반환부의 선단에서 2m 이내에 있는 에스컬레이터는 그 셔터와 연동하여 작동해야 한다.
② 전원의 상이 바뀌면 주행을 멈출 수 있는 장치가 필요하다.
③ 제어반의 각종 단자나 부품의 상태가 양호한지 확인한다.
④ 감속기의 오일 온도가 60℃를 넘을 경우 정지장치가 필요하다.

> 감속기의 오일 온도 60℃를 넘을 경우 작동을 멈추고 원인을 파악한다.

42 균형추의 중량을 바르게 나타낸 것은?

① 카 자체하중 + 정격적재하중
② 카 자체하중 + 균형체인하중 + 이동케이블하중
③ 카 자체하중 + (균형체인하중+로프하중+이동케이블하중)× 50%
④ 카 자체하중 + (정격적재하중 × 오버밸런스율)

> 균형추의 총중량 = 카 자체중량 + 정격하중 × 오버밸런스율

43 무빙워크의 경사도는 몇 도 이하이어야 하는가?

① 30°
② 20°
③ 15°
④ 12°

> 경사도
> • 에스컬레이터 : 30°를 초과하지 않아야 하며, 다만, 층고가 6m 이하이고, 공칭속도가 0.5m/s 이하인 경우 35°까지 증가 가능
> • 무빙워크 : 12° 이하

44 승강장의 문의 로크 및 스위치 검사시 적합하지 않은 것은?

① 승강장 문은 외부에서 열 수 없도록 로크장치의 설치상태가 견고하여야 한다.
② 승강장 문이 열려 있거나 닫혀 있지 않은 경우 도어 스위치는 열려 있어야 한다.
③ 승강장 문의 인터록 장치는 로크가 걸린 후에 도어 스위치를 닫아야 한다.
④ 승강장 문의 도어 스위치가 확실히 열리기 전에 로크가 벗겨져야 한다.

🔍 승강장 문의 도어 스위치가 확실히 열린 후에 로크가 벗겨져야 한다.

45 다음 중 에스컬레이터의 구동전동기(Motor)용량 계산 시 고려하지 않아도 되는 것은?

① 속도
② 에스컬레이터의 종합효율
③ 승강장의 길이
④ 경사각도

🔍 $P = \dfrac{LVS}{6120\eta} \sin\theta \, [\text{kW}]$
(L : 정격하중[kg], V : 정격속도[m/s],
S : 1−A(A : 오버밸런스율), η : 종합효율, θ : 경사각도)

46 다음 중 권상기의 구성요소가 아닌 것은?

① 과속조절기   ② 전동기
③ 감속기   ④ 브레이크

🔍 권상기는 주로프가 걸린 도르래를 회전시켜 카를 구동하는 기계장치로써 전동기와 감속기로 구분할 수 있다. 과속조절기는 과속제어 장치이다.

47 동일 규격의 축전지 2개를 병렬로 접속하면 전압과 용량의 관계는 어떻게 되는가?

① 전압과 용량이 모두 반으로 줄어든다.
② 전압과 용량이 모두 2배가 된다.
③ 전압은 2배가 되고 용량은 변하지 않는다.
④ 전압은 변하지 않고 용량은 2배가 된다.

🔍 병렬 접속시 전압은 변하지 않고, 콘덴서 용량만 2배가 된다.
$C_P = \dfrac{Q}{V} = C + C = 2C \, [\text{F}]$
(C_P : 병렬 합성용량, Q : 전하량, V : 전압)

48 다음 중 일감의 평행도, 원통의 진원도, 회전체의 흔들림 정도 등을 측정할 때 사용하는 측정기기는?

① 버니어캘리퍼스
② 하이트게이지
③ 마이크로미터
④ 다이얼게이지

🔍 길이측정기기 : 버니어캘리퍼스, 하이트게이지, 마이크로미터

49 다음 중 전류를 측정할 수 있는 것은?

① 훅온메타
② 볼트메타
③ 휘트스톤 브리지
④ 메가

🔍 • 훅온메타 : 직·교류 전압, 직·교류전류, 저항 측정 등
• 볼트메타 : 전압측정
• 휘트스톤 브리지 : 저항측정
• 메가 : 절연저항 측정

50 전류의 열작용과 관계 있는 법칙은?

① 옴의 법칙
② 줄의 법칙
③ 플레밍의 법칙
④ 키르히호프의 법칙

🔍 전류의 3대작용
• 열작용 : 줄의 법칙($H = 0.24I^2Rt\,[\text{cal}]$)
• 화학작용 : 패러데이 법칙($W = kIt\,[\text{g}]$)
• 자기작용 : 앙페르 오른나사 법칙

51 유압(유입)완충기의 최소 스트로크는 무엇에 비례하는가?

① 정격하중   ② 행정거리
③ 피트깊이   ④ 정격속도

🔍 유압완충기의 스트로크
$S = \dfrac{V^2}{53.35}[m]$ (V : 정격속도[m/min])

52 시퀀스 제어에 있어서 기억과 판단기구 및 검출기를 가진 제어방식은?

① 시한제어
② 순서 프로그램제어
③ 조건제어
④ 피드백제어

🔍 폐루프 제어계(피드백 제어계)는 출력신호와 입력신호를 비교하여 정확한 제어를 하는 것이다.

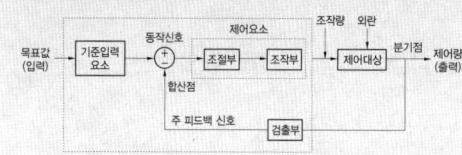

53 트랜지스터, IC등의 반도체를 사용한 논리소자를 스위치로 이용하여 제어하는 시퀀스 제어방식은?

① 전자개폐제어
② 유접점제어
③ 무접점제어
④ 과전류계전기제어

🔍 무접점 논리계 : 반도체를 사용한 논리소자를 이용하는 방식

54 전압, 전류, 주파수, 회전속도 등 전기적, 기계적 양을 주로 제어하는 것으로서 응답속도가 대단히 빨라야 하는 것이 특징인 제어는?

① 프로세스제어
② 서보기구
③ 자동조정
④ 프로그램제어

🔍
• 자동조정 : 주로 전압, 전류, 회전 속도, 회전력등의 양을 자동 제어하는 것
• 프로세스제어 : 목표값이 시간적으로 변화지 않고 일정한 제어
• 서보기구 : 임의로 변화하는 제어
• 프로그램제어 : 목표값의 변화가 미리 정해진 신호에 따라 동작

55 직류기의 3요소가 아닌 것은?

① 계자
② 전기자
③ 보극
④ 정류자

🔍 직류기의 3요소는 계자, 전기자, 정류자이며, 보극은 전기자반 작용을 줄이고 전압정류를 하기위해 설치하지만 3요소에는 포함되지 않는다.

56 그림과 같이 코일에 전류를 흘리면 자력선은 A, B, C, D 중 어느 방향인가?

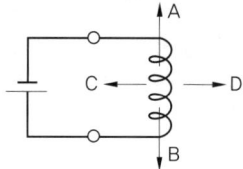

① A
② B
③ C
④ D

🔍 앙페르 오른나사 법칙에 의해 전류가 +에서 -로 흐르므로 A방향에 N극이 형성 B방향에 S극이 형성되어 A방향에서 자력선이 나오게 된다.

57 회로에서 합성저항 R은 몇 [Ω]인가?

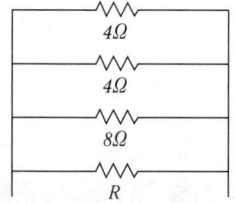

① 1.6Ω
② 4.5Ω
③ 6.0Ω
④ 8.0Ω

🔍
$\dfrac{1}{R_p} = \dfrac{1}{R_1} + \dfrac{1}{R_2} + \dfrac{1}{R_3}$

$= \dfrac{1}{4} + \dfrac{1}{4} + \dfrac{1}{8} = \dfrac{1}{2} + \dfrac{1}{8}$

을 계산하면, $R_p = \dfrac{2 \times 8}{2 + 8} = 1.6Ω$

58 다음 중 수동조작 자동 복귀형 접점에 해당하는 것은?

① ─o o─ ② ─┴o o─

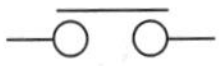

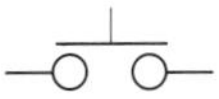

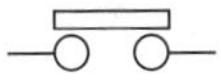

③ ─o─o─ ④ ─△o o─

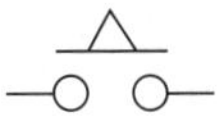

🔍 ① 전기적(순시) A점점, ② 수동조작 자동복귀형 A접점, ③ 기계적(순시) A접점, ④ 전기적(한시) A접점

59 전동기에 설치되어 있는 THR은?

① 과전류계전기
② 과전압계전기
③ 열동계전기
④ 역상계전기

🔍 THR(thermal relay) = 과부하계전기 = 서멀릴레이 = 열동계전기

60 길이 50[mm]의 원통형의 봉이 압축되어 0.0002의 변형률이 생겼을 때, 변형 후의 길이는 몇 [mm]인가?

① 49.98[mm]
② 49.99[mm]
③ 50.01[mm]
④ 50.02[mm]

🔍
- 변형률 = $\dfrac{\text{변형후 길이}}{\text{총 길이}}$
- 변형된 길이 = 변형률 × 총길이
  = 0.0002 × 50 = 0.01
- 변형후 길이 = 50 − 0.01 = 49.99[mm]

정답 CBT 대비 적중모의고사 – 4회

01 ③	02 ③	03 ①	04 ②	05 ④
06 ③	07 ③	08 ④	09 ③	10 ③
11 ④	12 ①	13 ③	14 ③	15 ④
16 ①	17 ①	18 ④	19 ④	20 ②
21 ③	22 ①	23 ②	24 ④	25 ④
26 ②	27 ①	28 ④	29 ②	30 ④
31 ④	32 ④	33 ②	34 ③	35 ④
36 ②	37 ②	38 ④	39 ①	40 ②
41 ④	42 ④	43 ④	44 ④	45 ③
46 ①	47 ④	48 ④	49 ①	50 ②
51 ④	52 ④	53 ③	54 ③	55 ③
56 ①	57 ①	58 ②	59 ③	60 ②

5회 CBT 대비 적중모의고사

승강기기능사

01 다음 그림과 같이 카와 균형추에 로프를 거는 방법은?

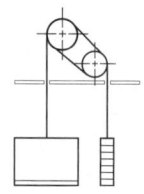

① 1:1 로핑
② 2:1 로핑
③ 4:1 로핑
④ 밀어 올리기식 로핑

그림	로핑	로프 걸기방식	용도
a	1:1	싱글 랩	주로 중저속
b	1:1	더블 랩	주로 고속에서 초고속
c	2:1	더블 랩	
d	2:1	싱글 랩	주로 화물용
e	3:1	싱글 랩	주로 대형 화물용
f	4:1	싱글 랩	주로 대형 화물용
g	1:1	권동식	주로 중저층 주택용

02 소방구조용 엘리베이터는 소방관 접근 지정층에서 소방관이 조작하여 엘리베이터 문이 닫힌 후부터 몇 초 이내에 가장 먼 층에 도착되어야 하는가?

① 180초   ② 120초
③ 90초   ④ 60초

🔍 **소방구조용 엘리베이터**
- 소방운전 시 모든 승강장의 출입구마다 정지할 수 있어야 한다.
- 소방운전 시 모든 승강장의 출입구마다 정지할 수 있어야 한다.
- 소방관 접근 지정층에서 소방관이 조작하여 엘리베이터 문이 닫힌 이후부터 60초 이내에 가장 먼 층에 도착되어야 한다. 다만, 운행속도는 1m/s 이상이어야 한다.

03 에스컬레이터 및 무빙워크(수평보행기)에 대한 설명으로 틀린 것은?

① 에스컬레이터의 경사도는 30°를 초과하지 않아야 한다.
② 높이가 6m 이하이고 공칭속도가 0.5m/s 이하인 엘리베이터의 경우에는 경사도를 35°까지 증가시킬 수 있다.
③ 무빙워크의 경사도는 15° 이하, 공칭속도는 0.75m/s 이하이어야 한다.
④ 에스컬레이터 및 무빙워크의 공칭 폭은 0.58m 이상, 1.1m 이하이어야 한다.

🔍 무빙워크의 경사도는 12° 이하, 공칭속도는 0.75m/s 이하이어야 한다.

04 추락방지안전장치 등의 작동을 위한 과속조절기는 정격속도의 몇 % 이상의 속도에서 작동되어야 하는가?

① 140   ② 120
③ 115   ④ 105

🔍 추락방지안전장치 등의 작동을 위한 과속조절기는 정격속도의 115% 이상의 속도 그리고 다음과 같은 속도 이하에서 작동되어야 한다.
- 롤러로 잡는 타입을 제외한 즉시 작동형 추락방지안전장치 : 0.8m/s
- 롤러로 잡는 타입의 추락방지안전장치 : 1m/s
- 정격속도가 1m/s 이하의 엘리베이터에 사용되는 점차 작동형 추락방지안전장치 : 1.5m/s
- 정격속도가 1m/s를 초과하는 엘리베이터에 사용되는 점차 작동형 추락방지안전장치 : $1.25v + \dfrac{0.25}{v}$ m/s

05 권상능력 또는 승강시키는 전동기의 힘을 충분히 확보하기 위해 현수로프의 무게를 보상하는 수단이 사용될 경우 엘리베이터의 속도가 몇 m/s를 초과하는 경우에 튀어오름방지장치를 설치하여야 하는가?

① 3.0m/s
② 3.5m/s
③ 4.0m/s
④ 4.5m/s

🔍 정격속도가 3.5m/s를 초과하는 경우에는 추가로 튀어오름방지장치가 설치되어야 한다.

06 트랙션(Traction)식 승강기에서 로프의 미끄러짐을 방지하기 위하여 고려해야 할 사항이 아닌 것은?

① 카측과 균형추측의 로프에 걸리는 장력비(중량비)
② 카의 가속도와 감속도
③ 시브의 크기
④ 로프의 감기는 각도인 권부각

🔍 카측과 균형추 측의 로프에 걸리는 장력비(중량비)가 일정해야 하며, 카의 가속도와 감속도가 클수록 미끄러지기 쉬우며, 로프가 감기는 각도인 권부각이 작을수록 미끄러지기 쉽다.

07 도어가 열리면 엘리베이터의 운행이 중지되게 하는 스위치는?

① 파이널리미트스위치
② 비상정지스위치
③ 도어스위치
④ 과속조절기스위치

🔍 도어스위치는 승강장 문이 닫혀있지 않으면 운전이 불가능하게 하는 장치이다.

08 에스컬레이터의 구동장치에 관한 설명으로 틀린 것은?

① 스텝 구동장치와 손잡이(핸드레일) 구동장치는 서로 연동되어 같은 속도로 이동하여야 한다.
② 스텝 체인 안전장치가 설치되어 체인이 끊어지면 전원을 차단하여야 한다.
③ 감속기는 효율이 높아 에너지를 절약할 수 있는 웜기어를 사용하며, 헬리컬 기어는 사용하지 않는다.
④ 구동장치에는 브레이크를 설치하여야 한다.

🔍 감속기는 웜기어 및 헬리컬 기어를 사용한다.

09 직류엘리베이터의 속도제어 방식에서 발전기의 계자전류를 제어하는 방식은?

① 워드 레오나드 방식
② 정지 레오나드 방식
③ 귀환전압 제어방식
④ VVVF 제어방식

🔍 워드-레오나드 방식 : 직류 전동기의 속도 제어방식의 일종으로, 주 전동기는 타려식이고 이 전동기의 전원으로 타려식의 가감전압 직류 발전기를 장치한다. M(3상유도전동기)-G(직류발전기)-M(직류전동기)방식이다.

10 카 도어의 끝단에 설치되어 이물체가 접촉되면 도어의 힘을 중지하고 도어를 반전시키는 접촉식 보호장치는?

① 도어 인터록
② 세이프티 슈
③ 광전장치
④ 초음파장치

🔍 세이프티 슈는 카 도어의 끝단에 설치하여 이물체가 접촉되면 도어를 반전시키는 장치이다.

11 카측의 총중량이 2400kgf 이고, 카 주로프 2본의 단면적이 24cm²일 때 카 주로프의 안전율은?(단, 파단 강도는 4100kgf/cm²이다.)

① 37
② 41
③ 45
④ 48

🔍
• 허용응력 = $\dfrac{하중}{단면적}$ = $\dfrac{2400}{24}$ = 100
• 안전율 = $\dfrac{인장강도}{허용응력}$ = $\dfrac{4100}{100}$ = 41

12 엘리베이터의 추락방지안전장치(비상정지장치)에 대한 설명으로 틀린 것은?

① 카의 추락방지안전장치는 점차 작동형이어야 한다. 또는 정격속도가 0.63m/s를 초과하지 않는 경우, 즉시 작동형일 수 있다.
② 카, 균형추, 평형추에 여러 개의 추락방지안전장치가 설치된 경우에는 모두 즉시 작동형이어야 한다.
③ 정격속도가 1m/s를 초과하는 경우, 균형추 또는 평형추의 추락방지안전장치는 점차 작동형이어야 한다.
④ 정격속도가 1m/s 이하인 경우 균형추 또는 평형추의 추락방지안전장치는 즉시 작동형으로 할 수 있다.

🔍 카, 균형추, 평형추에 여러 개의 추락방지안전장치가 설치된 경우에는 모두 점차 작동형이어야 한다.

13 유압 엘리베이터에서 카가 정지할 때, 자연하강을 보정하기 위한 바닥맞춤보정장치를 설치하는데, 착상면을 기준으로 몇 [mm] 이내의 위치에서 보정 할 수 있어야 하는가?

① 45mm   ② 55mm
③ 65mm   ④ 75mm

🔍 바닥맞춤보정장치는 카바닥이 승강장 문턱 윗면에서 아래로 75mm를 벗어나기 이전에 작동하여 착상위치까지 자동으로 맞추어야 한다.

14 에스컬레이터의 공칭속도가 0.65m/s일 때 정지거리의 범위로 옳은 것은?

① 0.20m부터 1.00m까지
② 0.30m부터 1.20m까지
③ 0.30m부터 1.30m까지
④ 0.40m부터 1.50m까지

🔍 에스컬레이터의 정지거리

공칭속도 V	정지거리
0.50 m/s	0.20m부터 1.00m까지
0.65 m/s	0.30m부터 1.30m까지
0.75 m/s	0.40m부터 1.50m까지

15 엘리베이터용 주로프는 일반 와이어로프에서 볼 수 없는 몇 가지 특징이 있다. 이에 해당 되지 않는 것은?

① 반복적인 벤딩에 소선이 끊어지지 않을 것
② 유연성이 클 것
③ 파단강도가 높을 것
④ 마모에 견딜 수 있도록 탄소량을 많게 할 것

🔍 탄소량이 높으면 경도는 높아지나 인장력이 낮아서 유연성 및 파단강도가 나빠진다.

16 2~3대의 엘리베이터가 병설되었을 때 주로 사용되는 운전방식은?

① 단식 자동식
② 양방향 승합 전자동식
③ 군 승합 전자동식
④ 군 관리 방식

🔍
• 카스위치 방식 : 기동 및 정지가 운전원의 조작에 의해 이루어진다.
• 군승합자동식 : 2~3대의 엘리베이터를 연계한 후 호출에 대해 먼저 응답한 카만 움직이고 나머지는 응답하지 않아 효율적으로 이용이 가능하다.
• 군관리 방식 : 3~8대의 엘리베이터를 병설로 하여 합리적으로 운행·관리하는 방식이다.

17 그림과 같은 동작곡선을 나타내는 추락방지안전장치 형식은?

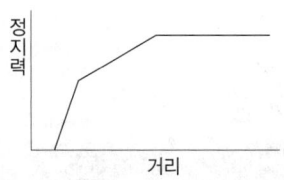

① 순차정지식   ② F.G.C형
③ F.W.C형   ④ 순간정지식

🔍 추락방지안전장치 그래프

점차작동형(순차정지식)		즉시작동형 (순간정지식)
F.G.C형	F.W.C형	

18 기계실의 크기와 관련하여 작업구역에서 유효 높이는 몇 m 이상이어야 하는가?

① 2.1m ② 3m
③ 4m ④ 5m

> 기계실 크기는 설비, 특히 전기설비의 작업이 쉽고 안전하도록 충분하여야 하며, 작업구역에서 유효 높이는 2.1m 이상이어야 한다.

19 위험기계기구의 방호장치의 설치의무가 있는 자는?

① 안전관리자
② 해당 작업자
③ 기계기구의 소유자
④ 현장작업의 책임자

> 산업안전보건법에 따르면 기계·기구·설비 및 건축물 등으로서 대통령령으로 정하는 것을 타인에게 대여하거나 대여받는 자는 고용노동부령으로 정하는 유해·위험 방지를 위하여 필요한 조치를 하여야 한다. 따라서 기계기구의 대여자(소유자)에게 의무가 있다.

20 동력으로 운전하는 기계에 작업자의 안전을 위하여 기계마다 설치하는 장치는?

① 수동 스위치장치
② 동력차단장치
③ 동력장치
④ 동력전도장치

> 작업자의 안전이 저해될 경우 신속하게 정지시켜야 하므로 동력차단장치가 필요하다.

21 안전관리상 안전모를 착용하는 목적이 아닌 것은?

① 감전의 방지
② 추락에 의한 부상 방지
③ 종업원의 표시
④ 비산물로 인한 부상 방지

> 작업자가 작업할 때, 비래하는 물건, 낙하하는 물건에 의한 위험성을 방지하기 위한 것 또는 하역작업에서 추락했을 때, 머리부위에 상해를 받는 것을 방지하고, 또 머리부위에 감전될 우려가 있는 전기공사 작업에서 산업재해를 방지하기 위해 머리를 보호하는 모자

22 전기식 엘리베이터에 필요한 안전장치에 속하지 않는 것은?

① 완충기
② 과속조절기
③ 리미트 스위치
④ 스커트 디플렉터

> 스커트 디플렉터(skirt deflector)는 에스컬레이터에서 스텝과 스커트 사이에 끼임의 위험을 최소화하기 위한 장치이다.

23 LP가스가 새는지 여부를 알아보기 위한 간편 검사 방법과 거리가 가장 먼 것은?

① 육안에 의한 외관 검사
② 비눗물에 의한 거품 검사
③ 네슬러시약에 의한 검사
④ 냄새에 의한 판별

> LP가스는 무색으로 육안으로 판단할 수 없다.

24 승강기의 출입문에 관한 안전장치의 설명으로 옳은 것은?

① 승강장 도어 닫힘 확인스위치 접점과 카도어 닫힘 확인 스위치 접점은 안전회로에 직렬로 연결한다.
② 승강장 도어 닫힘 확인스위치 접점은 안전회로와 직렬로, 카도어 닫힘 확인 스위치 접점은 안전회로에 병렬로 연결한다.
③ 카도어 및 승강장 도어 닫힘 확인스위치 접점은 모두 안전회로에 병렬로 연결한다.
④ 승강장 도어 닫힘 확인스위치 접점만 안전회로에 직렬로 연결한다.

> 승강장 도어와 카도어의 닫힘 확인 스위치 접점이 동시에 동작했을 경우에만 카가 진행해야 한다. 따라서 안전회로를 직렬로 연결해야 한다.

25 엘리베이터로 인하여 인명 사고가 발생했을 경우 운행 관리자의 대처사항으로 부적합한 것은?

① 의약품, 들것, 사다리 등의 구급용구를 준비하고 장소를 명시한다.
② 구급을 위해 의료기관과의 비상연락체계를 확립한다.
③ 전문 기술자와의 비상연락체계를 확립한다.
④ 자체검사에 관한 사항을 숙지하고 기술적인 사고 요인을 검사하여 고장 요인을 제거한다.

🔍 ④항은 일상적인 자체검사 내용으로 승강기 유지보수 및 안전관리자 임무이다. 따라서 인명 사고가 발생했을 경우 운행관리자의 대처사항으로 부적합하다.

26 정지되어 있는 물체에 부딪쳤을 때의 재해발생 형태는?

① 추락
② 낙하
③ 충돌
④ 전도

🔍 **재해발생의 형태**
- 추락 : 고소 등에서 작업에 종사하고 있었던 근로자가 지상 등에 낙하하여 발생되는 재해
- 낙하 : 물건이 높은 곳에서 움직여 사람이 맞아 발생되는 재해
- 전도 : 사람이 평면 또는 경사면, 층계 등에서 구르거나 넘어짐 또는 미끄러짐으로 인해 발생되는 재해
- 충돌 : 사람이 정지되어 있는 물체에 부딪혀서 발생되는 재해

27 다음 괄호 안의 내용으로 옳은 것은?

> 승강로는 엘리베이터 전용으로 사용되어야 한다. 엘리베이터와 관계없는 배관, 전선 또는 장치 등이 있어서는 안 된다. 다만, 엘리베이터의 안전한 운행에 지장을 주지 않는다면 소방 관련 법령에 따른 화재감지기 본체 및 ( )는 포함될 수 있다.

① 비상용 소화기 및 수계 소화설비
② 비상용 스피커 및 가스계 소화설비
③ 비상용 경보기 및 가스계 소화설비
④ 비상용 전화기 및 수계 소화설비

🔍 승강로, 기계실·기계류 공간 및 풀리실에 허용되는 설비(해당 설비의 제어장치 또는 조절장치는 외부에 있어야 함)
- 증기난방 및 고압 온수난방을 제외한 엘리베이터를 위한 냉·난방설비
- 카에 설치되는 영상정보처리기기의 전선 등 관련 설비
- 카에 설치되는 모니터의 전선 등 관련 설비
- 환기를 위한 덕트
- 소방 관련 법령에 따라 기계실 천장에 설치되는 화재감지기 본체, 비상용 스피커 및 가스계 소화설비
- 화재 또는 연기 감지시스템에 의해 전원(조명 전원을 포함)이 자동으로 차단되고 엘리베이터가 승강장에 정상적으로 정지했을 때에만 작동되는 스프링클러 관련 설비(스프링클러 시스템은 엘리베이터를 구성하는 설비로 간주한다)
- 피트 침수를 대비한 배수 관련 설비

28 전기에 의한 발화의 원인으로 볼 수 없는 것은?

① 단락에 의한 발화
② 과전류에 의한 발화
③ 접속 불량의 과열에 의한 발화
④ 용접기의 자동전격방지장치에 의한 발화

🔍 자동전격방지장치는 부착된 용접기의 주회로를 제어하는 장치를 가지고 있어 용접봉의 조작에 따라 용접할 때만 주회로를 형성하고 그외에는 용접기의 출력측의 무부하전압을 저하시키도록 동작하는 장치이다.

29 주행안내 레일의 보수점검 사항 중 틀린 것은?

① 녹이나 이물질이 있을 경우 제거한다.
② 레일 브래킷의 조임상태를 점검한다.
③ 레일 클립의 변형 유무를 체크한다.
④ 레일면이 손상되었을 경우에는 방청페인트로 표면에 곱게 도장한다.

🔍 카와 균형추를 승강로 평면내의 위치로 규제하기 때문에 레일면 손상시 심각한 문제가 야기될 수 있으므로 교체하여야 한다.

30 로프의 미끄러짐 현상을 줄이는 방법으로 틀린 것은?

① 권부각을 크게 한다.
② 가감속도를 완만하게 한다.
③ 보상체인이나 로프를 설치한다.
④ 카 자중을 가볍게 한다.

🔍 로프의 미끄러짐 현상은 카의 가속도와 감속도가 클수록 미끄러지기 쉬우며, 로프가 감기는 각도인 권부각이 작을수록 미끄러지기 쉽다.

31 다음 중 승객·화물용 엘리베이터에서 과부하감지장치의 작동에 대한 설명으로 틀린 것은?

① 작동치는 정격 적재하중의 105~110%를 표준으로 한다.
② 적재하중 초과시 경보를 울린다.
③ 출입문을 자동적으로 닫히게 한다.
④ 카의 출발을 정지시킨다.

> 승강기의 과부하방지장치는 승객의 정원이나 화물의 정격하중을 초과하였을 경우 케이지 바닥에 설치된 풋스위치(foot swtich)가 작동하여 경보등과 부저를 울리며 엘리베이터 작동을 금지시킨다. 작동값은 정격하중의 110%를 표준으로 한다.

32 균형추의 주량을 정할 때 사용하는 오버밸런스(over balance)율이란 무엇인가?

① 카의 중량과 균형추 중량의 비율을 말한다.
② 카의 자체 중량과 적재하중의 비율을 말한다.
③ 균형추의 무게와 전부하시의 카의 무게와의 비율을 말한다.
④ 균형추의 총 중량을 정할 때 빈 카의 자중에 적재하중의 몇 %를 더 할 것인가를 나타내는 비율을 말한다.

> 균형추의 중량 = 카 자체하중 + L × F
> (L : 정격 적재량[kg], F : 오버밸런스율)

33 에스컬레이터에 바르게 타도록 디딤판 위의 황색으로 표시한 안전마크는?

① 스텝체인   ② 테크보드
③ 데마케이션   ④ 스커트 가드

> 스텝과 스커트가드 사이의 틈새에 신체의 일부 또는 물건이 끼이는 것을 막기 위해 황색 등으로 표시가 된 라인을 데마케이션이라고 한다.

34 승강기의 방호장치에 대한 설명으로 틀린 것은?

① 용도에 구분 없이 모든 승강기는 도어인터록을 설치한다.
② 화물용 승강기는 수동 운전시 도어가 개방되었을 때도 운전이 가능하도록 한다.
③ 수동 운전시 업다운(up down)버튼조작을 중지하면 자동적으로 정지하여야 한다.
④ 로프식 승강기는 반드시 승강로 상부에 2차 정지스위치를 설치할 필요가 있다.

> 승강기의 승강장 및 도어 출입문이 개방되었을 경우 승강기가 운행되면 안된다.

35 하나의 승강로에 2대 이상의 엘리베이터가 있는 경우, 카 벽에 비상구출문을 설치할 수 있다. 이와 같은 경우의 구조와 관계가 없는 것은?

① 이 문은 벽의 일부가 외부방향으로 열린다.
② 문이 열려 있는 동안은 운전이 불가능하다.
③ 내부에서는 열쇠를 사용해야만 열 수 있다.
④ 외부에서는 열쇠 없이도 비상구출문을 열 수 있다.

> 카 벽의 비상구출문은 카 외부 방향으로 열리지 않아야 하며, 카 천장의 비상구출문은 카 내부 방향으로 열리지 않아야 한다.

36 카 추락방지안전장치가 작동될 때, 무부하 상태의 카 바닥 또는 정격하중이 균일하게 분포된 부하 상태의 카 바닥은 정상적인 위치에서 몇 %를 초과하여 기울어지지 않아야 하는가?

① 3%   ② 5%
③ 7%   ④ 10%

> 카 추락방지안전장치가 작동될 때, 무부하 상태의 카 바닥 또는 정격하중이 균일하게 분포된 부하 상태의 카 바닥은 정상적인 위치에서 5%를 초과하여 기울어지지 않아야 한다.

37 에스컬레이터의 안전장치에 관한 설명으로 틀린 것은?

① 승강장에서 디딤판의 승강을 정지시키는 것이 가능한 장치이다.
② 사람이나 물건이 핸드레일 인입구에 꼈을 때 디딤판의 승강을 자동적으로 정지시키는 장치이다.
③ 상하 승강장에서 디딤판과 콤플레이트 사이에 사람이나 물건이 끼이지 않도록 하는 장치이다.
④ 디딤판체인이 절단되었을 때 디딤판의 승강을 수동으로 정지시키는 장치이다.

38 에스컬레이터의 손잡이(핸드레일)에 관한 설명 중 틀린 뜻은?

① 핸드레일은 디딤판과 속도가 일치해야 하며 역방향으로 승강하여야 한다.
② 핸드레일은 정상운행 중 운행방향의 반대편에서 450N의 힘으로 당겨도 정지되지 않아야 한다.
③ 핸드레일 인입구에 적절한 보호장치가 설치되어 있어야 한다.
④ 핸드레일 인입구에 이물질 및 어린이의 손이 끼이지 않도록 안전스위치가 있어야 한다.

🔍 에스컬레이터 승강시 역방향으로 승강해서는 안된다.

39 엘리베이터 카문의 문턱과 승강장문의 문턱 사이의 수평거리는 얼마 이하여야 하는가?

① 45mm   ② 35mm
③ 25mm   ④ 15mm

🔍 승강장문과 카문 사이의 수평 틈새
• 카문의 문턱과 승강장문의 문턱 사이의 수평거리는 35mm 이하이어야 한다.
• 승강장문과 카문 전체가 정상 작동하는 동안, 카문의 앞 부분과 승강장문 사이의 수평 거리는 0.12m 이하이어야 한다.
• 승강장문 전면에 건축물의 출입문이 추가되어 공간이 발생한 경우, 그 공간 사이에 사람이 갇히지 않도록 조치해야 한다.

40 다음 중 과속조절기 형태가 아닌 것은?

① 롤 세이프티(Roll Safety)
② 디스크(Disk)형
③ 플라이 볼(Fly Ball)형
④ 카(Car)형

🔍 과속조절기(조속기)의 종류로는 마찰정지형(롤 세이프티형), 디스크형, 플라이 볼형이 있다.

41 다음 (가), (나)에 들어갈 내용으로 옳은 것은?

에스컬레이터는 난간 폭에 따라 800형과 1200형으로 나뉜다. 시간당 수송능력이 800형이 (가)명, 1200형이 (나)명이다.

① 가 - 800   나 - 1200
② 가 - 4000   나 - 6000
③ 가 - 5000   나 - 8000
④ 가 - 6000   나 - 9000

🔍 난간폭에 의한 분류
• 800형 : 수송능력이 6000명/시간
• 1200형 : 수송능력이 9000명/시간

42 유압 엘리베이터의 안전장치에 대한 설명으로 틀린 것은?

① 상승시 유압은 상용압력의 125%가 넘지 않도록 조절하는 릴리프 밸브장치가 필요하다.
② 전동기의 공회전 방지장치를 설치하여야 한다.
③ 오일의 온도를 65℃~80℃로 유지하기 위한 장치를 설치하여야 한다.
④ 전원 차단시 실린더내의 오일의 역류로 인한 카의 하강을 자동 저지하는 장치를 설치하여야 한다.

🔍 작동유의 온도가 섭씨 5℃ 이하 또는 섭씨 50℃ 이상되는 것이 예측되는 경우에는 이것을 제어하는 장치가 설치해야 된다.

43 승강기에 사용되는 T형 가이드 레일의 규격을 말하는 8K, 13K, 24K는?

① 레일 1본에 대한 무게의 호칭기호이다.
② 레일 1m에 대한 무게의 호칭기호이다.
③ 레일 5m에 대한 무게의 호칭기호이다.
④ 레일 10m에 대한 무게의 호칭기호이다.

🔍 일반적으로 단면이 T자형인 엘리베이터용 레일이 이용되고 1m 당 중량에 따라 8, 13, 18, 24, 30, 37, 50K 레일 등의 종류가 있다.

44 엘리베이터 기계실은 보호되지 않은 회전부품 위로 얼마 이상의 유효 수직거리가 있어야 하는가?

① 0.1m   ② 0.2m
③ 0.3m   ④ 0.4m

기계실의 구조
- 기계실은 설비의 작업이 쉽고 안전하도록 다음과 같이 충분한 크기이어야 한다. 특히, 작업구역의 유효 높이는 2.1m 이상이어야 한다.
- 작업구역간 이동통로의 유효 높이(바닥에서 천장의 가장 낮은 충돌점 사이)는 1.8m 이상이어야 한다.
- 작업구역 간 이동통로의 유효 폭은 0.5m 이상이어야 한다. 다만, 움직이는 부품이나 고온의 표면이 없는 경우에는 0.4m까지 감소될 수 있다.
- 보호되지 않은 회전부품 위로 0.3m 이상의 유효 수직거리가 있어야 한다.
- 기계실 바닥에 0.5m를 초과하는 단차가 있는 경우, 고정된 사다리 또는 보호난간이 있는 계단이나 발판이 있어야 한다.

45 유압엘리베이터의 주요 배관상에 유량제어밸브를 설치하여 유량을 직접 제어하는 회로로써 비교적 정확한 속도제어가 가능한 유압회로는?

① 미터 인(METER IN)회로
② 블리드 오프(BLEED OFF)회로
③ 미터 아웃(METER OUT)회로
④ 유압 VVVF 제어회로

속도제어회로
- 미터인회로 : 유량제어밸브를 사용하여 실린더로 들어가는 유체의 양을 조절하여 속도를 제어하는 회로
- 미터아웃회로 : 유량제어밸브를 사용하여 실린더에서 배기되는 유체의 양을 조절하여 속도를 제어하는 회로

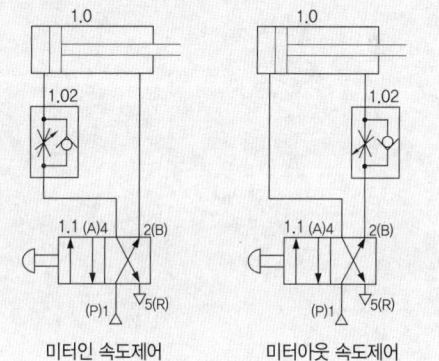

미터인 속도제어   미터아웃 속도제어

- 블리드오프회로 : 유량제어밸브를 실린더와 병렬로 설치하여 실린더의 입구측에 불필요한 압유를 배출시켜 작동효율을 증진시킨 회로로써 효율이 비교적 높다.

46 에스컬레이터의 구조로서 적당하지 않은 것은?

① 사람이 3각부에 충돌하는 것을 경고하기 위하여 비고정식 안전보호판을 부착한다.
② 경사도는 일반적인 경우 30도 이하로 하여야 한다.
③ 디딤판은 이동손잡이의 속도에 반비례하도록 한다.
④ 공칭 폭은 0.58m 이상, 1.1m 이하여야 한다.

손잡이(핸드레일은)는 디딤판과 동일방향 및 동일속도로 승강하여야 한다.

47 자전거의 페달에 작용하는 하중은?

① 비틀림하중   ② 휨하중
③ 교번하중   ④ 인장하중

- 인장하중(Tensile Load) : 재료의 축방향으로 늘어나게 하려는 하중
- 굽힘하중(Bending Load) : 재료를 구부려 휘어지도록 작용하는 하중
- 비틀림하중(Torsional Load) : 재료가 비틀어지도록 작용하는 하중

48 3상 유도전동기의 회전방향을 바꾸기 위한 방법은?

① 3상에 연결된 3선을 순차적으로 전부 바꾸어 주어야 한다.
② 2차 저항을 증가시켜 준다.
③ 1상에 SCR을 연결하여 SCR에 전류를 흐르게 한다.
④ 3상에 연결된 임의의 2선을 바꾸어 결선한다.

3상 유도전동기의 회전방향은 회전자기장의 방향을 바꾸면 되는데 3상중 임의의 2상의 접속을 바꿔주면 된다.

49 저항 100Ω에 5A의 전류가 흐르게 하는데 필요한 전압은?

① 220V   ② 300V
③ 400V   ④ 500V

$V = IR = 5 \times 100 = 500V$

50 엘리베이터의 도어스위치 회로는 어떻게 구성하는 것이 좋은가?

① 병렬회로   ② 직렬회로
③ 직병렬회로   ④ 인터록회로

> 엘리베이터의 도어스위치는 카 도어와 승강장 도어가 닫혀있을 때만 카가 진행하도록 해야 하므로 직렬로 연결하여야 안전회로를 구성할 수 있다.

51 다음 중 직류계전기의 접점을 보호하기 위한 방법으로 가장 알맞은 것은?

① 접점의 용량을 정격의 3배 이상으로 해준다.
② 접점에 병렬로 코일을 연결한다.
③ 접점 또는 조작코일에 병렬로 콘덴서, 저항 또는 바리스터를 연결한다.
④ 접점 또는 조작코일에 병렬로 다이오드를 연결한다.

> 부하(Load)가 유도성 부하인경우 릴레이가 떨어지는 순간 역기전력이 발생하고 이로 인해 접점이 손상이 되어 저항, 콘덴서 직렬회로나 바리스터를 병렬로 연결한다.

52 1[MΩ]은 몇 [Ω] 인가?

① $1 \times 10^3[\Omega]$ ② $1 \times 10^6[\Omega]$
③ $1 \times 10^9[\Omega]$ ④ $1 \times 10^{12}[\Omega]$

> $1 \times 10^3[\Omega] = 1[k\Omega]$, $1 \times 10^6[\Omega] = 1[M\Omega]$,
> $1 \times 10^9[\Omega] = 1[G\Omega]$, $1 \times 10^{12}[\Omega] = 1[T\Omega]$

53 용량이 1[kW]인 전열기를 2시간 동안 사용하였을 때 발생한 열량은?

① 430kcal ② 860kcal
③ 1720kcal ④ 2000kcal

> $H = 0.24Pt = 0.24 \times 1 \times 10^3 \times 2 \times 3600$
> $= 1,728,000cal = 1728kcal$으로 근사값을 구하거나
> 1kWh = 860kcal이므로 2kWh는 1720kcal

54 전기력선이 작용하는 공간은?

① 자기 모멘트(magnetic moment)
② 전자석(electromagnet)
③ 전기장(electric field)
④ 전위(electric potential)

> 전기력선은 전기장의 크기와 방향을 선으로 나타낸 것이다.

55 직렬로 접속되어 있는 2개 코일의 자기 인덕턴스가 각각 L_1, L_2이며, 상호 인덕턴스가 M, 2개의 코일이 만드는 자속의 방향이 동일 할 경우 합성 인덕턴스 L은?

① $L = L_1 + L_2 + M$
② $L = L_1 + L_2 + 2M$
③ $L = L_1 + L_2 - M$
④ $L = L_1 + L_2 - 2M$

> • 가동접속:
>   1 · 2차 코일이 만드는 자속의 방향이 정방향이 되는 접속
> $L = L_1 + L_2 + 2M[H]$
> • 차동접속:
>   1 · 2차 코일이 만드는 자속의 방향이 역방향이 되는 접속
> $L = L_1 + L_2 - 2M[H]$

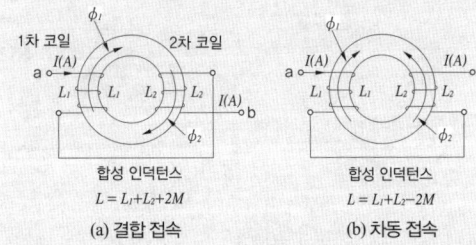

(a) 결합 접속 (b) 차동 접속

56 2단자 반도체 소자로 서지 전압에 대한 회로 보호용으로 사용되는 것은?

① 터널 다이오드
② 서미스터
③ 바리스터
④ 바렉터 다이오드

> 바리스터의 용도는 전기접점의 불꽃을 소거하거나 반도체 정류기·트랜지스터 등의 서지전압(surge voltage)으로부터의 보호에 사용한다.

57 다음 회로와 원리가 같은 논리 기호는?

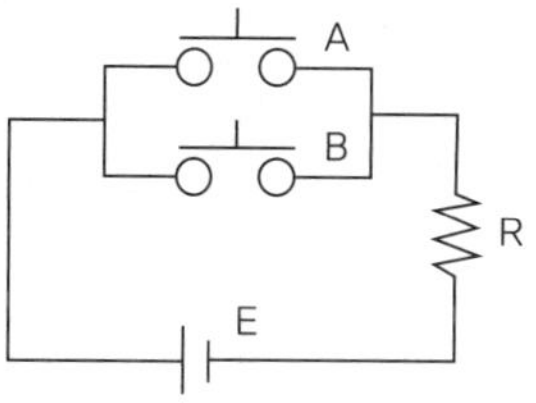

🔍 ① OR회로, ② AND회로, ③ NAND회로, ④ NOR회로
스위치가 병렬로 구성되어 있으므로 OR회로이다.

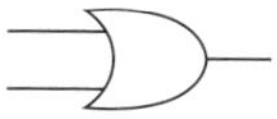

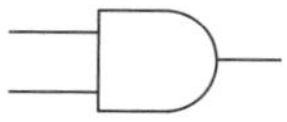

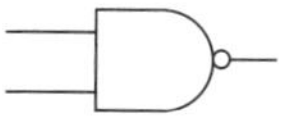

58 다음 중 응력을 가장 크게 받는 것은?(단, 다음 그림은 기둥의 단면 모양이며, 가해지는 하중 및 힘의 방향은 같다.)

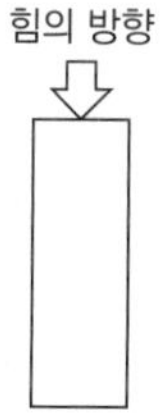

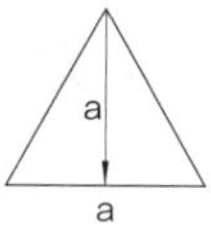

🔍 힘의 방향은 위쪽. ③번의 상부 꼭지점에서 큰 힘을 가해지므로 응력이 가장 크게 받게 된다.

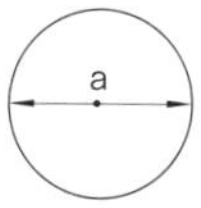

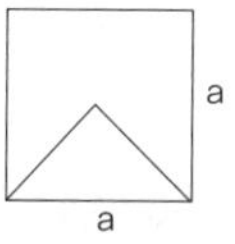

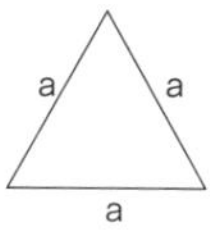

59 토크 10[kg·m], 회전수 500rpm인 전동기의 축 동력은?

① 약 2kW
② 약 5kW
③ 약 10kW
④ 약 20kW

🔍
$$P = 9.8\tau\omega = 9.8 \times \tau \times 2\pi\frac{N}{60}$$
$$= 9.8 \times 10 \times 2 \times 3.14 \times \frac{500}{60}$$
$$\approx 5128.6 = 5[kW]$$

60 형상 및 위치의 정도 측정 표시기호 중 ◎ 기호가 뜻하는 것은?

① 원통도
② 진원도
③ 진위치도
④ 동심도

🔍

기호	의미	기호	의미
—	진직도	∥	평면도
↗	원주 흔들림	▱	평면도
⊥	직각도	↗	온 흔들림
○	진원도	∠	경사도
⌀	원통도	⊕	위치도
⌒	선의 윤곽도	◎	동축도 또는 동심도
⌓	면의 윤곽도	=	대칭도

정답 CBT 대비 적중모의고사 - 5회

01 ①	02 ④	03 ③	04 ③	05 ②
06 ③	07 ③	08 ③	09 ①	10 ②
11 ②	12 ②	13 ④	14 ③	15 ④
16 ③	17 ③	18 ①	19 ③	20 ②
21 ③	22 ④	23 ①	24 ①	25 ④
26 ③	27 ②	28 ③	29 ④	30 ③
31 ③	32 ④	33 ③	34 ②	35 ①
36 ②	37 ④	38 ①	39 ②	40 ④
41 ④	42 ③	43 ②	44 ③	45 ①
46 ③	47 ③	48 ④	49 ④	50 ②
51 ④	52 ②	53 ③	54 ③	55 ②
56 ③	57 ①	58 ③	59 ②	60 ④

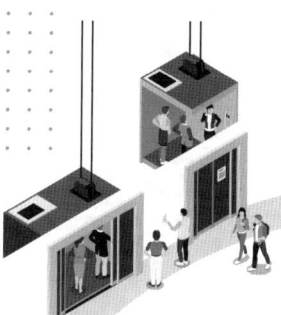

승강기기능사 필기
기출문제(기출+적중모의고사)

2026년 01월 05일 인쇄
2026년 01월 20일 발행

저자   전영선 저
발행처 (주)도서출판 책과상상
등록번호 제2020-000205호
발행인 이강복
주소   경기도 고양시 일산동구 장항로 203-191
대표전화 (02)3272-1703~4
팩스   (02)3272-1705
홈페이지 www.sangsangbooks.co.kr
ISBN   979-11-6967-295-5

값 17,000원
Copyright© 2026
Book & SangSang Publishing Co.

※저자와의 협의하에 인지를 생략합니다.